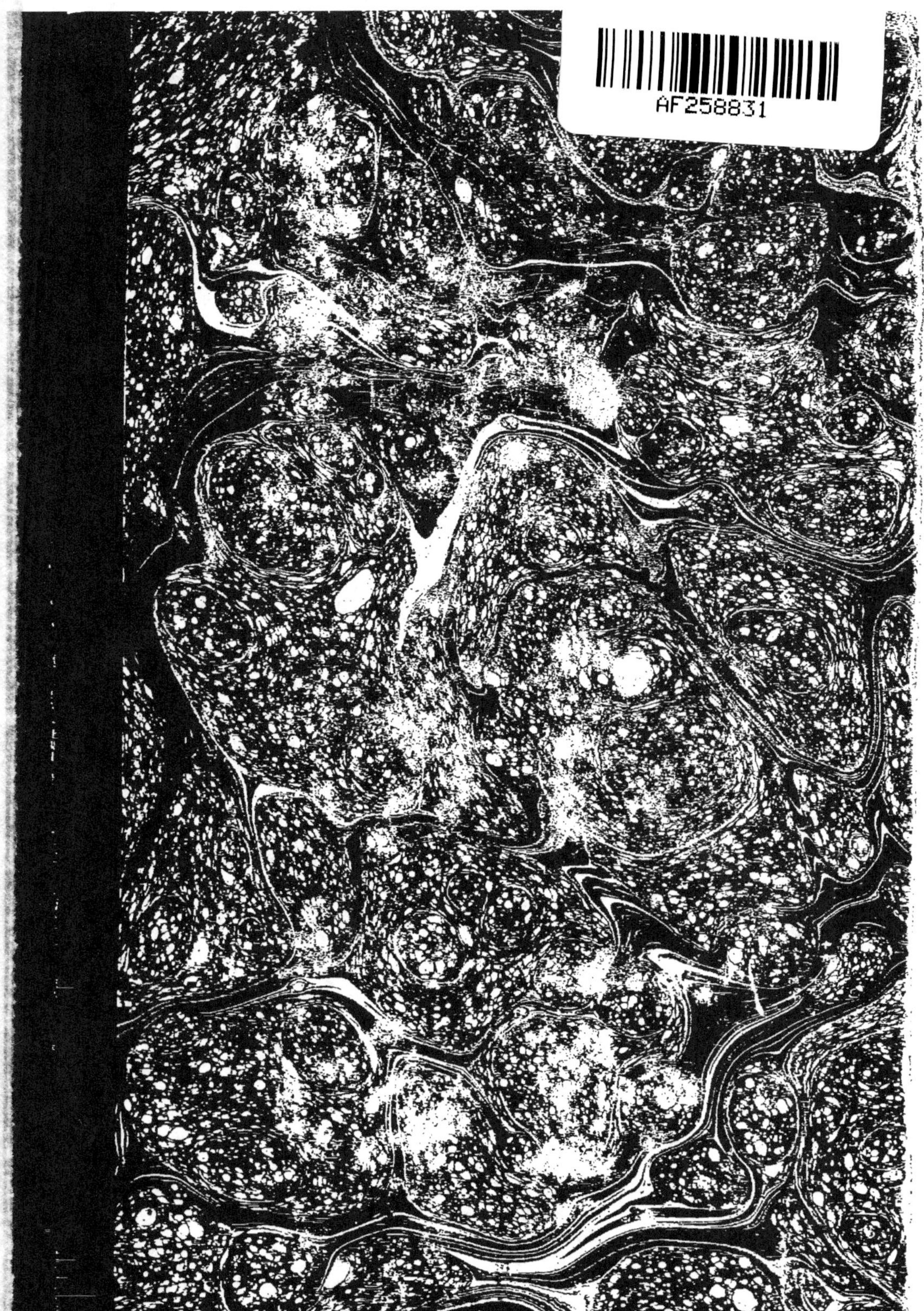
AF258831

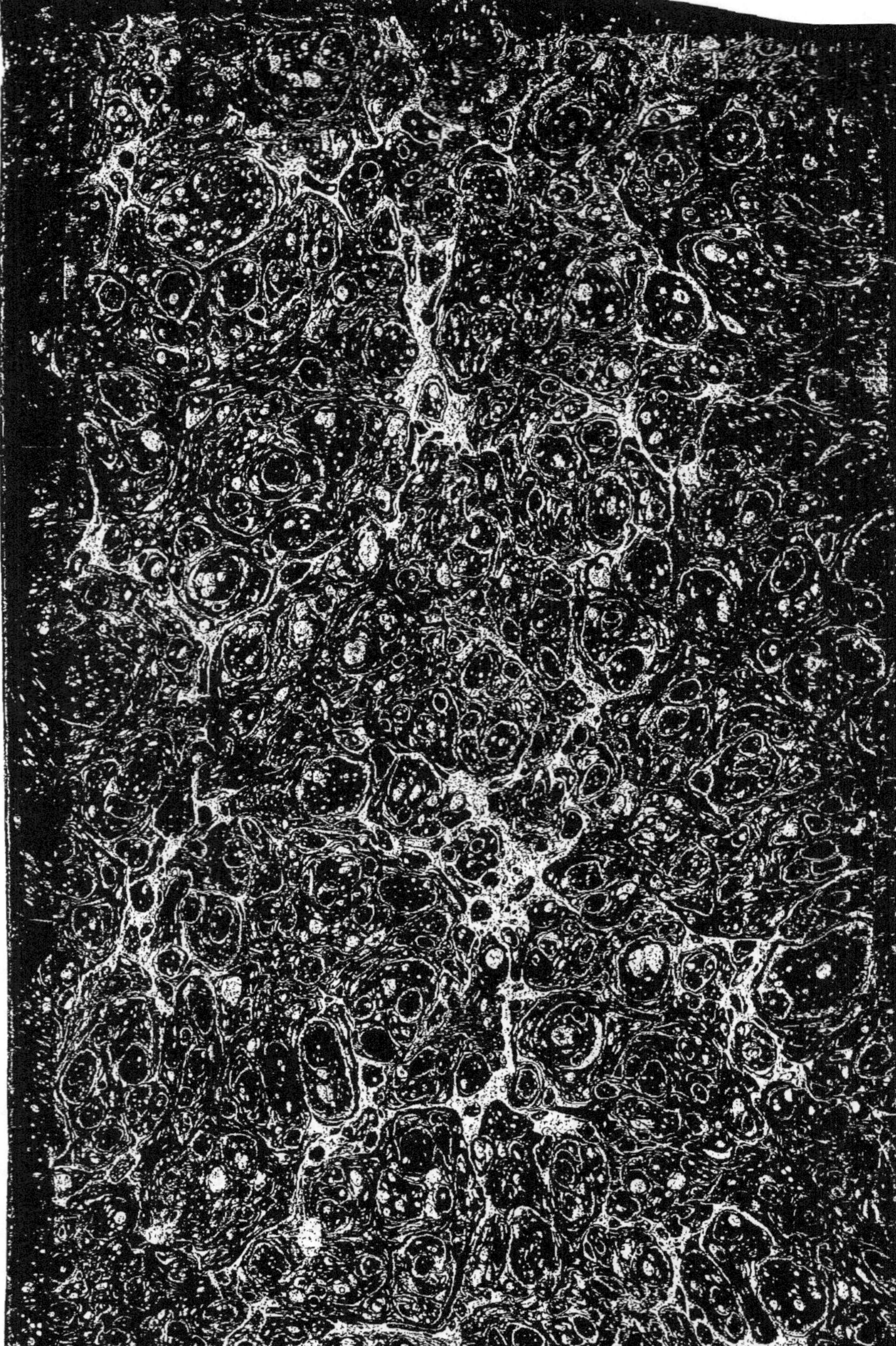

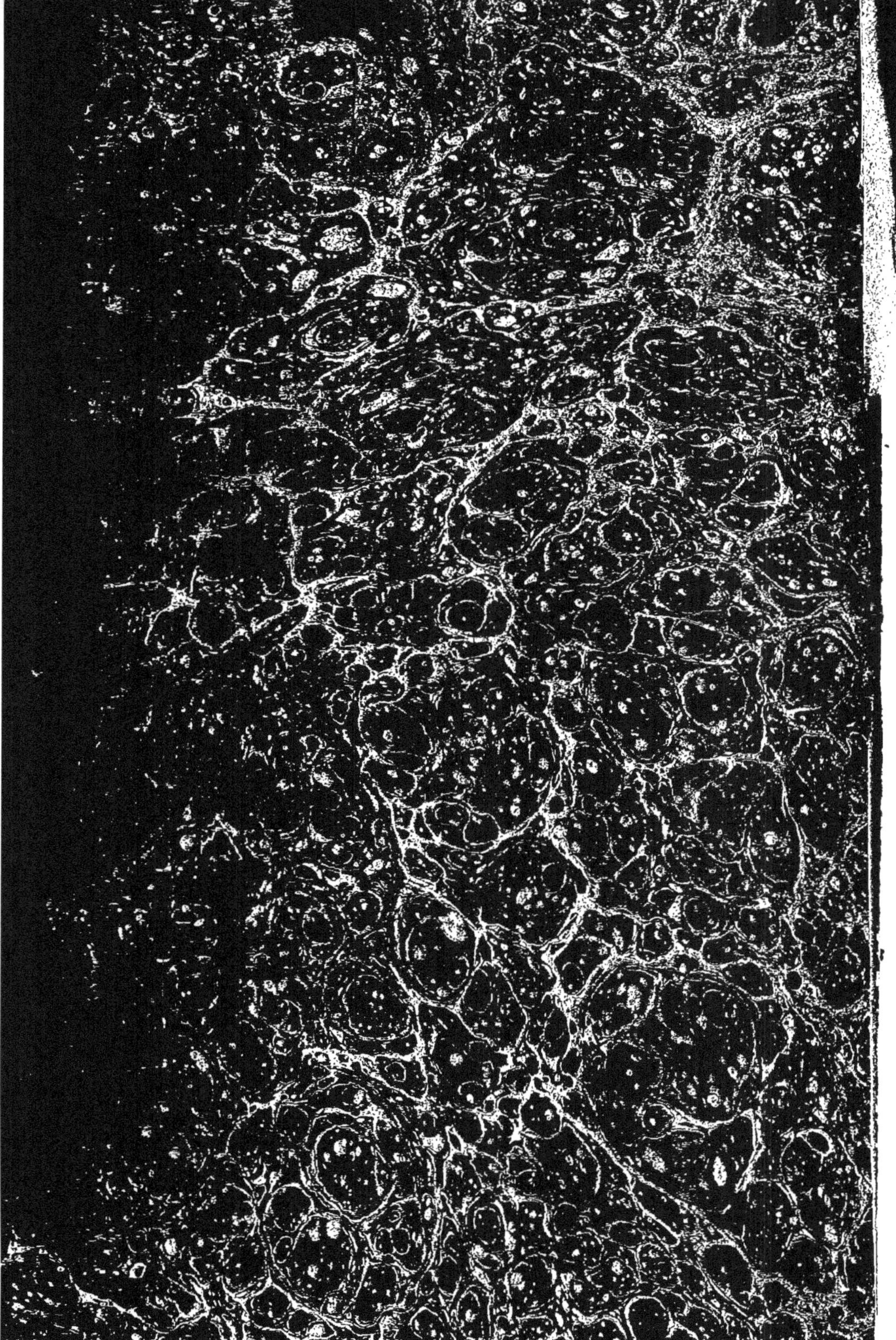

ÉLÉMENS

DE

CHIMIE MÉDICALE.

T. II.

ÉLÉMENS

DE

CHIMIE MÉDICALE;

Par M. P. ORFILA,

Médecin par quartier de Sa Majesté LOUIS XVIII ;
Membre correspondant de l'Institut de France ; Membre
de la Société médicale d'Émulation, de l'Université
de Dublin, de l'Académie de Barcelonne, de Murcie, etc. ;
Professeur de Chimie et de Médecine légale.

TOME SECOND.

A PARIS,

Chez CROCHARD, Libraire, rue de Sorbonne, n° 3.

1817.

DE L'IMPRIMERIE DE FEUGUERAY,
rue du Cloître Saint-Benoît, n° 4.

TABLE DES MATIÈRES.

SECONDE PARTIE.

TROISIÈME PARTIE.

QUATRIEME PARTIE.

FIN DE LA TABLE DES MATIÈRES.

ÉLÉMENS

DE

CHIMIE MÉDICALE.

SECONDE PARTIE.

CHAPITRE PREMIER.

Des Corps organiques végétaux, ou de la Chimie végétale.

Lorsqu'on observe attentivement un végétal parfaitement développé, on y remarque une multitude de matières différentes qu'il est impossible de confondre, à l'aide des seuls caractères physiques : ainsi les feuilles, les tiges, les racines, les fleurs, etc., seront facilement distinguées les unes des autres. Il en sera de même d'une multitude de produits fournis par les végétaux. Quel rapport y a-t-il, par exemple, entre le suc de la canne qui contient le sucre, et celui du pavot, qui est presque entièrement formé par l'opium ; entre la gomme que l'on trouve sur les fruits de certaines plantes, et un très-grand nombre de matières résineuses ou acides, etc. ? Cependant si on soumet à l'analyse chimique toutes les parties dont nous venons de parler, on les trouvera constamment formées des mêmes élémens; le plus souvent on n'y reconnaîtra que de l'hydrogène, de l'oxigène et du carbone; quelques-unes d'entre elles renferment, outre ces trois principes, de l'azote. Ces considérations ont fait naître l'idée d'admettre dans les végétaux trois sortes de matières : 1° les matières simples, que l'on a appelées aussi *principes médiats*, et dont la réunion constitue la molécule végétale : tels sont l'oxigène, l'hydrogène, le carbone, et quelquefois l'azote; 2° les matières composées de ces élémens, auxquelles on a donné le nom de *principes immédiats :* ainsi la gomme, le sucre, l'amidon, le ligneux, les huiles, etc., substances fournies immédiatement par les plantes, et formées d'hydrogène, de carbone et d'oxigène, sont des principes immédiats; 3° les matières composées d'un plus ou moins grand nombre de principes immédiats : tels sont, par exemple, les sucs, les tiges, les feuilles, les fleurs, les racines, etc., produits dans lesquels on découvre quelquefois trois ou quatre principes immédiats. L'existence de ces diverses matières dans les végétaux nous trace l'ordre que nous avons à suivre dans l'étude de cette branche de la science. 1°. Nous allons prouver que le nombre de leurs principes médiats est tel que nous l'avons indiqué; nous nous abstiendrons de décrire leurs propriétés, parce qu'elles font l'objet d'une partie de la Chimie minérale; 2° nous étudierons les divers principes immédiats; 3° nous ferons connaître la nature et les principales propriétés des matières composées de plusieurs de ces principes. Nous croyons cependant devoir faire précéder l'étude de ces différens objets par quelques considérations générales sur les phénomènes chimiques de la germination et de l'accroissement des plantes.

Considérations générales sur les phénomènes chimiques de la germination et de l'accroissement des plantes.

La *germination* est généralement définie, l'acte par lequel les graines fécondées se développent et donnent naissance à de nouvelles plantes. Quelque précieux que soient les instrumens dont la Chimie s'enrichit tous les jours, il nous est impossible de créer des plantes autrement que par la germination; il n'en est pas de même de certains principes immédiats des végétaux, qu'il est en notre pouvoir de produire; ainsi les acides malique, oxalique, acétique, et le sucre de raisin, peuvent être obtenus dans nos laboratoires tels qu'ils sont fournis par la nature, et l'on prévoit facilement que les progrès de la Chimie nous mettront à même d'en imiter un plus grand nombre par la suite.

568. *Conditions nécessaires pour que la germination ait lieu.* 1°. Il faut que la température soit de 10° à 30°; en effet, la chaleur éloigne les molécules, excite les forces vitales, et dispose les parties de la graine à entrer dans de nouvelles combinaisons; cependant il faut éviter une température trop élevée ou trop basse; car la graine fortement chauffée se dessèche et ne peut plus se développer; elle ne donne aucun signe de germination au-dessous de zéro. 2°. La présence de l'eau est indispensable; ce liquide, en s'introduisant dans l'intérieur de la graine, délaye l'albumen, gonfle les cotylédons, ramollit toutes les parties, dissout la matière nutritive, et en facilite l'assimilation : l'expérience prouve que les graines ne germent pas sans eau. 3°. L'air ou le gaz oxigène sont nécessaires pour que la germination ait lieu; c'est en vain que l'on chercherait à faire germer des graines dans du gaz azote, du gaz acide carbonique, du gaz hydrogène, etc. Mais comment agit l'oxigène? Il se combine avec le carbone de l'albumen, passe à l'état de gaz acide carbo-

nique, et transforme cet albumen en une matière sucrée qui sert d'aliment à la jeune plante. La formation du gaz acide carbonique pendant l'acte de la germination peut être facilement prouvée en plaçant sur la cuve à mercure une capsule contenant un peu d'eau et plusieurs graines, et en la recouvrant d'une cloche remplie de gaz oxigène ou d'air atmosphérique : à la fin de l'expérience, on trouvera, si la pression et la température restent les mêmes, un volume de gaz acide carbonique égal à celui de l'oxigène qui aura disparu (*Voy*. t. Ier, p. 74). L'action de l'air sur les graines explique pourquoi l'on ne peut pas faire germer celles qui sont très-enfoncées dans la terre. La *lumière* nuit à la germination par l'élévation de température qu'elle détermine : en effet, que l'on décompose ce fluide impondérable au moyen d'un verre, de manière à en absorber les rayons qui produisent la chaleur, les graines germeront comme à l'ordinaire (Th. de Saussure). Le *sol* n'influe sur la germination qu'en présentant un point d'appui à la graine, et en lui transmettant la chaleur, l'eau et l'air qu'il contient : aussi peut-il être remplacé avec succès par une éponge humide.

569. *Accroissement des plantes.* Lorsque la plumule est hors de la terre, et s'est transformée en tige, que les cotylédons desséchés sont tombés, et que la radicule, en s'allongeant et se divisant dans la terre, constitue une véritable racine, la germination est terminée, et cependant le végétal continue à s'accroître par l'action de l'air et des gaz qu'il renferme, de l'eau, des engrais, du sol, etc. Examinons l'influence de ces agens sur la fonction qui nous occupe.

Influence du gaz acide carbonique. Si l'on place au soleil des plantes renfermées dans du gaz acide *carbonique pur*, elles périssent promptement. Ce gaz, mêlé à l'air atmosphérique, retarde constamment la végétation des plantes exposées *à l'ombre*, et s'il entre en assez grande proportion dans le mélange, il les fait périr, même en très-peu de temps. Au contraire, toutes les parties *vertes* des plantes, frappées par les rayons *solaires* et mises en contact avec un mélange d'air et de gaz acide carbonique, décomposent celui-ci, en absorbent le carbone et une portion d'oxigène, augmentent de poids et mettent l'autre portion de gaz oxigène à nu; d'où il suit que, dans cette circonstance particulière, le gaz acide carbonique favorise la végétation. (Théodore de Saussure.)

Influence du gaz oxigène. Des feuilles fraîches de *cactus opuntia*, ou toute autre partie *verte* d'un végétal, placées dans l'obscurité sous une cloche remplie d'air atmosphérique privé d'acide carbonique, absorbent une certaine quantité de gaz oxigène sans toucher à l'azote, et si elles sont minces, convertissent une autre portion du gaz en acide carbonique qu'elles retiennent : expose-t-on ces parties au soleil après cette absorption, elles laissent dégager tout le gaz oxigène absorbé, et l'acide carbonique qui s'était formé se décompose en carbone qui reste dans le végétal, et en gaz oxigène qui se dégage également. M. Théodore de Saussure, à qui nous sommes redevables de ces expériences, a désigné ces phénomènes sous les noms d'*inspiration* et d'*expiration*. Les parties des végétaux, autres que celles qui sont vertes, ne jouissent pas de cette propriété; cependant le gaz oxigène exerce une influence salutaire sur les *racines*, car elles périssent promptement lorsqu'on les entoure de gaz acide carbonique, de gaz azote et de gaz hydrogène, tandis qu'elles sont encore vigoureuses au bout de trois semaines si on substitue à ces gaz l'air atmosphérique ou le gaz oxigène : du moins tels sont les résultats obtenus par M. Th. de Saussure sur les racines de jeunes marronniers.

Influence du gaz azote. Ce gaz n'est absorbé dans aucune circonstance, par aucune partie du végétal ; cependant il existe un certain nombre de plantes marécageuses très-riches en parties vertes, qui peuvent végéter dans ce gaz au soleil ou à une lumière faible : c'est ce qui a lieu pour le *lythrum salicaria*, l'*inula dysenterica*, l'*epilobium molle* et *montanum*, le *polygonum persicaria*, etc. Il paraît qu'il se forme dans ce cas et aux dépens de leur oxigène et de leur carbone, une petite quantité d'acide carbonique qui est décomposé et recomposé tour-à-tour. Toutes ces plantes périssent si, au lieu de les exposer au soleil, on les place dans l'obscurité. Le gaz *oxide de carbone* et le gaz *hydrogène* agissent sur elles à-peu-près comme le gaz azote.

Influence de l'air atmosphérique. Les végétaux, que nous supposons herbacés, absorbent pendant la nuit une certaine quantité de gaz oxigène, qu'ils transforment en partie en acide carbonique : dans le jour, lorsque leurs parties vertes sont en contact avec les rayons solaires, le gaz oxigène absorbé pendant la nuit se dégage en grande partie ; l'acide carbonique qui se trouve dans l'atmosphère est décomposé, son oxigène est mis à nu et le carbone est absorbé par le végétal, en sorte que celui-ci s'accroît par cette seule raison. Il résulte évidemment de cette décomposition que l'atmosphère, privée pendant la nuit de tout le gaz oxigène absorbé par les végétaux, et contenant d'ailleurs l'acide carbonique expiré par les divers animaux, doit se purifier par l'action des rayons solaires sur les parties vertes, et devenir plus riche en oxigène.

Les plantes dont nous parlons finiraient par périr si on les conservait constamment dans l'air et dans un lieu obscur ou à l'ombre, parce que l'acide carbonique formé les entourerait de toutes parts, et nous avons vu combien ce gaz pur s'oppose à la végétation. A la vérité, on pourrait les faire végéter en mettant de la potasse, de la chaux, etc., sous le récipient, pour absorber l'acide carbonique à mesure qu'il se forme.

L'air atmosphérique est encore quelquefois utile à la végétation en cédant de la vapeur aqueuse aux feuilles: ceci a principalement lieu lorsque le sol est très-sec; car dans le cas contraire, l'excès d'humidité du végétal s'exhale dans l'atmosphère au moyen des feuilles.

Influence de l'eau. La nécessité de l'eau dans la végétation est parfaitement établie; on a cru pendant quelque temps qu'elle se bornait à charrier et à dissoudre les principes nutritifs des plantes; mais M. Th. de Saussure a prouvé par des expériences directes qu'elle était absorbée, et cédait au végétal son oxigène et son hydrogène.

Influence des engrais. Suivant M. Th., la nourriture des végétaux a principalement lieu aux dépens de l'eau et du gaz acide carbonique de l'air; les engrais ne fournissent aux plantes qu'un petit nombre de sucs et une certaine quantité de gaz acide carbonique, qui sont loin de représenter le poids qu'un végétal acquiert dans un temps donné: ainsi dans une expérience faite avec un tournesol, l'engrais ne fournit que 26,85 grammes de matières nutritives, tandis que le poids du végétal s'était accru presque de vingt fois autant.

Influence du sol. Le sol influe sur les végétaux, auxquels il sert d'appui, non-seulement à raison de sa température, de l'eau et des engrais qu'il contient, mais encore à raison des sels qu'il renferme; ainsi M. de Saussure a prouvé, 1° que les plantes puisent les sels solubles qui entrent dans la composition du terrain; 2° que plusieurs de ces plantes exigent pour leur accroissement des sels d'une nature particulière: par exemple, les plantes marines végètent mal dans un terrain dépourvu de sel marin; 3° que ces sels ne sont point décomposés en pénétrant dans ces plantes; 4° que la nature des sels contenus dans les végétaux doit varier suivant la composition des sels qui font partie du sol ; 5° que lorsqu'on présente aux plantes des dissolutions salines, l'absorption de l'eau a toujours lieu dans un plus grand rapport que celle du sel ; 6° que ce n'est pas toujours la matière la plus favorable à la végétation qui est absorbée en plus grande quantité.

Ces considérations expliquent aisément l'origine de la plupart des sels solubles que l'on rencontre dans les végétaux ; mais d'où proviennent les sels et les autres principes insolubles que l'on y rencontre, tels que le soufre, la silice, l'alumine, les oxides de fer, de manganèse, le sousphosphate de chaux, de magnésie, etc. ? Schrœder et plusieurs savans pensent que ces substances sont formées par l'acte de la végétation. M. de Saussure croit au contraire qu'elles sont fournies par le terreau, qui en contient beaucoup ; suivant lui, ces matières sont combinées avec de l'extrait qui les rend solubles dans l'eau.

Toutes les plantes et toutes leurs parties ne fournissent pas une égale quantité de cendres ; les plantes herbacées en donnent plus que les ligneuses ; les branches plus que les troncs ; les feuilles plus que les branches et les fruits ; l'écorce plus que les parties intérieures ; l'aubier plus que le bois ; les feuilles des arbres qui se dépouillent en hiver plus que celles des arbres qui sont toujours verts ; enfin, les parties qui en fournissent le plus sont celles où la transpiration est plus abondante. (Th. de Saussure.)

ARTICLE PREMIER.

De la Nature des principes médiats des végétaux.

570. Nous avons dit que les produits végétaux étaient formés d'oxigène, d'hydrogène, de carbone, ou de ces trois élémens, plus de l'azote ; voici comment on peut prouver

cette proposition : que l'on introduise du sucre dans une cornue de grès lutée, dont le col se rend dans une des extrémités d'un tuyau de porcelaine disposé dans un fourneau à réverbère, de manière à pouvoir être entouré de charbon ; que l'on fasse partir de l'autre extrémité du tuyau de porcelaine un tube de verre qui se rend dans une des tubulures d'un flacon bitubulé vide, entouré de glace et de sel, et dont l'autre tubulure livre passage à un autre tube de verre recourbé propre à conduire les gaz sous des cloches pleines de mercure ; que l'on fasse rougir le tuyau de porcelaine, après avoir luté les jointures de l'appareil ; lorsque ce tuyau sera incandescent, que l'on mette le feu sous la cornue ; le sucre ne tardera pas à se décomposer et fournira des produits qui traverseront le tuyau de porcelaine ; l'on trouvera à la fin de l'opération, 1° du *charbon* dans la cornue ; 2° du gaz oxide de carbone, du gaz hydrogène carboné et du gaz acide carbonique dans les cloches remplies de mercure ; 3° de l'eau dans le flacon bitubulé : quelquefois ce liquide est mêlé d'une certaine quantité d'huile et d'acide acétique ; mais en le soumettant de nouveau à l'action d'une chaleur rouge, il se décompose complètement et fournit les produits que nous venons d'indiquer. Pour peu que l'on réfléchisse à la nature de ces produits formés aux dépens du sucre, on verra qu'ils sont tous composés de carbone et d'hydrogène, de carbone et d'oxigène, ou bien d'oxigène et d'hydrogène ; d'où il suit que ces trois principes sont les seuls élémens du sucre : or, toutes les matières végétales, excepté celles qui sont azotées, se comportent de même ; celles-ci fournissent en outre de l'azote ; leur nombre nous paraît plus considérable qu'on ne pense généralement ; en effet, la plupart d'entre elles donnent en se décomposant un charbon susceptible de fournir, lorsqu'il est rougi avec de la potasse et mis dans l'eau, une plus ou moins grande quantité d'hydro-cyanate de potasse (Proust, Vauquelin, etc.). Or, nous verrons qu'il est impossible d'admettre la formation de l'acide hydro-cyanique sans azote ; à la vérité, plusieurs de ces substances ne fournissent qu'une très-petite quantité d'acide hydro-cyanique.

ARTICLE II.

Des Principes immédiats des végétaux.

Le beau travail de MM. Gay-Lussac et Thenard, sur l'analyse d'un très-grand nombre de principes immédiats qui ne sont pas sensiblement azotés, prouve, 1° qu'il en existe quelques-uns dans lesquels l'oxigène est à l'hydrogène dans un rapport plus grand que dans l'eau, et qui en outre contiennent du carbone : ces principes sont acides. 2°. Qu'il en est d'autres où l'oxigène et l'hydrogène sont dans le même rapport que dans l'eau, quelle que soit la quantité de carbone qui entre dans leur composition. 3°. Enfin, que quelques-uns d'entre eux, contraires aux premiers, renferment plus d'hydrogène qu'il n'en faudrait pour transformer l'oxigène en eau : telles sont les huiles, les résines, les substances éthérées, etc. Ces données conduisent naturellement à diviser les principes immédiats analysés en trois classes ; mais comme il en existe un certain nombre qui n'ont pas encore été soumis à l'analyse, on doit, pour établir une classification exacte, admettre un plus grand nombre de classes : nous en ajouterons trois autres d'après M. Thenard ; la quatrième comprendra les matières colorantes, isolées jusqu'à présent ; la cinquième renfermera tous les principes immédiats non azotés, et non compris dans les classes précédentes ; enfin la sixième sera formée par ceux qui sont azotés, et que l'on peut appeler *végéto-animaux*.

CLASSE PREMIÈRE.

Des Acides végétaux.

Les acides végétaux connus jusqu'à ce jour sont au nombre de dix-neuf, savoir : les acides acétique, malique, oxalique, tartarique, sorbique, benzoïque, citrique, gallique, kinique, mellitique, morique, fungique, saccholactique, camphorique, subérique, succinique, pyro-tartarique, nancéique et l'acide de la laque ; ils reçoivent les noms des subtances végétales qui les fournissent, excepté l'acide acétique et nancéique. Ils rougissent tous l'*infusum* de tournesol et saturent les bases salifiables.

Propriétés physiques. Tous les acides végétaux, excepté l'acide malique, peuvent être obtenus à l'état solide ; ils sont tous susceptibles de cristalliser, excepté les acides sorbique, malique, fungique, subérique et nancéique : ce dernier, l'acide malique et celui de la laque, sont les seuls qui soient colorés. Il n'y a que l'acide acétique qui soit odorant. Leur saveur aigre est plus ou moins marquée, suivant qu'ils sont plus ou moins forts, et plus ou moins solubles dans l'eau.

Propriétés chimiques. Soumis à l'action d'une chaleur rouge, tous ces acides se décomposent et fournissent les produits indiqués § 570 ; chauffés dans une cornue, à une température moins élevée, il en est qui se décomposent en entier : tels sont les acides malique, tartarique, sorbique, kinique, mellitique, fungique, saccholactique et nancéique : un seul, l'acide acétique, se volatilise en totalité ; enfin les autres se partagent en deux parties ; l'une se décompose et fournit des gaz à la faveur desquels la portion non décomposée se volatilise : tels sont les acides oxalique, benzoïque, gallique, morique, camphorique, subérique, succinique, pyro-tartarique, et, suivant quelques chimistes, l'acide citrique.

571. Voyons maintenant quels sont les produits fournis par les acides végétaux qui se décomposent à cette température. Lorsqu'on les introduit dans une cornue dont le col va se rendre dans une allonge, que l'on adapte à celle-ci un récipient bitubulé, dont l'une des tubulures reçoit un tube recourbé propre à conduire les gaz sous des cloches pleines de mercure, et que l'on chauffe graduellement la cornue, on obtient les produits suivans : 1° dans le ballon, un liquide composé d'eau, d'acide acétique (1) et d'huile empyreumatique; 2° dans la cuve, du gaz oxide de carbone, du gaz hydrogène carboné et du gaz acide carbonique; 3° dans la cornue, du charbon retenant toujours une certaine quantité d'hydrogène. Ces divers produits se forment aussitôt que les molécules constituantes de l'acide sont assez éloignées les unes des autres par le calorique pour être hors de leur sphère d'attraction ; alors l'oxigène commence par s'emparer d'une portion d'hydrogène et de carbone pour donner naissance à l'eau et à l'acide carbonique; l'oxide de carbone et l'acide acétique, produits moins oxigénés, se forment immédiatement après ; enfin l'huile, dans laquelle il y a fort peu d'oxigène, et l'hydrogène carboné qui n'en contient pas du tout, se forment en dernier lieu. Nous devons cependant ajouter que cette progression dans la formation des produits est plutôt un résultat théorique que pratique, car on les obtient tous à-peu-près en même temps dès que la chaleur est assez forte pour opérer la décomposition du principe immédiat : la cause de ce phénomène dépend de ce que la portion qui

----

(1) L'acide sorbique ne fournit point d'acide, d'après M. Donovan ; l'acide tartarique donne, outre ces divers produits, de l'acide pyro-tartarique.

est au centre de la cornue, moins chaude que celle qui est en contact avec ses parois, commence à se décomposer lorsque la décomposition de l'autre est déjà très-avancée. En faisant l'histoire de la préparation du charbon, de l'acide acétique et du gaz qui sert à l'éclairage, nous dirons comment on doit procéder pour séparer les uns des autres les produits de la distillation des principes immédiats des végétaux.

Tous les acides végétaux exposés à l'air saturé d'humidité, sont déliquescens ; les acides malique, sorbique, acétique, fungique et nancéique le sont toujours, quel que soit l'état de l'atmosphère. A moins d'être dissous dans l'eau, ces acides ne se putréfient que très-lentement par le contact de l'air, ce qui les distingue des principes immédiats de la 2ᵉ classe. Ce phénomène ne surprendra point lorsqu'on saura que l'altération que les végétaux éprouvent à l'air dépend principalement de ce qu'ils en absorbent l'oxigène ; or, les acides sont en général des produits très-oxigénés.

Tous les acides végétaux sont solubles dans l'eau ; à la vérité il en est quelques-uns, tels que les acides saccholactique, subérique et camphorique, qui y sont peu solubles. La majeure partie d'entre eux se dissolvent dans l'alcool ; la dissolution opérée par ces deux liquides est beaucoup plus marquée à chaud qu'à froid.

L'*acide nitrique* concentré et bouillant paraît décomposer tous les acides végétaux, excepté l'acide benzoïque et l'acide subérique ; il s'empare, à l'aide de son oxigène, de leur hydrogène et de leur carbone, et les transforme en eau et en acide carbonique.

A l'état solide, les acides végétaux n'agissent que sur les *métaux* de la deuxième classe, et encore faut-il que la température soit élevée ; ils leur cèdent une portion d'oxigène, les transforment en oxides ou en sous-carbonates, et il se forme de l'eau, du gaz hydrogène carboné, du charbon et du gaz acide carbonique. S'ils sont dissous dans l'eau et doués d'un peu de force, ils exercent une action marquée sur les mêmes métaux, sur le fer, le zinc et le manganèse; l'eau est décomposée pour oxider le métal; l'hydrogène se dégage, et l'oxide formé se dissout dans l'acide végétal. Enfin quelques-uns d'entre eux agissent sur des métaux qui ont le contact de l'air et qui ne sont pas susceptibles de décomposer l'eau: dans ce cas l'oxidation du métal a lieu aux dépens de l'oxigène de l'air.

572. Tous les acides végétaux s'unissent aux bases salifiables et forment des *sels*.

L'action du *calorique* sur les sels végétaux est trop variée pour pouvoir être exposée d'une manière générale; on peut seulement établir qu'ils sont tous décomposés par cet agent. Le *fluide électrique* et l'eau se comportent avec eux comme avec les sels minéraux. (*Voyez* t. Ier, § 153.) Plusieurs d'entre eux se décomposent facilement à l'air, surtout lorsqu'ils sont dissous dans l'eau; du reste l'action hygrométrique de cet agent est la même que celle dont nous avons parlé en faisant l'histoire des sels minéraux.

Les alcalis, l'acide hydro-sulfurique, les hydro-sulfates, l'hydro-cyanate de potasse et de fer, l'*infusum* de noix de galle agissent à-peu-près sur eux comme sur les autres sels.

M. Thenard partage l'étude des acides végétaux en trois sections : 1° ceux qui sont à-la-fois le produit de l'art et de la nature; 2° ceux qui sont naturels; 3° ceux qui sont artificiels.

SECTION PREMIÈRE.

De l'Acide acétique (acéteux).

L'acide acétique se trouve dans la sève de presque tous les végétaux, dans la sueur, le lait et l'urine de l'homme; il se produit pendant la fermentation acide et pendant la putréfaction des matières végétales et animales; il est le résultat de la décomposition de ces substances par le feu, par certains acides et par quelques alcalis.

573. Il est liquide, incolore, très-sapide et doué d'une odeur forte *sui generis*; sa pesanteur spécifique, à la température de 16°, est de 1,063. Il est volatil, et entre en ébullition au-dessus de 100° sans éprouver la moindre décomposition; si au lieu de le chauffer on le refroidit, il se congèle à zéro quand il est concentré. Il attire l'humidité de l'air et se dissout parfaitement dans l'eau; il est moins soluble dans l'alcool. A la température de l'ébullition, il dissout une assez grande quantité de *phosphore*, et il en retient même après son refroidissement (Boudet). Il n'est pas décomposé par les métaux à la température ordinaire; cependant quelques-uns de ces corps décomposent l'eau qu'il renferme, s'oxident et passent à l'état d'acétate: tels sont, par exemple, le fer et le zinc. Il se combine avec un très-grand nombre d'oxides, et forme des acétates qui sont en général solubles dans l'eau. Il est formé, suivant MM. Gay-Lussac et Thenard, de

Carbone.........................	50,224.
Hydrogène et oxigène, dans le rapport nécessaire pour former de l'eau......	46,911.
Oxigène en excès................	2,865.

Il sert à préparer plusieurs acétates; il fait la base du vinaigre, dont nous allons exposer les nombreux usages; il est souvent employé comme assaisonnement. Les médecins regardent le vinaigre comme résolutif, rafraîchissant, antiseptique, sudorifique, etc. On s'en sert, 1° dans tous les cas où les acides minéraux affaiblis sont indiqués (*voyez* t. Ier, § 88); 2° vers la fin des rhumatismes, et alors il est associé à quelques infusions sudorifiques; 3° dans l'empoisonnement par les narcotiques, après avoir expulsé le poison par le vomissement : en effet, il résulte

d'un très-grand nombre d'expériences que nous avons ten-
tées, que le vinaigre, loin d'être le contre-poison de
l'opium, augmente son action meurtrière lorsqu'il se
trouve avec lui dans le canal digestif; mais que l'eau
vinaigrée est un des meilleurs médicamens que l'on puisse
employer pour combattre les symptômes développés par
ce poison (*Voyez* ma *Toxicologie générale*, t. II, 1re
part.); 4° dans l'asphyxie, où il est employé avec le plus
grand succès en frictions, en lavemens, en boissons, etc.;
5° dans les angines muqueuses, catarrhales, gangreneuses, etc., où il agit comme résolutif: dans ce cas il est
employé en gargarisme ou sous la forme de fumigations;
6° pour résoudre certaines tumeurs; 7° pour calmer les
accès hystériques et hypochondriaques, pour arrêter les
hoquets et les vomissemens nerveux, et, suivant quelques
médecins, pour apaiser les fureurs maniaques. Le vinaigre
est aussi très-employé comme anti-septique dans les fièvres
d'un mauvais caractère, les petites-véroles gangreneuses,
pétéchiales, le scorbut, etc. Administré dans un grand état
de concentration, il agit comme un poison corrosif énergique. Le sel de vinaigre, dont on fait usage dans la syncope,
l'asphyxie, etc., n'est autre chose que de l'acide acétique
concentré, uni à du sulfate de potasse cristallisé.

Des Acétates.

Tous les acétates, excepté celui d'ammoniaque, sont
décomposés par le feu, et l'on obtient des produits volatils,
et d'autres qui sont fixes; les produits volatils sont, en
général, de l'eau, de l'acide acétique, un liquide inflammable connu sous le nom d'*esprit pyro-acétique*, une
huile, du gaz acide carbonique et du gaz hydrogène carboné. La nature des produits fixes varie suivant l'espèce
d'acétate; ils renferment cependant toujours du charbon.
Les acétates de nickel, de cuivre, de plomb, de mercure et

d'argent sont réduits à l'état métallique ; ceux de baryte, de strontiane, de potasse, de soude et de chaux, donnent pour résidu un carbonate ; ceux de zircone, d'alumine, de glucine, d'yttria, de magnésie, de zinc et de manganèse, laissent les oxides respectifs ; enfin, le trito-acétate de fer laisse du deutoxide noir ; ces phénomènes sont faciles à concevoir si l'on a égard à l'affinité plus ou moins grande de l'acide acétique pour l'oxide, à celle de cet oxide pour l'acide carbonique, et à celle du métal pour l'oxigène. Il suit de là que, dans cette opération, il y a constamment décomposition d'une partie de l'acide, et quelquefois de l'oxide : si l'acide acétique tient peu à l'oxide, il s'en décomposera très-peu et s'en volatilisera beaucoup ; si, au contraire, l'affinité de l'acide et de l'oxide est très-grande, tout l'acide sera décomposé ; on obtiendra des résultats qui tiendront le milieu entre ceux dont nous venons de parler avec les acétates, qui ne sont ni dans l'un ni dans l'autre des cas que nous supposons.

Les acétates neutres sont tous solubles dans l'*eau*, et les dissolutions qui en résultent sont décomposées spontanément : on ne connaît pas bien la nature des produits qui résultent de cette altération. Les acides sulfurique, nitrique, phosphorique, hydro-chlorique, oxalique, tartarique, etc., décomposent les acétates, s'emparent de l'oxide, et mettent à nu l'acide acétique qui se dégage avec la vapeur de l'eau. L'acide *hydro-sulfurique* décompose en totalité ou en partie les acétates dont les oxides peuvent former avec lui des sulfures ou des hydro-sulfates insolubles.

574. *Acétate de zircone.* Il est soluble dans l'eau ; il a une saveur très-astringente et n'a point d'usages.

575. *Acétate d'alumine.* Il est liquide ; sa saveur est astringente et sucrée ; évaporé jusqu'à siccité, il se transforme en acide et en sous-acétate. Lorsqu'on l'expose à la température de 50° à 60°, il se trouble et se change en sous-acétate

insoluble qui reste en suspension, et en acide acétique. Si on laisse refroidir la liqueur et qu'on l'agite, le trouble disparaît et l'acétate se reforme. M. Gay-Lussac, qui a découvert ce fait, l'explique en disant que, par l'action de la chaleur, les molécules d'acide et de sous-acétate s'éloignent assez les unes des autres pour être hors de leur sphère d'attraction; le sous-acétate insoluble, abandonné à lui-même, doit donc se précipiter; tandis que, par le refroidissement, toutes les particules se rapprochant, l'acide peut réagir sur le sous-acétate et le dissoudre. Si on chauffe l'acétate d'alumine jusqu'au-dessous de la chaleur rouge, tout l'acide se dégage sans se décomposer; ce phénomène dépend probablement de l'eau contenue dans le sel, qui favorise la séparation de l'acide. On emploie fréquemment l'acétate d'alumine pour fixer les couleurs sur les toiles peintes.

576. *Acétate d'yttria.* Il cristallise en prismes à quatre faces, tronqués aux extrémités, incolores, très-solubles dans l'eau, doués d'une saveur sucrée et astringente. Il est sans usages.

577. *Acétate de glucine.* Il peut être obtenu sous la forme de petites lames minces, brillantes, complètement solubles dans l'eau, douées d'une saveur très-sucrée, astringente. Il est sans usages; cependant M. Vauquelin pense qu'il pourrait être employé avec succès dans les dévoiemens et les diarrhées chroniques.

578. *Acétate de magnésie.* Il est difficilement cristallisable, légèrement déliquescent, très-soluble dans l'eau et doué d'une saveur très-amère. Il est sans usages.

579. *Acétate de chaux.* Il est sous la forme d'aiguilles prismatiques, brillantes, satinées, incolores, très-solubles dans l'eau, et dont la saveur est âcre et piquante. On l'emploie pour préparer le sous-carbonate de soude : pour cela on le mêle avec du sulfate de soude dissous; les deux sels se décomposent, et il en résulte du sulfate de chaux inso-

luble et de l'acétate de soude soluble. Il suffit de filtrer et de calciner ce dernier pour obtenir le sous-carbonate de soude. L'acétate de chaux purifié paraît aussi servir à la préparation de l'acide acétique ; on le décompose par l'acide sulfurique, qui s'empare de la chaux et met l'acide à nu ; celui-ci reste à la surface, sous la forme d'un liquide que l'on sépare par décantation.

580. *Acétate de baryte.* Il est en aiguilles transparentes, qui sont des prismes dont la forme n'a pas été déterminée ; il est légèrement efflorescent, soluble dans 88 parties d'eau froide et dans 15 parties d'eau bouillante ; sa saveur est âcre et piquante. Il n'a point d'usage particulier.

581. *Acétate de strontiane.* Il cristallise en aiguilles ou en lames hexagonales, incolores, inaltérables à l'air, douées d'une saveur âcre, piquante, solubles dans 2 parties et demie d'eau, et sans usages.

582. *Acétate de potasse* (terre foliée de tartre). La sève de presque tous les arbres renferme, suivant M. Vauquelin, une plus ou moins grande quantité de ce sel. Il est sous la forme de petits feuillets brillans, incolores, excessivement *déliquescens*, se dissolvant rapidement dans l'eau et ayant une saveur très-piquante. Chauffé dans des vaisseaux fermés avec son poids d'oxide blanc d'arsenic, cet acétate se décompose en décomposant l'oxide, et il en résulte du gaz acide carbonique, du gaz hydrogène carboné, du gaz hydrogène arsénié, de la potasse plus ou moins carbonatée, de l'arsenic métallique, et deux liquides volatils dont le premier, huileux, jaune, fétide, volatil, fumant, a été connu sous le nom de *liqueur fumante de Cadet*, et doit être regardé, d'après M. Thenard, comme une sorte d'acétate oléo-arsenical, contenant un peu d'esprit pyro-acétique ; l'autre produit liquide est jaune brunâtre, moins dense que le premier et ressemble à de l'eau colorée ; il a moins d'odeur que le précédent, dont il ne paraît différer que par l'eau qu'il renferme et par

une plus grande quantité d'acide acétique. L'acétate de potasse est employé en médecine comme diurétique et fondant ;
il est employé avec le plus grand succès dans les engorgemens
du bas-ventre, les hydropisies, certains ictères, les concrétions bilieuses, les coliques hépatiques, les fièvres intermittentes, surtout les fièvres quartes; on l'administre ordinairement à la dose de 4, 6 ou 8 gros par jour, dissous
dans des décoctions apéritives, résolutives ou autres.

583. *Acétate de soude.* Il est sous la forme de longs prismes striés, inaltérables à l'air, solubles dans 3 parties d'eau
froide, plus solubles dans l'eau bouillante, et doués d'une
saveur piquante et amère. Il suffit de le faire fondre pour le
décomposer et le transformer en sous-carbonate de soude.

584. *Acétate d'ammoniaque* (esprit de Mindérérus). Il
existe dans l'urine pourrie, dans le bouillon gâté, etc. ;
il est ordinairement liquide; mais il peut être obtenu cristallisé si on le concentre doucement et qu'on l'abandonne
à lui-même. Il est volatil, très-soluble dans l'eau et doué
d'une saveur très-piquante. Lorsqu'il est rapidement évaporé, il perd une portion d'ammoniaque, passe à l'état
d'acétate acide qui se sublime en partie sous la forme de
longs cristaux déliés et aplatis. Il est souvent employé en
médecine comme sudorifique, et anti-spasmodique; on
le donne depuis un ou 2 gros jusqu'à une once ou une once
et demie, dans une potion de 4 ou 5 onces; il est très-utile
dans le typhus, les fièvres putrides, malignes, nerveuses, etc., à la fin des rhumatismes aigus, dans les gouttes
rentrées, dans la petite-vérole, surtout lorsque l'éruption
et la suppuration n'ont lieu que lentement.

585. *Acétate de protoxide de manganèse.* Il cristallise en
petites aiguilles légèrement colorées en rose, solubles dans
l'eau et douées d'une saveur styptique; on peut s'en servir
pour marquer le linge; pour cela on mêle de l'amidon ou

de la gomme avec sa solution concentrée avec laquelle on trace le dessin sur la toile; lorsque celui-ci est sec, on le met dans une lessive de cendre qui décompose l'acétate et laisse sur le tissu une oxide brun qui y adhère fortement.

586. *Acétate de zinc.* Il cristallise en aiguilles fines ou en lames hexagonales, solubles dans l'eau, fusibles dans leur eau de cristallisation et sans usages.

587. *Acétate de protoxide de fer.* Il est liquide et se transforme rapidement, au contact de l'air, en sous-acétate de peroxide insoluble, et en acétate acide de peroxide soluble.

588. *Acétate de peroxide de fer* (acétate rouge). Il est liquide, incristallisable et très-soluble dans l'eau; lorsqu'on le fait évaporer, il se décompose et se réduit en sous-acétate insoluble; l'eau bouillante transforme ce dernier en peroxide pur. On emploie ce sel dans les manufactures de toiles peintes pour les couleurs de rouille et les mordans de fer; il jouit d'un avantage remarquable, celui de ne pas détruire l'étoffe sur laquelle il est appliqué, ce qui dépend du peu d'énergie de l'acide acétique mis à nu.

589. *Acétate de deutoxide de cuivre neutre* (cristaux de Vénus, verdet cristallisé). Il cristallise en rhomboïdes d'un vert bleuâtre, légèrement efflorescens, solubles dans 5 parties d'eau bouillante et doués d'une saveur sucrée et styptique. Chauffé, il décrépite, lance au loin des fragmens qui vont jusqu'au col de la cornue, se dessèche et devient blanc: dans cet état il suffit de le mettre en contact avec l'eau ou avec l'air humide pour lui faire contracter de nouveau une belle couleur bleue. Mis dans l'acide sulfurique concentré, il blanchit également et conserve sa forme cristalline. On l'emploie pour obtenir le vinaigre radical et la liqueur verte appelée *vert d'eau*, dont on se sert pour le lavis des plans; il est très-vénéneux.

Sous-acétate de cuivre. Il est vert, pulvérulent, insoluble dans l'eau, et indécomposable par le gaz acide carbonique.

Le *vert-de-gris* est formé, suivant M. Proust, de 43 partics d'acétate de cuivre neutre, de 37,5 d'hydrate de cuivre (combinaison d'eau et de deutoxide de cuivre) et de 15,5 d'eau. Traité par l'eau froide, le vert-de-gris se décompose, l'acétate neutre est dissous, et l'hydrate bleuâtre se précipite ; si l'eau est bouillante, la décomposition est plus complète : non-seulement l'acétate neutre est dissous, mais encore l'hydrate est réduit en eau et en deutoxide de cuivre brun qui se précipite. Soumis à l'action du calorique, le vert-de-gris se décompose et laisse pour résidu du cuivre métallique. Si on le fait chauffer avec de l'acide acétique, il se convertit entièrement en acétate neutre, à moins qu'il ne contienne des substances étrangères. La dissolution du vert-de-gris dans l'eau se comporte avec les réactifs comme les autres sels de cuivre. (*Voyez* t. Ier, pag. 415.) Il est employé dans la peinture à l'huile, dans certaines opérations de teinture et pour faire le verdet (acétate neutre); il entre dans la composition de l'emplâtre divin, de l'onguent égyptiac, du cérat d'acétate de cuivre, de l'onguent de poix avec le verdet, de la cire verte de Baumé, etc., preparations dont on se sert pour le traitement extérieur de certains ulcères syphilitiques, scorbutiques, carcinomateux, etc.; pour détruire les chairs fongueuses, les verrues, les cors. On a proposé d'employer comme excitant, au commencement de quelques phthisies tuberculeuses, le sous-acétate de cuivre à des doses réfractées et soutenues; mais l'expérience n'a pas encore prononcé sur l'utilité de ce médicament dangereux. Le remède de Gamet et les pilules de Gerbier, que plusieurs praticiens assurent avoir administré avec succès dans les affections cancéreuses où l'excision et la cautérisation sont impraticables, renferment de l'acétate de cuivre cristallisé.

Les préparations cuivreuses sont douées au plus haut degré des propriétés délétères les plus énergiques; elles irritent et enflamment les tissus sur lesquels on les applique, déterminent tous les symptômes de l'empoisonnement par les corrosifs, et ne tardent pas à occasionner la mort. Le médicament le plus propre à les neutraliser est l'albumine (blanc d'œuf délayé dans l'eau) : quelle que soit la dose à laquelle ces poisons aient été pris, on peut les empêcher d'agir à la faveur d'une suffisante quantité de cette substance, qui a la faculté de les transformer en une matière d'un blanc bleuâtre, insoluble dans l'eau, et sans action sur l'économie animale. Ici, comme pour tous les cas d'empoisonnement par une substance irritante, les contre-poisons ne sont utiles qu'autant qu'ils sont administrés peu de temps après l'ingestion du poison ; si l'inflammation est déjà développée lorsque le médecin est appelé, on doit la combattre par les moyens appropriés, tout en songeant à neutraliser le poison qui pourrait rester dans le canal digestif.

590. *Acétate de plomb neutre* (sel de Saturne, sucre de Saturne, sucre de plomb). Il cristallise en tétraèdres terminés par des sommets dièdres semblables à des aiguilles blanches, inaltérables à l'air, même lorsque celui-ci est très-humide, très-solubles dans l'eau et douées d'une saveur douce et astringente. Sa dissolution se comporte avec les réactifs comme les autres sels de plomb. (*Voy*. t. Ier, p. 406.) Elle peut dissoudre par l'ébullition un poids presque égal au sien de protoxide de plomb (litharge), et passer à l'état de *sous-acétate de plomb au maximum d'oxide*. L'acétate de plomb neutre sert à la préparation en grand de l'acétate d'alumine dont on fait une grande consommation dans les fabriques de toiles peintes ; on l'emploie pour la fabrication des sous-acétates de plomb. Il doit être regardé comme astringent, dessiccatif et répercussif ; il a été employé avec succès dans certains catarrhes chroniques simulant des phthisies tuberculeuses ; on prétend qu'il a été très-utile pour arrêter les hémorrhagies passives des

poumons et de l'utérus, pour diminuer les sécrétions muqueuses excessives ou les sueurs colliquatives des phthisiques; on s'en est servi avec avantage pour combattre certaines diarrhés, quelques écoulemens vénériens anciens, les flueurs blanches, etc.; on l'administre à la dose de un ou de 2 grains, dans une potion de 4 à 6 onces dont le véhicule est de l'eau distillée, et on augmente la quantité jusqu'à en faire prendre 8, 10 à 12 grains par jour. A l'extérieur on fait usage de l'eau végéto-minérale dans les brûlures, les inflammations érysipélateuses produites par des piqûres d'insectes, ou par l'application d'un caustique, à la fin de celles qui sont aiguës et dans lesquelles on craint l'apparition des vésicules noirâtres; mais il serait dangereux de l'employer dans les érysipèles chroniques; on s'en sert encore pour faire disparaître les tumeurs inflammatoires des glandes du sein, des testicules, etc.

La plupart des préparations de plomb sont vénéneuses. En faisant l'histoire de l'empoisonnement par ce métal, dans notre ouvrage de *Toxicologie*, tom. II, partie IIe, nous nous sommes attachés à prouver qu'il était indispensable de l'envisager sous deux rapports. 1°. Il peut avoir lieu par l'ingestion d'une préparation saturnine; 2° il peut être produit par l'émanation des particules de plomb. Sous une multitude de rapports, ces deux modes d'empoisonnement doivent être distingués. *A*. On peut prendre à l'intérieur un assez grand nombre de grains d'une dissolution de plomb sans en être incommodé; lorsque la dose avalée est assez forte pour déterminer des accidens, ceux-ci sont de nature inflammatoire; la mort ne tarde pas à survenir si les malades sont abandonnés à eux-mêmes, et à l'ouverture des cadavres, on trouve les tissus du canal digestif fortement enflammés; on peut découvrir dans l'estomac ou dans les intestins une partie du poison ingéré; enfin cet empoisonnement peut être combattu avec succès au moyen d'un

sulfate alcalin entièrement soluble, qui transforme le sel
de plomb en sulfate insoluble, sans action sur l'économie
animale. *B.* Au contraire, dans l'empoisonnement par
émanation saturnine, des atomes imperceptibles suffisent
pour développer les accidens les plus graves; ces accidens
constituent la colique de plomb, regardée à juste titre
comme une affection purement nerveuse. Si cette maladie
est terminée par la mort (ce qui arrive rarement), ce
n'est jamais avec autant de promptitude que dans le cas où
le poison a été introduit dans l'estomac à assez forte dose;
à l'ouverture des cadavres, on ne trouve aucune trace
d'inflammation; le canal intestinal est seulement rétréci
dans quelques-unes de ses parties; il est impossible de découvrir un atome de plomb par les moyens chimiques les
plus rigoureux; enfin les sulfates, qui sont si efficaces dans
l'autre traitement, ne sont ici que de très-peu d'utilité, et
l'on doit avoir recours aux émétiques et aux purgatifs les
plus forts.

591. *Sous-acétate de plomb soluble.* Il peut être cristallisé en lames opaques et blanches, cependant on l'obtient
plus communément en masses d'une forme confuse; comme
le précédent, il a une saveur douce et astringente; il verdit
le sirop de violette; il est inaltérable à l'air et se dissout
dans l'eau, mais moins que l'acétate neutre. Le *solutum*
est abondamment précipité en blanc par l'acide carbonique,
qui le change en sous-carbonate de plomb insoluble (céruse, blanc de plomb), et en acétate neutre soluble; il
est décomposé et précipité en blanc par les sulfates, les
phosphates, et par une multitude de sels neutres dissous; la gomme, le tannin et la plupart des matières
animales en dissolution le décomposent, et forment avec
l'oxide de plomb des produits tantôt solubles, tantôt insolubles. Si l'on fait évaporer la dissolution de ce sous-acétate, on obtient l'extrait de Saturne, qui, étendu d'eau, est

décomposé, et constitue l'*eau blanche*, l'*eau végéto-minérale* ou l'*eau de Goulard*. On emploie le sous-acétate de plomb dans les arts pour préparer le blanc de plomb (sous-carbonate) ; il sert dans l'analyse des matières animales ; enfin M. Chevreul l'a proposé avec raison pour déterminer si l'eau distillée contient de l'acide carbonique.

592. *Sous-acétate de plomb au maximum d'oxide*. Il est blanc, pulvérulent, insoluble dans l'eau, et est sans usages. Suivant M. Berzelius, ces trois acétates sont formés, savoir :

	Acét. neutre.	Sous-acét. sol.	Sous-acét. insol.
Acide acétique.....	100	100	100
Protoxide de plomb.	217,662	656	1608
Eau	53,140		

593. *Acétate de protoxide de mercure*. Il est sous la forme d'écailles extrêmement brillantes, très-peu solubles dans l'eau froide, douées d'une saveur mercurielle ; il fait partie des dragées de Keyser ; quelquefois aussi on le substitue au nitrate de protoxide de mercure pour composer le sirop de Belet.

594. *Acétate de deutoxide de mercure*. Il est liquide ; lorsqu'on le fait bouillir, il se décompose, et passe à l'état de proto-acétate ; en effet l'hydrogène et le carbone d'une portion de l'acide s'emparent d'une partie de l'oxigène du deutoxide. Si l'on verse de l'eau dans la solution concentrée du deuto-acétate, on la décompose également, et on en précipite du sous-acétate jaunâtre. Ce sel est sans usages.

595. *Acétate d'argent*. Il est sous la forme d'écailles nacrées, peu solubles dans l'eau ; il noircit promptement par son exposition à la lumière.

De l'Acide malique.

596. On trouve cet acide dans les baies *vertes* du sorbier, dans le *sempervivum tectorum* (joubarbe), et dans

les baies du sureau noir ; il existe associé à l'acide sorbique dans les baies *mûres* du sorbier (*sorbus aucuparia*), dans les pommes, les prunes sauvages, et les baies d'épine-vinette ; on le rencontre uni à l'acide citrique dans les framboises et les groseilles ; la pulpe de tamarins, les pois chiches, et suivant plusieurs chimistes, le pollen du dattier d'Égypte, le suc de l'ananas, et l'*agave americana* en contiennent également.

L'acide malique est toujours *liquide* et un peu coloré en jaune ; il rougit l'*infusum* de tournesol ; sa saveur n'est pas très-marquée. Il n'est point volatil ; il se décompose comme toutes les matières végétales lorsqu'on le chauffe ; il est déliquescent dans un *air* humide ; il se dissout très-bien dans l'eau et dans l'alcool ; la solution aqueuse, abandonnée à elle-même, s'altère, se recouvre de moisissures, et laisse déposer du charbon. L'acide *nitrique* le décompose en se décomposant lui-même, et il en résulte une très-grande quantité d'acide oxalique, pourvu qu'on élève un peu la température. (*Voyez* p. 13.) L'acide sulfurique concentré le charbonne.

597. Il forme, avec la potasse, la soude et la magnésie, des sels déliquescens et incristallisables ; il ne précipite pas l'eau de chaux, mais il produit un précipité blanc, floconneux dans les eaux de baryte, de strontiane, dans les dissolutions de nitrate et d'acétate de plomb, de nitrate de mercure et d'argent. Les divers *malates* insolubles se dissolvent dans un excès d'acide malique, nitrique, etc. Il donne avec l'alumine un sel très-difficilement soluble. Il n'a point d'usages. Il fut découvert par Schéele en 1785, dans le suc de pommes.

MM. Vogel et Bouillon-Lagrange, dans un mémoire publié en février 1817 (*Journal de Pharmacie*), établissent que l'acide malique naturel, ou obtenu par l'art, n'est pas un acide particulier ; qu'il est formé d'acide acétique et d'extractif; que l'on peut séparer la matière extractive par la baryte, et recomposer l'acide malique en combinant cette substance avec l'acide acétique. Cette opinion est loin d'être partagée par tous les chimistes.

Acide oxalique.

598. L'acide oxalique se trouve dans les pois chiches, dans l'oseille, etc.; il est toujours uni à la chaux ou à la potasse. Il cristallise en longs prismes quadrangulaires, incolores, transparens et terminés par des sommets dièdres; il est très-sapide, et rougit fortement l'*infusum* de tournesol.

Lorsqu'il est chauffé dans une cornue, il fond dans son eau de cristallisation, se dessèche et se volatilise *presqu'en totalité*, sans éprouver de décomposition; il est, au contraire, complètement décomposé à une chaleur rouge, et il laisse à peine du charbon, ce qui dépend de la grande quantité d'oxigène qui entre dans sa composition. Il n'éprouve aucune altération à l'air; il se dissout dans son poids d'eau bouillante et dans 2 parties de ce liquide à la température ordinaire; il est moins soluble dans l'alcool. Il précipite l'eau de chaux et tous les sels calcaires solubles, sans en excepter le sulfate; le précipité est *insoluble* dans un excès d'acide oxalique; cette propriété rend cet acide précieux dans les laboratoires, où il est souvent employé comme réactif. Si l'on met en contact avec le zinc ou le fer l'acide oxalique dissous dans l'eau, celle-ci est décomposée; il se dégage du gaz hydrogène, et l'oxide formé se combine avec l'acide oxalique. On s'en sert dans quelques fabriques de toiles peintes pour détruire les couleurs à base de fer; on l'emploie aussi pour enlever les taches d'encre. Il est formé, d'après MM. Gay-Lussac et Thenard, de

Carbone	26,566
Oxigène	70,689
Hydrogène	2,745

M. Dulong, qui a fait dans ces derniers temps un travail sur les oxalates, pense que l'acide oxalique est formé d'acide carbonique et d'hydrogène.

Des Oxalates.

Tous les oxalates sont décomposés par le feu ; mais ils ne fournissent pas tous les mêmes produits : nous allons entrer dans quelques détails à cet égard. La *baryte*, la *chaux* et la *strontiane* se combinent avec l'acide oxalique sans qu'il y ait décomposition ; chauffe-t-on ces oxalates, il se forme des produits analogues à ceux que fournissent les autres matières végétales, savoir, de l'eau, de l'acide carbonique, du gaz oxide de carbone, de l'acide acétique, de l'huile, du gaz hydrogène carboné, du charbon et un sous-carbonate. Les oxides d'*argent*, de *cuivre* et de *mercure* se combinent aussi avec l'acide oxalique sans qu'il y ait décomposition ; vient-on à les chauffer, on n'obtient que du gaz acide carbonique, de l'eau et un résidu métallique, phénomènes que M. Dulong explique facilement en supposant l'acide oxalique formé d'acide carbonique et d'hydrogène ; en effet l'hydrogène de l'acide s'empare de l'oxigène de l'oxide pour former de l'eau ; le métal et l'acide carbonique sont mis à nu. Enfin les oxides de *plomb* et de *zinc* ne se combinent avec l'acide oxalique, suivant M. Dulong, qu'après avoir été décomposés ; ainsi l'hydrogène de l'acide oxalique s'unit à l'oxigène de l'oxide pour former de l'eau, tandis que le *métal* reste combiné avec l'acide *carbonique*, en sorte qu'on ne doit plus considérer ces composés comme des oxalates. Voici un fait à l'appui de cette hypothèse : lorsqu'on unit l'oxide de plomb ou l'oxide de zinc à l'acide oxalique, on obtient un composé qui pèse 20 pour 100 de moins que l'acide et l'oxide employés. Si maintenant on fait chauffer ces composés d'acide carbonique et de *plomb* ou de *zinc* métalliques, on obtient du gaz acide carbonique, du gaz oxide de carbone, et un oxide métallique moins oxidé que celui que l'on avait combiné primitivement avec l'acide oxalique : dans cette décomposition par le feu, l'oxigène d'une portion d'acide carbonique se combine avec le métal et le fait passer à un degré d'oxidation peu sensible, tandis que le gaz oxide de carbone provenant de cette décomposition se dégage avec le gaz acide carbonique non décomposé.

L'eau dissout parfaitement les oxalates neutres de potasse, de soude, d'ammoniaque et d'alumine; *mais ils deviennent moins solubles par un excès d'acide.* Ces dissolutions d'oxalates précipitent en blanc les sels solubles de chaux, de baryte, de strontiane, de zinc, de bismuth, de manganèse, de titane, de cérium, de plomb, de mercure et d'antimoine. Les oxalates insolubles sont difficilement décomposés par les acides; ceux qui sont solubles et neutres le sont en partie par les acides puissans, qui s'emparent d'une portion de la base, et les transforment en oxalates acides moins solubles.

599. *Oxalate de potasse neutre.* Il cristallise en rhomboïdes aplatis, terminés par des sommets dièdres, doués d'une saveur fraîche et amère, et solubles dans trois fois leur poids d'eau froide; il n'a point d'usages.

600. *Oxalate de potasse acidule.* Il cristallise en parallélipipèdes opaques, très-courts, rougissant l'*infusum* de tournesol, inaltérables à l'air, moins solubles dans l'eau que l'oxalate neutre, et, sans usages. Il renferme deux fois autant d'acide que le précédent.

601. *Oxalate de potasse acide* (sel d'oseille). Ce sel se trouve dans quelques espèces du genre *rumex*, principalement dans le *rumex acetosella*, dans les *oxalis*, dans les tiges et feuilles du *rheum palmatum*, etc. Il cristallise en petits parallélipipèdes blancs, opaques, inaltérables à l'air, moins solubles dans l'eau que l'oxalate acidule. Il

contient deux fois autant d'acide que le précédent, et par
conséquent quatre fois autant que l'oxalate neutre ; plusieurs
chimistes le désignent sous le nom de *quadroxalate de
potasse*. Le sel d'oseille est employé pour aviver la couleur
du carthame ou le rouge végétal, pour préparer l'acide
oxalique et divers oxalates, pour enlever les taches d'encre, etc.

602. *Oxalate de soude neutre.* Il est sous la forme de
petits cristaux grenus, d'une saveur analogue à celle de
l'oxalate de potasse neutre, mais moins forte ; il est inaltérable à l'air, peu soluble dans l'eau et sans usages.

603. *Oxalate acidule de soude.* Il est en petits cristaux
pulvérulens, moins solubles que le précédent et sans usages.
Il contient deux fois autant d'acide que l'oxalate neutre.

604. *Oxalate d'ammoniaque neutre.* Il cristallise en longs
prismes tétraèdres, terminés par des sommets dièdres, très-
solubles dans l'eau, et d'une saveur très-piquante. Il est
préféré à tous les autres réactifs pour déceler la présence de
la *chaux.*

605. *Oxalate acidule d'ammoniaque.* Il est moins soluble
que le précédent, et il contient deux fois autant d'acide ; il
est sans usages.

606. *Oxalate de magnésie.* Il est sous la forme d'une
poudre blanche, douce au toucher, peu soluble dans l'eau,
presque insipide et sans usages.

607. Les *oxalates* de *chaux*, de *baryte*, de *strontiane*,
de *manganèse*, de *zinc*, de *bismuth*, d'*antimoine*, de
plomb, d'*argent*, de *mercure*, de *titane* et de *cérium* sont
blancs, insipides et insolubles dans l'eau. L'oxalate de
cobalt est rose, très-peu soluble dans ce liquide. L'oxalate
de *nickel* est sous la forme de flocons d'un blanc verdâtre,
très-peu sapides, insolubles dans l'eau. L'oxalate de *cuivre*
est d'un vert bleuâtre, pulvérulent, insoluble dans l'eau et
soluble dans un excès d'acide. (Bergmann.) L'*oxalate de*

protoxide de fer cristallise en prismes verts, doués d'une saveur astringente, douceàtre et solubles dans l'eau. L'*oxalate* de *peroxide de fer* est sous la forme d'une poudre jaune, soluble dans l'eau et incristallisable.

SECTION II.

De l'Acide sorbique.

L'acide sorbique, obtenu en 1814 par M. Donovan, se trouve associé à l'acide malique dans les baies du sorbier (*sorbus aucuparia*), de l'épine-vinette, dans les prunes sauvages ou prunelles, les pommes et les poires : de tous ces fruits, les premiers sont ceux qui en contiennent davantage.

608. Il est liquide, transparent, incolore, inodore, incristallisable, et doué d'une saveur excessivement aigre. Chauffé, il se concentre et fournit une masse déliquescente ; distillé, il donne un liquide qui ne présente aucune trace d'*acidité*. Il peut être conservé pendant long-temps sans éprouver une grande altération ; on remarque seulement qu'il laisse déposer à la longue un *coagulum* très-délié. Il se dissout parfaitement dans l'eau et dans l'alcool. Il forme avec la potasse, la soude et l'ammoniaque des sorbates qui, étant acides, peuvent cristalliser, surtout à l'aide du froid, et qui sont solubles dans l'eau et insolubles dans l'alcool. Il décompose les carbonates de chaux et de baryte, et les transforme sur-le-champ en sorbates *neutres*, insolubles dans l'eau. Il ne se combine pas avec l'alumine ; il produit avec la magnésie, à l'aide de la chaleur, un liquide qui, après avoir été filtré, dépose un très-grand nombre de cristaux de sorbate de magnésie soluble dans vingt-huit fois son poids d'eau à 15° thermomètre centigrade. L'acide sorbique peut former avec le protoxide de plomb trois combinaisons : 1° un sous-sorbate,

insoluble dans l'eau , dense et dur s'il est en masses , graveleux s'il est en poudre ; 2° un sorbate neutre que l'on peut obtenir en cristaux d'une belle couleur argentée, ou sous la forme d'une poudre blanche : ce sel ne se dissout même pas dans cinq mille fois son poids d'eau ; 3° un sur-sorbate doué d'une saveur sucrée et qui est constamment liquide. L'acide sorbique décompose en partie le malate de plomb à l'aide de l'ébullition , lui enlève une portion d'oxide , et il se produit du sur-sorbate de plomb et du malate acide du même métal. Cet acide est sans usages.

De l'Acide tartarique (*tartareux, tartrique*).

Cet acide ne se trouve dans la nature que combiné avec la potasse ou avec la chaux.

609. Il peut être obtenu cristallisé en lames assez larges et légèrement divergentes , ou en prismes incolores, très-aplatis, qui sont ordinairement réunis par une extrémité ; il est doué d'une saveur très-forte et il rougit l'*infusum* de tournesol.

Chauffé dans des vaisseaux fermés, l'acide tartarique fond, se boursouffle et ne tarde pas à se décomposer ; il fournit, outre les produits dont nous avons parlé (pag. 11), un acide particulier , cristallisable, appelé *pyro-tartarique*, et il laisse une grande quantité de *charbon* ; si l'expérience se fait avec le contact de l'air, il y a dégagement de calorique et de lumière , et il ne se forme que de l'eau et de l'acide carbonique.

L'acide tartarique cristallisé est inaltérable à l'air ; il se dissout très-bien dans l'eau , et sa dissolution ne tarde pas à se décomposer et à se couvrir de moisissures lorsqu'elle est en contact avec l'atmosphère. Il est moins soluble dans l'alcool ; lorsqu'on le fait dissoudre dans cet agent très-concentré , on obtient une liqueur visqueuse, semblable à l'acide malique , et l'acide tartarique a perdu la propriété de cristalliser. Si on veut l'obtenir de nouveau sous cet état, on doit faire bouillir la liqueur avec beaucoup d'eau pour volatiliser l'alcool (Tromsdorff). L'acide nitrique, à l'aide de la chaleur, décompose l'acide tartarique en se décomposant lui-même, et le fait passer à l'état d'acide oxalique; six gros d'acide tartarique fournissent 4 gros et demi environ d'acide oxalique. L'acide tartarique peut se combiner avec un très-grand nombre de bases : voici l'ordre d'affinité de plusieurs de ces bases pour cet acide : chaux, baryte, strontiane, potasse, soude, ammoniaque et magnésie. Il est formé, suivant MM. Gay-Lussac et Thenard, de

		M. Berzelius.
Carbone	24,050	35,98
Oxigène	69,321	60,28
Hydrogène	6,629	3,74

La différence de ces résultats dépend sans doute de ce que M. Berzelius a employé cet acide privé d'humidité. L'acide tartarique, dissous dans une grande quantité d'eau, peut très-bien remplacer la limonade dans les diverses maladies où les acides végétaux sont utiles.

Des Tartrates.

Tous les tartrates sont décomposés par le feu, et fournissent des produits volatils analogues à ceux que l'on obtient avec l'acide tartarique placé dans les mêmes circonstances; quelques-uns d'entre eux laissent pour résidu un sous-carbonate de la base; il y en a d'autres qui sont plus complètement décomposés et qui fournissent le métal, etc.

L'*eau* dissout les tartrates neutres de potasse, de soude, d'ammoniaque, de magnésie et de deutoxide de cuivre; presque tous les autres sont insolubles dans ce liquide : ceux-ci, sans en excepter le *tartrate de chaux*, se dissolvent dans un excès d'acide, tandis que les *tartrates neutres*

olubles sont transformés par l'acide tartarique ou par tout
autre acide fort en tartrates acidules cristallins , moins so-
ubles dans l'eau ; d'où il suit que les propriétés des tar-
rates solubles sont analogues sous ce rapport à celles des
oxalates. Il existe des *tartrates insolubles* qui se dissolvent
à merveille dans une *très-petite* quantité de tartrate de potasse , de soude ou d'ammoniaque , avec lesquels ils forment
des tartrates doubles : tels sont les tartrates de fer et de
manganèse. Il y a d'autres *tartrates insolubles* qui ne peuvent se dissoudre dans les tartrates de potasse , de soude et
d'ammoniaque pour former des sels doubles , qu'autant que
l'on a employé un *excès* de ces tartrates solubles et même
l'acide tartarique : tels sont ceux de baryte , de strontiane ,
de chaux et de plomb.

610. *Tartrate de potasse neutre* (sel végétal). On ne le
trouve pas dans la nature ; il cristallise en prismes rectangulaires à 4 pans , terminés par des sommets dièdres , légèrement déliquescens , solubles dans leur poids d'eau
froide et dans une petite quantité d'eau bouillante , et
doués d'une saveur amère. Chauffé , il se décompose après
avoir éprouvé la fusion aqueuse. Il est susceptible de dissoudre une grande quantité d'alumine. On l'emploie en
médecine , comme purgatif , à la dose de 3 à 6 gros.

611. *Tartrate acidule de potasse.* Il existe dans le raisin
et dans le tamarin. Le tartre du commerce , matière blanche
ou rouge qui se dépose sur les parois des tonneaux où le
vin fermente , est presque entièrement formé par ce sel.

Il cristallise , suivant M. Chaptal , en prismes tétraèdres ,
courts , coupés de biais aux deux extrémités ; sa saveur est
légèrement acide ; il se dissout dans 15 parties d'eau bouillante , tandis qu'il en exige 60 d'eau froide ; ce *solutum*
est décomposé par l'air et transformé en sous-carbonate
de potasse , en huile et en une espèce de moisissure , tandis que le sel solide n'éprouve aucune altération de la part

de cet agent. Il est insoluble dans l'alcool ; exposé à l'
tion de la chaleur, il se décompose comme tous les t
trates, et il reste dans la cornue du charbon et du so
carbonate de potasse ; il entre pour beaucoup dans la co
position de la crême de tartre.

612. *Crême de tartre.* La crême de tartre est form
d'après Fourcroy et M. Vauquelin, d'une très-grande qu
tité de tartrate acidule de potasse, de 7 à 8 centièmes de t
trate de chaux, d'une petite quantité de silice, d'alumin
d'oxide de fer et d'oxide de manganèse ; d'où il suit qu'e
doit partager la plupart des propriétés du tartrate acidu
de potasse qui en fait la majeure partie. On l'empl
pour préparer l'acide tartarique, les autres tartrates,
potasse pure, et pour augmenter la fixité des couleu
C'est avec la crême de tartre impure ou le tartre brut q
l'on obtient les *flux blanc et noir :* le premier est presqu'e
tièrement composé de sous-carbonate de potasse ; l'aut
est formé de ce même sel et d'une certaine quantité
charbon. (Voyez *Préparations.*)

Crême de tartre soluble. Lorsqu'on fait bouillir 1
parties de crême de tartre, 400 parties d'eau et 12,5 d'
cide *borique vitrifié* et *pulvérisé,* on remarque, au bout
quelques minutes, que la plus grande partie du tartrate
chaux se précipite, tandis que le reste se dissout ;
liqueur, filtrée et évaporée, fournit une poudre fine trè
blanche, qui est la *crême de tartre soluble :* en effe
3 parties d'eau froide ou 2 d'eau bouillante suffisent po
en dissoudre une partie. Les borates neutres et les sous
borates de potasse et de soude ont également la propriét
de rendre la crême de tartre soluble. M. Meyrac, à q
nous devons ces observations, se propose de détermine
quelle est la nature de ce sel soluble ; mais il pense qu
l'acide borique ne s'empare pas d'une portion de potass
de la crême de tartre. Suivant M. Vogel, la crême d

tartre rendue soluble par l'acide borique serait une combinaison chimique de 0,20 de tartre et de 0,20 d'acide borique; et celle qui a été rendue soluble par le sous-borate de soude serait une combinaison chimique de crême de tartre et de borate de soude.

La crême de tartre soluble doit être préférée pour l'usage médical à la crême de tartre ordinaire toutes les fois qu'on voudra la donner dans de l'eau, car celle-ci exige soixante fois son poids de ce liquide pour pouvoir être dissoute à froid. Ce médicament est à-la-fois purgatif, apéritif, diurétique et anti-septique; on l'administre comme purgatif, depuis demi-once jusqu'à deux onces, seul ou dans une tisane acidule. On l'emploie dans beaucoup d'ictères, dans certains engorgemens non squirrheux du foie, dans plusieurs hydropisies qui sont la suite de maladies inflammatoires, dans la goutte, dans les fièvres putrides, etc.; on l'incorpore quelquefois dans des bols et des pilules, et alors on en donne 20, 50 ou 80 grains par jour.

613. Le *tartrate de soude* et le *tartrate d'ammoniaque* sont le produit de l'art; ils cristallisent en aiguilles solubles dans l'eau, et n'ont point d'usages.

614. *Tartrate acidule de soude.* Il se dissout dans 12 parties d'eau froide; traité par l'acide borique ou par les borates solubles, il donne des composés très-acides, *déliquescens*, et solubles dans la moitié de leur poids d'eau.

615. *Tartrate de potasse et de soude* (sel de Seignette, sel de la Rochelle). On ne le trouve pas dans la nature; on peut l'obtenir cristallisé en prismes à huit ou dix pans inégaux; mais le plus souvent ces prismes se trouvent coupés dans la direction de leur axe. Il est inaltérable à l'air, soluble dans environ cinq fois son poids d'eau froide et dans une beaucoup plus petite quantité d'eau bouillante; il a une légère saveur amère. Suivant M. Vauquelin il est formé de 54 parties de tartrate de potasse et de 46 de

tartrate de soude. Il est employé en médecine comme purgatif, à la dose de 3, 6 ou 8 gros.

616. *Tartrate de potasse et de fer*. Il est sous la forme de petites aiguilles d'une couleur verdâtre, solubles dans l'eau et ayant une saveur styptique. La potasse, la soude, l'ammoniaque, ni les sous-carbonates de ces bases ne troublent point la dissolution de ce sel; l'acide hydro-sulfurique la décompose et s'empare de l'oxide de fer, tandis que l'acide tartarique mis à nu forme, avec le tartrate de potasse, du tartrate acide moins soluble. Les diverses préparations connues sous les noms de *tartre martial* soluble, ou de *tartre chalybé*, de *teinture de mars de Ludovic*, de *teinture de mars tartarisée*, de *boules de Nancy*, sont formées par ce sel double. Nous indiquerons ailleurs la manière de les obtenir; elles sont employées en médecine dans tous les cas où les préparations ferrugineuses sont indiquées. Le *tartre martial* se donne en boisson, ou sous la forme de bol, depuis 12 grains jusqu'à un scrupule. La *teinture de mars tartarisée* s'administre en potion, à la dose de 30 ou 36 grains jusqu'à un gros et demi; on fait prendre de temps en temps une cuillerée de cette potion: il en est de même de la *teinture de mars de Ludovic*, qui est encore plus astringente que la précédente. On emploie l'*eau de boule*, qui n'est que la dissolution aqueuse de la *boule de Nancy*, comme tonique, en douches ou en lotions, dans les entorses, dans les empâtemens légers des parties externes, etc.; on l'administre aussi à l'intérieur pour arrêter les dévoiemens, dans la chlorose, etc. (V. *Fer*, t. Ier, § 357.)

617. *Tartrate de potasse et de protoxide d'antimoine* (émétique, tartre stibié). On ne le trouve jamais dans la nature. Il cristallise en tétraèdres réguliers, ou en pyramides triangulaires, ou en octaèdres allongés, incolores, transparens, doués d'une saveur caustique et nauséabonde; il rougit l'*infusum* de tournesol. Lorsqu'on le chauffe

dans un creuset il norcit, se décompose à la manière des substances végétales, répand de la fumée, et laisse pour résidu de l'antimoine métallique et du sous-carbonate de potasse blanc ; si on le met sur des charbons rouges, on obtient des résultats analogues au bout d'une ou de deux minutes : il est évident que, dans ce cas, l'oxide d'antimoine est réduit par le charbon provenant de l'acide tartarique décomposé. L'émétique exposé à l'air s'y effleurit.

Cent parties d'eau bouillante en dissolvent 53 parties, tandis que la même quantité d'eau froide n'en dissout que 7 parties environ ; du reste, cette dissolution n'est pas décomposée par l'eau comme cela arrive avec les sels antimoniaux simples. (*Voy*. t. Ier, pag. 375). L'acide *sulfurique* et les *sulfates acides* en précipitent du sous-sulfate d'antimoine *blanc*, soluble dans un excès d'acide. Les *soussulfates* et les *sulfates* neutres des deux premières sections ne la décomposent point. La *potasse* en précipite sur-le-champ l'oxide blanc, et le précipité se redissout dans un excès d'alcali. L'*eau de chaux* la décompose également et y fait naître un dépôt blanc très-épais de tartrate de chaux et de tartrate d'antimoine, soluble dans l'acide nitrique pur. Le *sous-carbonate de soude* y fait naître également un précipité blanc qui est de l'oxide plus ou moins carbonaté. Les *hydro-sulfates* solubles en séparent du sous-hydro-sulfate d'antimoine jaune orangé, qui passe au rouge brun par une nouvelle quantité d'hydro-sulfate. L'*infusum* alcoolique de *noix de galle* est le réactif le plus sensible pour découvrir les atomes d'émétique dissous ; aussitôt que l'on mêle ces deux dissolutions, on obtient un précipité abondant, caillebotté, d'un blanc grisâtre, tirant un peu sur le jaune, qui contient l'antimoine plus ou moins oxidé, comme on peut s'en convaincre en le traitant par l'acide nitrique. Les *sucs des plantes*, les décoctions extractives des bois, des racines, des écorces amères et astringentes, précipitent la dissolution d'émétique en jaune rougeâtre ; le précipité est formé d'oxide d'antimoine , de matière végétale et de crême de tartre ; d'où il suit que l'on ne doit jamais administrer ce médicament avec ces sortes de *décoctions.*

On emploie le tartre stibié, 1° comme émétique , depuis la dose d'un demi-grain jusqu'à 6, 8 ou 10 grains, et même plus, suivant l'âge, le sexe, le tempérament et les circonstances ; on le donne dissous dans l'eau distillée, ou dans de l'eau de rivière pure ; on peut aussi l'associer à quelques sulfates purgatifs sans qu'il se décompose ; 2° comme purgatif, on en administre un grain dans une pinte de petit-lait ou de tout autre liquide approprié. On le donne dans les fièvres bilieuses continues, dans l'apoplexie séreuse, etc. On remarque souvent, dans les affections cérébrales et autres , que l'émétique agit simplement comme altérant , sans déterminer ni vomissement ni selles , même lorsqu'il est employé à la dose d'un gros dans les vingt-quatre heures , propriété qui a conduit certains praticiens à l'employer dans une foule de cas où il n'y avait pas urgence d'évacuer. M. Magendie a prouvé que l'émétique n'agissait qu'après avoir été absorbé, et que s'il n'était pas expulsé après avoir été pris à assez forte dose, il occasionnait l'inflammation de l'estomac et du système pulmonaire, et ne tardait pas à déterminer la mort. (*Voyez* mon ouvrage de *Toxicologie*, tom. Ier, partie 1re.) Les infusions de noix de galle , de quinquina et de toutes les écorces astringentes, sont les remèdes les plus efficaces pour décomposer l'émétique dans l'estomac, et pour l'empêcher d'exercer son action délétère.

De l'Acide citrique.

Cet acide se trouve dans le citron et dans l'orange ; les fruits rouges , le fruit du sorbier des oiseaux , etc. , doivent leur acidité aux acides citrique et malique.

618. Il cristallise en prismes rhomboïdaux, dont les pans sont inclinés entr'eux d'environ 60° et 120°, terminés par des sommets àquatre faces trapézoïdales, qui interceptent les angles solides, doués d'une saveur très-acide, qui devient très-agréable lorsqu'ils sont dissous dans une grande quantité d'eau. Chauffé dans des vaisseaux fermés, l'acide citrique se décompose et fournit les mêmes produits que les autres matières végétales (*voy*. pag. 11 de ce vol.); une portion d'acide non décomposé, dit-on, se volatilise. L'acide nitrique le transforme, à l'aide de la chaleur, en acide oxalique. Il est inaltérable à l'air. Trois parties d'eau à 18° en dissolvent 4 parties; ce *solutum*, exposé à l'air, se couvre de moisissures en se décomposant. Il ne s'unit à la potasse que dans une proportion. Il précipite en blanc les eaux de baryte et de strontiane : un excès d'acide redissout ces citrates. Il neutralise l'eau de chaux sans la précipiter; mais si l'on fait bouillir cette dissolution, le citrate calcaire se dépose. Il ne précipite pas non plus les nitrates d'argent et de mercure. Il trouble, au contraire, l'acétate de plomb. L'on voit, par ce qui précède, que l'acide citrique peut se combiner avec un assez grand nombre de bases : voici l'ordre d'affinité de plusieurs de ces bases pour cet acide : baryte, strontiane, chaux, potasse, soude, ammoniaque et magnésie. Cent parties de cet acide cristallisé renferment, suivant M. Berzelius, 79 parties d'acide et 21 parties d'eau. D'après le même chimiste, l'acide desséché est formé de

		MM. Gay-Lussac et Then.
Carbone...............	41,37	33,811
Oxigène..............	54,83	59,859
Hydrogène...........	3,80	6,530
	100	100

La différence de ces analyses provient sans doute de ce

que MM. Gay-Lussac et Thénard ont employé l'acide contenant de l'eau. L'acide citrique sert à faire une *limonade sèche* : pour cela on le broie avec du sucre et on aromatise le mélange avec un peu d'essence de citron; lorsqu'on veut s'en servir on le fait dissoudre dans l'eau. En teinture, on fait usage du jus de citron.

Des Citrates.

619. Ils sont tous décomposés par le feu, et fournissent les produits énumérés pag. 11. L'eau dissout les citrates de potasse, de soude, d'ammoniaque, de strontiane, de magnésie et de fer; tandis que ceux de chaux, de baryte, de zinc, de cérium, de plomb, de mercure et d'argent sont insolubles ou peu solubles; ils se dissolvent cependant dans un excès d'acide.

De l'Acide benzoïque.

620. Cet acide existe dans les baumes et dans l'urine de quelques animaux, spécialement dans celle des herbivores. Il cristallise en longs prismes blancs, brillans, satinés, légèrement ductiles et semblables à des aiguilles; il est inodore lorsqu'il est pur; il a, au contraire, une odeur d'encens quand il renferme de la résine; sa saveur est piquante et un peu amère; enfin il rougit l'*infusum* de tournesol. Chauffé dans des vaisseaux fermés il fond, se sublime presqu'en totalité, et vient cristalliser dans le col de la cornue; il n'y en a qu'une petite portion de décomposée, qui fournit un atome d'huile empyreumatique et de charbon. Si on le fait chauffer à l'air, il se décompose et répand une fumée piquante, susceptible de s'enflammer par l'approche d'un corps en ignition, à la manière des résines. Il n'éprouve aucune altération de la part de l'air à la température ordinaire. Il se dissout dans 24 parties d'eau bouil-

lante et dans 200 parties d'eau froide, en sorte que la dissolution, faite à chaud et refroidie, laisse précipiter les $\frac{7}{8}$ de l'acide dissous. Il est beaucoup plus soluble dans l'alcool; 100 parties de ce liquide bouillant peuvent dissoudre 100 parties d'acide benzoïque; tandis qu'à la température ordinaire ils ne peuvent en dissoudre que 56; dans tous les cas, si l'on verse de l'eau dans le *solutum* alcoolique saturé, on obtient un précipité blanc, floconneux, d'acide benzoïque. L'acide nitrique et plusieurs autres acides minéraux le dissolvent également. Dissous dans l'eau, il décompose et transforme en benzoate soluble les $\frac{2}{5}$ de son poids de carbonate de chaux; le benzoate qui en résulte n'est point acide. L'acide benzoïque est formé, suivant M. Berzelius, de

Carbone	74,41
Oxigène	20,43
Hydrogène	5,16

Il est employé en médecine comme tonique, et excitant du système pulmonaire; on l'administre dans les catarrhes anciens, dans certaines phthisies tuberculeuses, etc; il a été utile pour calmer des accès nerveux violens; on le donné depuis 2, 4, jusqu'à 10 ou 12 grains en poudre, dans l'alcool ou dans une conserve; il fait partie des pilules de Morton.

Des Benzoates.

Tous les benzoates sont décomposables par le feu; ceux de potasse, de chaux et d'ammoniaque sont très-solubles dans l'eau; ceux qui sont formés par les autres oxides des deux premières sections, et par les oxides de zinc et d'argent sont solubles; enfin, ceux de mercure, d'étain, de cuivre, de cérium sont insolubles. Les acides puissans décomposent tous les benzoates en s'emparant de l'oxide métallique, en sorte que si l'on verse de l'acide hydro-chlorique ou nitrique dans un benzoate dissous , on obtient un *précipité blanc* d'acide benzoïque.

621. Les *benzoates de potasse et de soude* se trouvent dans l'urine des animaux herbivores : le premier , lorsqu'il est légèrement acide , cristallise facilement en petites lames ou en aiguilles minces , solubles dans 10 parties d'eau , et douées d'une saveur légèrement âcre ; il précipite les sels de peroxide de fer.

622. *Benzoate de chaux.* Chauffé dans des vaisseaux fermés , il fond , se décompose et fournit , 1° de l'eau ; 2° une huile très-liquide, ayant une odeur et une saveur semblables à celle du baume du Pérou; 3° de l'acide benzoïque; 4° du carbonate de chaux et du charbon.

De l'Acide gallique.

L'acide gallique se trouve dans la noix de galle et dans un très-grand nombre d'écorces ; il est toujours uni au *tannin ,* substance que l'on a regardée à tort , pendant long-temps , comme un principe immédiat.

623. Il cristallise en petites aiguilles blanches , brillantes , ayant une saveur acide marquée sans être forte , et rougissant l'*infusum* de tournesol. Chauffé dans des vaisseaux fermés , il est en partie sublimé et en partie décomposé ; s'il a , au contraire , le contact de l'air , il absorbe l'oxigène avec dégagement de calorique et de lumière. A la température ordinaire , l'air ne fait éprouver aucune altération à l'acide gallique solide; l'eau bouillante en dissout le tiers de son poids , tandis qu'il n'est soluble que dans 20 parties d'eau froide : cette dissolution se couvre de moisissures par le contact de l'air. L'acide gallique est très-soluble dans l'alcool. Il est converti en acide oxalique par l'acide nitrique. Il n'altère point la transparence de la potasse, de la soude ni de l'ammoniaque; mais les

gallates qui en résultent ont une couleur fauve. Versé en petite quantité dans les eaux de chaux, de baryte ou de strontiane, il les précipite en blanc verdâtre ; ce précipité passe au violet, et finit par disparaître si l'on ajoute une nouvelle quantité d'acide ; alors le gallate acide est rougeàtre. Il colore en bleu foncé les dissolutions de peroxide de fer, et il n'agit pas sur les autres sels métalliques s'il est pur ; mais il en précipite un très-grand nombre lorsqu'il est uni au tannin : aussi l'infusion de noix de galle, principalement formée de tannin et d'acide gallique, et dont nous nous sommes souvent servis en faisant l'histoire des métaux, décompose-t-elle un assez grand nombre de ces dissolutions. L'acide gallique pur n'a point d'usage ; on l'emploie souvent uni au tannin. Nous ne ferons point l'histoire des *gallates*, sels peu importans et fort peu connus.

De l'Acide quinique.

624. L'acide quinique a été découvert, par M. Vauquelin, dans le *quinate de chaux*, retiré de l'extrait de quinquina par M. Deschamps ; il ne s'est trouvé jusqu'à présent que dans cette écorce. Il cristallise en lames divergentes ; il a une saveur très-acide, nullement amère ; il rougit fortement l'*infusum* de tournesol. Il est décomposé par la chaleur ; il est inaltérable à l'air et très-soluble dans l'eau. Il forme des sels solubles et cristallisables avec les oxides des deux premières classes ; enfin, il ne précipite pas les nitrates d'argent, de mercure et de plomb. Il est sans usages.

De l'Acide morique (moroxalique ou morolinique).

625. L'acide morique, découvert par Klaproth dans une concrétion de morate de chaux recueillie sur l'écorce du *morus alba* (mûrier blanc), cristallise en petits prismes

ou en aiguilles très-fines , de couleur de bois pâle ; il a
une saveur âcre et rougit l'*infusum* de tournesol. Chauffé
dans des vaisseaux fermés , il donne une eau acide et un
sublimé blanc , en cristaux prismatiques d'acide non altéré.
Il est très-soluble dans l'eau et dans l'alcool ; il n'éprouve aucune altération de la part de l'air ; il forme avec la potasse,
la soude et l'ammoniaque, des sels très-solubles. Le morate
de chaux exige soixante-six fois son poids d'eau froide pour
se dissoudre , et vingt-huit fois son poids d'eau bouillante.
L'acide morique ne précipite point les dissolutions métalliques des quatre dernières sections. Il est sans usages.

De l'Acide mellitique (honigstique).

626. L'acide mellitique n'a été trouvé jusqu'à présent que
dans la pierre de miel (mellite, honigstein), où il est combiné
avec l'alumine ; il a été découvert par Klaproth ; il cristallise en petits prismes durs , isolés , ou en aiguilles fines
qui se réunissent en globules rayonnés ; il a une saveur
douce , acide et amère ; il est décomposé par la chaleur ; il
est peu soluble dans l'eau ; il n'agit point sur l'acide nitrique ; il précipite en blanc les eaux de chaux, de baryte,
de strontiane , et même le *sulfate de chaux* , ce qui pourrait le faire confondre avec l'acide oxalique ; mais il en
diffère , 1° par la propriété qu'il a de redissoudre le mellitate de chaux ; 2° parce qu'il forme avec la potasse deux
mellitates , l'un neutre , qui cristallise en longs prismes
groupés ; l'autre acide , également cristallisable et susceptible de précipiter la dissolution d'alun , tandis que l'oxalate acide de potasse ne la trouble point. Les mellitates
de soude et d'ammoniaque sont solubles dans l'eau et cristallisent , le premier en cubes ou en tables triangulaires,
et le second en prismes à six pans, efflorescens. L'acide
mellitique trouble à la longue la dissolution d'hydro-
chlorate de baryte , et en précipite du mellitate de baryte

en aiguilles fines très-transparentes ; enfin il précipite les acétates de baryte , de cuivre et de plomb , ainsi que les nitrates de mercure et de fer : ces divers précipités se redissolvent dans l'acide nitrique pur. Il est sans usages.

De l'Acide succinique.

627. L'acide succinique se trouve dans l'ambre ou le succin ; il cristallise en prismes aplatis , qui paraissent rhomboïdaux ; ils sont incolores, transparens, doués d'une saveur légèrement âcre , et rougissent l'*infusum* de tournesol. Soumis à l'action de la chaleur , il se décompose en partie ; la portion non décomposée se sublime. Il est peu soluble dans l'eau , et inaltérable à l'air. Il forme avec la potasse un sel déliquescent. Les succinates de soude , d'ammoniaque, de magnésie , d'alumine et de zinc sont solubles , tandis que ceux de baryte , de strontiane , de chaux , de plomb, de cérium et de cuivre sont insolubles ou peu solubles. L'acide succinique et les succinates de potasse ou de soude précipitent les sels de peroxide de fer , et ne précipitent pas ceux de protoxide de manganèse , en sorte qu'on pourrait s'en servir pour séparer ces deux oxides si leur emploi n'était pas aussi dispendieux. Ces produits sont sans usages.

De l'Acide fungique.

628. L'acide fungique, découvert par M. Braconnot, se trouve dans la plupart des champignons ; il est incolore , incristallisable, déliquescent et doué d'une saveur très-aigre. Il forme avec la potasse et la soude des sels incristallisables, très-solubles dans l'eau , et insolubles dans l'alcool. Il décompose le *solutum* d'acétate de plomb , et le précipité , blanc, floconneux, se dissout dans l'acide acétique ; enfin il transforme l'ammoniaque en fungate acidule , sus-

ceptible de cristalliser en-prismes hexaèdres parfaitement réguliers. Il est sans usages.

629. *Acide particulier retiré de la laque en bâton.* Suivant M. John, la laque en bâton renferme un acide nouveau uni à une très-petite quantité de potasse et de chaux, à de la résine, et à quelques autres principes. Cet acide peut cristalliser ; il a une couleur d'un jaune de vin très-clair ; sa saveur est acide ; il est soluble dans l'eau, dans l'alcool et dans l'éther ; il n'altère point la transparence de l'eau de chaux, ni des nitrates d'argent et de baryte ; il précipite en blanc les sels de fer oxidés, les dissolutions de plomb et de mercure. Il forme avec la chaux, la potasse et la soude des sels déliquescens, solubles dans l'alcool, et dont on ignore la forme cristalline.

De l'Acide méconique.

630. M. Sertuerner, dans un mémoire récent sur l'*opium,* établit l'existence d'un nouvel acide végétal dont il a fort peu étudié les caractères et auquel il donne le nom d'*acide méconique.* Cet acide est solide, incolore, d'une saveur aigre, fusible dans son eau de cristallisation et susceptible d'être sublimé en longues et belles aiguilles ; il paraît avoir beaucoup d'affinité pour l'oxide de fer, et il précipite l'hydro-chlorate de ce métal en beau rouge cerise, lors même qu'il contient un excès d'acide faible ; il forme avec la chaux un sel acide cristallisable en prismes, peu soluble dans l'eau et indécomposable par l'acide sulfurique. Il ne paraît pas exercer sur l'économie animale une action très-remarquable, puisque M. Sertuerner en a pris 5 grains sans en éprouver aucun effet. Suivant cet auteur, le *principe cristallisable de l'opium,* découvert par M. Derosne, est un véritable sel formé d'acide méconique et de *morphine,* substance alcaline très-remarquable, dont nous ferons l'histoire dans la section des matières végéto-animales. L'acide

mécanique sur lequel, comme on voit, nous avons si peu de données, est maintenant l'objet des recherches de quelques chimistes distingués, et nous devons espérer que son histoire ne tardera pas à être complète.

SECTION III.

De l'Acide camphorique.

63r. L'acide camphorique cristallise en parallélipipèdes opaques et blancs ; il a une saveur légèrement amère , une odeur analogue à celle du safran ; il rougit l'*infusum* de tournesol. Chauffé dans une cornue , il se décompose , et fournit, 1° une matière blanche, opaque, non cristallisée, douée d'une saveur légèrement acide et piquante, qui se condense dans le col de la cornue ; 2° de l'eau contenant une petite quantité d'acide acétique ; 3° une huile brune , très-épaisse ; 4° une très-petite quantité de charbon. Il est inaltérable à l'air. Onze parties d'eau bouillante suffisent pour dissoudre une partie d'acide camphorique , tandis qu'il en faut 100 parties à la température ordinaire. Cent parties d'alcool en dissolvent 106 parties à froid ; l'alcool bouillant le dissout en toutes proportions. Les acides minéraux , les huiles fixes et volatiles peuvent également en opérer la dissolution. Il forme avec la *potasse* un sel acide qui cristallise en petits prismes. si toutefois on a laissé évaporer spontanément la dissolution concentrée jusqu'en consistance de sirop clair ; ce sel fond dans son eau de cristallisation lorsqu'on le chauffe. L'acide camphorique peut transformer en camphorate soluble un peu plus de la moitié de son poids de carbonate de chaux ; ce camphorate est toujours acide ; chauffé, il se dessèche, et ne fond pas , bientôt après, il se décompose, et fournit, 1° de l'eau empyreumatique, ayant quelque analogie avec celle du romarin ; 2° une huile épaisse ; 3° du carbonate de chaux, qui reste

II.   4

dans la cornue avec du charbon ; on n'obtient aucun sublimé d'acide camphorique ni d'aucune autre matière, comme
cela avait été annoncé. On ne connaît point les autres
camphorates. L'acide camphorique n'a point d'usages.

De l'Acide mucique (muqueux, saccholactique).

632. L'acide mucique a été découvert par Schéele. Il est
blanc, pulvérulent, comme terreux, rougissant faiblement
l'*infusum* de tournesol , et ayant une saveur peu acide. Il
est décompoé par le feu, et donne, outre les produits
désignés § 571 , en parlant de l'action du calorique
sur les substances végétales, une matière blanchâtre qui
se sublime sous la forme de lames, d'après Schéele. Il
est inaltérable à l'air, insoluble dans l'alcool, et peu soluble dans l'eau ; 60 parties de ce dernier liquide à 12° peuvent en dissoudre une partie, tandis qu'à la température
de l'ébullition , il paraît n'en exiger que 15 ou 16. Le *solu-*
tum précipite en blanc les eaux de chaux , de baryte et de
strontiane, et le mucate déposé se dissout dans un excès
d'acide. Il n'altère point les sels de magnésie , d'alumine ,
les hydro-chlorates d'étain et de mercure , les sulfates de
fer , de cuivre, de zinc et de manganèse ; il précipite , au
contraire, l'acétate , le nitrate , l'hydro-chlorate de plomb ,
et les nitrates d'argent et de mercure. Chauffé avec les sous-
carbonates de potasse , de soude et d'ammoniaque , il en
dégage le gaz acide carbonique avec effervescence. Il n'a
point d'usages. Il est formé , d'après les expériences de
MM. Gay-Lussac et Thénard, de :

Carbone. . . . . 33,69.
Oxigène. . . . . 62,69.
Hydrogène. . . . . 3,62.

Des Mucates.

633. Ils sont tous décomposés par le feu ; la plupart sont insolubles dans l'eau et décomposables par presque tous les acides forts ; si l'on verse un de ces acides dans une dissolution de mucate de potasse, de soude ou d'ammoniaque, on obtient un précipité blanc d'acide mucique. Les eaux de chaux, de baryte et de strontiane, et un assez grand nombre de dissolutions salines, précipitent également les mucates solubles. Le *mucate de potasse* se dissout dans huit fois son poids d'eau froide, et peut être obtenu cristallisé ; celui de *soude* n'exige que 5 parties de ce liquide pour être dissous.

De l'Acide pyro-tartarique.

634. Cet acide a été découvert par Rose. Il est solide, cristallisable, doué d'une saveur très-acide, et rougit fortement l'*infusum* de tournesol. Il est en partie décomposé, en partie volatilisé par le feu ; chauffé à l'air, il ne laisse aucun résidu charbonneux. Il se dissout parfaitement dans l'eau ; et le *solutum* fournit des cristaux par l'évaporation ; il forme avec les six alcalis des pyro-tartrates solubles ; il précipite le nitrate de mercure. Il se distingue de l'acide tartarique, 1° en ce qu'il ne précipite pas les acétates de baryte, de chaux et de plomb ; 2° en ce qu'il forme avec la potasse un pyro-tartrate déliquescent, cristallisable en lames, qui ne devient pas moins soluble par un excès d'acide pyrotartarique. Ce pyro-tartrate précipite en outre l'acétate de plomb, ce qui distingue l'acide pyro-tartarique de l'acide acétique. Il est sans usages.

De l'Acide subérique.

635. L'acide subérique, découvert par Brugnatelli, est sous la forme d'une poudre blanche, d'une saveur peu mar-

quée , ayant fort peu d'action sur le tournesol. Chauffé graduellement dans une cornue , il se fond comme de la graisse , et peut être obtenu cristallisé par le refroidissement , surtout si on l'agite contre les parois du vase lorsqu'il est fondu ; chauffé plus fortement , il se sublime presqu'en entier sous la forme de longues aiguilles ; la portion non volatilisée se décompose , et laisse un peu de charbon dans la cornue. Lorsqu'on le met sur des charbons incandescens , il fond et répand une fumée qui a l'odeur du suif. Il est soluble dans 38 parties d'eau à 60° , tandis qu'il en exige 80 à la température de 13°. L'alcool le dissout beaucoup mieux : aussi l'eau versée dans le *solutum* alcoolique en précipite-t-elle une portion. Les nitrates de plomb, de mercure et d'argent, l'hydro-chlorate d'étain , le proto-sulfate de fer et l'acétate de plomb, sont précipités par cet acide , qui ne trouble point au contraire les dissolutions de sulfate de cuivre et de zinc. Il n'a point d'usage.

Les *subérates* sont décomposés par le feu, excepté ceux de potasse, de soude et d'ammoniaque; ils sont pour la plupart insolubles ou peu solubles. Les acides un peu forts précipitent l'acide subérique qui entre dans la composition des subérates solubles ; ceux - ci décomposent presque toutes les dissolutions salines neutres des quatre dernières classes. Les *subérates* de *potasse* et d'*ammoniaque* cristallisent facilement ; le dernier précipite les dissolutions concentrées d'alun , de nitrate et d'hydro-chlorate de chaux. (Bouillon-Lagrange.)

De l'Acide nancéique.

M. Braconnot a donné ce nom à un acide qu'il a découvert dans les substances végétales qui ont passé à l'état acide ; il l'a trouvé dans le riz aigri , le jus de betterave putréfié , les haricots et les pois bouillis avec de l'eau et abandonnés à eux-mêmes, etc. Voici quels sont les caractères assignés à cet acide par ce chimiste.

636. Il est liquide, incristallisable, à peine coloré, et doué d'une saveur presque aussi forte que celle de l'acide oxalique. Distillé, il se décompose comme les autres acides végétaux fixes et fournit du charbon et de l'acide acétique. Il ne trouble point les dissolutions salines des quatre dernières classes, même lorsqu'il est combiné avec la potasse, si toutefois l'on en excepte celles de zinc, qui sont précipitées lorsqu'elles sont concentrées. Il forme avec la *potasse* ou la *soude* des sels déliquescens, incristallisables et solubles dans l'alcool; avec l'*ammoniaque*, un sel acide cristallisable en parallélipipèdes; avec la *baryte*, un sel incristallisable, non déliquescent, ayant l'aspect de la gomme; avec la *strontiane* et la *chaux*, des cristaux grenus, semblables à des grains de choux-fleurs, presque opaques, peu sapides, et solubles, le premier dans 8 parties d'eau à 15° Réaumur, et l'autre dans 21 parties du même liquide; avec la *magnésie*, un sel en petits cristaux grenus, pulvérulens, légèrement efflorescens, peu sapides, et solubles dans 25 parties d'eau à 15° Réaumur; avec l'*alumine*, un sel inaltérable à l'air, qui a l'aspect de la gomme; avec le *protoxide de manganèse*, un sel qui cristallise en prismes tétraèdres terminés par des sommets dièdres, légèrement efflorescens, fusibles dans leur eau de cristallisation et solubles dans 12 parties d'eau à 12° Réaumur; avec le *protoxide de cobalt*, un sel en cristaux grenus et pulvérulens, d'une belle couleur rose, solubles dans 35 parties et demie d'eau à 15° Réaumur; avec le *protoxide de nickel*, un sel cristallisé confusément, d'un vert d'émeraude, d'une saveur sucrée d'abord, puis métallique, soluble dans environ 30 parties d'eau à 15° Réaumur; avec l'*oxide de zinc*, un sel en cristaux groupés, qui sont des prismes carrés terminés par des sommets obliquement tronqués, et solu-

bles dans 5o parties d'eau à 15° Réaumur ; avec le *protoxide de mercure*, un sel cristallisable en aiguilles fasciculées, très-solubles dans l'eau ; avec l'*oxide d'argent*, un sel formé par une multitude d'aiguilles soyeuses, très-fines, blanchâtres, rougissant par son exposition à la lumière, et soluble dans 20 parties d'eau à 15° Réaumur ; avec le *protoxide de plomb*, un sel incristallisable, ressemblant à la gomme et inaltérable à l'air ; avec le *protoxide d'étain*, un sel en octaèdres cunéiformes : avec le *deutoxide de cuivre*, un sel cristallisable ; avec le *protoxide de fer*, un sel en aiguilles fines, tétraèdres, peu soluble et inaltérable à l'air.

CLASSE II.

Des Principes immédiats des végétaux dans lesquels l'oxigène et l'hydrogène sont dans le rapport convenable pour former de l'eau.

Ces principes sont au nombre de neuf, savoir : le sucre, la mannite, la fécule, l'inuline, la gomme, la bassorine, le ligneux, la subérine et la moelle de sureau. Ils sont tous solides, excepté la variété de sucre appelée *mélasse*, qui est constamment liquide ; ils sont plus pesans que l'eau, inodores, sans action sur l'*infusum* de tournesol et sur le sirop de violette.

637. Soumis à l'action du calorique, ils sont tous décomposés et fournissent de l'eau, de l'acide carbonique, de l'acide acétique et tous les produits indiqués § 571, excepté, 1° qu'ils donnent une plus grande quantité de charbon que les acides et que les produits hydrogènes de la troisième classe ; 2° que l'inuline ne donne pas d'huile. Aucun n'est volatil.

638. Chauffés avec le contact de l'air, ces principes immédiats se décomposent de la même manière, mais plus ra-

pidement et plus complètement que dans le cas précédent; ils répandent une fumée piquante, douée le plus souvent d'une odeur de caramel, et qui est due à la volatilisation d'une partie des produits formés pendant la décomposition; ils se boursoufflent, noircissent, et finissent par ne laisser qu'un résidu terreux, que l'on appelle *cendres* : la plupart d'entre eux, surtout lorsque la chaleur est assez forte, produisent une flamme plus ou moins éclatante, et alors ils répandent beaucoup moins de fumée. Ces divers phénomènes s'expliquent facilement; en effet, nous venons de voir (§ précédent) que la substance végétale est décomposée dans des vaisseaux fermés par la seule action de la chaleur, et que l'oxigène de cette substance joue un grand rôle dans la décomposition, en donnant naissance à des produits oxigénés : il faut donc admettre que l'air atmosphérique, qui cède facilement son oxigène, hâte cette décomposition; l'hydrogène carboné, l'oxide de carbone, l'huile et le charbon formés, ou mis à nu à mesure que le principe immédiat se détruit, se trouvent à une température assez élevée pour s'unir avec l'oxigène de l'air et se transformer en eau et en acide carbonique, avec dégagement de calorique et de lumière. L'oxigène qui se combine avec ces produits est-il en assez grande quantité pour les transformer complètement et rapidement en eau et en acide carbonique, il n'y a point ou que très-peu de fumée, et la flamme est très-vive. Le contraire a-t-il lieu, et la température est-elle peu élevée, une partie des produits volatilisés se dégage dans l'atmosphère sans se combiner avec l'oxigène, répand une odeur piquante, et va s'attacher, sous la forme de suie, aux parois de la cheminée ou des poiles dans lesquels on fait chauffer ces matières.

639. L'action de ces principes immédiats sur l'eau, considérée comme *dissolvant*, varie : les uns sont solubles à froid et à chaud; d'autres ne se dissolvent qu'à l'aide de la chaleur

enfin il en est qui sont complètement insolubles. Cependant ils sont tous décomposés lorsqu'on les laisse dans ce liquide *aéré* pendant un temps suffisant, ou, ce qui revient au même, lorsqu'on les expose à l'action de *l'air* humide et à la température ordinaire; il se forme alors de l'eau, du gaz acide carbonique, du gaz hydrogène carboné, de l'acide acétique, une matière noire ou moisie dans laquelle le charbon prédomine, et probablement de l'huile. Quelle peut être l'action de l'eau et de l'air? Le premier de ces fluides paraît agir en ramollissant les fibres, en détruisant la cohésion, et en dissolvant quelques produits de la décomposition. Quant à l'air, M. Th. de Saussure pense (du moins pour la décomposition du bois) qu'il se borne à céder son oxigène au carbone du principe immédiat pour former de l'acide carbonique; en sorte que l'eau obtenue est produite aux dépens de l'oxigène et de l'hydrogène du végétal; or, comme il se forme beaucoup plus d'eau que d'acide carbonique, le carbone doit prédominer et communiquer au résidu une couleur noire.

Parmi les corps simples non métalliques il n'y a guère que l'iode et le chlore qui agissent sur ces principes immédiats. L'*iode* peut s'unir avec la fécule, même à la température ordinaire; il les décompose tous à l'aide de la chaleur, s'empare de leur hydrogène et passe à l'état d'acide hydriodique. Le *chlore* gazeux employé en quantité suffisante, à la température ordinaire, les charbonne au bout de quelques jours, s'unit à leur hydrogène, et passe à l'état d'acide hydro-chlorique.

Le *potassium*, le *sodium*, et probablement le barium, le strontium et le calcium, s'emparent de l'oxigène de ces principes immédiats, à l'aide de la chaleur, les charbonnent et se transforment en oxides.

640. L'action de l'acide *sulfurique* sur ces principes varie suivant son degré de concentration et sa température.

Excepté l'inuline, ils sont tous charbonnés à froid par cet acide concentré, qui détermine la formation d'une certaine quantité d'eau aux dépens de leur oxigène et de leur hydrogène ; le charbon est mis à nu, tandis que l'eau formée se combine avec l'acide. A chaud, il y a à-la-fois décomposition de l'acide et de la matière végétale ; en effet, le charbon mis à nu d'abord, s'empare d'une portion ou de la totalité de l'oxigène de l'acide sulfurique, passe à l'état d'acide carbonique, et le transforme en gaz acide sulfureux ou en soufre. Si l'acide sulfurique est affaibli, il ne décompose point ces principes ; il en dissout seulement quelques-uns. L'action des acides hydro-phtorique, hydro-chlorique, phosphorique ou phosphatique concentrés, sur ces matières, paraît être analogue à celle dont nous venons de parler.

641. L'action de l'acide *nitrique* moyennement étendu et aidé de la chaleur, sur ces principes, mérite de fixer notre attention ; il les décompose en se décomposant, et les transforme tous en un *produit acide* qui est ou de l'acide malique, ou oxalique, ou saccholactique, ou subérique (*Voy.* planche 1re, fig. 1re). Si l'on introduit dans la cornue *C*, placée sur un fourneau à réverbère, une partie d'un de ces principes immédiats pulvérisés, et 4 ou 5 parties d'acide nitrique à 25° ; si l'on adapte à cette cornue une allonge *A*, qui se rend dans un ballon *B*, d'où part un tube de sûreté recourbé *T*, qui va se rendre dans des cloches pleines d'eau, et que l'on chauffe graduellement la cornue après avoir luté les jointures, on remarquera que la liqueur ne tardera pas à bouillir ; il se dégagera du gaz acide carbonique, du gaz azote, du deutoxide d'azote ou du gaz acide nitreux jaune rougeâtre ; il se condensera dans le ballon de l'eau de l'acide nitrique qui aura été volatilisé, de l'acide hydrocyanique (prussique) et de l'acide acétique. Lorsque l'opération sera terminée, qu'il ne se dégagera plus ou presque plus de gaz, on trouvera dans la cornue un ou deux des

acides dont nous avons déjà parlé, savoir : l'acide malique, oxalique, saccholactique ou subérique ; la quantité de ces acides sera toujours moindre qué celle du principe immédiat décomposé; enfin il pourra rester encore dans la cornue une portion d'acide nitrique non décomposé, de l'eau, un peu d'acide acétique, etc. *Théorie.* Une portion de l'oxigène de l'acide nitrique s'unit à une certaine quantité d'hydrogène et de carbone du principe immédiat pour former de l'eau et de l'acide carbonique ; une autre portion d'oxigène de l'acide nitrique forme, avec une nouvelle quantité d'hydrogène et de carbone, de l'acide acétique ; l'acide nitrique, ainsi privé de son oxigène, se trouve transformé en gaz acide nitreux, en gaz deutoxide d'azote, ou en azote ; une portion de cet azote se combine avec une partie d'hydrogène et de carbone du principe immédiat pour donner naissance à de l'acide hydro-cyanique. Cela étant posé, que doit devenir ce principe immédiat qui a cédé tant d'hydrogène et de carbone pour donner naissance à de l'eau et aux acides carbonique, acétique et hydro-cyanique ? Il est évident qu'il doit se trouver transformé en un corps très-oxigéné, puisqu'il n'a point perdu d'oxigène et qu'il a cédé une grande partie de son hydrogène et de son carbone ; ce corps oxigéné est effectivement l'acide malique, oxalique, saccholactique ou subérique, qui, comme nous l'avons dit, reste dans la cornue. Plus la quantité d'hydrogène et de carbone cédée est considérable, plus l'acide qui en résulte est oxigéné ; c'est ainsi que le sucre, qui peut donner, soumis à cette opération, de l'acide malique ou de l'acide oxalique, se transforme d'abord en acide malique qui est moins oxigéné que l'acide oxalique.

Ces principes immédiats, chauffés avec les *sels* précédemment étudiés, agissent sur eux comme le charbon ; en effet, par l'action de la chaleur la matière végétale se trouve décomposée et ne laisse pour résidu que du charbon très-divisé.

Du Sucre.

642. On donne le nom de *sucre* à toute substance solide ou liquide, douée d'une saveur douce, soluble dans l'eau, soluble dans l'alcool, d'une pesanteur de 0,83, susceptible d'éprouver la fermentation alcoolique lorsqu'elle est mise en contact avec des proportions convenables d'eau et de ferment, et ne donnant point d'acide mucique lorsqu'on la traite à chaud par l'acide nitrique. On connaît plusieurs espèces de sucre.

1re ESPÈCE. *Sucre de canne.*

Ce sucre se trouve dans la tige de toutes les plantes du genre *arundo*, et principalement dans l'*arundo saccharifera*; on le rencontre aussi dans la sève de l'*acer montanum* (érable), dans la betterave, la châtaigne, le navet, l'oignon, et dans toutes les racines douces. Il cristallise en prismes quadrilatères ou hexaèdres, incolores, terminés par des sommets dièdres et quelquefois trièdres, auxquels on donne le nom de *sucre candi*; sa pesanteur spécifique est, suivant Fahrenheit, de 1,6065. Il est inaltérable à l'air; uni au tiers de son poids d'eau, il forme un sirop épais qui se conserve long-temps, mais qui ne tarde pas à s'altérer par le contact de l'air si on l'étend d'une plus grande quantité de liquide: il paraît aussi se décomposer lorsqu'on l'expose pendant long-temps à une température de 60 ou 80°; du moins la majeure partie du sucre qu'il renferme perd la propriété de cristalliser. La dissolution aqueuse du sucre devient aussi incristallisable et astringente par son mélange avec la potasse, la soude, la chaux, la baryte et la strontiane; mais si on en sépare ces alcalis au moyen des acides, elle acquiert de nouveau la propriété de cristalliser, à moins que le sucre n'ait été décomposé par son ébullition avec ces oxides. La litharge peut être dissoute dans l'eau si on la fait bouillir avec du sucre.

L'eau sucrée n'est troublée ni par le sous-acétate de plomb, ni par aucun autre réactif, excepté par l'hydro-chlorate de deutoxide de mercure (sublimé corrosif dissous), qui y fait naître, au bout de quelques jours, un précipité de proto-chlorure de mercure (calomélas) et de sucre altéré.

Cependant le sucre peut, à l'aide de la chaleur, décomposer un certain nombre de dissolutions métalliques, comme l'a prouvé M. Vogel, et comme nous l'avions déjà fait entrevoir. (Voyez *Toxicologie générale*, tom. IV., Addition, article *Vert-de-gris.*) L'*acétate de cuivre* est décomposé par ce produit; l'acide acétique se dégage ; il se précipite du protoxide de cuivre, et la liqueur renferme, suivant M. Vogel, du proto-acétate de cuivre, tandis que l'on obtient du cuivre métallique avec le *sulfate*. Le nitrate et l'hydro-chlorate de deutoxide de cuivre sont transformés, par le sucre, en sels à base de protoxide. Le nitrate d'*argent* et l'hydro-chlorate d'*or* sont aussi décomposés avec la plus grande facilité. Le nitrate de *mercure* est réduit. Le deutoxide de *mercure*, l'*hydro-chlorate* et l'*acétate* de ce même deutoxide, sont ramenés par le sucre à un dègré inférieur d'oxidation. Il n'agit point sur les sels dont les métaux décomposent l'eau, comme ceux de *fer*, d'*étain*, de *zinc*, de *manganèse*, etc. Il est évident que, dans toutes ces circonstances, le carbone et l'hydrogène du sucre s'emparent d'une portion ou de la totalité de l'oxigène qui entre dans la composition de l'oxide métallique.

Le sucre de canne est très-peu soluble dans l'alcool concentré. Il est formé, d'après MM. Gay-Lussac et Thenard, de

Carbone..................................	42,47.
Oxigène.................................	50,63.
Hydrogène...............................	6,90.

On se sert de ce produit immédiat pour la préparation du sucre d'orge : pour cela, on fait bouillir l'eau sucrée, et on la concentre jusqu'à ce qu'elle soit susceptible de fournir une masse fragile et transparente quand on la met dans l'eau ; alors on la coule sur une table imbibée d'huile, et on la coupe en petits cylindres lorsqu'elle est encore molle. Le sucre entre dans la composition d'un très-grand nombre d'alimens, de boissons et de médicamens. M. Magendie a fait, dans ces derniers temps, des expériences sur les chiens, qui l'ont conduit à admettre que le sucre, ainsi que tous les autres alimens privés d'azote, ne nourrissent point ; qu'ils sont cependant facilement digérés, et qu'ils fournissent un chyle incapable d'entretenir la vie au-delà de 30 ou de 40 jours environ.

On a cru pendant quelque temps que le sucre était le contre-poison du vert-de-gris et des sels mercuriaux; mais nous avons prouvé qu'il ne pouvait être regardé comme tel, puisqu'il n'a pas la propriété de décomposer ces préparations dans l'estomac, et que d'ailleurs, lorsqu'on le fait prendre à des animaux empoisonnés par le vert-de-gris, et que l'on s'oppose au vomissement des matières ingérées, ces animaux périssent, et l'on observe tous les symptômes et les mêmes altérations organiques auxquels donne lieu le vert-de-gris sans mélange de sucre. Cette substance ne peut donc être utile dans cet empoisonnement que comme adoucissante.

IIe Espèce. *Sucre de raisin.*

Il se trouve dans le raisin, dans le miel et dans une multitude de fruits, d'où il peut être séparé avec facilité ; mais on peut aussi l'obtenir avec l'amidon, de l'eau et de l'acide sulfurique. (Voyez *Amidon*, pag. 65.) L'urine des malades atteints de diabètes sucré renferme quelquefois du sucre cristallisable entièrement analogué au sucre de raisin : il a été caractérisé par M. Proust.

Il est sous la forme de petits grains réunis en une espèce de tubercule, ou bien il cristallise en petites aiguilles ; il a une saveur fraîche qui finit par être sucrée; il se fond à une douce chaleur. Il est bien moins soluble dans l'eau froide que le précédent, car il en faut deux fois et demie autant que du sucre de canne pour que l'eau acquière une saveur sucrée aussi forte ; il est plus soluble dans l'eau et dans l'alcool bouillans que dans ces liquides froids : aussi se dépose-t-il en grande partie à mesure que leur température diminue ; sa dissolution aqueuse moisit assez promptement. On peut faire avec ce sucre un sirop que l'on emploie avec succès dans la préparation des compotes, des fruits à l'eau-de-vie, etc. ; mais sa saveur n'est pas assez agréable pour qu'il puisse remplacer l'espèce précédente dans un très-grand nombre de cas où elle est employée, par exemple, pour sucrer l'eau, le café, etc.

iiiᵉ ESPÈCE. *Sucre des Champignons.*

Cette espèce, découverte par M. Braconnot, cristallise en prismes quadrilatères à base carrée, lorsqu'on abandonne sa dissolution aqueuse à l'évaporation spontanée ; mais si la cristallisation est opérée promptement, on a des aiguilles soyeuses très-fines. Les acides n'enlèvent point à cette substance la propriété de cristalliser, comme cela a lieu avec le sucre de canne ; elle est moins soluble dans l'eau que ce dernier, et n'a point d'usages.

ivᵉ ESPÈCE. *Sucre liquide.*

Plusieurs chimistes regardent le sucre liquide incristallisable qui se trouve dans la canne, dans la betterave, dans le miel, etc., comme une espèce particulière, caractérisée, 1° par son état liquide; 2° par sa couleur, qui est constamment jaune. M. Chevreul, qui ne partage pas cette opinion, pense que le sucre liquide est une combinaison d'un sucre cristallisable, dont l'espèce peut varier, avec un autre principe qui surmonte la force de cohésion du premier. On emploie la *mélasse* ou le sucre liquide pour obtenir l'alcool; il suffit pour cela de la faire fermenter avec de la levure de bière ou du levain de pâte d'orge délayés dans de l'eau tiède. D'après M. Chaptal, 100 litres de mélasse fournie par la betterave, donnent 33 litres d'esprit-de-vin à 22°, qui n'a point de mauvais goût, et qui est infiniment plus piquant que celui que l'on retire par tout autre procédé.

Du Miel.

Le miel de bonne qualité est entièrement formé, 1° de sucre liquide incristallisable; 2° de sucre cristallisable semblable à celui de raisin; 3° d'un principe aromatique : tel est le miel de Mahon, du mont Hymette, du mont Ida et de Cuba; il est liquide, blanc et transparent. Le miel de seconde qualité contient en outre de la cire et de l'acide; il est blanc et grenu comme, par exemple, celui de Narbonne et du Gâtinais (1). Enfin le miel de qualité inférieure, comme celui de Bretagne, qui est d'un rouge brun, et dont la saveur est âcre et l'odeur désagréable, renferme encore du couvain, qui lui donne la propriété de fermenter lorsqu'on l'étend d'eau, pourvu que la température soit à 15° ou 18° thermomètre centigrade : il se forme alors une liqueur alcoolique sucrée connue sous le nom d'*hydromel*.

M. Bucholz, en examinant l'action du miel privé d'acide

---

(1) Si après avoir délayé ce miel dans un peu d'alcool, on le presse fortement dans un sac de toile serrée, celui-ci retiendra le sucre cristallisable, tandis que le sucre liquide dissous par l'alcool passera à travers les pores, et pourra être obtenu par la simple évaporation du liquide.

sur le borax, a établi, 1° que ces deux substances se com=
binent chimiquement, et qu'il en résulte une matière déliquescente, incristallisable, ne verdissant pas le sirop de
violette, ne rougissant pas le papier de curcuma, qu'il
regarde comme un sel nouveau; 2° que 2 onces de borax
deviennent solubles, à l'aide du miel, dans 5 onces d'eau,
tandis que le borax seul exigerait 32 onces de ce liquide
à 18°; 3° que les proportions les plus convenables pour la
saturation réciproque sont parties égales de miel et de
borax.

On n'est pas d'accord sur l'existence du miel dans les
plantes; quelques naturalistes pensent que le suc sucré et
visqueux recueilli par les abeilles dans les nectaires et sur
les feuilles de quelques végétaux, a besoin d'être élaboré
par l'animal pour être converti en miel, tandis que d'autres
embrassent l'opinion contraire.

Le miel est employé avec succès à la préparation d'un
très-bon sirop connu sous le nom de *sirop de miel* : pour
l'obtenir on fait bouillir dans une bassine, pendant deux
minutes, 100 onces de miel, une once et demie de craie
(carbonate de chaux) et 13 onces d'eau ; on y ajoute 5 onces
de charbon pulvérisé, lavé et séché, et 7 onces d'eau dans
laquelle on a délayé deux blancs d'œuf; on agite le mélange,
que l'on continue à faire bouillir pendant deux minutes ;
on retire la bassine du feu, et au bout de 7 à 8 minutes,
on passe le sirop à travers la chausse. On peut ensuite traiter
le résidu par l'eau chaude, que l'on fait évaporer pour avoir
un sirop de seconde qualité.

Le miel doit être regardé comme relâchant et émol-
lient ; associé à des boissons adoucissantes, il est employé
dans les catarrhes pulmonaires ; on l'administre dans certains cas de constipations longues ; on fait usage de l'*hydromel* comme rafraîchissant et anti-putride ; on l'emploie
encore pour édulcorer le colchique, la scille, etc. L'*oximel*,

regardé comme un résolutif expectorant, et dont on se sert dans les fièvres bilieuses, au commencement des fièvres putrides, etc., n'est autre chose que du miel uni au vinaigre.

De la Mannite (substance cristallisable de la manne).

La mannite n'a été trouvée jusqu'à présent que dans les diverses espèces de manne, surtout de la manne en larmes, qui en est presqu'entièrement formée. Elle est solide, blanche, inodore, douée d'une saveur fraîche et sucrée, qui n'est pas nauséabonde ; elle cristallise en prismes quadrangulaires très-fins, demi-transparens ; elle est décomposée par le feu, ne s'altère point à l'air et se dissout très-bien dans l'eau; l'alcool bouillant en opère bien la dissolution ; mais la majeure partie se précipite, par le refroidissement, sous la forme de petits grains cristallins ; traitée par l'acide nitrique, elle fournit de l'acide oxalique et ne donne pas un atome d'acide mucique (saccholactique); elle ne peut éprouver la fermentation spiritueuse ou alcoolique ; sa dissolution aqueuse n'est point précipitée par le sous-acétate de plomb. Elle n'a point d'usages.

Du Principe doux des huiles.

643. Schéele a admis dans les huiles grasses un principe doux, liquide, d'une saveur douce, déliquescent, ne donnant pas d'alcool lorsqu'on le met en contact avec du ferment, susceptible d'être transformé en acide oxalique au moyen de l'acide nitrique, etc. ; mais il paraît, d'après les expériences faites par M. Frémy, que ce principe ne se trouve pas tout formé dans les huiles, et qu'il est le résultat de l'action qu'exerce la litharge, dont on se sert pour le préparer, sur ces matières grasses.

De la Fécule amilacée (amidon).

644. Ce produit immédiat existe dans les graines de toute les légumineuses et des graminées, dans les palmiers, dans les marrons, les châtaignes, les pommes de terre, les racines d'arum, de bryone, de plusieurs espèces de *jatropha*, d'orchis, etc. Il est en petits cristaux brillans, ou sous la forme d'une poudre blanche, insipide, inodore. Il est décomposé par le feu à la manière des substances végétales (§ 571); cette décomposition a lieu avec beaucoup plus d'intensité et avec dégagement de calorique et de lumière, si la fécule est projetée sur un corps incandescent placé dans l'atmosphère. Il est inaltérable à l'air, insoluble dans l'alcool, dans l'éther et dans l'eau froide; il se dissout cependant dans ce dernier liquide s'il a été légèrement torréfié, préparation qui paraît changer un peu sa nature. Il est soluble dans l'eau bouillante; la dissolution, concentrée, se prend en gelée par le refroidissement; cette gelée, connue sous le nom d'*empoix*, se décompose à l'air et devient acide.

MM. Colin et Gaulthier de Claubry ont fait voir que lorsqu'on triture l'amidon avec une suffisante quantité d'*iode*, le composé acquiert une couleur *noire*; si l'on emploie moins d'iode, il devient d'un très-beau bleu; enfin il est violet, et même blanc, si la quantité d'iode employé va toujours en diminuant. On peut obtenir constamment la couleur bleue en faisant dissoudre le composé noir dans la potasse liquide, et précipitant la dissolution par un acide végétal; ce composé se dissout dans l'acide sulfurique faible, auquel il communique une belle couleur bleue.

645. Si l'on fait bouillir pendant trente-six heures, comme l'a prouvé M. Kirschoff, 100 parties d'amidon délayées dans 400 parties d'eau contenant une partie d'acide *sulfurique* concentré, on observe, si toutefois l'on a soin de remplacer

l'eau à mesure qu'elle s'évapore, que l'amidon se transforme en une matière *sucrée*, semblable au sucre de raisin et susceptible d'éprouver la fermentation alcoolique :
l'acide n'est point décomposé, et il ne se dégage aucun
gaz. L'acide sulfurique, suivant M. Th. de Saussure, n'agit
qu'en diminuant la viscosité de la dissolution aqueuse
de l'amidon, tandis que celui-ci se combine avec une
certaine quantité d'eau, ou du moins avec les élémens de
ce liquide ; en effet, M. de Saussure, en comparant l'analyse de l'amidon à celle du sucre obtenu, a trouvé que
100 parties d'amidon supposé sec et privé de matières terreuses, fixent, dans cette expérience, 24,62 parties d'eau ;
cependant, loin d'obtenir 124,62 parties de sucre, on
n'en forme que 80 ou 90 pour 100, ce qui doit être attribué à ce que l'amidon employé est humide, impur, et
que d'ailleurs il y a toujours quelque perte.

L'acide sulfurique concentré charbonne l'amidon. L'acide
nitrique étendu d'eau le dissout à froid ; si on chauffe le
mélange, il se forme de l'acide malique, de l'acide oxalique,
et une matière grasse ; mais il ne se produit point d'acide
mucique. La potasse liquide dissout l'amidon, et la dissolution est précipitée par les acides, qui s'emparent de l'alcali. L'amidon contient :

	Gay-Lussac et Then.	Berzelius.	Th. de Saussure.
Carbone............	43,55	43,327	45,39
Oxigène............	49,68	49,583	48,31
Hydrogène	6,77	7,090	5,30
Azote	0,00	0,000	0,40

La fécule préparée avec le blé ou avec l'orge, celle qui
constitue véritablement l'amidon, sert à faire l'empoix ;
elle entre dans la composition de la farine et des dragées ;
enfin elle constitue la poudre à poudrer. On emploie en
médecine, sous le nom de *sagou*, la fécule du *cycas cir-*

cinalis, et celle de l'*orchis morio*, que l'on nomme *salep*. Ces substances mucilagineuses, comme toutes les variétés de fécule, conviennent aux personnes épuisées par des excès vénériens, par des veilles continues, par des maladies longues, telles que la phthisie purulente, les diarrhées séreuses, etc.; on les administre en décoction, depuis 2 gros jusqu'à demi-once, dans 2 pintes d'eau que l'on fait réduire à une, et que l'on aromatise avec la cannelle, la zédoaire, etc.; quelquefois aussi on rapproche assez la décoction pour en faire une crême. La fécule de *pomme de terre* est employée dans la préparation du pain.

De l'Inuline.

646. L'inuline, découverte par Rose, et étudiée ensuite par M. Gaulthier de Claubry, se trouve dans la racine d'aulnée ou élécampe (*inula helenium*); elle est sous forme de poudre blanche, insoluble, semblable à l'amidon, mais dont on peut la distinguer aux propriétés suivantes : 1° elle se dissout très-bien dans une petite quantité d'eau à 60° thermomètre centigrade, sans donner une gelée, et se dépose par le refrodissement en une poudre blanche; 2° elle ne donne pas de trace d'huile à la distillation; 3° elle forme avec l'iode un composé jaune verdâtre; 4° elle se dissout dans l'acide sulfurique concentré sans odeur d'acide sulfureux, et l'ammoniaque peut la précipiter de cette dissolution. Elle n'a point d'usages.

Des Gommes.

647. On donne le nom de *gomme* aux produits immédiats des végétaux incristallisables, insolubles dans l'alcool, formant avec l'eau un mucilage plus ou moins épais, donnant avec l'acide nitrique, à l'aide de la chaleur, de

l'acide mucique (saccholactique), et n'étant point susceptibles d'éprouver la fermentation alcoolique. On connaît
plusieurs espèces de gomme.

1re Espèce. *Gomme arabique.*

La gomme arabique se trouve dans plusieurs espèces de
mimosa qui croissent sur les bords du Nil et dans l'Arabie;
on la rencontre aussi dans deux espèces d'arbres qui bor-
dent le fleuve Sénégal, et que les naturels appellent *uerek*
et *nebueb*, de là le nom de *gomme du Sénégal*, sous lequel
elle est également connue.

Elle se présente sous la forme de petites masses jaunâtres, transparentes, concaves d'un côté, convexes de
l'autre, fragiles et par conséquent faciles à réduire en poudre.
La gomme du Sénégal est quelquefois orangée; elle est
assez soluble dans l'eau, et forme avec ce liquide un mucilage qui n'est pas à beaucoup près aussi épais que celui
que donne l'espèce suivante. Elle diffère encore de la
gomme adragant, 1° en ce qu'elle donne moins de charbon lorsqu'on la décompose par le feu; 2° en ce qu'elle
fournit moins d'acide mucique quand elle est traitée par
l'acide nitrique. Suivant M. Vauquelin, la gomme arabique
la plus pure contient de l'acétate ou du malate de chaux,
et une petite quantité de phosphate de chaux et de fer.
On l'emploie pour donner du lustre aux étoffes et du
brillant à certaines couleurs; elle sert à la préparation
des pastilles; enfin on en fait un grand usage en médecine, à raison de ses propriétés adoucissantes, expecto-
rantes, etc. : on l'administre avec succès dans les catarrhes
pulmonaires, les diarrhées, les dysenteries, les maladies
des voies urinaires, dans les empoisonnemens par les substances âcres et corrosives, etc.; on en fait dissoudre un
gros ou un gros et demi dans une pinte et demie d'eau que

l'on fait bouillir. La gomme arabique est formée, d'après MM. Gay-Lussac et Thenard, de,

Carbone............................ 42,23
Oxigène............................ 50,84
Hydrogène......................... 6,93

2e Espèce. *Gomme adragant.*

La gomme adragant se trouve dans l'*astragalus tragacantha*, qui croît dans l'île de Crète et dans les îles environnantes. Elle se présente sous la forme de petites masses blanches, opaques, semblables à de petits rubans entortillés; elle ne se réduit bien en poudre qu'autant que l'on a fait chauffer le mortier, phénomène qui dépend de ce qu'elle est légèrement ductile. Elle donne plus de charbon à la distillation que la précédente, et plus d'acide mucique lorsqu'on la traite par l'acide nitrique.

Suivant M. Bucholz, la gomme adragant est composée de 57 parties d'une matière analogue à la gomme arabique, très-soluble dans l'eau froide, et de 43 parties d'un principe susceptible de se gonfler et de prendre l'aspect gélatineux lorsqu'on le met dans l'eau froide, qui du reste ne le dissout point; l'eau bouillante opère parfaitement la dissolution de ce principe, et paraît le décomposer, du moins il perd la propriété de se gonfler lorsqu'on le met de nouveau dans ce liquide froid, et il y devient soluble à la manière des mucilages. Une partie de gomme adragant et 60 parties d'eau froide donnent un mucilage épais; une partie de la même substance et 100 parties d'eau, forment un liquide aussi consistant que celui que l'on obtient avec une partie de gomme arabique et 4 parties du même liquide. Une partie de gomme adragant et 360 parties d'eau donnent encore un liquide mucilagineux. Cette espèce de gomme partage les propriétés médicinales de la gomme arabique; mais son mucilage est tellement épais qu'on ne l'emploie guère qu'à la préparation des loochs.

On connait encore, sous le nom de *gomme du pays (gummi nostras)*, un produit solide fourni par les arbres fruitiers à noyau, et sous le nom de *gomme de graines et de racines*, une matière mucilagineuse qui se trouve dans la graine de lin, dans les racines des malvacées, etc. On emploie la première pour donner du brillant à l'encre et à quelques autres couleurs; on fait un fréquent usage de la dernière pour préparer les cataplasmes émolliens et la plupart des tisanes adoucissantes. Ces produits ne diffèrent des gommes que nous avons décrites que par une moins grande pureté : aussi ne les avons-nous pas considérés comme des espèces particulières.

De la Bassorine.

648. Suivant M. J. Pelletier, la gomme de Bassora, examinée par M. Vauquelin, doit être regardée comme un principe immédiat particulier ; on la trouve dans l'*assa fœtida*, le *bdellium*, l'*euphorbe*, le *sagapenum*, le *nostoc*, etc. M. Desvaux pense que la gomme de Bassora est le produit d'une plante grasse, et peut-être d'un cactus. Elle est solide, demi transparente, insipide et inodore. Soumise à la distillation, elle fournit de l'eau, de l'huile, de l'acide acétique, du gaz acide carbonique et du gaz hydrogène carboné, enfin un charbon contenant de la chaux et de l'oxide de fer. L'eau, quelle que soit sa température, la gonfle considérablement sans la dissoudre. L'acide nitrique affaibli la dissout presque complètement à l'aide de la chaleur; il ne reste qu'une petite quantité de matière jaunâtre; l'alcool précipite de ce *solutum* une substance analogue à la gomme arabique. Les acides hydro-chlorique et acétique agissent sur elle comme l'acide nitrique, excepté que le résidu, au lieu d'être jaune, est blanc. Elle est sans usages.

Du Ligneux.

649. Le ligneux constitue presque à lui seul le bois; il entre dans la composition de la tige, des fleurs, des fruits et des racines; ces deux dernières parties ne renferment, à la vérité, qu'un atome de ligneux, d'après les expériences récentes de M. Clément; néanmoins on peut affirmer qu'il est le plus abondant de tous les produits immédiats des végétaux. Le papier blanc doit être regardé comme du ligneux pur; le chanvre et le lin sont aussi formés par ce principe immédiat, uni, à la vérité, à un très-petit nombre de matières étrangères, dont on n'a pas pu le priver par la fermentation. Le ligneux est solide, incristallisable et formé de fibres d'un blanc sale; il est insipide, incolore, et plus pesant que l'eau. Nous avons exposé, page 54 et suivantes, l'action du calorique, de l'air et de l'acide sulfurique sur ce produit. Il ne se dissout dans aucun liquide; il forme avec l'acide nitrique une gelée qui finit par se convertir en acide oxalique. Les alcalis ne l'attaquent qu'avec la plus grande difficulté. Il est composé, d'après MM. Gay-Lussac et Thenard, de,

Carbone...........................	51,45
Oxigène...........................	42,73
Hydrogène.........................	5,82

Les usages du ligneux pur (papier), du chanvre, du lin, du bois et des produits formés par ce principe immédiat, sont si généralement connus, que nous pouvons nous dispenser de les énumérer.

De la Subérine.

650. M. Chevreul regarde la substance qui constitue le tissu du liége, et celui de l'épiderme de plusieurs végétaux, comme un principe immédiat particulier, auquel il a donné

le nom de *subérine*; il est caractérisé par la propriété de fournir de l'acide *subérique* quand on le décompose au moyen de l'acide nitrique.

Moelle de sureau.

651. Suivant le même savant, la moelle de sureau constituerait aussi une nouvelle espèce de principe immédiat. Elle ressemble à la subérine par sa structure; mais elle en diffère en ce qu'elle ne donne point d'acide *subérique* par l'acide nitrique; chauffée dans des vaisseaux fermés, elle laisse près de 0,25 de charbon, tandis que le ligneux n'en fournit que de 0,17 à 0,18.

De l'Olivile.

652. Suivant M. Pelletier, il existe dans la gomme d'olivier un principe particulier auquel il a donné le nom d'*olivile*; nous le rangeons ici parce qu'il paraît tenir le milieu entre les substances de cette classe et celles de la classe suivante. L'olivile est sous forme de poudre blanche, brillante, amilacée, ou bien en petites lamelles ou en aiguilles aplaties; elle est inodore et douée d'une saveur amère, sucrée et aromatique; elle fond et jaunit à la température de 70° thermomètre centigrade. Soumise à la distillation, elle se comporte comme les autres principes de cette classe. L'*eau* froide la dissout à peine; mais elle est soluble dans 32 parties de ce liquide bouillant; le *solutum* devient laiteux et opaque à mesure qu'il se refroidit; il reprend sa transparence si on le fait bouillir de nouveau; et si on continue l'ébullition pendant quelque temps, l'olivile se sépare, paraît à la surface de la liqueur comme une substance oléagineuse, et se solidifie par le refroidissement. L'*alcool* n'agit presque pas sur l'olivile à froid; mais il la dissout en toutes proportions à l'aide de la chaleur; la dissolution, saturée, précipite par l'eau des flocons blancs, so-

lubles dans un excès de ce dernier liquide. L'*éther* est sans action sur l'olivile pure. Les *huiles fixes* ou *volatiles* n'agissent point sur elle à froid; à chaud elles en dissolvent une certaine quantité. L'acide *acétique* concentré la dissout à toutes les températures, et la liqueur ne précipite pas par l'eau. L'acide *sulfurique* concentré la charbonne. L'acide *nitrique* la dissout à froid, et se colore en rouge foncé; si on élève un peu la température, il la décompose en se décomposant lui-même, et fournit une très-grande quantité d'acide oxalique. Les *alcalis* étendus d'eau, dissolvent l'olivile sans l'altérer. Le *sous-acétate de plomb* précipite de sa solution aqueuse des flocons très-blancs, solubles dans l'acide acétique; l'acétate de plomb neutre la précipite également, mais avec moins d'énergie. L'olivile est sans usages.

CLASSE III.

Des Principes immédiats dans lesquels l'hydrogène est en excès par rapport à l'oxigène.

653. Ces principes immédiats contiennent tous une très-grande quantité de carbone; ce corps simple y est d'autant plus abondant que l'excès d'hydrogène, par rapport à l'oxigène, est plus considérable. On trouve dans cette classe les substances grasses, la cire, les résines, le camphre, le caoutchouc, l'alcool, les éthers et l'esprit pyro-acétique. La plupart de ces produits sont plus légers que l'eau; ils sont très-fusibles; chauffés avec le contact de l'air, ils absorbent l'oxigène avec énergie et avec dégagement de calorique et de lumière. Il en est qui se volatilisent facilement lorsqu'on les soumet à la distillation; d'autres se décomposent; aucun ne résiste à l'action d'une chaleur rouge, et ils fournissent tous, en se décomposant, beaucoup de gaz hydrogène carboné, du charbon et une certaine quantité de gaz oxide de carbone. L'*eau* ne dissout guère que l'alcool, et il n'en est aucun qui

éprouve dans ce liquide l'altération putride dont nous avons parlé (§ 639). Les acides *sulfurique*, *nitrique*, etc., agissent sur eux d'une manière plus ou moins analogue à celle qu'ils exercent sur les principes de la classe précédente ; cette action ne peut être exposée d'une manière exacte que dans les histoires particulières. La plupart d'entre eux se combinent avec un certain nombre d'oxides métalliques, et peuvent même être décomposés par eux.

Des Substances grasses.

654. On avait cru jusque dans ces derniers temps que les huiles fixes, les diverses espèces de graisse fournies par les animaux, et le beurre, étaient des principes immédiats particuliers. M. Chevreul a publié récemment une série de Mémoires remplis de faits précieux, entièrement nouveaux, à l'aide desquels il renverse cette opinion, et il démontre, 1° que ces substances sont constamment composées de deux principes particuliers, nullement acides, qu'il a fait connaître sous les noms de *stéarine* et d'*élaïne* ; 2° que quelques-unes d'entre elles contiennent en outre un principe odorant ; 3° que, par la réaction des huiles et des matières grasses sur les alcalis, il se forme deux hydracides gras, que l'on doit aussi regarder comme des principes immédiats, et auxquels il a donné les noms d'*acide margarique* et d'*acide oléique* ; 4° que le blanc de baleine est un principe immédiat particulier, qu'il désigne sous le nom de *cétine* ; 5° enfin, qu'il existe un autre principe immédiat acide résultant de l'action des alcalis sur la cétine, auquel il a donné le nom d'*acide cétique*.

Les résultats de ce beau travail nous tracent naturellement la marche que nous avons à suivre dans l'histoire compliquée des substances grasses. Nous la diviserons en trois sections : dans la première, nous parlerons des principes immédiats dont elles sont formées, et de ceux qui sont le résultat de leur action sur les alcalis; dans la seconde, nous parlerons des graisses et des huiles; dans la troisième, nous ferons connaître tout ce qui concerne les savons, ou l'action des substances grasses sur les oxides métalliques. Nous aurions peut-être dû traiter des huiles, des graisses et des savons à la section où nous devons parler des substances végétales composées; mais nous avons cru préférable pour l'étude de réunir ici tout ce qui est relatif aux corps gras saponifiables; nous ne renvoyons pas non plus à la chimie animale l'histoire des graisses qui peuvent être saponifiées; en effet ces substances, formées d'hydrogène, de carbone et d'oxigène, comme la plupart des matières végétales, ressemblent entièrement aux huiles.

§ Ier. *Des Principes immédiats gras susceptibles d'être saponifiés.*

Ces principes sont au nombre de six, la stéarine, l'élaïne, la cétine, les acides margarique, oléique et cétique : ces trois derniers paraissent être de véritables hydracides; les autres, au contraire, sont plutôt alcalins qu'acides.

De la Stéarine.

655. La stéarine, découverte par M. Chevreul, a été décrite d'abord sous le nom de *substance grasse de la graisse*; sa dénomination actuelle est dérivée de στεαρ, suif; unie à l'élaïne, elle constitue la graisse d'homme, de mouton, de bœuf, de porc, d'oie.

Elle n'est fluide qu'au-dessus de 38° thermomètre centigrade; la stéarine d'homme, de mouton, de bœuf et d'oie se présente sous la forme d'une masse dont la surface est plane et comme composée d'une multitude de petites aiguilles ou d'étoiles microscopiques; celle de porc est en masses dont la surface est inégale, et semble aussi formée de petites aiguilles; elle est incolore, insipide, très-peu odorante et sans action sur l'*infusum* de tournesol. Cent parties d'alcool d'une densité de 0,7952, bouillant, ont dissous 21,50 de stéarine d'homme, 16,07 de stéarine de mouton, 15,48 de stéarine de bœuf, 18,25 de stéarine de porc, 36,00 de stéarine d'oie.

Chauffée avec de la potasse caustique à l'alcool et de l'eau, la stéarine est décomposée, et donne une masse savonneuse, formée de potasse, de beaucoup d'acide margarique et d'un peu d'acide oléique, et une matière soluble dans laquelle on trouve un principe particulier appelé *principe doux*. Ces diverses substances sont produites en vertu de l'affinité qui existe entre l'alcali et les acides oléique et margarique, en sorte que le savon obtenu est du surmargarate et de l'oléate de potasse. La stéarine d'homme a fourni, par sa réaction sur la potasse, 94,9 de savon et 5,1 de matière soluble; celle de mouton, 94,6 de savon et 5,4 de matière soluble; celle de bœuf, 95,1 et 4,9; celle de porc, 94,65 et 5,35; enfin celle d'oie, 94,4 et 5,6 de matière soluble. La stéarine pure n'est pas employée; mais elle joue un très-grand rôle dans la saponification des graisses.

De l'Élaïne.

656. L'élaïne, découverte par M. Chevreul, fut décrite d'abord sous le nom de *substance huileuse de la graisse*; sa dénomination actuelle est dérivée de ελαιον, huile; unie à la stéarine elle constitue la graisse d'homme, de mouton, de bœuf, de porc, de jaguar, d'oie.

L'élaïne est fluide à la température de 7 à 8° thermom. centigrade; elle est incolore ou d'un jaune citrin, presque inodore, et plus légère que l'eau; sa densité varie suivant la graisse à laquelle elle appartient, depuis 0,929 jusqu'à 0,913. L'élaïne d'oie est la plus pesante; celles de l'homme et du bœuf sont les plus légères. Elle ne rougit point l'*infusum* de tournesol. L'alcool à 0,7952 dissout au moins

son poids d'élaïne à la température de 75 à 78° thermom.
centigrade, et le *solutum* en dépose une plus ou moins
grande quantité par le refroidissement, suivant l'espèce
d'animal à laquelle appartient l'élaïne.

Chauffée avec de la potasse caustique à l'alcool et de
l'eau, l'élaïne est décomposée et transformée en une espèce
de savon, et en une certaine quantité de matière soluble ; le savon est composé de potasse, de beaucoup d'acide
oléique et d'un peu d'acide margarique, ou bien d'oléate
et de margarate de potasse; la matière soluble renferme le
principe doux. Les élaïnes de mouton, de porc, de jaguar,
d'oie, extraites par l'alcool et traitées de cette manière,
ont fourni à M. Chevreul 89 parties de savon et 11 parties
de matière soluble; celle de bœuf, extraite de la même manière, a donné 92,6 de savon et 7,4 de matière soluble ;
mais comme ces élaïnes avaient éprouvé un commencement
d'altération, on fit des essais sur ces substances pures, et on
trouva que l'élaïne humaine se convertit en 95 de savon et
en 5 de matière soluble, et l'élaïne de porc, parfaitement
incolore, en 94 de la première et en 6 de la seconde. On
ne fait point usage de l'élaïne pure ; mais la transformation
des graisses en savon dépend entièrement de la décomposition de l'élaïne et de la stéarine opérée par l'alcali.

De la Cétine (*blanc de baleine, spermaceti*).

657. La cétine entre dans la composition de la graisse de
plusieurs cétacés ; elle existe en plus grande quantité dans le
tissu cellulaire interposé entre les membranes du cerveau
de diverses espèces de cachalot, principalement du *phy-
seter macrocephalus*. Elle est solide, sous la forme de lames
brillantes, incolores, douces au toucher, peu odorantes,
fragiles et sans action sur l'*infusum* de tournesol. Elle fond
à 44°,68 thermomètre centigrade. Distillée, elle fournit

une assez grande quantité de cristaux lamelleux, jaunâtres, une matière brunâtre, de l'eau acide, une huile empyreumatique, et très-peu de charbon. Elle est soluble dans l'alcool bouillant, d'où elle se dépose presqu'en totalité par le refroidissement sous la forme de lames. Lorsqu'on la fait digérer pendant quelques jours avec quatre fois son poids d'eau et la moitié de son poids environ de potasse à l'alcool, on obtient un liquide jaune, et une masse visqueuse, demi-transparente, qui devient opaque et plus solide par le refroidissement ; cette masse est un savon composé d'alcali et de deux acides : l'un d'eux porte le nom d'*acide cétique*, l'autre est fort peu connu. Suivant M. Chevreul, ce savon contient encore une matière jaune et une huile volatile ; le liquide coloré en jaune renferme un atome d'une matière rousse amère. Ces faits prouvent que la cétine est décomposée par l'alcali, et que le savon qui en résulte est principalement formé de cétate de potasse. La cétine n'est point transformée en acide cétique par l'action de l'acide nitrique, tandis que la cholestérine (*adipocire*, ou substance cristallisable des calculs biliaires) passe à l'état d'acide cholestérique lorsqu'on la traite par l'acide nitrique. (MM. Pelletier et Caventou.)

De l'Acide margarique (margarine).

658. L'acide margarique, découvert par M. Chevreul, fut d'abord décrit sous le nom de *margarine*. Il est le produit de l'art, et se forme toutes les fois que l'on traite par la chaleur un alcali avec de la graisse de porc, de mouton, de bœuf, de jaguar, d'oie et d'homme. Il est solide, d'un blanc nacré, insipide, d'une odeur faible, analogue à celle de la cire blanche ; il est plus léger que l'eau ; il ne rougit pas l'*infusum* de tournesol à froid ; mais à l'aide de la chaleur l'acide se ramollit, et la couleur bleue passe au rouge. A 56°, 56 th.

centigrade, il se fond en un liquide incolore, très-limpide, qui cristallise par le refroidissement en aiguilles brillantes du plus beau blanc.

Distillé, il se volatilise en grande partie ; la portion décomposée fournit du charbon et un produit qui paraît être de l'huile empyreumatique volatile unie à de l'acide acétique ; il ne se dégage que très-peu de gaz. Il est insoluble dans l'eau. Cent parties d'alcool d'une pesanteur de 0,816 en dissolvent, à la température de 75° th. centigr., 189,79 parties ; la dissolution se prend par le refroidissement subit en une masse solide ; tandis qu'elle fournit des aiguilles qui se réunissent en étoiles si elle n'est pas très-saturée d'acide, et si la température diminue par degrés. L'acide margarique décompose le sous-carbonate de potasse à l'aide de la chaleur, et en dégage le gaz acide carbonique.

On peut combiner l'acide margarique avec la potasse, la soude, la baryte, la strontiane, la chaux et le protoxide de plomb ; les margarates obtenus sont entièrement analogues aux *savons*.

659. Lorsqu'on fait chauffer 40 grammes d'acide margarique, 24 grammes de potasse à l'alcool et 160 grammes d'eau, on obtient une masse blanche, opaque, qui, après avoir été pressée entre deux papiers Joseph et traitée par l'alcool, se dissout, et laisse déposer par le refroidissement des aiguilles qui constituent le *margarate neutre de potasse.* Ce sel est blanc, moins doux au toucher que le *sur-margarate* ; sa saveur est faible et légèrement alcaline ; agité dans une grande quantité d'eau froide il se décompose en potasse et en *sur-margarate* insoluble ; l'eau chaude le dissout complètement ; mais il se dépose par le refroidissement du *sur-margarate* et un mucilage épais. L'alcool bouillant peut en dissoudre environ 9 parties. Il est formé de 100 parties d'acide margarique et de 18,14 de potasse.

660. *Sur-margarate de potasse* (margarate acide, ou

matière nacrée). Il est solide, nacré, doux au toucher, presque sans saveur; il ne se fond pas lorsqu'on le chauffe au bain-marie; il est insoluble dans l'eau froide; l'eau bouillante se combine avec lui et le divise sans le dissoudre; cependant elle en sépare une très-petite portion de potasse. Il se dissout dans 318 parties d'alcool d'une pesanteur de 0,834 et à la température de 20°; tandis que 100 parties du même liquide à 67° en dissolvent 31,37 parties; ce *solutum* alcoolique est précipité par l'eau, qui s'empare de l'alcool et d'une portion de potasse; le dépôt contient nécessairement moins d'alcali. Ce sel est formé, d'après M. Chevreul, d'environ 100 parties de margarine et de 8,88 de potasse.

661. En faisant bouillir 20 grammes d'acide margarique, 80 grammes d'eau, et 12 grammes de *soude*, on obtient un savon très-dur sous la forme de grumeaux, soluble dans l'alcool bouillant, qui se prend en une belle gelée transparente par le refroidissement de la liqueur, mais qui devient peu à peu opaque; il paraît formé de 100 parties d'acide margarique et de 11,68 de soude. Ce savon, ou ce margarate de soude, se décompose par l'eau comme celui de potasse; mais avec beaucoup plus de difficulté.

662. Lorsqu'on fait bouillir avec précaution, et pendant deux heures, de l'eau de *baryte* et de l'acide margarique, on obtient un savon (margarate) composé de 100 d'acide et de 28,93 de baryte; celui que fournit la strontiane placée dans les mêmes circonstances est formé de 100 d'acide et 20,23 de strontiane. Si l'on verse de l'*hydro-chlorate de chaux* dissous et bouillant dans une dissolution de margarate de potasse saturée d'alcali, on obtient un précipité qui est du margarate de chaux (savon), et qui donne à l'analyse 100 d'acide margarique et 11,06 de chaux. En faisant bouillir de l'acide margarique avec du *sous - acétate de plomb*, en épuisant la masse obtenue par l'eau, et en la traitant par l'alcool, il se dépose par le refroidissement

une quantité notable de savon de plomb composé de 100 parties d'acide et de 83,78 de protoxide de plomb.

De l'Acide oléique.

663. L'acide oléique, découvert par M. Chevreul, qui lui donna d'abord le nom de *graisse fluide*, ne se trouve pas dans la nature; il se produit toutes les fois que l'on traite convenablement par les alcalis la graisse du porc, de l'homme, du bœuf, du mouton, de l'oie, etc. A la température de $6° + 0$, l'acide oléique est sous la forme d'aiguilles *blanches*, tandis qu'il est liquide et légèrement jaunâtre au-dessus de cette température; il a une odeur et une saveur rances; sa pesanteur spécifique est de 0,898 à 19° th. centigrade. Il rougit l'*infusum* de tournesol; il est insoluble dans l'eau et très-soluble dans l'alcool. Il forme avec la potasse deux sels, un *sur-oléate* insoluble dans l'eau, rougissant l'*infusum* de tournesol, et un *oléate* qui, mis dans l'eau, se gonfle, devient gélatineux, demi-transparent, et finit par se dissoudre complètement si le liquide est en quantité suffisante; il est déliquescent. L'acide oléique forme avec la *soude* un oléate solide, dur, n'attirant pas l'humidité de l'air et étant soluble dans l'eau et dans l'alcool. Il peut décomposer le carbonate de baryte et de strontiane, et donner naissance à des *oléates*. Uni à la potasse, il décompose les sels solubles de chaux, de magnésie, de zinc, de cuivre, de cobalt, de nickel, de chrome, et y fait naître des précipités qui sont des oléates ou des savons de l'une ou de l'autre de ces bases.

De l'Acide cétique.

664. Cet acide, découvert encore par M. Chevreul, qui le décrivit d'abord sous le nom de *spermaceti saponifié*, est un produit de l'art; il se forme lorsqu'on traite convenablement le spermaceti, ou blanc de baleine, par les alcalis.

Il est insipide et inodore ; il entre en fusion, comme le spermaceti, à la température de 44 à 46° th. centigrade ; mais il ne fournit pas, comme lui, des lames brillantes par le refroidissement. Il est insoluble dans l'eau. Il n'exige pas même son poids d'alcool bouillant pour être tenu en dissolution ; le *solutum* dépose par le refroidissement des cristaux lamelleux, brillans, et se prend ensuite en masse ; il rougit l'*infusum* de tournesol ; mais moins fortement que l'acide margarique. L'acide cétique se combine aisément, à la chaleur de l'ébullition, avec la potasse caustique dissoute dans l'eau, et fournit une matière gélatineuse, demi-transparente, insoluble dans l'eau, qui devient opaque et blanche en se refroidissant. Cette matière, qui est un *savon*, et que l'on peut appeler *cétate de potasse*, se dissout dans l'alcool bouillant, et se dépose en grande partie par le refroidissement ; ainsi déposée, lavée à plusieurs reprises avec l'alcool froid, et pressée, elle est décomposée par l'acide hydro-chlorique, qui forme avec la potasse un sel soluble, et précipite l'acide *cétique*. Suivant M. Chevreul, 100 parties de cet acide exigent pour être saturées 8,29 de potasse.

§ II. *Des Substances grasses composées.*

Ces substances sont les diverses espèces de graisse d'homme, de mouton, de bœuf, etc., et les huiles. Nous allons parler d'abord des graisses.

De la Graisse.

Ce que nous allons dire de général sur la graisse s'applique seulement à la graisse d'homme, de mouton, de beuf, de jaguar et d'oie. L'analyse qui en a été faite par M. Chevreul prouve que ces diverses substances sont formées de stéarine et d'élaïne.

665. La graisse se trouve dans tous les tissus des animaux ; elle est très-abondante sous la peau, près des reins, dans l'épiploon, à la base du cœur, à la surface des muscles, des intestins, etc. ; elle est quelquefois incolore et le plus souvent jaunâtre ; tantôt elle est inodore, tantôt elle a une odeur agréable ou désagréable ; sa consistance varie aussi suivant les animaux et les parties qui l'ont fournie ; ainsi, telle espèce de graisse est fluide à 15° thermomètre centigrade ; telle autre ne l'est pas à 24° ; sa saveur est en général douce et fade ; elle ne rougit point l'*infusum* de tournesol lorsqu'elle est parfaitement pure ; enfin elle est plus légère que l'eau.

Soumise à l'action du *calorique*, la graisse fond très-facilement et se décompose si la température est un peu élevée. A une chaleur rouge et dans des vaisseaux fermés, elle fournit du gaz hydrogène carboné, du gaz oxide de carbone et du charbon, sans donner un atome d'*azote*. Si on la chauffe moins fortement dans un appareil distillatoire, on obtient un peu d'eau, du gaz acide carbonique, de l'acide acétique, de l'acide *sébacique* (voyez *Chimie animale*), beaucoup de gaz hydrogène carboné, une assez grande quantité d'une matière grasse ou huileuse, et fort peu de charbon spongieux et facile à incinérer. Les produits liquides, condensés dans le ballon, ont une odeur insupportable.

Exposée à l'*air*, à la température ordinaire, la graisse rancit, acquiert de l'odeur et se colore ; on pense qu'elle absorbe l'oxigène de l'atmosphère, et se transforme en un acide qui a beaucoup de rapport avec l'acide sébacique. Si on élève la température, elle fond, se décompose, répand des fumées blanches, piquantes, se colore, et absorbe l'oxigène avec dégagement de calorique et de lumière. L'hydrogène, le bore, le carbone et l'azote ne paraissent pas avoir d'action sur elle. L'iode, le chlore, le soufre, le phosphore, les métaux et les acides agissent sur la graisse comme sur les huiles fixes. (*Voyez* pag. 90.) L'eau n'en dissout pas un atome.

666. Lorsqu'on fait bouillir une de ces graisses avec de l'*alcool* d'une densité de 0,791 à 0,798, une portion de graisse est dissoute; si on laisse refroidir la liqueur décantée, il se dépose une matière formée de beaucoup de stéarine et d'un peu d'élaïne, et il reste dans le liquide beaucoup d'élaïne avec un peu de stéarine. Si l'on traite la première de ces matières, celle qui est solide, avec de l'alcool bouillant, et à plusieurs reprises, on dissout l'élaïne, et on finit par avoir la *stéarine* pure; quant à la combinaison liquide avec excès d'élaïne, si on l'expose à l'action de l'air froid, le peu de stéarine qu'elle contient ne tarde pas à se solidifier et à se séparer; on peut, par ce moyen, obtenir l'*élaïne* isolée : c'est en suivant ce procédé que l'on peut se procurer ces deux substances et faire l'analyse de la graisse. (Chevreul.)

667. Si l'on fait chauffer de la graisse avec de la *potasse*, de la *soude*, de la *baryte*, de la *strontiane*, de la *chaux*, de l'*oxide de zinc* ou du *protoxide de plomb*, et de l'eau, elle est décomposée, et il se forme de l'acide margarique, de l'acide oléique, et un principe doux semblable à celui que Schéele a découvert dans l'huile d'olive traitée avec la litharge (*voyez* pag. 65); il se produit aussi quelquefois deux principes, l'un colorant, l'autre odorant; les acides margarique et oléique formés se combinent avec la base employée, et donnent naissance à du savon qui est à-la-fois du margarate et de l'oléate; le principe doux reste dans la liqueur. Le gaz oxigène n'est point nécessaire à la production de ces phénomènes, et il ne se forme point d'acide carbonique ni d'acide acétique. Il faut conclure de l'action de ces oxides sur la graisse que leur affinité pour les acides margarique et oléique est plus grande que celle qu'ils ont pour la stéarine et pour l'élaïne, et par conséquent qu'ils déterminent la décomposition de la graisse et sa transfor-

mation en deux matières acides et en un principe doux.

Graisse humaine. Après avoir exposé les propriétés générales de la graisse, nous devons entrer dans quelques détails relatifs à leur histoire particulière. La fluidité de la graisse humaine peut varier suivant les proportions de stéarine et d'élaïne qui entrent dans sa composition; si celle-ci prédomine, elle pourra être fluide à 15°, tandis que le contraire aura lieu si la stéarine en fait la majeure partie. Cent parties d'alcool bouillant, d'une densité de 0,821, en ont dissous 2,48. Lorsqu'on saponifie 100 parties de cette graisse par une des bases indiquées (§667), on obtient 95 parties de matière savonneuse et 5 parties de matière soluble. La graisse des reins et celle du sein d'une femme ont fourni à M. Chevreul un savon qui, étant décomposé par l'eau, a donné un liquide doué d'une odeur de fromage extrêmement prononcée; il n'en a pas été de même de la graisse des cuisses.

Graisse de mouton (suif). Elle est incolore, presqu'inodore dans l'état de fraîcheur, mais elle acquiert une très-légère odeur de chandelle par son exposition à l'air; sa consistance est assez ferme; 100 parties d'alcool bouillant à 0,821 en dissolvent 2,26; les acides et les alcalis la transforment en une substance analogue à la cire et en une huile très-soluble dans l'esprit-de-vin (Braconnot); saponifiées par les bases, 100 parties de cette graisse fournissent 95,1 de matière savonneuse, et 4,9 de matière soluble; il se développe pendant cette opération un principe odorant analogue à celui que les moutons exhalent dans certaines circonstances. On emploie cette graisse pour faire du savon et de la chandelle; il paraît que les chandeliers augmentent sa consistance et sa blancheur en y ajoutant un peu d'alun. Suivant quelques praticiens, le suif employé en lavemens, à la dose d'une ou de deux onces, est avantageux pour faire cesser les anciens dévoiemens et quelques dysenteries.

Graisse de porc (axonge , saindoux) Elle est molle, incolore, inodore lorsqu'elle est solide ; mais elle répand une odeur fade et très-désagréable si on la met dans de l'eau bouillante ; sa saveur est fade ; elle fond à environ 27°. Cent parties d'alcool bouillant, d'une densité de 0,816, en dissolvent 2,80. Traitées par les bases salifiables, 100 parties de cette graisse ont fourni 94,7 de matière savonneuse, 5,3 de matière soluble, et quelques traces d'une huile volatile et d'un corps orangé. On l'emploie comme aliment ; on en fait usage dans la corroierie, la hongroierie et l'éclairage ; elle sert à graisser les roues des voitures, etc. *L'onguent napolitain* est composé de parties égales de graisse de *porc* et de mercure métallique très-divisé par l'agitation ; l'*onguent gris* n'est autre chose que ce même onguent étendu dans 7 parties d'axonge. Les expériences de M. Vogel prouvent que, dans ces préparations, le mercure est à l'état métallique et non pas à l'état d'oxide, comme on l'avait cru. La *graisse oxigénée* est le produit que l'on obtient en faisant chauffer cette graisse avec un dixième de son poids d'acide nitrique. L'*onguent citrin* résulte du mélange du nitrate de mercure provenant de l'action de 90 grammes de mercure et de 120 grammes d'acide nitrique, avec un kilogramme de graisse : on commence par faire fondre celle-ci ; on y verse le nitrate, et on agite. L'axonge fait encore partie des pommades cosmétiques et de quelques autres préparations pharmaceutiques.

Graisse de bœuf. Elle est d'un jaune pâle ; son odeur est très-légère ; 100 parties d'alcool bouillant, d'une densité de 0,821, en dissolvent 2,52 ; saponifiée par les bases (§ 667), elle fournit 95 parties de matière savonneuse et 5 de matière soluble ; il se développe pendant cette opération un principe odorant analogue à celui que les bœufs exhalent dans certaines circonstances. L'*huile de pied de bœuf* est employée comme aliment, principalement pour les fritures ; la difficulté avec laquelle elle se fige et s'épaissit fait qu'on la recherche pour le graissage des mécaniques.

Graisse de jaguar. Elle a une couleur jaune orangée, et une odeur particulière et très-désagréable ; 100 parties d'alcool bouillant à 0,821 en dissolvent 2,18 ; traitée par les bases salifiables, elle se saponifie, et acquiert une odeur forte, semblable à celle qui se répand quelquefois dans les ménageries d'animaux féroces.

Graisse d'oie. Elle est légèrement colorée en jaune ; son odeur est agréable ; elle paraît être aussi fusible que la graisse de porc.

Beurre. Le beurre pur est formé de stéarine, d'élaïne, d'acide butirique (principe odorant) et d'un principe colorant ; sa composition est donc un peu plus compliquée que celle des graisses ; cependant on voit par les élémens qui le constituent, qu'il doit saponifier les alcalis. Nous reviendrons sur son histoire en parlant des substances animales.

Des Huiles.

On distingue les huiles en celles qui sont grasses ou fixes, et en celles qui sont volatiles ou essentielles ; les premières paraissent formées, comme les graisses, de deux principes immédiats particuliers. M. Chevreul, en imbibant d'huile d'olive un papier qui fut exposé ensuite à l'action du froid, en retira deux substances différentes : l'une solide, l'autre fluide. Les expériences récentes de M. Braconnot prouvent que la matière solide à laquelle ce chimiste donne le nom de *suif* est d'un blanc éclatant, inodore, peu sapide, d'une fermeté comparable au suif de bœuf, mais beaucoup plus fusible, car elle est liquide à 16° thermomètre de Réaumur. La matière liquide a l'odeur, la saveur et la couleur de l'huile d'olive ; elle ne se fige plus à 10° $-\!\!\!\!\mid$ o Réaumur, comme le fait l'huile d'olive ordinaire, ce qui peut la rendre très-utile dans l'horlogerie. M. Braconnot a retiré de 100 parties d'huile d'olive, à la température de 5° thermomètre de Réaumur, 72 d'huile liquide, et 28 de suif; cependant la proportion de ces principes varie suivant que l'huile est de 1re, de 2e ou de 3e qualité. Cent parties d'huile d'amandes douces, traitées par le même procédé, ont fourni 76 parties d'huile jaune et 24 d'un suif très-blanc, fusible à 5° thermomètre de Réaumur. Cent parties d'*huile de colza* ont donné 54 d'une huile fluide d'un beau jaune, et 46 de suif très-blanc, inodore, peu sapide, fusible à 6°+0, que les acides transformaient en une masse filante comme la térébenthine. L'huile de *pavot* et les autres huiles siccatives ont fourni des résultats analogues. M. Braconnot est porté à croire que les *huiles volatiles* sont également formées de deux substances différentes, l'une fluide, l'autre solide: cette dernière, dans certaines espèces d'huile, n'est autre chose que du camphre.

668. Comparons maintenant l'histoire des huiles grasses à celle des huiles volatiles. Les huiles *grasses* ne se trouvent que dans les semences ou dans le péricarpe des plantes dicotylédones, tandis que les huiles *volatiles* se rencontrent dans tous les végétaux aromatiques et dans toutes leurs parties.

Les huiles *grasses* sont pour la plupart fluides à la température ordinaire, visqueuses, légèrement odorantes, douées d'une saveur faible et d'une couleur jaunâtre ou jaune verdâtre; leur pesanteur spécifique est moindre que celle de l'eau. Les huiles *volatiles* sont solides ou liquides à la température de 10°+0, nullement visqueuses et très-odorantes; leur saveur est chaude, âcre et même caustique, et leur couleur très-variée; elles sont en général plus légères que l'eau; il y en a cependant quelques-unes plus pesantes que ce liquide.

Les huiles *grasses*, chauffées dans une cornue, sont décomposées, et il se produit du gaz hydrogène carboné, un peu de charbon et une nouvelle huile d'un jaune brun dont l'odeur est piquante. Les huiles *essentielles*, placées dans les mêmes circonstances, se volatilisent sans éprouver aucune altération ; mais elles n'entrent pas aussi facilement en ébullition que l'eau. Pour que les huiles *grasses* prennent feu par l'approche d'un corps enflammé, il faut qu'on en ait imprégné une mèche de coton ou de toute autre matière avide d'oxigène, tandis que les huiles *volatiles* s'enflamment, en répandant une fumée noire et épaisse, aussitôt qu'elles sont en contact avec un corps en ignition. Si on expose les huiles *grasses* à l'air, à la température ordinaire, elles se décomposent et s'épaississent ; quelques-unes d'entre elles finissent même par se durcir et sont appelées *siccatives*. Les huiles *essentielles*, placées dans les mêmes circonstances, se décomposent toutes et se transforment en une matière solide, plus ou moins analogue aux résines ; il y a aussi une petite portion de ces huiles qui se volatillise. On explique la décomposition qu'éprouvent les huiles à l'air par l'action de l'oxigène de l'atmosphère sur l'hydrogène et sur le carbone qu'elles renferment.

669. Les huiles *grasses* sont insolubles dans l'eau, tandis que les autres peuvent s'y dissoudre en petite quantité et donner naissance aux diverses eaux aromatiques ou spiritueuses, comme celles de lavande, de menthe, etc. L'alcool dissout la plupart des huiles *grasses* et toutes celles qui sont *volatiles*. Ces dissolutions alcooliques sont précipitées par l'eau en blanc. Les huiles *grasses* et *volatiles* ont la faculté de dissoudre, à l'aide de la chaleur, le *soufre* et le *phosphore*, qui se déposent en partie à mesure que le liquide se refroidit, et qui peuvent même être obtenus cristallisés. Les huiles phosphorées, surtout celle de gérofle, luisent beaucoup dans l'obscurité ; si on les expose à l'air, le phosphore passe à l'état d'acide. Les huiles *grasses* et *volatiles* sont décomposées par le chlore, qui s'empare

de leur hydrogène pour passer à l'état d'acide hydro-chlo-rique ; celui-ci s'unit alors à la matière huileuse en partie altérée, et donne naissance à un composé onctueux, pâteux, et en général insoluble dans l'eau.

670. Plusieurs acides forts peuvent s'unir aux huiles *grasses* à la température ordinaire, et former des produits visqueux qui ne se dissolvent pas dans l'eau. M. Gaulthier de Claubry, en examinant l'action de l'acide sulfurique concentré sur ces huiles, a fait des observations curieuses que nous allons rapporter. En versant cet acide sur de l'huile d'olive et sur d'autres huiles fixes, le mélange se colore en jaune, prend de la consistance, et il se dégage du gaz acide sulfureux. Si l'on introduit dans un verre de l'acide sulfurique concentré, et que l'on verse par-dessus de l'huile grasse tenant en suspension de l'amidon, de la gomme, du sucre, de l'inuline, etc., il se formera deux couches de pesanteur spécifique différente ; si l'on agite dans les points où ces deux couches sont en contact, on observera une succession de teintes qui est exactement dans l'ordre des anneaux colorés de Newton : ces teintes sont le jaune paille, l'orangé, le rouge du premier ordre, et le violet du deuxième ordre. Si au lieu d'agir ainsi on agite rapidement tout le mélange, on obtiendra sur-le-champ une belle teinte rouge qui passera promptement au carmin ; il se dégagera du gaz acide sulfureux, et l'huile s'épaissira, comme si l'on n'avait pas employé de matière végétale. La teinte conservera son intensité pendant plusieurs jours, et après un assez long espace de temps, elle passera au violet, la matière se charbonnera et la couleur finira par disparaître. Ces phénomènes seront produits presqu'instantanément si l'on élève la température du mélange. (*Voyez*, pour plus de détails, le Mémoire de de M. Gaulthier. *Journal de Physique*, année 1815).

Mis en contact avec les huiles *volatiles*, cet acide

agit d'une manière analogue, mais avec beaucoup plus d'intensité, car plusieurs d'entre elles sont charbonnées, même à froid ; il se dégage beaucoup de calorique ; le mélange entre en ébullition, et une portion de l'acide sulfurique est décomposée en acide sulfureux et en gaz oxigène.

Les acides nitrique et nitreux concentrés décomposent les huiles *grasses*, même à la température ordinaire, et l'on obtient du gaz acide carbonique, du gaz oxide d'azote et de l'azote, ce qui prouve que l'acide nitrique est également décomposé. Suivant M. Tromsdorff, les matières grasses se transforment d'abord en cire puis en résine ; mais on ignore au juste quelle est la nature des produits formés dans ce cas. Versé sur les huiles *essentielles*, l'acide nitrique les décompose avec beaucoup d'énergie et sans dégagement de lumière, lors même qu'il est mêlé avec l'acide sulfurique concentré ; tandis que l'acide *nitreux*, qui agit sur elles avec la plus grande violence, mais sans produire de flamme quand il est seul, les décompose avec dégagement de beaucoup de calorique et de lumière lorsqu'il est uni au tiers de son poids d'acide sulfurique concentré. Cette expérience est accompagnée de danger, et doit être faite en mettant les deux acides dans une petite fiole que l'on attache à l'extrémité d'une longue tige, et en versant le mélange dans un creuset contenant l'huile essentielle. *Théorie.* L'acide nitreux liquide, que nous supposons ici contenir de l'eau, cède ce liquide à l'acide sulfurique et se décompose subitement, en sorte que l'on obtient du gaz acide carbonique, de l'eau, du gaz oxide d'azote et du gaz azote.

671. Le gaz acide hydro-clorique que l'on fait arriver dans les huiles *grasses* les épaissit, mais ne leur donne pas la propriété de cristalliser, tandis qu'il transforme quelques huiles *essentielles* en une matière cristalline qui par-

tage quelquefois la plupart des propriétés du camphre : telle est, par exemple, celle que l'on obtient en faisant arriver ce gaz dans l'huile essentielle de térébenthine.

672. Les huiles grasses sont susceptibles de se combiner avec la plupart des oxides métalliques, et de former des *savons* qui sont solubles ou insolubles dans l'eau; tandis que les huiles essentielles ont peu de tendance à s'unir avec cette série de corps; on peut cependant opérer quelques-unes de ces combinaisons, que l'on désigne sous le nom de *savonnules* : ainsi le savonnule de Starkey est composé de soude et d'huile essentielle de térébenthine.

Examinons maintenant l'action des huiles grasses sur les bases d'une manière plus particulière. Suivant M. Chevreul, l'huile d'olive, traitée par la potasse, se convertit, comme les graisses, en deux substances grasses acides, dont l'une est plus fusible que l'acide margarique, et dont l'autre paraît avoir tant de rapport avec l'acide oléique, que l'on peut les regarder comme étant la même chose : ces deux acides formés s'unissent ensuite à l'alcali, et forment des sels qui constituent le savon.

Les huiles grasses peuvent se combiner en toute proportion avec les huiles volatiles; les huiles volatiles peuvent dissoudre les résines, le camphre, la gomme élastique, etc.

Les huiles grasses sont émollientes et relâchantes; à une certaine dose elles sont purgatives et même émétiques. Les huiles *essentielles* déterminent au contraire une excitation tonique, prompte, intense, mais momentanée; elles augmentent la chaleur générale, la fréquence du pouls et de la respiration; elles sont toutes sudorifiques; enfin elles peuvent déterminer tous les symptômes de l'empoisonnement par les substances âcres si on en prend une assez grande quantité. Nous allons indiquer, en faisant l'histoire particulière de ces huiles, les divers cas où leur emploi peut être suivi de succès.

Huiles grasses non siccatives. 1°. *Huile d'olive.* On peut faire avec l'olive, fruit de l'*olea europœa*, plusieurs variétés d'huile. La plus pure, que l'on appelle *huile vierge*, est à peine colorée en jaune ; sa saveur et son odeur sont agréables et peu sensibles. L'huile commune est jaune et se rancit facilement. Enfin l'huile de mauvaise qualité est trouble, d'un jaune verdâtre et douce, d'une odeur et d'une saveur plus fortes et moins agréables. En général, ces différentes variétés sont solides à la température de 10° + o. On emploie l'huile d'olive pour faire le savon, pour adoucir les frottemens des pièces qui composent les machines compliquées, etc. On s'en sert comme aliment. Administrée à la dose d'un demi-verre par prise, cinq ou six fois par jour, elle fait vomir et purge, en sorte qu'on l'a employée souvent avec succès dans l'empoisonnement par les substances âcres et corrosives ; mais comme il arrive qu'elle augmente l'énergie de quelques-uns de ces poisons, et que, d'ailleurs, on peut déterminer des évacuations par une multitude d'autres médicamens qui ne sont accompagnés d'aucun danger, on doit l'abandonner dans ces cas particuliers. On l'avait recommandée dans les blessures des animaux venimeux, dans l'hydropisie ascite ; mais depuis long-temps on en a senti l'insuffisance. On peut l'employer en frictions pour calmer certaines douleurs internes qui souvent sont inflammatoires, et pour diminuer l'irritation locale des surfaces suppurantes. Appliquée en frictions à l'aide d'une éponge, elle favorise la sécrétion urinaire et détermine une sueur très-abondante : cette dernière propriété la rend utile dans l'imminence de la peste et dans le début de la fièvre jaune ; il faut, dans tous ces cas, éviter de la laisser long-temps sur la peau, car elle se rancit et peut développer un érysipèle, ou rendre les surfaces suppurantes pâles, flasques et fongueuses. Mêlée avec de la cire et de l'eau, l'huile d'olive forme le cérat de Galien , que l'on emploie souvent comme calmant et rafraîchissant. Elle entre dans la composition du cérat de saturne , du cérat de diapalme , de l'onguent de la mère , de l'onguent populéum, etc.

Huile d'amandes douces (amygdalus communis). Cette huile est liquide , d'un blanc verdâtre , et a l'odeur et la saveur des amandes ; mais elle rancit plus promptement que la précédente. On doit, avant de s'en servir, la laisser reposer pour la clarifier, ou mieux encore la filtrer à travers un papier. On l'a administrée dans les inflammations de poitrine , du bas-ventre , etc. ; elle fait partie des émulsions , de quelques potions huileuses , etc. Le *liniment volatil*, employé avec tant de succès comme résolutif dans les engorgemens laiteux des glandes et du tissu cellulaire , les rhumatismes lents , les douleurs sciatiques opiniâtres , est formé de 4 ou 5 onces de cette huile ou de la précédente, et de deux gros d'ammoniaque liquide, auquel on ajoute autant de baume tranquille.

Huile de faîne (fagus sylvatica). Cette variété ressemble assez à l'huile d'olive , et peut être employée dans les mêmes circonstances.

Huile de colza (brassica napus). Elle est jaune , assez visqueuse, et douée d'une odeur semblable à celle des plantes de la famille des crucifères. On s'en sert pour éclairer et pour préparer les savons verts ; on l'emploie aussi en petite quantité pour faire le savon ordinaire.

Huile de ricin (ricinus communis). Cette huile, d'un jaune verdâtre et transparente , n'a point d'odeur ; sa saveur fade produit une légère sensation d'âcreté ; elle conserve sa liquidité, même à plusieurs degrés au-dessous de zéro. Exposée à l'air , elle se dessèche sans devenir opaque ; elle se dissout très-bien dans l'alcool ; on l'emploie avec succès pour purger les personnes délicates, et comme anthelmintique : la dose est, pour les enfans, d'une à deux onces à prendre par cuillerées, tandis que l'on en administre 3, 4 ou 5 onces aux adultes : il est préférable de la faire prendre sans addition d'aucun acide. Si l'huile de ricin n'a pas été bien préparée ou qu'elle soit sophistiquée, elle détermine les symptômes de l'empoisonnement par les substances âcres, et doit être rejetée.

Huile de lin (*linum usitatissimum*). Cette huile a une couleur blanche verdâtre et une odeur *sui generis*; elle a la propriété de dissoudre, à la température de l'ébullition, une certaine quantité de litharge qui la rend plus siccative, et propre à être employée dans la peinture commune et à la préparation des vernis gras; il faut pour cela la faire bouillir avec sept ou huit fois son poids de litharge, jusqu'à ce qu'elle devienne rougeâtre, l'écumer avec soin, et la laisser reposer hors du feu pour l'obtenir claire. L'encre des imprimeurs se prépare en broyant une partie de noir de fumée avec six parties d'huile de lin, dont on a augmenté la consistance en la faisant bouillir dans un pot de terre, en l'enflammant, la laissant brûler pendant une demi-heure, et en la faisant bouillir pendant quelque temps, après l'avoir éteinte.

Huile d'œillet ou de pavot (*papaver somniferum*). Cette huile, moins visqueuse que beaucoup d'autres, est d'un blanc jaunâtre, inodore, liquide, même à zéro, et douée d'une légère saveur d'amande. On s'en sert comme aliment et pour éclairer. Traitée par la litharge, elle devient plus siccative, et peut être employée pour délayer les couleurs et les appliquer sur la toile. On prépare avec 2 livres d'huile de pavot, 3 onces de sulfure de potasse, une livre de savon blanc ordinaire et un gros d'huile volatile de thym, le liniment anti-psorique de M. Jadelot.

Huile de noix (*juglans regia*). Elle a une couleur blanche verdâtre, et une saveur particulière. On l'a regardée pendant long-temps comme anthelmintique; on a même proposé de l'associer à son poids de vin de Malvoisie pour guérir le ténia ; mais ce traitement est loin de réussir assez souvent pour le préférer à d'autres : on s'en sert dans l'éclairage, dans la peinture, et comme aliment.

Huile de chenevis (*cannabis sativa*). Elle est liquide, même à plusieurs degrés au-dessous de zéro ; sa couleur est jaunâtre ; on l'emploie pour faire les savons mous, dans la peinture et dans l'éclairage.

Huile ou Beurre de cacao (*theobroma cacao*). Elle est solide et d'une couleur blanche jaunâtre ; sa saveur est douce et agréable ; elle est très-adoucissante ; on en fait des suppositoires, des pommades, des bols, etc.; on la prend aussi quelquefois en potions.

Huile de noix muscade (*myristica moschata*). Elle est concrète comme du suif, d'une couleur jaune tirant sur le rouge, et d'une odeur fort agréable qu'elle doit à une huile volatile. On prépare encore plusieurs autres huiles grasses, dont nous nous contenterons d'indiquer ici les noms, parce qu'elles sont rarement employées : telles sont les huiles d'anacarde, d'arachide ou pistache de terre, de cameline, de laurier, de moutarde, de palmè, de sésame, etc.

Huiles essentielles considérées sous le rapport médical. Ces huiles peuvent être administrées toutes les fois que les sudorifiques, les toniques et les stimulans sont indiqués ; celles d'anis, de fenouil, de lavande, de romarin, de menthe poivrée, de pouliot, de cannelle, de macis, de gérofle, de térébenthine, de genièvre, etc., s'emploient à la dose de 4, 6 ou 10 gouttes sur du sucre, ou sous la forme de pastilles, ou dans des potions anti-spasmodiques. Les huiles essentielles sont encore administrées avec de l'eau ; ainsi les eaux distillées aromatiques font presque toujours la base des potions anti-spasmodiques, et constituent des ti-

sances excessivement utiles dans une multitude d'affections nerveuses ; on emploie plus particulièrement les eaux distillées de fleurs d'oranger, de rose, de mélisse de menthe poivrée, de lavande, de tilleul, etc. ; quelquefois aussi on fait prendre les huiles volatiles dissoutes dans l'alcool, sous le nom d'*eaux spiritueuses*.

Le tableau suivant, extrait de l'ouvrage de M. Thompson, donne une idée exacte de la couleur et de la densité des principales huiles volatiles, ainsi que des parties dont on se sert pour les préparer.

TABLEAU des *Huiles volatiles.*

PLANTES.	PARTIES.	HUILE.	COULEUR.
1 *Arthemisia absynthium*	feuilles	d'absynthe	verte.
2 *Acorus calamus*	racine	roseau odorant	jaune.
3 *Myrtus pimenta*	fruit	piment § (1)	idem.
4 *Anethum graveolens*	semences	anet	idem.
5 *Angelica archangelica*	racine	angelique	
6 *Pimpinella anisum*	semences	anis	blanche.
7 *Illicium anisatum*	idem	anis étoilé, ou badiane	brune.
8 *Artemisia vulgaris*	feuilles	armoise	
9 *Citrus aurantium*	écorce du fruit	bergamotte	jaune.
10 *Melaleuca leucodendra*	feuilles	cajeput	verte.
11 *Eugenia caryophyllata*	capsules	myrte §	jaune.
12 *Carum carvi*	semences	carvi	idem.
13 *Amomum cardamomum*	idem	amomum	idem.
14 *Carlina acaulis*	racines		blanche.
15 *Scandix cerefolium*	feuilles	cerfeuil	jaune de soufre
16 *Matricaria chamomilla*	pétales	camomille	bleue.
17 *Laurus cinnamomum*	écorce	cannelle §	jaune.
18 *Citrus medica*	écorce du fruit	citron	idem.
19 *Cochlearia officinalis*	feuilles	cochléaria	idem.
20 *Copaifera officinalis*	extrait	copahu	blanche.
21 *Coriandrum sativum*	semences	coriandre	idem.
22 *Crocus sativus*	pistils	safran §	jaune.
23 *Piper cubeba*	semences	cubèbes	idem.
24 *Laurus culilaban*	écorce	laurier-culilaban.	jaune brunâtre

(1) Les Huiles marquées du signe § sont plus pesantes que l'eau.

SUITE du Tableau des Huiles volatiles.

PLANTES.	PARTIES.	HUILE.	COULEUR.
25 *Cuminum cyminum*	semences	cumin	jaune.
26 *Inula helenium*	racines	aunée	blanche.
27 *Anethum fœniculum*	semences	fenouil	idem.
28 *Croton eleutheria*	écorce	cascarille	jaune.
29 *Maranta galanga*	racine	galanga.	idem.
30 *Hyssopus officinalis*	feuilles	hyssope.	idem.
31 *Juniperus communis*	semences	genièvre	verte.
32 *Lavandula spica*	fleurs	lavande	jaune.
33 *Laurus nobilis*	baies	laurier	brunâtre.
34 *Prunus laurocerasus*	feuilles	laurier-cerise §	
35 *Livisticum ligusticum*	racines	livèche	jaune.
36 *Myristica moschata*	semences (1)	muscade	idem.
37 *Origanum majorana*	feuilles	marjolaine	idem.
38 *Pistacia lentiscus*	résine	lentisque	idem.
39 *Matricaria parthenium*	plante	matricaire	bleue.
40 *Melissa officinalis*	feuilles	mélisse	blanche.
41 *Mentha crispa*	idem	menthe crépue	idem.
42 —— *piperitis*	idem	menthe poivrée	jaune.
43 *Achillea millefolium*	fleurs	millefeuille	bleue et verte.
44 *Citrus aurantium*	pétales	néroli	orange.
45 *Origanum creticum*	fleurs	dictame	brune.
46 *Apium petroselinum*	racines	ache	jaune.
47 *Pinus sylvestris et abies*	bois et résine	térébenthine	sans couleur.
48 *Piper nigrum*	semences	poivre noir	jaune.
49 *Rosmarinus officinalis*	plante	romarin	sans couleur.
50 *Mentha pulegium*	fleurs	pouliot	jaune.
51 *Genista canariensis*	racine	genet	idem.
52 *Rosa centifolia*	pétales	rose	sans couleur.
53 *Ruta graveolens*	feuilles	rue	jaune.
54 *Juniperus sabina*	idem	sabine	idem.
55 *Salvia officinalis*	idem	sauge	verte.
56 *Santalum album*	bois	santal blanc §	jaune.
57 *Laurus sassafras*	racines	sassafras	idem.
58 *Satureia hortensis*	feuilles	sariette	idem.
59 *Thymus serpillum*	feuilles et fleurs	thym	idem.
60 *Valeriana officinalis*	racines	valériane	verte.
61 *Kœmpferia rotunda*	idem	zédoaire	bleue verdâtre.
62 *Amomum zinziber*	idem	gingembre	jaune.
63 *Andropogon schœnanthum*		schœnante	brune.

(1) Elles fournissent aussi une huile fixe.

Des Savons.

673. Nous avons établi (pag. 77 et suiv.) que l'*élaïne*, la *stéarine* et la *cétine*, traitées par la potasse caustique, se décomposent et se transforment en une matière *savonneuse* qui est un véritable composé de margarate, d'oléate ou de cétate de potasse; nous avons dit en outre que les *corps gras* composés d'élaïne et de stéarine se comportent de la même manière lorsqu'on les traite par les alcalis, qu'il se forme de l'acide margarique, de l'acide oléique et un principe doux, et qu'il en résulte deux matières, l'une savonneuse, l'autre soluble. La combinaison des acides formés avec l'alcali employé constitue les *savons*, qui doivent par conséquent être assimilés aux sels; et, en effet, M. Chevreul a prouvé que, comme eux, leur composition est assujettie à des proportions définies. Les savons obtenus avec la graisse de porc, de mouton, de bœuf, d'homme, de jaguar, d'oie et de beurre, sont des composés de margarate et d'oléate; ceux qui résultent de l'action de la cétine sont formés de *cétate* et d'un autre sel dont l'acide est peu connu; enfin ceux que l'on produit avec les huiles fixes sont composés d'oléate et d'un autre sel dont l'acide est plus fusible que l'acide margarique. Ces savons sont solubles ou insolubles dans l'eau, suivant la nature de la base qui sert à les former; ceux de potasse, de soude et d'ammoniaque sont dans le premier cas; ceux de baryte, de strontiane, de chaux, etc., sont insolubles.

674. *Savons à base de potasse* (savons mous) formés par les graisses de porc, de mouton, d'homme, de bœuf, de jaguar et d'oie. Ils ont plus de tendance à cristalliser en aiguilles que les corps gras qui les ont fournis. Ils sont moins fusibles que les graisses d'où ils proviennent : ainsi celui qui est fait avec la graisse d'homme ne fond qu'au-déssus de 35° thermomètre centigrade; ceux que l'on a

préparés avec la graisse de mouton ou de bœuf ne fondent qu'au-dessus de 48°; celui que fournit la graisse de jaguar est solide à 36°. L'alcool bouillant, d'une densité de 0,821, les dissout en toutes proportions; il en est de même des *éthers*. (Pelletier.) Lorsqu'on délaye dans l'eau ces savons, que l'on peut considérer comme composés d'un savon de margarate de potasse et d'un autre d'oléate de potasse, une partie du margarate se décompose en sur-margarate de potasse (matière nacrée) qui se précipite, et en potasse qui reste en dissolution. Cette décomposition a lieu en vertu de l'insolubilité de la matière nacrée, et de l'affinité de la potasse pour l'eau : aussi se produit-elle mieux lorsqu'on opère à une température basse qui facilite la précipitation de la matière nacrée. Si on filtre la dissolution et qu'on sature l'excès d'alcali par de l'acide tartarique, il se précipite un corps gras floconneux, composé de beaucoup d'acide oléique et d'un peu d'acide margarique ; on peut transformer ce précipité en oléate et en margarate au moyen de la potasse et de l'eau. C'est en ayant égard à la décomposition du margarate de potasse opérée par l'eau, que l'on explique pourquoi les savons préparés avec ces sortes de graisses enlèvent la matière grasse qui salit les étoffes : en effet, l'alcali mis à nu par suite de cette décomposition se combine avec la matière grasse.

Les savons de potasse et de graisse dont nous parlons se dissolvent à merveille dans les eaux de *potasse* et de *soude*. On les emploie pour les usages de la toilette. Ceux que l'on appelle *savons de toilette* sont préparés avec de la potasse, du saindoux et une huile aromatique. Les savons verts faits avec de la potasse et de l'huile de graines peuvent être rendus plus verts au moyen de l'indigo ; on les emploie quelquefois pour faire des savons durs ou à base de soude ; il suffit pour cela de les mêler avec de l'hydro-chlorate de soude dissous (sel commun); l'acide hydro-chlorique se porte sur la potasse du savon, et les acides de celui-ci s'unissent avec la soude pour former du savon de soude que l'on sépare de la lessive. On suit ce procédé dans tous les pays où la soude est à un prix plus élevé que la potasse.

675. *Savons à base de soude* (savons durs). La soude se comporte avec les corps gras comme la potasse : donc les savons formés par ces deux substances sont analogues. Les savons de soude sont solides, durs, incolores ou colorés, plus pesans que l'eau, d'une saveur légèrement alcaline, moins caustique que celle des savons à base de potasse. Soumis à l'action du calorique, ils fondent, se boursoufflent et se décomposent comme les autres substances végétales. Exposés à l'*air*, ils se dessèchent, surtout si l'air est souvent renouvelé. Ils se dissolvent très-bien dans l'eau bouillante; mais si on laisse refroidir la liqueur, surtout lorsqu'on a employé une très-grande quantité d'eau, il se dépose du sur-margarate de soude sous la forme d'une gelée demi-transparente qui, par la dessiccation, se réduit en pellicules d'un blanc jaunâtre; du reste, l'eau se comporte avec ces savons comme avec ceux de potasse, excepté qu'elle les décompose moins facilement. (*Voy.* § 674.) L'eau froide dissout aussi les savons de soude, mais moins bien que celle qui est bouillante. Le *solutum* est décomposé sur-le-champ, 1° par les acides, qui s'emparent de la soude et précipitent les acides margarique et oléique, sous la forme d'une émulsion; 2° par tous les sels solubles autres que ceux à base de potasse, de soude et d'ammoniaque : dans ce cas l'acide du sel se porte sur la soude du savon avec laquelle il forme un sel soluble, tandis que les acides margarique et oléique se combinent avec l'oxide du sel, et donnent naissance à un margarate et à un oléate insolubles; ce fait explique pourquoi les eaux de puits chargées de sulfate de chaux ne peuvent pas dissoudre le savon : en effet, le sulfate est décomposé et il se préci-

pite du margarate et de l'oléate de chaux. L'*alcool*, surtout à l'aide de la chaleur, dissout parfaitement les savons à base de soude ; si on laisse refroidir le liquide, il se dépose un masse jaune transparente, qui ne devient point opaque par le refroidissement. Ces savons sont solubles dans tous les éthers. (Pelletier.) Ils jouissent, comme ceux de potasse, de la propriété de dissoudre la graisse qui salit les étoiles.

On emploie en médecine, sous le nom de *savon médicinal*, un savon blanc préparé avec de l'huile d'olive ou d'amandes douces et de la soude, dans des vases non métalliques : il doit être fait depuis un certain temps pour qu'il ait la dureté convenable. On doit le regarder comme un puissant excitant du système lymphatique ; les anciens le considéraient comme un excellent fondant et dissolvant de la lymphe et de la bile. On l'a employé avec succès contre les calculs biliaires, les engorgemens essentiels ou consécutifs de la rate et des autres viscères du bas - ventre, contre le carreau, les tumeurs scrophuleuses, graisseuses et laiteuses : on s'en est servi avec avantage dans certains ictères sans fièvre, dans quelques catarrhes chroniques de la vessie, dans l'asthme pituiteux, goutteux, dans les gouttes anciennes avec tophus, dans les dysenteries muqueuses, dans certaines faiblesses de l'estomac et des intestins, etc. On l'a vanté à tort comme un excellent lithontriptique. Il est administré à la dose de 4 ou 6 grains par jour, et l'on augmente progressivement jusqu'à en faire prendre 2 ou 3 scrupules : on le donne ordinairement sous forme solide. Uni à la réglisse, à la farine de graine de lin et à quelques gommes - résines, telles que l'assa fœtida, l'opopanax, le sagapénum, l'aloès, etc., il constitue les *pilules de savon* composées. L'eau de savon est employée avec le plus grand succès comme neutralisant dans le cas d'empoisonnement par les acides ; en effet, nous avons vu que ceux-ci la décomposent. On emploie aussi le savon à l'extérieur sous forme de lotion, de cataplasme, d'emplâtre, ou dissous dans l'eau-de-vie, pour favoriser la résolution de certaines tumeurs œdémateuses, contre les contusions, etc. Le *savon de Starkey* ou *savon tartareux*, préparé avec le sous-carbonate de potasse et l'huile de térébenthine, est aujourd'hui généralement abandonné.

676. *Savons à base d'ammoniaque.* Ces savons sont fort peu connus. Le *liniment volatil* dont nous avons parlé p. 95 est formé par cette base et par l'huile d'amandes douces. *L'eau de Luce* est le résultat de l'action de l'ammoniaque pure et caustique sur l'huile empyreumatique de succin rectifiée ; on en favorise la dissolution au moyen du savon blanc et de l'alcool rectifié ; on l'emploie avec succès comme stimulant dans l'apoplexie, les léthargies, la syncope, etc.; elle sert en frictions contre les piqûres ou morsures d'animaux venimeux, ou sur les brûlures récentes. M. Boullay, en faisant passer du gaz ammoniac à travers de l'huile et de la graisse, est parvenu à former, au bout d'un certain temps, un savon ammoniacal solide ; suivant lui, la graisse paraît plus propre que l'huile à opérer cette combinaison.

677. *Savons insolubles.* Lorsqu'on fait bouillir la baryte, la strontiane ou la chaux hydratées, l'oxide de zinc ou le protoxide de plomb, avec un corps gras formé de stéarine et d'élaïne, on obtient des savons insolubles, composés de l'une de ces bases et d'acide margarique et oléique; il n'en est pas de même de la magnésie, de l'alumine et du peroxide de cuivre ; soumis à la même opération ces oxides ne saponifient point la graisse ; cependant on peut obtenir des savons de ces oxides en versant dans une dissolution saline de magnésie, d'alumine et de cuivre, un savon soluble de potasse ou de soude. Les savons insolubles ont été fort peu étudiés et ne sont d'aucune utilité.

De la Cire.

Les rapports de la cire avec les huiles grasses concrètes sont tellement nombreux, que plusieurs chimistes regardent ces substances comme identiques. La cire se trouve, 1° dans la fécule verte de plusieurs plantes, notamment du chou; 2° dans le pollen de toutes les fleurs; 3° dans l'enveloppe des prunes, et d'un très-grand nombre d'autres fruits (Proust); 4° dans le vernis qui recouvre la surface supérieure des feuilles de beaucoup d'arbres, et dont elle fait la majeure partie; 5° à la surface des baies du *myrica cerifera*, arbrisseau de la Louisiane et de quelques autres contrées de l'Amérique septentrionale; on en trouve aussi dans les *myrica angustifolia*, *latifolia* et *cordifolia*. Suivant M. Hatchett, la *laque* renferme une substance analogue à la cire de *myrica* (myrte). Le *pela* des Chinois paraît n'être autre chose que de la cire retirée d'un insecte. Le *gale*, le *ceroxylon andicola*, le chaton mâle du bouleau, de l'aulne, du peuplier, du frêne, en donnent aussi plus ou moins. Enfin les abeilles fournissent également une très-grande quantité de cire. Suivant M. Hubert, ces animaux préparent eux-mêmes la cire, en sorte que celle-ci est le résultat d'une élaboration vitale; après avoir nourri pendant long-temps des abeilles avec du sucre ou du miel, ce naturaliste observa qu'elles donnèrent beaucoup de cire.

678. *Cire des abeilles.* Nous allons décrire spécialement cette variété parce qu'elle est mieux connue que les autres, et parce qu'il semble que les propriétés des diverses espèces de cire que nous venons de nommer diffèrent assez entre elles pour qu'on ne puisse pas les décrire d'une manière générale. La cire des abeilles est solide, incolore, insipide et presque inodore; sa pesanteur spécifique varie depuis 0,8203 jusqu'à 0,9662 (Bostock). L'odeur de la cire des abeilles, récemment préparée, est due à des substances

étrangères qui s'y trouvent mêlées, car elle la perd lorsqu'on l'expose à l'air pendant quelque temps pour la blanchir, surtout si elle a été coupée en rubans minces pour augmenter sa surface.

A 68° thermomètre centigrade la cire se fond en un fluide transparent, qui reprend sa forme concrète par le refroidissement. Si la température est assez élevée, elle s'évapore, bout et se décompose à la manière des huiles; si la chaleur est encore plus forte et qu'elle ait le contact de l'air, elle absorbe l'oxigène et produit une belle flamme. Le *chlore* et l'*air humide* n'exercent point d'action sur la cire blanche; mais si elle est colorée ils la décolorent en détruisant la matière colorante (Voyez *Action du Chlore sur les matières colorantes*, pag. 140). Elle est insoluble dans l'*eau*; l'alcool et l'éther ne la dissolvent pas à froid; ils en opèrent la dissolution à l'aide de la chaleur, quoique difficilement. Les huiles fixes la dissolvent à chaud et donnent une matière plus ou moins consistante, connue sous le nom de *cérat.* Elle se dissout également, à l'aide de la chaleur, dans les huiles volatiles, notamment dans l'huile essentielle de térébenthine. La potasse et la soude la transforment en savon. Elle est formée, d'après MM. Gay-Lussac et Thenard, de

Carbone.........................	81,784.
Hydrogène.......................	12,672.
Oxigène	5,544.

On s'en sert pour faire la bougie, les pièces anatomiques artificielles et le cérat; on l'emploie pour injecter des vaisseaux.

679. M. Chevreul, en faisant l'analyse du liége, a trouvé un principe particulier auquel il a donné le nom de *cérine*, parce qu'il se rapproche beaucoup de la cire; cependant il en diffère par moins de fusibilité, plus de densité et plus de solubilité dans l'alcool.

Des Résines.

680. Les résines sont des substances solides, sèches, plus ou moins fragiles, sans odeur, douées d'un certain degré de transparence, d'une couleur jaune ou tirant sur le jaune, insipides ou ayant une saveur âcre et chaude, et plus pesantes que l'eau.

681. Lorsqu'on les chauffe, elles se fondent et ne tardent pas à se décomposer. Si on fait l'expérience dans des vaisseaux fermés, on obtient beaucoup de gaz hydrogène carboné, de l'huile et un peu de charbon; si on agit au contraire avec le contact de l'air, il se produit une grande quantité de fumée noire et une belle flamme jaune. Elles n'éprouvent aucune altération de la part de l'*air* ni de l'*eau*; ce liquide n'en dissout pas un atôme. L'*alcool* et l'*éther* les dissolvent presque toutes, principalement à l'aide de la chaleur; la dissolution alcoolique filtrée est transparente; par l'addition de l'eau elle devient laiteuse et laisse précipiter la résine sous la forme d'une poudre blanche; si on y verse un sel appartenant aux quatre dernières classes, on obtient un précipité composé de résine et d'oxide métallique, insoluble dans l'eau, très-peu soluble dans l'alcool bouillant, et décomposable par la plupart des acides, qui agissent en s'emparant de l'oxide.

682. Les *huiles fixes,* et surtout celles qui sont siccatives, dissolvent également un très-grand nombre de résines; il en est de même de l'huile essentielle de térébenthine. La *potasse* et la *soude* liquides opèrent aussi cette dissolution avec facilité, comme l'a prouvé M. Hatchett; le *solutum*, d'un jaune clair, partage les propriétés du savon, et laisse précipiter la résine en flocons jaunes par l'addition d'un acide. Ces faits expliquent pourquoi les fabricans de savon sont dans l'usage d'ajouter de la *poix-résine* à leurs cuites.

683. L'action des acides sur les résines a fourni à M. Hat-

chett des résultats curieux. L'acide sulfurique concentré dissout très-promptement et à froid une résine quelconque réduite en poudre fine ; le *solutum* est transparent, visqueux et d'un brun jaunâtre ; par l'addition de l'eau il laisse précipiter la résine presque sans altération ; si on le fait chauffer sur un bain de sable, il se décompose, sa couleur devient plus foncée, et l'on obtient du charbon, du gaz acide sulfureux, et les autres produits qui résultent de l'action de l'acide sulfurique concentré sur les matières végétales. (*Voy.* § 640.) Si au lieu de chauffer ainsi le *solutum* jusqu'à ce qu'il soit entièrement décomposé, on cesse de le chauffer un peu avant qu'il ait acquis la couleur noire, et qu'on le mêle avec de l'eau, on obtient un précipité qui, étant traité par l'alcool, se dissout en partie ; en chauffant la dissolution alcoolique, l'esprit-de-vin se dégage ; le résidu, en partie soluble, en partie insoluble dans l'eau, traité par ce liquide, donne une dissolution qui jouit de toutes les propriétés du *tannin* artificiel.

684. L'acide *nitrique* que l'on fait digérer pendant long-temps sur les résines les décompose, et opère la dissolution du produit formé ; cette dissolution n'est pas précipitée par l'eau ; lorsqu'on la fait évaporer, elle donne une masse visqueuse, d'un jaune foncé, soluble dans l'eau et dans l'alcool, qu'il suffit de faire chauffer avec une nouvelle quantité d'acide nitrique pour la transformer en *tannin* artificiel. Il ne se forme point d'acide oxalique. Les acides *hydro-chlorique* et *acétique* dissolvent aussi les résines, mais plus lentement que l'acide sulfurique ; l'eau précipite de ces dissolutions les résines non altérées. M. Hatchett a proposé même le dernier de ces acides pour séparer ces substances de quelques autres matières insolubles dans l'acide acétique. Nous parlerons des usages des résines à mesure que nous les ferons connaître.

Résine animé. Elle découle d'un arbre de l'Amérique

septentrionale, connu sous le nom d'*hymœnea courbaril*
ou *carouge*. Elle est jaune, très-odorante, et un peu semblable au copal, dont on peut aisément la distinguer par
la facilité avec laquelle elle se dissout dans l'alcool : on
l'emploie très-souvent dans la composition des vernis.

Baume de copahu. Il découle d'incisions faites au tronc
du *copaifera officinalis*, arbre de l'Amérique méridionale et
des Indes occidentales. Lorsqu'il est récent il est de consistance huileuse; mais il devient peu à peu aussi épais que
le miel; il est transparent, d'une couleur jaunâtre, d'une
odeur forte et d'une saveur piquante et amère; sa pesanteur spécifique est de 0,950. Il est très-employé comme
astringent dans la dernière période des écoulemens vénériens : on le fait prendre à l'intérieur, depuis 20, 30 gouttes
jusqu'à un gros, dissous dans un peu d'alcool et mêlé ensuite avec de l'eau; ou bien on le triture avec du mucilage
pour faciliter sa dissolution dans l'eau, que l'on peut aussi
administrer à l'intérieur, mais dont on fait principalement
usage en injection.

Baume de la Mecque, de Judée. Il découle de l'*amyris
gileadensis* ou *opobalsamum*, arbre qui croît dans l'Arabie,
surtout près de la Mecque. On dit que lorsqu'il est récent,
il est trouble et blanchâtre, doué d'une odeur forte, aromatique, et d'une saveur âcre, amère et astringente; si on
le garde pendant quelque temps il s'éclaircit et sa couleur
devient verte d'abord, puis jaune. Il a la consistance de la
térébenthine. Il est excessivement rare en Europe, et par
conséquent peu employé.

Résine copal. Elle est fournie par le *rhus copallinum*,
arbre qui croît dans l'Amérique septentrionale. Elle est
d'un blanc légèrement brunâtre, quelquefois parfaitement
transparente; suivant Brisson, sa pesanteur spécifique est
de 1,045 à 1,139; elle répand une légère odeur lorsqu'on
la frotte, et se distingue des autres résines par la diffi-

culté avec laquelle l'alcool, l'huile essentielle de térébenthine et les huiles fixes en opèrent la dissolution ; il faut
même, pour parvenir à la dissoudre, prendre des précautions
que nous indiquerons en parlant de la préparation des
vernis pour lesquels elle est employée.

Résine élémi. Elle est fournie par l'incision des écorces
de l'*amyris elemifera*, arbre qui croît dans le Canada,
dans l'Amérique méridionale et en Asie. On la trouve dans
le commerce sous forme de gâteaux arrondis, enveloppés
dans des feuilles d'iris, de palmier ou de roseau ; elle est
d'un jaune pâle, demi-transparente, douée d'une saveur
amère et d'une odeur forte, semblable à celle du fenouil ou
des germes de peuplier, et qui s'affaiblit peu à peu ; sa pesanteur spécifique est de 1,018. Elle est d'abord un peu
molle et s'attache aux doigts ; mais elle se durcit avec le
temps. Elle entre dans la composition des onguens *martia-
tum*, de *styrax* et d'*arcœus*, dans l'*oppodeltoch*, et divers
autres emplâtres. Autrefois on l'administrait à l'intérieur
dans le traitement des écoulemens passifs, et on l'employait
sous la forme de liniment dans certaines douleurs rhumatismales.

Gomme lacque. On connaît dans le commerce trois variétés de cette résine, 1° la *lacque en bâtons*, que l'on
trouve sous forme de croûte sur les petites branches de
plusieurs arbres des Indes orientales, où elle a été déposée
par l'insecte *coccus lacca* ; elle est d'un rouge foncé, et
communique à l'eau cette couleur. 2°. La *lacque en grains*,
qui paraît être la précédente traitée par l'eau bouillante :
elle est brune. 3° La *lacque en écailles*, que l'on obtient
en faisant fondre la lacque en bâton et en la coulant en
plaques minces : elle est également brune. La première contient beaucoup plus de matière colorante et moins de résine
que les autres ; elle renferme aussi l'acide dont nous avons
parlé § 629 ; la dernière est la moins riche en couleur.

Toutes les trois sont fragiles, transparentes, inodores et douées d'une saveur astringente et amère. Fondue avec la térébenthine et le vermillon (cinnabre pulvérisé), la lacque donne la cire à cacheter rouge, tandis que l'on obtient la cire noire si l'on substitue le noir d'ivoire au cinnabre. La lacque est encore employée en teinture et dans la préparation des vernis. On l'administrait autrefois en médecine à la dose d'un demi-gros ou d'un gros dans l'alcool, comme tonique et astringente ; on la fait entrer aujourd'hui dans quelques gargarismes anti-scorbutiques, et dans la composition des poudres propres à raffermir les gencives ; on l'emploie aussi quelquefois pour déterger et mondifier les plaies.

Mastic. On le retire par incision du *pistachia lentiscus*, arbre qui croît dans le Levant, et particulièrement dans l'île de Chio. Il est sous la forme de larmes ou de grains jaunâtres, fragiles, demi-transparens, dont la saveur n'est pas désagréable. Lorsqu'on le chauffe, il se fond et exhale une odeur suave ; il se ramollit dans la bouche, et détermine la salivation, ce qui l'a fait mettre au rang des masticatoires. On l'a employé quelquefois pour remplir les cavités des dents cariées, et les Turcs en font usage pour fortifier les gencives et corriger la mauvaise odeur de l'haleine. On s'en sert dans la préparation des vernis ; mais il n'est pas entièrement soluble dans l'alcool.

Sandaraque. Cette résine découle du *thuya articulata*, espèce de conifère qui croît en Barbarie. Elle est, comme la précédente, sous la forme de petites lames arrondies, d'un blanc jaunâtre, inodores ; mais on peut facilement l'en distinguer, parce qu'elle est très-fragile, même lorsqu'on la met dans la bouche ; par sa plus grande transparence et par son entière solubilité dans l'alcool. Elle entre dans la composition de quelques vernis ; on l'emploie pour empêcher le papier de boire.

Sangdragon. On l'obtient par incision du *pterocarpus draco*, arbre de la famille des légumineuses, qui croît à Santa - Fé, dans les Indes orientales, etc.; le *dracæna draco* en fournit aussi. Il est en petites masses sèches, fragiles, dures, opaques, de forme ovale, d'un rouge tirant sur le noir, et qui donnent par la trituration une poudre d'un rouge de sang, inodore et insipide. Elle est regardée par plusieurs praticiens comme un excellent astringent, très-utile dans les anciens déyoiemens séreux et sanguins, et dans les hémorrhagies passives de l'utérus : il y a cependant beaucoup de cas de ce genre où son emploi n'a été suivi d'aucun succès. On la donne, 1° en poudre, à la dose de 8, 10 ou 12 grains par jour; 2° en pilules, unie à l'alun et à une poudre styptique; 3° dissoute dans l'alcool et étendue dans un véhicule, etc. On l'emploie aussi dans la préparation des vernis.

Térébenthine. On connaît plusieurs variétés de cette résine, 1° la térébenthine de Chio, que l'on extrait du *terebinthus pistacia* de L., arbre de la famille des conifères, qui croît principalement dans l'île de Chio ; elle est sous la forme d'un suc de consistance glutineuse, quelquefois transparent, et d'une couleur jaune foncée. 2°. La térébenthine de Venise, fournie par le *pinus larix* de L., est d'un blanc jaunâtre, diaphane, gluante, d'une odeur très-pénétrante, d'une saveur âcre et amère. 3°. La térébenthine *brute* et le *galipot*, que l'on extrait par incision du *pinus sylvestris*, du *pinus maritima*, etc. On donne principalement le nom de térébenthine *brute* à la portion que l'on recueille dans une petite cavité pratiquée dans la terre au bas du sapin; tandis que l'on appelle *galipot* toutes les parties qui se figent à la surface des incisions. Le *galipot*, appelé aussi *barras*, *résine blanche*, fondu et agité dans l'eau, se débarrasse des matières étrangères; lorsqu'il est décanté et filtré à travers de la paille, il constitue la *poix jaune*, ou la *poix de*

Bourgogne, ou la *résine jaune*. Cette variété de térében-thine, ainsi purifiée, donne, lorsqu'on la décompose par la distillation, de l'*huile essentielle de térébenthine*, et laisse un résidu appelé *colophane* ou *brai sec*, qui est solide, brun et fragile.

Nous indiquerons, en parlant de l'extraction des principes immédiats des végétaux, les divers procédés employés pour obtenir la *poix noire*, le *goudron*, le *brai gras* et le *noir de fumée*.

La térébenthine de Chio et de Venise est fréquemment employée en médecine comme tonique ; on la donne, 1° en injection dans le traitement des gonorrhées syphilitiques anciennes, dans les flueurs blanches, les ulcérations des voies urinaires, etc. ; on commence par la dissoudre dans un jaune d'œuf, puis on l'étend d'eau. 2°. En lavement dans les coliques nerveuses, les diarrhées et les dysenteries anciennes ; on associe 1, 2 ou 3 gros de térében-thine dissoute dans un jaune d'œuf, à un ou 2 gros de thériaque, que l'on mêle avec la quantité d'eau qui fait la base du lavement. La térébenthine a quelquefois été employée avec succès pour corriger la fétidité de quelques sinus fistuleux, pour hâter la cicatrisation de vieux ulcères, etc.

L'*huile essentielle de térébenthine* est généralement regardée comme un excellent diurétique. On en a fait un fréquent usage dans l'hydropisie ; on donne ordinairement une ou deux cuillerées à bouche d'un mélange fait avec un gros de cette huile et demi-once de miel. Le fameux remède de Durande, dont on a souvent obtenu d'excellens effets dans les coliques hépatiques produites par des calculs biliaires, n'est qu'un mélange de 3 parties d'éther sulfurique et de 2 parties de cette huile : on en donne 2 scrupules tous les matins.

Du Camphre.

Le camphre se trouve dans le *laurus camphora* (arbre très-commun en Chine et au Japon), et dans plusieurs autres espèces du même genre, dans un très-grand nombre de plantes de la famille des labiées et dans quelques ombellifères. Il existe aussi à Sumatra et à Bornéo un végétal qui fournit une très-grande quantité de camphre, et qui, suivant M. Corréa de Serra, a beaucoup de rapport avec le *shorea robusta* de Roxburgh. Les naturels l'appellent *kapour-barros*.

685. Le camphre pur est solide, blanc, demi-transparent, fragile, d'une odeur particulière, forte, aromatique et désagréable, d'une saveur amère, âcre et brûlante; il est gras au toucher, ductile et granuleux; sa pesanteur spécifique est de 0,9887.

Soumis à l'action du *calorique* dans des vaisseaux fermés, il se sublime en lames hexagonales ou en pyramides, et il ne fond qu'autant que la chaleur est plus forte que celle que l'eau exige pour bouillir; la sublimation du camphre a même lieu à la température ordinaire, mais elle est beaucoup moins marquée. Si, étant exposé à l'air, on le met en contact avec un corps en ignition, il absorbe l'oxigène de l'atmosphère, se décompose et s'enflamme sans laisser aucun résidu. Il exige 1152 fois son poids d'*eau* froide pour se dissoudre; cependant il peut être mêlé à ce liquide à l'aide d'un corps mucilagineux. L'*alcool* en dissout environ les trois quarts de son poids : aussi le *solutum* alcoolique précipite-t-il abondamment par l'eau. Les *huiles volatiles* et *fixes* en opèrent également la dissolution, beaucoup mieux à chaud qu'à froid, en sorte qu'elles en laissent déposer une partie sous la forme de cristaux lorsqu'on les a saturées à l'aide de la chaleur. Les *alcalis* ne paraissent pas pouvoir le dissoudre. Il se dissout à merveille dans l'acide acétique. Si on le fait chauffer dans des vaisseaux fermés, avec trois ou quatre fois son poids d'acide *sulfurique*, il y a décomposition réciproque, et l'on obtient du gaz acide sulfureux, de l'acide sulfurique faible, une huile volatile jaune, d'une odeur camphrée, et une matière noire qui reste dans la cornue; cette matière, traitée par l'eau bouillante, s'y dissout en partie; la portion insoluble, d'une couleur noire, est formée d'acide sulfurique et de charbon très-hydrogéné; la portion dissoute est astringente et composée d'acide sulfurique et d'une matière particulière; lorsqu'on en sature l'acide par l'eau de baryte, on en précipite l'acide sulfurique, et la matière astringente jouissant des propriétés du tannin artificiel, découvert par M. Hatchett, reste en dissolution. (Hatchett et Chevreul.)

686. L'acide *nitrique* dissout rapidement le camphre; la dissolution se sépare en deux portions : l'une, plus légère, jaunâtre, a l'aspect oléagineux et porte le nom d'*huile de camphre*; elle contient presque tout le camphre et la majeure partie de l'acide dans un grand état de concentration; l'autre, très-limpide, ne renferme qu'un peu de camphre, une petite quantité d'acide et beaucoup d'eau. Abandonné à lui-même, ce mélange fournit au bout d'un certain temps des cristaux de camphre, et il se forme, suivant M. Planche, un peu d'acide camphorique; du moins c'est ce qu'il a observé après avoir gardé pendant quatorze ans de l'huile de camphre dans un flacon bouché. L'eau décompose sur-le-champ cette huile et en sépare le camphre. Si on élève la température du mélange fait avec le camphre et l'acide nitrique, il se dégage du gaz nitreux; l'acide et le camphre sont décomposés, et l'on obtient de l'acide camphorique. Plusieurs autres *acides* ont également la propriété de dissoudre le camphre.

M. Brown pense que le camphre extrait de l'huile essentielle de thym (plante de la famille des labiées) diffère du précédent : en effet, il ne se dissout pas dans les acides sulfurique et nitrique.

Le camphre est administré à l'intérieur avec le plus grand succès, comme stimulant diffusible, comme anti-spasmodique et comme sudorifique. On l'emploie dans les fièvres adynamiques et putrides, dans les fièvres ataxiques, principalement lorsque la peau est sèche; dans les phlegmasies cutanées aiguës dans lesquelles l'éruption ne se fait pas bien, languit ou dégénère; dans les angines grangreneuses et dans toutes les grangrènes locales; dans certaines douleurs rhumatismales, sciatiques, etc. Il a été souvent utile dans les fièvres intermittentes, dans la paralysie, et dans une multitude d'affections où les anti-spasmodiques sont indiqués. On l'a souvent administré avec succès comme *anti-aphrodisiaque*. Il prévient l'action des cantharides sur la vessie, et il la fait cesser lorsqu'elle existe déjà. On le donne à l'intérieur depuis 18, 20 ou 24 grains jusqu'à 2, 3 ou 4 gros dans les vingt-quatre heures; les doses doivent varier suivant la nature et l'intensité de la maladie; mais on doit éviter d'en faire prendre beaucoup-à-la-fois, parce qu'il agirait comme un poison énergique, capable d'occasionner la mort en très-peu de temps (*voyez* ma *Toxicologie générale*); on le fait prendre ordinairement dans un jaune d'œuf ou dans un mucilage. On le donne en lavemens depuis un demi-grain jusqu'à un gros; introduit par cette voie, il est encore susceptible d'agir comme poison et de déterminer les accidens les plus graves si la dose employée est trop forte. La dissolution du camphre dans l'huile est souvent employée en frictions sur la partie interne des cuisses et sur quelques autres points; on se sert aussi d'eau-de-vie camphrée préparée avec une demi-once de camphre et deux livres d'eau-de-vie; enfin le camphre entre dans la composition de quelques linimens résolutifs, etc. Son emploi extérieur exige beaucoup moins de précautions que son administration intérieure, car l'expérience prouve qu'il agit avec beaucoup moins d'énergie dans le premier cas.

Du Camphre artificiel.

687. Nous avons déjà dit que l'on obtient une substance cristallisée, ayant des rapports avec le camphre, lorsqu'on sature de gaz acide hydro-chlorique l'huile essentielle de térébenthine. Ce camphre artificiel, découvert par Kind, est blanc, brillant, en cristaux grenus, d'une forme indéterminable, sans action sur l'*infusum* de tournesol, et d'une odeur analogue à celle du camphre ; sa densité est moindre que celle de l'eau.

Chauffé dans des vaisseaux fermés, il se sublime en partie ; mais une portion se décompose et fournit de l'acide hydro-chlorique : il est complètement décomposé si on le fait passer à travers un tube de porcelaine incandescent. Si, étant exposé à l'*air*, on le met en contact avec un corps en ignition, il absorbe l'oxigène de l'atmosphère, s'enflamme, ne laisse point de résidu, et se transforme en eau, en acide carbonique et en acide hydro-chlorique. Il est insoluble dans l'*eau* ; il se dissout assez abondamment dans l'alcool, d'où il peut être précipité par l'eau.

Il ne se comporte pas avec l'acide nitrique comme le camphre ordinaire ; en effet, lorsqu'on le chauffe avec cet acide, on obtient du chlore ; il ne se forme point d'acide camphorique, et l'on ne remarque pas les deux couches de densité différente dont nous avons parlé § 686. Il est insoluble dans l'acide *acétique* ; si on le fait digérer avec les alcalis, ceux-ci lui enlèvent une petite quantité d'acide hydro-chlorique. Suivant M. Thenard, le camphre artificiel est formé d'acide hydro-chlorique et d'huile de térébenthine non altérée. Kind, Tromsdorff, MM. Boullay, Clusel et Chomet pensent, au contraire, qu'il est composé d'oxigène, d'hydrogène et de carbone. Il est sans usages.

Du Caoutchouc (gomme élastique).

Le caoutchouc est regardé par plusieurs chimistes comme un principe immédiat particulier; d'autres pensent qu'il est formé d'une matière solide et d'une substance huileuse. En attendant que de nouvelles expériences nous aient éclairés sur sa composition intime, nous adopterons la première de ces opinions. Les nombreux rapports du caoutchouc avec les autres principes de cette classe nous engagent à placer ici son histoire; cependant nous devons indiquer qu'il contient de l'azote, et qu'il devrait peut-être se trouver parmi les substances végéto-animales.

688. Le caoutchouc n'est autre chose, suivant Fourcroy, qu'un suc laiteux oxigéné par le contact de l'air, et obtenu, par incision, de l'*hævea caoutchouc*, du *jatropha elastica*, du *ficus indica*, de l'*artocarpus integrifolia*, arbres qui croissent dans les Indes occidentales et dans l'Amérique méridionale. Lorsqu'il a été desséché, il est solide, blanc, inodore, insipide, mou, flexible, très-élastique, tenace et plus léger que l'eau; sa pesanteur spécifique est de 0,9335. Le caoutchouc du commerce est brunâtre au lieu d'être blanc, parce que les Indiens le soumettent à l'action de la fumée.

Soumis à la distillation, il fond, se décompose et fournit un produit ammoniacal. Si, étant exposé à l'air, on le met en contact avec un corps en ignition, il absorbe l'oxigène et s'enflamme. Il ne s'altère point dans l'atmosphère; il est insoluble dans l'eau et dans l'alcool. L'eau bouillante le gonfle, et ramollit tellement ses bords, qu'on peut, en les rapprochant et les pressant l'un contre l'autre, les faire adhérer, propriété dont on tire parti pour faire des tubes et des sondes de gomme élastique. Les huiles essentielles dissolvent le caoutchouc qui a été ramolli par l'eau ; il en est de même de l'éther sulfurique privé d'eau ; lorsqu'on verse de l'alcool dans cette dissolution éthérée, il se forme tout-à-coup un précipité de caoutchouc, et l'alcool s'unit à l'éther. Les *alcalis* le dissolvent à peine, mais le changent en une matière glutineuse. L'acide sulfurique le charbonne ; il est décomposé par l'acide nitrique ; l'acide hydro-chlorique n'agit point sur lui. On l'emploie pour préparer les sondes, et certains vernis, et pour effacer les traces de crayon.

De l'Alcool (*esprit-de-vin*).

L'alcool est constamment un produit de l'art ; il se forme toutes les fois que le sucre éprouve la fermentation spiritueuse, que l'on désigne plus particulièrement sous le nom de *fermentation alcoolique*.

689. L'alcool pur et concentré est un liquide transparent, incolore comme l'eau, ne rougissant point l'*infusum* de tournesol, doué d'une odeur forte, agréable, et d'une saveur chaude et caustique ; sa pesanteur spécifique est, suivant Richter, de 0,792, à la température de 20° ; cette pesanteur devient plus considérable à mesure que l'on ajoute de l'eau à l'alcool : ainsi, d'après Gilpin, elle est de 0,99327 lorsqu'il contient 95 parties d'eau sur 100.

690. Il est très-volatil, et entre en ébullition à la température de 79° thermomètre centigrade, sous la pression de 76 centimètres ; la pesanteur spécifique de sa vapeur est 1,6133, celle de l'air étant prise pour unité ; elle est par conséquent près de trois fois aussi considérable que celle de l'eau, qui ne s'élève qu'à 0,6235. Si on fait passer l'alcool en vapeur à travers un tube de porcelaine rouge, on le décompose. M. de Saussure a retiré de 81,17 gram-

mes d'alcool liquide soumis à cette expérience et contenant 11,23 grammes d'eau :

1°. Gaz hydrogène carboné, gaz oxide de carbone et un atome de gaz acide carbonique : 59,069

2°. Eau 17,771

3°. Lames minces volatilisées et huile essentielle brune 0,041

4°. Un atome d'acide acétique . . . .

5°. Alcool non décomposé 0,065

6°. Charbon 0,005

7°. Perte 3,042

Si au lieu de traiter l'alcool par le feu, on le soumet à l'action d'un mélange frigorifique dont la température est de 68°, 33 — o thermomètre centigrade, il ne se congèle pas (Walker). Suivant M. Hutton, il se solidifierait et cristalliserait à 79° — o, température extraordinairement basse, que ce savant paraît avoir obtenue par des moyens particuliers qu'il a omis de publier et qui nous sont inconnus. *Lumière.* La puissance réfractive de l'alcool, comparée à celle de l'air, est de 2,2223. Il n'est point conducteur du *fluide électrique.*

691. Mis en contact à la température ordinaire avec le gaz *oxigène* ou avec l'air *atmosphérique,* il se volatilise, se mêle avec ces gaz, leur communique l'odeur qui lui est propre et la propriété d'enivrer les animaux qui le respirent. L'alcool contenu dans ces mélanges prend feu par l'approche des corps en ignition. Lorsque, par le moyen d'un corps enflammé ou d'un certain nombre d'étincelles électriques, on élève la température de l'esprit-de-vin qui a le contact du gaz oxigène ou de l'air, il est décomposé ; l'hydrogène et le carbone qu'il renferme se combinent rapidement avec l'oxigène pour former de l'eau et du gaz acide carbonique,

et il se produit une flamme blanche très-étendue ; il n'y a aucun résidu si l'alcool est pur.

692. L'*hydrogène*, le *bore*, le *carbone* et *l'azote* n'agissent point sur l'alcool. Il dissout un peu de *phosphore* à l'aide de la chaleur ; ce *solutum* est précipité par l'eau, qui en sépare le phosphore. Boyle a remarqué le premier que lorsqu'on en verse une petite quantité dans un verre rempli d'eau froide et placé dans un lieu obscur, on aperçoit à la surface du liquide des ondes lumineuses, brillantes, qui paraissent dues au gaz hydrogène phosphoré qui se dégage : l'eau devient laiteuse. Le *soufre* et l'alcool se combinent parfaitement à l'état de vapeur et donnent naissance à un liquide dont l'odeur est analogue à celle de l'acide hydro-sulfurique, et dont l'eau précipite le soufre ; l'alcool sulfuré peut être préparé en chauffant du soufre dans un alambic de verre, dans l'intérieur duquel on a suspendu, au moyen de deux ou trois fils, un petit vase contenant de l'alcool ; le soufre fond et se réduit en vapeurs qui échauffent l'alcool ; celui-ci se vaporise, et se combine avec la vapeur de soufre pour former le liquide dont nous parlons, qui ne tarde pas à se condenser dans un récipient que l'on a adapté au bec de l'alambic. Il résulte des expériences faites par Fabre, que le soufre en poudre fine se dissout dans l'alcool liquide à l'aide d'une douce chaleur, et même à froid ; mais la dissolution s'opère très-lentement.

693. Si l'on fait arriver une suffisante quantité de *chlore* gazeux dans l'alcool liquide, celui-ci est complètement décomposé, et l'on obtient beaucoup d'eau et d'acide hydrochlorique, un peu de gaz acide carbonique, un produit dans lequel le charbon prédomine, et une très-grande quantité d'une matière huileuse dont M. Berthollet a parlé le premier, et qui peut être presqu'entièrement séparée du liquide par l'eau. Voici quelles sont les propriétés de cette matière pure : elle est sous la forme d'un liquide huileux,

d'une odeur forte , pénétrante et désagréable , d'une saveur très-piquante, et sans action sur l'*infusum* de tournesol ; elle est très-volatile. Si on la fait passer à travers un tube de porcelaine incandescent, elle se décompose et fournit du chlore. Si , étant exposée à l'air , on la met en contact avec un corps en ignition, elle s'enflamme facilement et répand des vapeurs d'acide hydro-chlorique. L'eau la décompose avec promptitude. L'acide sulfurique la charbonne dans le même instant, et détermine la formation d'une certaine quantité d'eau aux dépens de l'oxigène et de l'hydrogène qui entrent dans sa composition. Traitée par la potasse caustique pure, et chauffée convenablement, elle se décompose presque complètement, et laisse un résidu charbonneux assez considérable.

L'alcool est également décomposé par l'*iode*, qui s'empare de son hydrogène et forme de l'acide hydriodique.

694. L'*eau* se combine avec l'alcool en toutes proportions, et l'on observe qu'il y a élévation de température et rapprochement des molécules si l'alcool est concentré ; ainsi un composé d'une pinte d'alcool concentré et d'une pinte d'eau occupe un volume moindre que celui des deux pintes ; il y a, au contraire , raréfaction et élévation de température si l'alcool est très-faible : nous devons ces résultats curieux à M. Thillaye fils. Lorsque l'alcool a été affaibli par ce moyen, il constitue les diverses variétés d'esprit-de-vin que l'on trouve dans le commerce, et qui marquent des degrés différens au pèse-liqueurs. Nous dirons, à l'article *des Préparations* , que dans l'eau-de-vie il y a parties égales en poids d'alcool concentré et d'eau ; il est cependant impossible de faire de la bonne eau-de-vie en mêlant ces deux substances.

695. L'alcool agit sur les *acides* d'une manière très-variée ; il n'exerce aucune action sur les acides carbonique , molybdique, tungstique, columbique et mucique ; il dis-

sout, au contraire, tous les autres, si toutefois l'on en excepte l'acide phosphorique : ce dernier, et un assez grand
nombre de ceux qui y sont solubles, peuvent, dans certaines
circonstances particulières, transformer l'alcool en *éther*,
tandis qu'il y en a d'autres dont l'action sur l'alcool se
borne à une simple dissolution : tel est, par exemple,
l'acide *borique*, dont la dissolution alcoolique jouit même
de la propriété de donner une belle flamme *verte* lorsqu'on
la met en contact avec un corps en ignition.

696. Les métaux sont insolubles dans l'alcool ; le potassium et le sodium décomposent l'eau qu'il renferme, s'emparent de son oxigène et mettent l'hydrogène à nu ; d'où
il suit qu'ils rendent l'alcool plus concentré qu'il n'était.

697. Il n'y a parmi les oxides métalliques que la potasse
et la soude qui se dissolvent dans ce liquide. L'ammoniaque
y est également soluble.

698. L'action des sels sur l'alcool est de la plus haute
importance. Tous les sels déliquescens se dissolvent dans
l'alcool concentré, tandis que les sels efflorescens, ceux qui
sont peu solubles dans l'eau, et ceux qui ne le sont pas du
tout, sont pour la plupart insolubles dans ce liquide. Si l'alcool, au lieu d'être concentré, se trouve affaibli par de
l'eau, alors il acquiert la faculté de dissoudre un certain
nombre de ceux qui auparavant y étaient insolubles, comme
on pourra s'en convaincre en jetant les yeux sur le tableau
suivant. Plusieurs des sels solubles dans ce liquide communiquent à sa flamme une couleur particulière : ainsi les
sels de strontiane la colorent en pourpre, les sels cuivreux
en vert, l'hydro-chlorate de chaux en rouge, le nitrate de
potasse en jaune, etc. Il existe des sels si peu solubles dans
ce liquide concentré, que l'on peut les précipiter par l'alcool de leurs dissolutions aqueuses ; l'alcool s'empare de
l'eau et le sel se dépose : tels sont, par exemple, la plupart des sulfates.

Dissolubilité des Sels dans 100 *parties d'alcool de densités différentes,* d'après Kirwan. (*Voyez* son traité sur les *Eaux minérales,* pag. 274.)

SELS.	ALCOOL DE				
	0,900.	0,872.	0,848.	0,834.	0,817.
Sulfate de soude·····	o.	o.	o.	o.	o.
Sulfate de magnésie.··	1.	1.	o.	o.	o.
Nitrate de potasse····	2,76.	1.	o.	o.	o.
Nitrate de soude·····	10,5o.	6.	o.	o,38.	o.
Hydro-chlorate de potasse··············	4,62.	1,66.	o.	o,38.	o.
Hydro – chlorate de soude. ···········	5,8o.	3,67.	o.	o,5o.	o.
Hydro-chlorate d'ammoniaque ········	6,5o.	4,75.	o.	1,5o.	o.
Hydro-chlorate de magnésie desséché à 49° therm. cent.········	21,25.	o.	23,75.	36,25.	5o.
Hydro-chlorate de baryte ·············	1.	o.	o,29.	o,185,	o,o9.
Idem cristallisé. ·····	1,56.	o.	1,43.	o,32.	o,o6.
Acétate de chaux.····	2,4o.	o.	4,12.	4,75.	4,88.

Ces expériences ont été faites par Kirwan avec des sels privés de leur eau de cristallisation, que l'on faisait digérer dans l'alcool pendant trois jours, à la température de 45° environ, thermomètre centigrade.

699. Nous devons maintenant faire connaître l'action particulière de l'alcool sur les *nitrates de mercure* et *d'argent.* Lorsqu'on fait bouillir, pendant *deux ou trois minutes*

seulement, 11 parties d'alcool avec du nitrate de mercure obtenu préalablement, en dissolvant une partie de mercure dans 7 parties et demie d'acide nitrique à 30° de l'aréomètre de Baumé, on remarque à mesure que la liqueur se refroidit, qu'il se précipite des aiguilles légèrement aplaties, d'un blanc grisâtre, connues sous le nom de *poudre fulminante de Howard*, qui le premier en a parlé : dans cette expérience l'alcool est décomposé. Suivant M. Berthollet, la poudre obtenue est formée d'ammoniaque, d'oxide de mercure, et d'une matière végétale particulière provenant de la décomposition de l'alcool. M. Howard la croit au contraire composée de 21,28 d'acide oxalique, de 64,72 de mercure, et de 14,00 de gaz nitreux éthéré et de gaz oxigène combiné avec le métal. Quoi qu'il en soit, elle détonne fortement par la percussion, phénomène qui doit être attribué à sa décomposition et à la formation instantanée d'une plus ou moins grande quantité de gaz acide carbonique, de gaz azote et de vapeur mercurielle. Mise sur les charbons ardens elle produit une légère explosion, se décompose, et absorbe l'oxigène de l'air avec dégagement de lumière d'un bleu tendre. L'acide hydro-chlorique la transforme en proto-chlorure de mercure, en hydro-chlorate d'ammoniaque et en hydro-chlorate de deutoxide de mercure.

700. Si l'on verse 30 parties d'alcool et 30 parties d'acide nitreux concentré sur 5 parties de *pierre infernale pulvérisée* (nitrate d'argent fondu), la température du mélange s'élève bientôt assez pour le faire bouillir, et il se forme une multitude de flocons blancs qui le rendent laiteux. Au bout d'un certain temps, lorsque la consistance du liquide se trouve augmentée et qu'on n'aperçoit plus le nitrate d'argent, on y verse de l'eau distillée pour arrêter l'ébullition et précipiter une poudre que l'on connaît sous le nom de *poudre fulminante d'argent* (Brugnatelli). Ce

produit, plus fort encore que le précédent, détonne avec la plus grande violence par la pression ou par le frottement, par la chaleur, par l'acide sulfurique, et ne doit jamais être préparé qu'en petite quantité si l'on veut éviter les dangers qui accompagnent l'opération ; on ignore quelle est sa composition. Il est employé pour faire les cartes et les bonbons fulminans.

701. L'alcool peut dissoudre les diverses espèces de sucre, la mannite, toutes les huiles essentielles, un assez grand nombre d'huiles fixes, les résines, le camphre, les baumes et plusieurs autres substances végétales et animales dont nous parlerons par la suite. Les gommes, la fécule, l'inuline, le ligneux, la subérine et la moelle de sureau sont insolubles dans cet agent.

L'alcool, d'une pesanteur spécifique de 0,792 à 20°, est formé, suivant les expériences de M. Théodore de Saussure, de 51,98 de carbone, de 34,32 d'oxigène et de 13,70 d'hydrogène, ou bien de 100 d'hydrogène et de carbone dans le rapport nécessaire pour donner naissance à du gaz hydrogène per-carboné, et de 63,58 d'hydrogène et d'oxigène dans les proportions convenables pour former de l'eau, ou, ce qui revient à-peu-près au même, de volumes égaux de gaz hydrogène per-carboné et de vapeur d'eau.

L'alcool est employé dans les laboratoires comme réactif ; il entre dans la composition de toutes les liqueurs spiritueuses ; il sert à préparer un certain nombre de vernis siccatifs. Il agit sur l'économie animale comme un excitant diffusible énergique; l'excitation qu'il détermine lorsqu'il est pris à l'intérieur et en assez forte dose, ne tarde pas à être suivie de la plus parfaite stupéfaction, comme on le voit dans l'*ivresse* ; il produit en outre l'inflammation des tissus sur lesquels il a été appliqué ; son action délétère se manifeste aussi quand il est appliqué sur le tissu cellulaire de la partie interne des membres abdominaux; en effet, l'ivresse et la mort sont les résultats constans de cette application. L'alcool n'est jamais employé en médecine à l'état de pureté ; mais il fait partie d'une foule de médicamens en usage : tels sont les eaux spiritueuses aromatiques, les boissons vineuses, les teintures, l'alcool camphré, etc.

Des Éthers.

702. Les éthers résultent presque constamment de l'action de l'alcool sur un ou deux acides ; la nature et les propriétés de ceux qui sont connus diffèrent tellement, qu'il est impossible de pouvoir donner une définition qui leur convienne à tous : aussi préférons-nous les diviser en deux genres, comme l'a fait M. Thenard, et entamer de suite leur histoire particulière.

Premier genre. Ce premier genre ne comprend qu'un seul éther ; il est composé d'hydrogène, de carbone et d'oxigène, et ne contient pas un atome d'acide ; il est connu sous le nom d'*éther sulfurique* ; on pourrait également l'appeler *éther phosphorique*, *éther arsénique* ou *hydrophtorique*, puisqu'il peut être obtenu avec l'un ou l'autre de ces quatre acides.

703. L'éther *sulfurique* est sous la forme d'un liquide très-limpide, incolore, d'une odeur forte et suave, et d'une saveur chaude et piquante ; sa pesanteur spécifique est de 0,7155 à la température de 20° thermomètre centigrade ; il ne rougit point l'*infusum* de tournesol. Il se volatilise à toutes les températures, et il entre en ébullition à 35°,6 sous la pression de 0,76 m. ; ce phénomène a même lieu à 8 ou 10° si l'éther est placé sous une cloche vide ; la pesanteur spécifique de la vapeur qui en résulte, comparée à celle de l'air, est de 2,5860 ; c'est à la facilité avec laquelle cette vaporisation a lieu qu'il faut attribuer le re-

froidissement subit qu'éprouvent les corps sur lesquels ce liquide a été appliqué. On peut tirer parti de ce fait en médecine pour diminuer certains maux de tête, la chaleur intense que déterminent les brûlures, etc.; il suffit d'appliquer et de souffler de l'éther sur la partie affectée. Soumis à l'action d'une chaleur rouge, l'éther se décompose complètement; d'après M. Th. de Saussure, 47 grammes d'éther fournirent 42,36 gr. d'un mélange de gaz hydrogène carboné et de gaz oxide de carbone avec une petite quantité d'acide carbonique; 0,4 gr. d'huile et de goudron, 0,12 gr. de charbon; la perte fût de 4,12 gr. Si au lieu de soumettre l'éther à l'action de la chaleur, on le refroidit en le mettant sous le récipient de la machine pneumatique, et en faisant le vide, il se vaporise en partie; si on absorbe la vapeur à mesure qu'elle se forme, au moyen de l'acide sulfurique concentré, une autre portion d'éther se congèle, comme l'a prouvé M. Configliachi. (*Voyez* pag. 29, tom. Ier.)

. L'éther est mauvais conducteur du fluide électrique; il réfracte fortement la lumière.

Abandonné à lui-même dans un flacon bouché contenant de l'air, il se décompose, perd une partie de sa volatilité et de son odeur suave et il se forme de l'acide acétique, surtout si l'on débouche souvent le flacon (Planche.) M. Gay-Lussac pense qu'il se produit en outre une huile et peut-être de l'alcool; l'éther devient plus dense, rougit le tournesol, et acquiert une saveur brûlante, âcre et persistante; lorsqu'on le distille il commence à entrer en ébullition à la température de 35°,6 environ; mais bientôt après il exige 20° de plus pour bouillir.

Si, étant exposé à l'air, on approche de l'éther un corps en ignition, il absorbe l'oxigène de l'atmosphère avec dégagement de calorique et de lumière; il se produit une flamme blanche très-étendue, fuligineuse, et susceptible de noircir les corps blancs. La vapeur d'éther, mêlée avec le gaz *oxigène* ou avec l'*air* atmosphérique, et soumise à l'action d'une étincelle électrique, détonne et se trouve décomposée.

Le *phosphore* et le *soufre* sont légèrement solubles dans ce liquide. Le *chlore* le décompose, s'empare de son hydrogène pour former de l'acide hydro-chlorique, et il y a du charbon mis à nu. L'eau dissout environ le dixième de son poids d'*éther*; lorsqu'on agite pendant quelque temps ces liquides, il se forme deux couches : l'une supérieure, composée d'éther et d'un peu d'eau; l'autre inférieure, formée d'eau et d'un peu d'éther. Le *potassium* et le *sodium* sont oxidés par l'*éther*, et il y a une légère effervescence. Le *barium*, le *strontium* et le *calcium* agissent probablement de la même manière.

704. Si l'on met une goutte d'éther dans un verre froid, et que l'on plonge dans le verre un fil de *platine* de $\frac{1}{60}$ ou de $\frac{1}{70}$ de pouce de diamètre, roulé en spirale et préalablement chauffé sur un morceau de fer ou à la flamme d'une bougie, le fil devient resplendissant, presque d'un rouge blanc dans quelques parties du verre, et ce phénomène continue tant qu'il y a une quantité suffisante de vapeur et d'air; il se forme en même temps une substance qui paraît être un acide particulier. (*Voyez* les belles recherches de M. Davy sur la flamme, *Annales de physique et de chimie*, 1817.) Voici les propriétés assignées par M. Faraday à cet acide nouveau : il est liquide, transparent, incolore, d'une saveur légèrement acide et d'une odeur très-irritante; il rougit l'*infusum* de tournesol et donne avec l'ammoniaque un sel très-volatil, d'une odeur fétide particulière; il transforme la potasse et la soude en sels neutres, qui ne précipitent que les sels d'argent et de mercure; les précipités obtenus se dissolvent dans une grande quantité d'eau. Si on chauffe le sel qu'il donne avec la potasse, il reste beaucoup de carbone dans la cornue, et il se dégage de l'acide carbonique, de l'oxide de carbone et de l'hydrogène carboné. Il

décompose les carbonates de potasse , de soude, d'ammoniaque et de magnésie , et n'a aucune action sur le carbonate de chaux. Tous les sels formés par cet acide sont décomposés par les acides ordinaires. M. Faraday croit qu'il
est composé d'oxigène , d'hydrogène et de carbone. Il est
parvenu a l'obtenir facilement par le procédé suivant : on
met un peu d'éther sulfurique dans une vessie que l'on
remplit ensuite d'air atmosphérique ; on fait passer lentement le mélange gazeux dans un tube de verre échauffé ,
dans lequel on a mis du platine en fils ou en feuilles , et
dont l'extrémité plonge dans un vase entouré d'un mélange
frigorifique. Lorsque la vessie ne contient plus d'air éthéré,
on la remplit de nouveau , et on réitère plusieurs fois la
même opération ; il se dégage beaucoup de gaz acide carbonique , et il se dépose du carbone sur le métal ; enfin on
trouve dans le vase une dissolution aqueuse contenant le
nouvel acide.

705. L'éther sulfurique ne se combine point avec les
bases , si toutefois l'on en excepte la *potasse* et l'*ammoniaque.* Les acides hydro-chlorique et acétique le dissolvent,
et l'eau ne le sépare que de la dernière de ces dissolutions.
(Boullay). L'*acide sulfurique* concentré le décompose à
l'aide de la chaleur ; il se forme de l'eau, de l'huile douce
de vin , du gaz hydrogène per-carboné, du gaz acide sulfureux, du gaz acide carbonique, et il se dépose du charbon.
L'*acide nitrique* n'agit point sur lui à froid ; il le décompose si on élève la température.

Il ne paraît pas avoir beaucoup d'action sur les *sels* ; nous
avons déjà parlé des phénomènes qu'il présente avec
l'hydro-chlorate d'or. (*Voy.* pag. 456, t. Ier). Il dissout le
sublimé corrosif par l'agitation ; M. Vogel a observé que le
solutum, exposé au soleil pendant quelques jours, se décompose et laisse déposer du proto-chlorure et du carbonate de mercure sous la forme d'une poudre blanche ,

phénomène qui annonce à-la-fois la décomposition de l'éther et celle du sel mercuriel.

L'*alcool* et l'éther s'unissent et forment un liquide incolore, limpide, décomposable par l'eau, qui s'empare de l'alcool et sépare l'éther sous la forme de petits globules qui viennent à la surface. La *liqueur minérale anodine d'Hoffmann* n'est autre chose qu'un mélange fait avec parties égales d'alcool et d'éther concentrés. Les huiles fixes et essentielles, le camphre, les résines, etc., peuvent se dissoudre dans l'éther. D'après M. Gay-Lussac, l'éther est formé de 100 parties d'hydrogène et de carbone dans le rapport convenable pour faire le gaz hydrogène per-carboné, et de 31,95 d'oxigène et d'hydrogène dans les proportions nécessaires pour donner lieu à de l'eau, ou, ce qui revient au même, de 2 volumes de gaz hydrogène per-carboné et d'un volume de vapeur d'eau.

L'éther est un des calmans et des anti-spasmodiques les plus accrédités et les plus généralement employés en médecine. Il est administré avec le plus grand succès, 1° dans une foule d'affections nerveuses ; 2°. dans un très-grand nombre de fièvres intermittentes ; donné une heure avant l'accès, il le prévient souvent, ou du moins, il s'oppose à ce que le frisson se manifeste. On le fait prendre depuis 6, 8 ou 10 gouttes, jusqu'à un demi-gros et même plus ; cependant il faut être circonspect sur son emploi, car, à forte dose, il détermine l'inflammation des tissus du canal digestif, tous les symptômes de l'ivresse, et la mort. (*Voyez* ma *Toxicologie générale*). On le donne ordinairement sur un morceau de sucre ou dans une potion anti-spasmodique ; quelquefois aussi on le fait inspirer.

706. *Ethers du deuxième genre.* Ces éthers sont au nombre de neuf ; l'éther hydro-chlorique, l'éther nitreux, l'éther hydriodique, l'éther acétique, l'éther benzoïque, l'éther

oxalique, l'éther citrique, l'éther tartarique et l'éther gallique. On peut considérer ces éthers comme des composés
d'alcool et d'acide, dans lesquels ce dernier est plus ou moins
retenu ou neutralisé par l'alcool ; on peut encore les regarder
comme étant formés des principes constituans de l'une ou
de l'autre de ces substances ; nous préférons adopter la première de ces hypothèses. Trois d'entre eux, savoir, l'éther
hydro-chlorique, l'éther nitreux et l'éther hydriodique sont
plus volatils que l'alcool ; les six autres le sont moins. Ils
sont tous le produit de l'art.

Des Éthers du deuxième genre plus volatils que l'alcool.

707. *Éther hydro-chlorique.* Cet éther peut se présenter
sous deux états : au-dessus de 11° therm. cent., il est gazeux ;
à 11° et au-dessous il est liquide, pourvu que la pression de
l'atmosphère soit de 76 centimètres. *Éther hydro-chlorique
gazeux.* Il est incolore, doué d'une odeur forte, semblable
à celle de l'éther sulfurique, et d'une saveur légèrement
sucrée ; il n'agit point sur l'*infusum* de tournesol ni sur le
sirop de violette ; sa pesanteur spécifique est de 2,219.
Éther hydro-chlorique liquide. Il est plus lourd que
l'éther sulfurique ; sa pesanteur spécifique, comparée à celle
de l'eau, est de 0,874 à la température de $5^\circ + 0$. Il est
très-volatil, puisqu'il suffit de le verser sur la main pour
le faire entrer en ébullition. Si on le fait passer lentement
à travers un tube chauffé au *rouge blanc*, rempli de
fragmens de porcelaine, pour que la surface se trouve
augmentée, et la chaleur également distribuée, on le
décompose en totalité, et l'on obtient, suivant les dernières
expériences de MM. Colin et Robiquet, un gaz composé
en volume de 36,79 d'acide hydro-chlorique, et de 63,21
d'hydrogène per-carboné ; il ne se produit point d'eau ni
d'acide carbonique, et il ne se dépose pas de charbon.

Si l'on approche de l'éther hydro-chlorique qui est en contact avec le gaz oxigène ou avec l'air, un corps enflammé, ou bien qu'on y fasse arriver une étincelle électrique, l'éther absorbe l'oxigène, se décompose, produit une flamme verte, et se transforme en eau, en gaz acide hydro-chlorique et en gaz acide carbonique. Si l'expérience se fait dans des vaisseaux fermés, et que l'on emploie 3 parties d'oxigène contre une d'éther, il y a une vive détonnation et l'instrument est brisé. Le *chlore* le décompose à toutes les températures, s'empare de son hydrogène et passe à l'état d'acide hydro-chlorique. L'*eau*, à la température de 18°, et à la pression de 28 pouces, peut dissoudre un volume d'éther hydro-chlorique égal au sien; la saveur du *solutum* est sucrée. Les acides *sulfurique*, *nitrique* et *nitreux* ne le décomposent qu'à l'aide de la chaleur, et ils en dégagent du gaz acide hydro-chlorique. La *potasse*, la *soude* ou l'*ammoniaque* n'agissent sur lui qu'après quelques jours de contact, et donnent lieu à des hydro-chlorates. Le *nitrate d'argent* et le *nitrate de protoxide de mercure*, qui jouissent de la propriété de décomposer sur-le-champ l'acide hydro-chlorique et de lui enlever l'hydrogène, ne décomposent cet éther qu'au bout de quelques heures; alors seulement il se dépose une petite quantité de chlorure d'argent ou de proto-chlorure de mercure; la décomposition n'est même pas complète au bout de trois mois, comme l'a prouvé M. Thenard. Mais si on met le feu au mélange d'éther et de l'un ou de l'autre de ces sels, il se forme dans le même instant une très-grande quantité de chlorure, qui annonce que la décomposition est subite. L'*alcool* dissout très-bien l'éther hydro-chlorique, et le *solutum* est décomposé par l'eau, qui s'empare de l'alcool. Cet éther a été découvert par M. Basse de Hameln; il a fait ensuite l'objet des recherches de MM. Gehlen, Thenard et Boullay. Il est formé, d'après MM. Colin et Robiquet, de parties égales en volume de gaz acide hydro-chlorique et de gaz hydrogène per-carboné.

708. Ces deux derniers chimistes, en examinant l'action du chlore sur le gaz hydrogène per-carboné, ont obtenu un liquide qui, suivant eux, ne diffère du précédent qu'en ce qu'il contient moins d'hydrogène, et qu'ils appellent *éther du gaz oléfiant*. Voici quelles sont ses propriétés. Il est huileux et incolore; il a la même odeur et la même saveur que le précédent; sa pesanteur spécifique à 7° th. centigrade, comparée à celle de l'eau, est de 1,2201. Il n'entre en ébullition qu'à la température de 66°,74 therm. centigrade, d'où il suit qu'il est moins volatil et beaucoup plus pesant que l'éther hydro-chlorique. En le faisant passer à travers un tube de porcelaine chauffé au rouge blanc, il est décomposé comme l'éther hydro-chlorique; 100 parties du mélange gazeux obtenu par cette décomposition sont formées de 61,39 de gaz acide hydro-chlorique, et de 38,61 de gaz hydrogène per-carboné. Si, étant exposé à l'air, on le met en contact avec un corps enflammé, il se décompose, répand une flamme verte, et des vapeurs épaisses, suffocantes, composées principalement d'acide hydro-chlorique, et mêlées de flocons de charbon semblables au noir de fumée. Le *chlore*, après avoir été absorbé par ce liquide oléagineux, le décompose et s'empare d'une portion de son hydrogène pour former de l'acide hydro-chlorique; il lui communique une couleur citrine verdâtre, une odeur désagréable, une saveur caustique métallique, et la propriété de répandre des fumées suffocantes, très-acides. La potasse, la soude et l'ammoniaque liquides agissent sur lui à froid comme sur l'éther hydro-chlorique. Si on le traite par la potasse caustique pure et qu'on chauffe convenablement le mélange, il ne s'altère pas et peut être complètement distillé. Si l'on fait rencontrer à l'état gazeux et à une température élevée, l'am-

moniaque et le liquide dont nous parlons, la décomposition a lieu sur-le-champ; il se produit de l'hydro-chlorate d'ammoniaque et un gaz inflammable.

Mise en contact avec de l'*oxide* de cuivre chauffé jusqu'au rouge cerise, la vapeur de ce liquide est facilement décomposée, et l'on obtient du cuivre métallique, du chlorure de cuivre, du gaz acide carbonique et du gaz hydrogène très-chargé de carbone. L'acide *sulfurique* concentré n'agit point sur cet éther.

Ces propriétés suffisent pour le distinguer de la matière huileuse découverte par M. Berthollet en faisant passer du chlore dans l'alcool (*voyez* § 693); mais elles prouvent en même temps qu'il a le plus grand rapport avec l'éther hydro-chlorique. MM. Colin et Robiquet le regardent comme formé de parties égales en volume de chlore et de gaz hydrogène per-carboné; d'où il suit qu'il ne diffère de l'éther hydro-chlorique qu'en ce qu'il contient moins d'hydrogène. Il est probable que ce produit huileux pourra être employé avec succès en médecine, tandis qu'il est impossible de se servir de l'éther hydro-chlorique à raison de sa grande volatilité.

709. *Éther nitreux.* Il est liquide, d'un blanc jaunâtre, sans action sur l'*infusum* de tournesol, doué d'une saveur âcre, caustique, et d'une odeur semblable à celle des éthers précédens, mais beaucoup plus forte; sa pesanteur spécifique, moindre que celle de l'eau, est plus grande que celle de l'alcool. Il se volatilise à toutes les températures, et entre en ébullition à 21° thermomètre centigrade. Lorsqu'on le fait passer à travers un tube de porcelaine incandescent, il fournit de l'eau, de l'acide hydro-cyanique (1), de l'ammoniaque, de l'huile, du charbon, du gaz acide car-

____

(1) Acide prussique, composé d'hydrogène, de carbone et d'azote.

bonique, du gaz deutoxide d'azote, du gaz azote, du gaz hydrogène carboné et du gaz oxide de carbone. Si, étant exposé à l'air, on le met en contact avec un corps en ignition, il absorbe l'oxigène, se décompose avec facilité et produit une flamme blanche : on n'obtient aucun résidu. Lorsqu'on l'agite avec une assez grande quantité d'eau, il se volatilise en partie; la portion non volatilisée se décompose presque en totalité en acide nitreux et en alcoól; en effet, le liquide résultant rougit l'*infusum* de tournesol, et donne, lorsqu'il est distillé avec de la potasse, de l'alcool et de l'eau qui se volatilisent, et du nitrite de potasse fixe. Il fournit à-peu-près les mêmes produits quand il est enfermé dans des flacons pendant quelques jours. La potasse dissoute dans l'alcool agit également sur l'éther nitreux, le décompose, et il se forme des cristaux de nitrite de potasse; mais la décomposition n'est complète qu'au bout de plusieurs jours. Cet éther, entrevu par Kunkel, ne fixa l'attention des chimistes qu'au moment où Navier publia les résultats de ses experiences. M. Thenard, qui a fait sur lui un travail fort intéressant, le croit formé d'alcool, d'acide nitreux, et peut-être d'une petite quantité d'acide acétique. Il agit sur l'économie animale comme l'éther sulfurique; mais il doit lui être préféré, à raison de sa plus grande volatilité, lorsqu'il est employé pour déterminer le refroidissement. On ne doit le mêler avec les boissons qui lui servent d'excipient qu'au moment où le malade va les prendre, afin d'éviter la décomposition qu'il éprouve de la part de l'eau.

710. *Éther hydriodique.* Il est liquide, transparent, incolore, doué d'une odeur forte, analogue à celle des autres éthers; sa pesanteur spécifique à 22°,3 therm. centigrade, est de 1,9206. Il prend au bout de quelques jours une couleur rosée qui dépend d'une certaine quantité d'iode mis à nu; mais la potasse et la soude le décolorent sur-le-champ en s'emparant de l'iode. Il entre en ébullition à la

température de 64°,8. Soumis à l'action du calorique dans un tube de porcelaine incandescent, il se décompose et fournit de l'acide hydriodique très-brun, un gaz inflammable carburé, un peu de charbon et une substance floconneuse d'une odeur éthérée, que M. Gay-Lussac regarde comme de l'acide hydriodique uni à une matière végétale particulière. Il n'est point inflammable ; mis sur les charbons ardens, il exhale des vapeurs pourpres. Il est inaltérable par la potasse, et par les acides nitrique et sulfureux.

Il a été découvert par M. Gay-Lussac, et décrit par lui dans les *Annales de Chimie*, tom. XCI. Ce savant le croit formé de 100 parties d'acide et de 18,55 d'alcool en poids. Il n'a point d'usages.

Des Éthers du deuxième genre moins volatils que l'alcool.

711. *Éther acétique.* Il est liquide, incolore, et sans action sur l'*infusum* de tournesol ; il a une odeur agréable d'éther sulfurique et d'éther acétique, et une saveur particulière différente de celle de l'alcool. Sa pesanteur spécifique, comparée à celle de l'eau, est de 0,866 à la température de 7° thermomètre centigrade. Il se volatilise à toutes les températures, et il entre en ébullition à 71°, à la pression de 76 centimètres. Si, étant exposé à l'air, on le met en contact avec un corps en ignition, il absorbe l'oxigène, se décompose, produit une flamme d'un blanc jaunâtre, et laisse pour résidu de l'acide acétique. Il est soluble dans sept fois et demie son poids d'eau à 17°, et il n'éprouve aucune altération de la part de ce liquide ; si on ajoute de la potasse au mélange, il est subitement décomposé, perd l'odeur éthérée, et fournit à la distillation de l'alcool et de l'eau qui se volatilisent, et de l'acétate de potasse fixe. Il est très-soluble dans l'alcool ; l'eau le précipite presqu'en entier de cette dissolution. Mêlé et distillé avec parties égales d'acide sulfurique concentré, il est décomposé, et transformé

en éther avec excès d'acide acétique et en éther sulfurique. (Planche.) C'est au comte de Lauraguais que l'on doit la découverte de cet éther. Il agit sur l'économie animale à-peu-près comme l'éther sulfurique ; il produit du froid et augmente l'exhalation cutanée. On l'emploie avec le plus grand succès, en frictions, dans certains paroxysmes de goutte et de rhumatisme ; ces frictions doivent être renouvelées plusieurs fois par jour et faites chaque fois avec 3 ou 4 gros d'éther. Il paraît cependant préférable de se servir d'éther acétique solidifié par le savon. M. Pelletier conseille de faire dissoudre à la chaleur du bain-marie un gros et demi de savon animal dans une once d'éther acétique, de filtrer la dissolution et de la laisser refroidir ; elle se prend en masse à la température de $10°+0$, et constitue alors le savon acétique éthéré. On peut aussi diminuer la quantité de savon, et ajouter un peu de camphre et d'huile volatile. On favorise en même temps l'action de ce médicament à l'extérieur par des boissons sudorifiques dans lesquelles on met 40 ou 50 gouttes du même éther, par verre.

712. *Éther benzoïque.* Il est incolore, liquide à la température ordinaire, doué d'une saveur piquante et d'une odeur faible, différente de celle de l'éther sulfurique ; sa consistance est oléagineuse, et sa pesanteur spécifique plus considérable que celle de l'eau ; il est presque aussi volatil que ce liquide. Il se dissout très-bien dans l'alcool, très-peu dans l'eau chaude et beaucoup moins dans l'eau froide ; le *solutum* alcoolique précipite par l'eau. Il est entièrement décomposé lorsqu'on l'agite avec de la potasse. Sa découverte est due à M. Thenard. Il n'a point d'usages.

713. *Éther oxalique, citrique et malique.* Ces éthers sont un peu jaunâtres, inodores, plus pesans que l'eau, un peu solubles dans ce liquide et très-solubles dans l'alcool, d'où ils peuvent être précipités par l'eau. La saveur de l'éther oxalique est légèrement astringente ; celle de l'éther citrique est très-

amère : le premier est le seul qui soit volatil ; il se volatilise même dans l'eau bouillante. Chauffés avec une dissolution de potasse, ils sont entièrement décomposés et transformés en alcool qui se volatilise, et en acide qui reste combiné avec la potasse. Ils n'ont point d'usages. Leur découverte est due à M. Thenard.

Éther tartarique. Il est sous la forme d'un liquide sirupeux, d'une couleur brune, d'une saveur amère, légèrement nauséabonde ; il est inodore, sans action sur l'*infusum* de tournesol, très-soluble dans l'eau et dans l'alcool. Soumis à la distillation, il se décompose, répand des fumées épaisses, d'une odeur alliacée, et laisse un résidu charbonneux qui contient beaucoup de sulfate de potasse et qui n'est pas alcalin. Il agit sur la potasse comme les trois éthers précédemment étudiés. Il diffère de ceux-ci en ce qu'il contient du sulfate de potasse qui s'est formé pendant sa préparation (Voyez *Extraction des corps organiques,* à la fin de ce volume). Il n'a point d'usages. Sa découverte est encore due à M. Thenard.

De l'Esprit pyro-acétique.

714. L'esprit pyro-acétique est le produit de l'art ; il se forme lorsqu'on décompose par le feu un certain nombre d'acétates. Il est liquide, incolore et très-limpide ; il a une saveur d'abord âcre et brûlante, mais qui ensuite devient fraîche et urineuse ; son odeur se rapproche de celle de la menthe poivrée, mêlée de celle des amandes amères ; sa pesanteur spécifique est de 0,7864 lorsqu'il a été distillé sur du chlorure de calcium. Il bout à 59° thermomètre centigrade, et il conserve sa liquidité à 15°—0°. Si, étant exposé à l'air, on approche de lui un corps en ignition, il absorbe l'oxigène et produit une flamme blanche à l'extérieur, et d'un beau bleu à l'intérieur. Il est susceptible de se combiner en toute proportion avec l'eau, l'alcool, les

huiles fixes et volatiles, surtout à l'aide d'une douce chaleur. Il dissout très-peu de soufre à froid ; le phosphore y est un peu plus soluble ; le camphre n'a pas de dissolvant plus actif. La cire blanche d'abeilles y est soluble à chaud. La *potasse* agit à peine sur l'esprit pyro-acétique. L'acide *sulfurique* le décompose même à froid, et il ne se forme point d'éther ; il est également décomposé par l'acide nitrique ; il forme avec l'acide hydro-chlorique un composé qui n'est pas acide, et dans lequel on ne peut démontrer l'existence de l'acide hydro-chlorique qu'en le décomposant par la chaleur.

Nous avons emprunté ces détails à M. Chenevix, qui a particulièrement étudié cette substance, dont Courtanvaux, Monnet, Lassone, Desrones, etc., avaient déjà parlé.

CLASSE IV.

Des Matières colorantes.

Il est probable qu'il existe un très-grand nombre de matières colorantes particulières qui pourront être isolées par la suite, et qui augmenteront par conséquent le nombre des principes immédiats : jusqu'à ce jour on n'en a séparé que six, l'hématine, le rouge de carthame, l'indigo, la polycrhoïte, la matière colorante du santal rouge et l'orcanette : nous parlerons de chacune d'elles en particulier, après avoir exposé leurs principales propriétés générales.

715. Ces matières se trouvent dans toutes les parties des plantes, unies tantôt à quelques principes immédiats incolores, tantôt à des principes colorés. M. Thenard pense qu'elles renferment beaucoup de carbone ; plusieurs d'entre elles contiennent de l'azote. Leur couleur varie à l'infini ; elles paraissent toutes être solides, insipides et inodores. Soumises à la distillation, elles sont décomposées et fournissent des produits analogues à ceux dont nous avons parlé (§ 637) ; celles qui sont azotées donnent en outre de

l'ammoniaque. L'air *humide*, avec le concours des rayons *lumineux*, altère leur couleur, et la détruit même quelquefois; on observe des phénomènes analogues lorsqu'on substitue à la lumière une chaleur capable de faire monter le thermomètre à 150° ou à 200° centigrade. Le *chlore* détruit et jaunit toutes les matières colorantes, même à froid; il s'empare de leur hydrogène et passe à l'état d'acide hydro-chlorique.

716. L'eau les dissout presque toutes; il en est cependant qui ne se dissolvent que dans l'alcool, dans l'éther ou dans les huiles; presque toujours ces menstrues acquièrent la couleur de la matière sur laquelle ils agissent. Les acides et les alcalis concentrés peuvent détruire un très-grand nombre de matières colorantes en agissant sur elles comme sur les autres principes immédiats; cependant ces réactifs, étendus d'eau, ont la faculté d'en dissoudre un certain nombre; à la vérité, ils en changent quelquefois la couleur; mais dans ce cas on peut faire reparaître par un alcali celle qui a été changée par un acide, et *vice versâ.*

La majeure partie des oxides métalliques et des soussels insolubles, ont la faculté d'enlever à l'eau les matières colorantes qu'elle tient en dissolution; l'oxide ou le soussel coloré par ce moyen porte le nom de *laque*. (Voyez *Préparations.*) Les matières colorantes sont principalement employées dans la teinture.

De l'Hématine.

717. Cette substance a été séparée par M. Chevreul du bois de Campèche (*hæmatoxylum campechianum*); son nom est dérivé d'αιμα, sang, qui est la racine du mot *hæmatoxylum*. Elle cristallise en petites écailles d'un blanc rosé, qui ont l'aspect métallique; sa saveur est légèrement astringente, amère et âcre. Soumise à la distillation, elle fournit, outre les produits indiqués § 637, de l'acétate d'ammo-

niaque, et laisse pour résidu 0,55 de charbon ; elle est peu soluble dans l'eau froide : l'eau bouillante la dissout plus facilement, se colore en pourpre et jaunit par le refroidissement ; lorsqu'on fait évaporer cette dissolution, elle fournit des cristaux d'hématine ; les acides la font passer au jaune et au rouge quand ils sont forts et employés en excès ; l'acide *sulfureux* commence par la jaunir ; il détruit ensuite la couleur si on le fait agir assez long-temps ; l'acide *hydro-sulfurique* se combine avec elle, la jaunit et finit par la décolorer, mais sans détruire la couleur (voyez *Acide hydro-sulfurique*, t. Ier, § 32) ; les alcalis, et presque tous les oxides qui saturent les acides, la font passer au bleu ; elle précipite la dissolution de gélatine sous la forme de flocons rougeâtres.

On n'emploie jamais l'hématine à l'état de pureté, mais elle fait partie essentielle des couleurs préparées avec le bois de Campêche : ces couleurs sont principalement le violet et le noir. M. Chevreul la regarde avec raison comme un excellent réactif propre a découvrir la présence des acides.

Couleur rouge du Carthame.

718. Cette matière, isolée pour la première fois par Dufour, se trouve dans la fleur du *carthamus tinctorius* de Linnée ; elle est sous la forme d'une poudre d'un rouge foncé ; sa couleur est extrêmement fugace. Soumise à la distillation, elle fournit très-peu d'eau et d'huile, une assez grande quantité de charbon et une très-petite quantité de gaz. Elle est insoluble dans l'eau. Les acides avivent sa couleur sans la dissoudre. La potasse, la soude et les sous-carbonates de ces bases la dissolvent et lui donnent une teinte jaune, que l'on peut faire passer au rose par l'addition d'un acide quelconque, et surtout d'un acide végétal. L'alcool la dissout facilement, et acquiert une belle couleur rose qui passe à l'orangé par l'action de la chaleur ; elle est moins

soluble dans l'éther. Les huiles fixes et volatiles n'agissent point sur elle.

On emploie souvent le carthame pour teindre la soie, le fil et le coton en rose ou en rouge : ces couleurs sont très-éclatantes, mais peu solides, surtout la première. Broyée avec du talc finement pulvérisé, la matière colorante du carthame constitue le rouge dont les femmes font usage pour la toilette.

De l'Indigo.

719. L'indigo n'a été trouvé jusqu'à présent que dans quelques espèces du genre *indigofera*, dans l'*isatis tinctoria*, et dans quelques espèces du genre *nerium*; il est probable qu'il existe dans toutes les espèces de ces genres et dans quelques autres plantes. La substance connue dans le commerce sous le nom d'*indigo flore* ou de *guatimala*, renferme, outre ce principe immédiat, beaucoup d'autres matières. M. Chevreul, qui le premier a fait connaître l'indigo pur, en traitant l'indigo flore par l'eau, par l'alcool et par l'acide hydro-chlorique, a trouvé dans 100 parties d'indigo guatimala, 1° matières solubles dans l'eau, savoir : matière verte unie à l'ammoniaque, un peu d'indigo désoxidé, extractif, gomme, 12 parties ; 2° matières solubles dans l'alcool, c'est-à-dire, matière verte, résine rouge, un peu d'indigo, 3o parties ; 3° matières solubles dans l'acide hydro-chlorique, savoir : résine rouge, 6 parties ; carbonate de chaux, 2 parties ; peroxide de fer et alumine, 2 parties ; 4° matières insolubles dans ces agens : silice, 3 parties ; *indigo pur*, 45 parties.

720. *Indigo pur.* L'indigo pur est solide, d'un bleu cuivré, susceptible de cristalliser en aiguilles, et alors il a vraiment l'aspect métallique ; il est inodore et insipide. Soumis à l'action du calorique dans des vaisseaux fermés, il se partage en deux parties : l'une se volatilise sous la forme de

vapeurs pourpres qui se condensent dans le col de la cornue ; l'autre se décompose à la manière des substances azotées et fournit beaucoup d'ammoniaque. (Voyez *Action de la chaleur sur les matières animales.*) Si on le chauffe avec le contact de l'air, à une température moyennement élevée, il s'en volatilise beaucoup plus que dans le cas précédent ; mais si la chaleur est rouge, il absorbe rapidement l'oxigène de l'air, avec dégagement de calorique et de lumière, se décompose et laisse un charbon volumineux.

Il n'éprouve aucune altération de la part de l'air ; il est insoluble dans l'eau et dans l'éther ; l'alcool bouillant le dissout sensiblement et se colore en bleu ; mais il se précipite en grande partie à mesure que le liquide se refroidit. Pulvérisé et mis en contact avec 9 ou 10 parties d'acide *sulfurique* concentré, il se dissout, surtout à l'aide d'une douce chaleur ; mais il paraît que dans cette opération il éprouve une altération quelconque, car il perd la propriété de se volatiliser, et il peut se dissoudre dans certains réactifs qui auparavant n'agissaient point sur lui. L'acide nitrique, même étendu d'eau, le décompose et le transforme en une très-grande quantité de matière résineuse et en deux substances amères et détonnantes. (Chevreul.) L'acide hydro-chlorique et les alcalis lui communiquent une teinte jaunâtre à l'aide de la chaleur. Le *chlore* le jaunit en très-peu de temps.

Plusieurs substances avides d'oxigène, comme l'acide hydro-sulfurique, l'hydro-sulfate d'ammoniaque, le sulfate de protoxide de fer, un mélange de potasse et de protoxide d'étain, ou de potasse et de sulfure d'arsenic, etc., le décomposent à froid ou à chaud, s'emparent d'une portion de son oxigène, et le transforment en indigo jaune que l'on pourrait appeler *indigo au minimum d'oxigène* ; cet indigo est soluble dans l'eau, surtout à l'aide des alcalis ; si on l'expose à l'air, il absorbe de l'oxigène, et il passe à l'état d'indigo bleu insoluble dans l'eau. L'indigo est employé dans la teinture.

De la Matière colorante du santal rouge.

721. Le bois du santal rouge (*pterocarpus santolinus*, arbre des Indes orientales) contient une matière colorante que M. J. Pelletier regarde comme un principe immédiat particulier, ayant cependant beaucoup de rapport avec les résines. Elle est presqu'insoluble dans l'eau, très-soluble dans l'alcool, l'éther, l'acide acétique et les dissolutions alcalines, d'où elle peut être séparée sans altération ; elle est trèspeu soluble dans l'huile de lavande et presqu'insoluble dans les autres huiles. Traitée par l'acide nitrique, elle fournit, outre les produits donnés par les résines , de l'acide oxalique ; sa dissolution alcoolique donne, avec les sels suivans , des précipités différemment colorés , savoir : hydrochlorate de protoxide d'étain , précipité pourpre magnifique ; sels de plomb, précipité violet assez beau ; sublimé corrosif, précipité écarlate ; sulfate de protoxide de fer , précipité violet foncé ; nitrate d'argent, précipité rouge brun ; ces précipités sont formés par l'oxide métallique uni à la matière colorante. Sa dissolution acétique précipite la gélatine et agit sur les substances animales comme une matière astringente. La matière colorante dont nous parlons est fusible à 100° thermomètre centigrade ; à une température plus élevée , elle se décompose à la manière des substances végétales très-hydrogénées, et ne fournit pas un atome d'ammoniaque. Le principe colorant du santal , dissous dans l'alcool ou dans l'acide acétique, peut être employé avec succès dans la teinture des laines et de la soie ; on peut s'en servir pour préparer des laques.

De la Polychroïte.

MM. Bouillon-Lagrange et Vogel ont séparé des pétales du safran (*crocus sativus*) une matière colorante particulière à laquelle ils ont donné le nom de *polychroïte*, de πολυς, *plusieurs*, et χροα, *couleur*.

722. La polychroïte est sous la forme d'écailles d'un jaune rougeâtre, brillantes et transparentes lorsqu'elles sont chaudes, attirant l'humidité de l'air et devenant visqueuses quand elles sont refroidies. Soumise à la distillation, la polychroïte se décompose et donne de l'eau, un acide, deux espèces d'huile, l'une d'un jaune citrin, l'autre plus colorée, du gaz acide carbonique, de l'hydrogène carboné, etc. Elle se dissout dans l'eau et dans l'alcool ; le *solutum*, exposé aux rayons solaires, dans un flacon bien bouché, se décolore et devient limpide comme de l'eau. La dissolution alcoolique n'est pas précipitée par l'eau ; elle a une odeur suave, analogue au miel, et une saveur amère piquante comme celle du safran. L'acide sulfurique, versé en petite quantité dans une dissolution de *polychroïte*, la fait passer d'abord au bleu d'indigo, puis au lilas. L'acide nitrique lui communique une couleur vert pré ; les couleurs disparaissent par l'addition de l'eau, ou changent par l'addition d'une nouvelle quantité d'acide. Le chlore la décolore ; le sulfate de protoxide de fer y fait naître un précipité brun foncé. L'huile de térébenthine la décompose. Elle n'a point d'usages.

De la Matière colorante de l'orcanette.

L'orcanette se trouve dans la partie corticale des racines du *lithospermum tinctorium* : voici quelles sont ses propriétés. Suivant M. J. Pelletier, qui l'a étudiée avec soin, elle est solide, d'un rouge tellement foncé qu'elle paraît brune ; sa cassure est résineuse ; elle est fusible au-dessous de 60° thermomètre centigrade. Soumise à la distillation, elle se comporte comme les matières végétales non azotées. Traitée par l'acide nitrique, elle fournit de l'acide oxalique et une très-petite quantité de substance amère. L'alcool, les huiles, les corps gras et surtout l'éther la dissolvent et acquièrent une belle couleur rouge. Si l'on fait arriver du *chlore* gazeux dans sa dissolution alcoolique, la couleur rouge se détruit et passe au jaune sale ou au blanc grisâtre. Les alcalis employés en excès dissolvent cette matière colorante et deviennent bleus ; mais on peut faire reparaître la couleur rouge en saturant l'alcali par un acide. L'acétate de plomb, et surtout le sous-acétate, fait naître dans la dissolution alcoolique de cette matière colorante un précipité bleu magnifique ; l'hydro-chlorate de protoxide d'étain la précipite en rouge cramoisi : ces précipités sont formés par la matière colorante et par l'un ou l'autre de ces oxides. Si l'on fait agir pendant quelques heures l'*eau* pure sur cette matière colorante, elle est altérée, devient violette, passe au bleu et finit même par noircir : ces effets sont beaucoup plus prompts si l'on fait bouillir sa dissolution alcoolique avec de l'eau. M. Pelletier pense que l'on pourrait employer l'orcanette dans la peinture à l'huile pour faire de très-beaux bleus.

De la Teinture.

On désigne sous le nom de *teinture* l'art qui a pour objet de fixer les principes colorans sur certaines substances, qui sont principalement les fils et les tissus de coton, de chanvre, de lin, de laine et de soie. On ne parvient, *en général*, à remplir ce but d'une manière convenable qu'autant que l'on a fait subir aux divers fils dont nous parlons trois opérations distinctes : 1° le *blanchiment*, que l'on appelle quelquefois *décreusage, désuintage* ; 2° l'application des *mordans* ; 3° la *fixation de la matière colorante*.

§ Ier. *Du Blanchiment.*

Pour se faire une idée de cette opération, il faut savoir que les fils et les tissus de chanvre, de lin, de soie, etc., que l'on veut blanchir, sont formés de fibres blanches et d'une matière colorante; il s'agit donc simplement de détruire celle-ci pour que la fibre devienne incolore. On ne pratique l'opération que nous allons décrire que dans le cas où les tissus doivent recevoir une teinte légère ou partielle, comme dans les toiles peintes.

Blanchiment des fils de chanvre, de lin et de coton. 1°. On laisse pendant quelques jours ces substances dans de l'eau limpide, afin de leur faire éprouver un commencement de fermentation propre à faciliter la séparation du principe colorant, et d'un enduit appelé *parou*, dont les tisserands se servent dans le tissage des toiles. 2° On les lessive en les plongeant dans une dissolution de potasse ou de soude caustiques, qui ne soient pas concentrées, et qui aient été préparées d'avance avec une partie de chaux vive éteinte par le moyen de l'eau, deux parties de sous-carbonate de potasse ou de soude, et une plus ou moins grande quantité d'eau : le but de cette opération est de dissoudre dans l'alcali une portion de la matière colorante : on lave ces tissus à grande eau. 3° On les plonge dans une dissolution aqueuse de *chlore* qui, comme nous l'avons dit (§ 715), détruit le principe colorant et le transforme en une matière très-soluble dans les alcalis; si la dissolution de chlore était trop concentrée, le tissu lui même pourrait être attaqué; si elle était trop faible, l'action serait presque nulle : l'expérience a prouvé qu'elle est au degré convenable de concentration lorsqu'elle peut détruire la couleur d'une fois et demie ou de deux fois son volume d'une dissolution d'indigo préparée avec une partie de ce corps, 7 parties d'acide sulfurique concentré, et étendue de 992 fois son poids d'eau.

Dans plusieurs manufactures on ajoute à la dissolution de *chlore* une certaine quantité de carbonate de chaux (craie), qui jouit de l'avantage de faire absorber à l'eau une plus grande quantité de chlore, et de détruire presqu'entièrement son odeur, sans affaiblir sensiblement son action sur le principe colorant : on lave les tissus à grande eau. 4°. On les met en contact avec de l'acide sulfurique très-faible, afin de dissoudre une certaine quantité d'oxide de fer qui, pendant le cours de l'opération, se dépose sur ces substances principalement sur le coton, et les colore en jaune : on les lave de nouveau. 5°. On renouvelle plusieurs fois et successivement les immersions dans la lessive et dans la dissolution de chlore, ainsi que les lavages. (M. Berthollet.)

Avant d'avoir adopté ce procédé, on blanchissait les toiles en les lessivant de temps en temps, les étendant sur le pré et les arrosant deux ou trois fois par jour.

Blanchiment de la soie et de la laine. Si après avoir décreusé la *soie*, on veut la rendre encore plus blanche, on l'expose à la vapeur du soufre en ignition (gaz acide sulfureux). La *laine* doit être désuintée d'abord, puis traitée par une faible dissolution de savon tiède, qui s'empare du suint qui peut rester à sa surface; enfin on doit la mettre en contact avec le gaz acide sulfureux.

Décreusage. Le décreusage est une espèce de blanchiment moins parfait que le précédent; que l'on fait subir aux tissus de coton, de lin, de chanvre et de soie qui doivent être teints en une couleur foncée. *Décreusage du lin, du chanvre* et *du coton.* On fait bouillir ces matières avec de l'eau pendant deux heures; on les laisse égoutter; on les fait bouillir de nouveau pendant deux heures avec une dissolution de soude rendue caustique par la chaux; on les lave à grande eau et on les fait sécher à l'air. Pour 100 kilogrammes de chanvre ou de lin, on prépare la dissolution avec 15 seaux d'eau et 2 kilogrammes de soude, tandis qu'on ne met qu'un kilogramme et demi de soude pour la même quantité de coton. *Décreusage de la soie.* Suivant M. Roard, on décreuse les soies, écru blanc ou jaune, en les faisant bouillir pendant une heure avec quinze fois leur poids d'eau et une plus ou moins grande quantité de savon, suivant la nuance que l'on desire; il faut plonger la soie dans le bain une demi-heure avant que le liquide soit en ébullition, et la retourner souvent; dans cette opération, la soie perd la totalité ou la majeure partie des matières gommeuses, grasses, colorantes et huileuses qu'elle contient presque toujours.

Désuintage. La laine est enduite d'une matière que l'on appelle *suint*, composée d'un savon à base de potasse, d'une substance animale particulière, de chaux, de carbonate, d'acétate et d'hydro - chlorate de potasse (Vauquelin); la quantité de suint est d'autant plus considérable que la laine est plus fine. On donne le nom de *désuintage* à l'opération qui a pour objet de lui enlever l'enduit dont nous parlons : cette opération consiste à plonger la laine pendant un quart-d'heure dans un bain presque bouillant, préparé avec trois parties d'eau et une partie d'urine pourrie ou ammoniacale, à laquelle on ajoute quelquefois du savon : on la remue de temps en temps, puis on la retire; on la fait égoutter ; on la lave à grande eau et on la fait sécher au soleil. Le bain qui a déjà servi est encore très-utile pour d'autres opérations du même genre. On pratique quelquefois le désuintage sans employer d'urine.

§ II. *De l'Application des mordans.*

On donne le nom de *mordant* à toute substance qui étant dissoute dans l'eau, a la faculté de s'unir aux tissus préalablement décreusés, désuintés ou blanchis, que l'on veut teindre, et d'augmenter leur affinité pour les principes colorans. Le nombre des mordans est presque infini; ce pendant on n'emploie guère que l'*alun* : aussi cette opération de teinture est-elle souvent désignée sous le nom d'*alunage* ; dans la teinture écarlate on se sert du sel d'étain (*voyez* § 369); dans les toiles peintes on fait usage de l'acétate d'alumine ; et pour le rouge d'Andrinople on emploie la noix de galle.

Alunage de la soie. On laisse la soie pendant vingt-quatre heures dans une dissolution faite avec une partie d'alun pur contenant à peine $\frac{1}{2}$ millième de son poids de *sulfate de fer* et 60 parties d'eau; on la tord et on la lave; on agit à la température ordinaire pour faire absorber à la soie une plus grande quantité de sel, et lui conserver son brillant sans l'altérer. *Alunage de la laine.* Après avoir fait bouillir pendant une heure 1000 parties de laine dans de l'eau de *son*, afin de la dégraisser, on la lave à l'eau froide, et on la fait bouillir de nouveau avec 8 à 9000 parties d'eau, 250 parties d'alun du commerce et un peu de crême de tartre; on la fait égoutter et on la lave. *Alunage du coton, du chanvre et du lin.* On met ces tissus dans une dissolution légèrement chaude, préparée avec 3 parties d'eau et une partie d'alun; on laisse refroidir le bain; on les retire vingt-quatre heures après; on les lave et on les fait sécher. L'alun doit être pur lorsqu'on opère sur le coton; car s'il contenait seulement un millième de sulfate de fer, les nuances seraient altérées.

§ III. *De la Fixation des matières colorantes.*

On prépare le *bain de teinture* en faisant dissoudre la matière colorante dans de l'eau bouillante, et on y plonge le tissu préalablement blanchi et combiné avec le mordant. Si la matière colorante n'est pas soluble par elle-même, on la rend soluble à l'aide d'un autre corps; on plonge dans le bain le tissu blanchi et sans être imprégné de mordant, et on précipite la matière colorante au moyen d'une troisième substance. Dans tous les cas, on dispose les tissus que l'on veut teindre de manière à ce que toutes leurs parties soient en contact avec la couleur pendant le même temps. La température du bain qui sert à teindre les soies, le chanvre et le lin, doit être portée successivement de 30 à 75°. On teint presque toujours au bouillon les laines et les cotons. Ces opérations étant terminées, on lave les tissus afin de leur enlever le principe colorant qui n'est que superposé.

Des Teintures rouges.

On obtient ces couleurs avec la garance, le bois de Brésil, la cochenille, le carthame, etc. *Garance (rubia tinctorum)*. On ne fait usage que des racines ; les meilleures ont un diamètre égal à celui d'un tuyau de plume ; leur cassure est d'un jaune rougeâtre très - vif. La poudre qu'elles fournissent est d'un rouge jaunâtre, et contient deux matières colorantes ; l'une d'un jaune fauve, extrêmement soluble dans l'eau et dans une dissolution saturée de sous-carbonate de soude ; l'autre, d'un rouge vif, soluble dans l'eau à la faveur de la première, et fort peu soluble dans le sous-carbonate de soude. Les couleurs de garance sont très-solides ; les rouges qu'elles fournissent sont les moins altérables. On emploie cette racine, 1° pour teindre la *laine :* il suffit pour cela de plonger dans un bain préparé avec une partie de garance et 3o parties d'eau, une partie de laine alunée. Suivant M. Roard, on peut communiquer à la laine et même à la soie préalablement alunées, une teinte rouge magnifique, en séparant la matière jaune fauve de la garance par le sous-carbonate de soude, et en mettant la matière rouge qui reste dans une dissolution de sel d'étain et de tartre ; 2° pour donner au *lin* et au *coton* les teintes désignées sous les noms de *rouge de garance* et de *rouge d'Andrinople* (*V.* Chaptal , *sur la teinture*) ; 3° pour communiquer aux *toiles peintes* une foule de nuances qui varient depuis le rouge clair jusqu'au rouge foncé, et depuis le violet clair jusqu'au noir; il suffit pour cela d'ajouter au bain de garance des proportions différentes de sels alumineux et ferrugineux ; 4° pour préparer une *laque* qui peut remplacer la laque carminée (Mérimée). Pour cela, on épuise la garance par l'eau froide afin de dissoudre toute sa matière colorante fauve; on met, pendant vingt-quatre heures, la portion rouge qui reste dans une dissolution d'alun, à la température ordinaire ; la liqueur devient d'un rouge foncé; on y verse peu à peu du sous-carbonate de potasse ou de soude dissous dans une grande quantité d'eau ; l'alumine, qui fait partie de l'alun, se précipite avec la matière colorante; le précipité constitue la *laque*; les premières portions obtenues sont plus belles que les dernières. On lave le précipité avec de l'eau froide; on le met sur un filtre, et on le dessèche à une douce chaleur.

Bois de Brésil, *de Fernambouc*, etc. (*Cæsalpina crista* de L.). Ce bois communique à l'eau bouillante une belle teinte rouge qui malheureusement n'est pas solide. On l'emploie cependant assez souvent, 1° pour teindre la *laine*. On fait bouillir pendant trois quarts-d'heure une partie de ce bois réduit en poudre avec 20 parties d'eau ; on y met 6 parties de laine, et on continue l'ébullition pendant le même temps ; on retire la laine, on la lave et on la fait sécher. 2° Pour faire de faux cramoisis sur la *soie* : on procède de la même manière et avec les mêmes proportions, excepté que l'on plonge la soie pendant une heure et demie dans le bain, dont la température n'est que de 30 à 60°; alors on la traite par une dissolution alcaline afin de lui donner la teinte cramoisie.

Cochenille. La cochenille est un petit insecte qui vit sur plusieurs espèces de *cactus*, au Mexique, à Saint-Domingue, à la Jamaïque, au Brésil, etc. ; on la met dans l'eau bouillante pour la faire périr ; on la dessèche au soleil et on la passe à travers un crible. Elle est sous la forme d'une petite graine irrégulière, d'un cramoisi violet. Traitée par l'eau, elle lui cède sa matière colorante : ce *solutum* passe au rouge jaunâtre par les acides, au pourpre par les alcalis, et à l'écarlate par l'hydro-chlorate d'étain, qui finit par la précipiter entièrement; l'alun l'éclaircit et lui communique une couleur plus vive. On emploie la cochenille pour teindre la *laine* et la *soie* en écarlate; cette couleur paraît résulter de la combinaison de la laine avec la matière colorante, les acides tartarique et hydro-chlorique, et le peroxide d'étain. Pour parvenir à la fixer sur les étoffes, on leur fait subir deux opérations, le bouillon et la rougie. *Bouillon.* On fait chauffer dans une chaudière d'étain ou de cuivre étamé, à la température de 50°, 3 kilogrammes de crême de tartre avec 8 ou 900 kilogrammes d'eau; on y verse 2 hectogrammes et demi de poudre de cochenille, et un instant après 2 kilogrammes et demi de sel d'étain dissous dans l'eau; on plonge dans ce bain 50 kilogrammes de drap; on l'agite; on porte le bain à l'ébullition, et deux heures après on en retire l'étoffe, on l'évente et on la lave à grande eau. *Rougie.* On fait bouillir la moitié de l'eau de l'opération précédente; on y ajoute $2^k,75$ de poudre de cochenille; on agite, et au bout de quelque temps on y verse 7 kilogrammes de sel d'étain, préparé avec 8 parties d'acide nitrique à 30°, une partie de sel ammoniac et une partie d'étain pur en grenaille (la dissolution obtenue doit être étendue du quart de son poids d'eau); cela étant fait on plonge le drap dans le bain bouillant; on l'agite, on le laisse pendant un demi-heure, on le retire, on l'évente et on le fait sécher. La *rougie* qui a servi à donner au drap la couleur écarlate peut encore être employée pour faire les nuances capucine, cassis, orangé, jonquille, couleur d'or, de cerise, de chair et de chamois, pourvu qu'on y ajoute des quantités convenables de fustet, de sel d'étain ou de crême de tartre. On emploie encore la cochenille pour teindre en *cramoisi* ; on fait bouillir le drap dans un bain de teinture composé de 15 à 20 parties d'eau pour chaque partie de drap, de $\frac{5}{6}$ de partie d'alun, de $\frac{1}{20}$ de crême de tartre, de $\frac{1}{12}$ de cochenille et d'une très-petite quantité de dissolution d'étain. Quelquefois aussi on obtient cette couleur en traitant le drap teint en écarlate par l'ammoniaque ou par une dissolution bouillante d'alun, qui ont la faculté d'altérer cette couleur et de la changer en cramoisi.

De la Teinture en jaune.

On prépare ces couleurs avec la gaude, le quercitron, le bois jaune, etc. *Gaude* (*reseda luteola*). Suivant M. Roard, les capsules contiennent plus de principe colorant que les tiges, et celles-ci beaucoup plus que les racines. Lorsqu'on fait bouillir de l'eau avec ces parties, on obtient un *solutum* tirant sur le brun, qui s'éclaircit et devient verdâtre par l'addition d'une plus grande quantité d'eau. Les acides en affaiblissent la teinte; les alcalis la rendent plus foncée; le sel d'étain y détermine un précipité abondant d'un jaune clair. On emploie la gaude pour teindre en jaune la *soie*, la *laine* et le *coton*; la couleur est très-solide. On commence par préparer le bain en faisant bouillir pendant dix minutes 2 parties de gaude dans 30 ou 40 parties d'eau ; on passe le liquide à travers une toile serrée, et lorsque sa température est de 30 à 75°, on y plonge pendant un quart-d'heure la *soie alunée* avec de l'alun pur, ou le *coton* décreusé et aluné ; si l'alun contient du sulfate de fer, on obtient une couleur olive. La *laine* se teint de la même manière, excepté qu'on peut la laisser dans le bain bouillant. *Quercitron* (écorce du *quercus nigra*). Il renferme deux matières colorantes; l'une jaune, très-soluble dans l'eau, qui se comporte avec les acides et les alcalis comme la gaude ;

l'autre fauve, moins soluble. On s'en sert principalemen[t]
pour teindre la *laine* : pour cela on met 15 ou 20 partie[s]
d'eau à 5o ou 6o° thermomètre centigrade, sur une partie
de quercitron ; au bout de douze minutes on passe la dissolution à travers un tamis fin, et on y plonge 10 partie[s]
de laine alunée et combinée avec le sel d'étain. *Bois jaun*[e]
(*morus tinctoria*). Si on le fait bouillir avec de l'eau, il donne
un liquide d'un jaune rougeâtre dans lequel le sel d'étain fai[t]
naître un précipité jaune abondant ; les alcalis le font passer a[u]
rouge ; les acides le troublent légèrement et en affaiblissen[t]
la teinte. On l'emploie pour teindre les draps : pour cela
on plonge dans 3o parties d'eau bouillante un sac contenan[t]
une partie de ce bois réduit en copeaux ; on ajoute au bai[n]
des rognures de copeaux afin de l'aviver, et on y met l'étoff[e]
alunée ; la gélatine qui fait partie des rognures paraît agi[r]
en précipitant une matière d'un fauve rougeâtre analogu[e]
au tannin.

Des Teintures en bleu.

On prépare ces couleurs avec l'indigo, le campêche et l[e]
bleu de Prusse ; l'indigo est le seul qui fournisse des bleu[s]
solides. *Teintures en bleu par l'indigo.* On procède de deu[x]
manières différentes : 1° on dissout l'indigo dans l'acid[e]
sulfurique concentré ; on étend la dissolution de 15o partie[s]
d'eau pour en précipiter la matière colorante ; on y plong[e]
le corps que l'on veut teindre, on le lave et on le sèche[;]
le bleu obtenu par ce moyen est très-vif, mais moins solid[e]
que celui que l'on fait par le procédé suivant : 2°. On me[t]
le tissu dans le bain de teinture appelé *cuve*. On distingu[e]
trois espèces de cuves : la cuve à la chaux et au vitriol , l[a]
cuve d'inde et la cuve de pastel. En réfléchissant à la natu[re]
et aux propriétés des différentes substances qui entre[nt]
dans la composition de ces cuves (*voyez* plus bas), o[n]
verra, 1° que l'indigo doit être ramené à l'état d'indigo a[u]

minimum d'oxidation, d'un jaune verdâtre, qui se dissout dans l'alcali que l'on a ajouté; 2° que l'étoffe que l'on en imprègne doit avoir la même couleur jaune; 3° enfin, qu'en l'exposant à l'air l'indigo au *minimum* doit absorber l'oxigène et passer à l'état d'indigo bleu; il suffira donc, pour teindre par ce procédé, de plonger le tissu, à plusieurs reprises, dans la cuve, dont la température est de 40 à 45°, puis de le mettre en contact avec l'air.

Cuve à la chaux et au vitriol. On place dans une chaudière profonde 300 litres d'eau, 2 kilogrammes d'indigo finement pulvérisé, 2 kilogrammes de chaux éteinte, 2 kilogrammes et demi de proto-sulfate de fer du commerce dissous dans l'eau, et un demi-kilogramme de soude du commerce; on agite le tout et on chauffe pendant vingt-quatre heures à la température de 40 à 50°, en remuant de temps en temps : alors on y plonge l'étoffe. Lorsque la dissolution est affaiblie et qu'une portion d'indigo oxigéné s'est précipitée, on y ajoute 2 kilogrammes de sulfate de fer et un kilogramme de chaux vive, afin de redissoudre le précipité; on y met une nouvelle quantité d'indigo quelque temps après cette addition.

Cuve d'inde. On délaye dans 100 seaux d'eau 6 kilogrammes d'alcali, 2 kilogrammes de son et autant de garance; on fait bouillir pendant quelque temps; on introduit le mélange dans une chaudière conique et on y ajoute 6 kilogrammes d'indigo bien broyé; on agite le tout et on chauffe doucement : au bout de quarante-huit heures l'opération est terminée, et le bain est d'un beau jaune, couvert de plaques cuivrées et d'écume bleue, surtout si on l'a agité toutes les douze heures; alors on y introduit l'étoffe que l'on veut teindre. Le son et la garance agissent en désoxigénant l'indigo; celle-ci jouit encore de la propriété de se combiner avec le tissu, et le rend propre à être porté au même ton par une plus petite quantité d'indigo.

Cuve de pastel (isatis tinctoria). On fait bouillir dan
une chaudière, pendant trois heures, 4 kilogrammes d
gaude, 6 kilogrammes de garance, 2 kilogrammes de so
avec 4500 litres d'eau ; on retire la gaude et on verse l
liqueur dans une cuve en bois contenant 200 kilogramme
de pastel parfaitement divisé (1) ; on agite continuellemen
au moins pendant un quart-d'heure. On laisse le bain e
repos pendant six heures ; on l'agite pendant une demi
heure, opération que l'on répète de trois en trois heure
jusqu'à ce qu'il se manifeste des veines bleues à la surfac
du liquide ; alors on ajoute un kilogramme de chaux e
10 kilogrammes d'indigo parfaitement broyé ; on agite d
nouveau deux fois pendant les six heures qui suivent et o
laisse déposer; dans cet état la liqueur est d'un jaune d'o
et peut servir à teindre les étoffes ; dès ce moment il faut
ajouter tous les jours un demi-kilogramme de chaux éteint
et la température doit être constamment de 36 à 50°. O
voit d'après cela que la cuve à pastel diffère de la cu
d'inde, en ce qu'elle renferme de la chaux et du pastel,
qu'elle ne contient pas de soude.

Si la cuve au pastel contient trop de chaux, ce que l'o
reconnaît à l'odeur piquante qu'elle répand, à sa coule
noirâtre, etc., il faut y ajouter du tartre, du son, de l'uri
ou de la garance; si le contraire a lieu, et dans ce cas
pastel se décompose et exhale une odeur fétide, il faut
ajouter de l'alcali.

Teinture en bleu par le campèche. Les tissus de *lai*
sont les seuls qui soient teints en bleu par cette matiè
colorante. On compose le bain avec 15 à 20 parties d'ea
$\frac{1}{6}$ de partie de bois de campèche, $\frac{1}{20}$ de partie de vert-d

---

(1) Le pastel n'est autre chose que la plante même lavé
desséchée, broyée, et que l'on a fait fermenter en l'exposa
au soleil après l'avoir mise en tas.

gris, et on y met une partie de laine ; du reste , le procédé est le même que celui que nous avons décrit en parlant du rouge du Brésil. On emploie encore le campêche pour teindre en violet la *laine* et la *soie* : il suffit pour cela de les aluner et de les plonger dans une décoction du bois , sans addition de vert-de-gris. On se sert aussi du campêche pour la teinture en noir, à laquelle il communique du lustre et du velouté.

Teinture en bleu de Prusse. Cette couleur n'est employée que pour teindre la *soie* ; on la connaît dans le commerce sous le nom de *bleu Raymond.* Après avoir décreusé la soie on la plonge pendant un quart-d'heure dans un liquide composé de 20 parties d'eau et d'une partie de dissolution de peroxide de fer dans les acides nitrique et hydro-chlorique ; on la lave et on la met pendant une demi-heure dans une dissolution de savon presque bouillante ; on la lave de nouveau , et on la met dans un *solutum* froid d'hydro-cyanate de potasse acidulé par l'acide sulfurique ou par l'acide hydro-chlorique ; elle devient bleue sur-le-champ ; on la laisse pendant un quart-d'heure ; on la lave et on la fait sécher. (M. Raymond).

De la Teinture en noir.

Lorsqu'on veut teindre en noir la laine , le coton et le lin , on commence par leur communiquer une teinte bleue ; puis on les plonge dans un bain préparé avec la noix de galle et le campêche , et on finit par les mettre dans une dissolution de sulfate de fer , de vert-de-gris et de campêche : on peut substituer avec avantage au sulfate de fer dont nous parlons , l'acétate qui résulte de l'action de l'acide acétique huileux provenant de la distillation du bois sur le fer rouillé ; dans tous les cas il se produit une nuance d'un gris violet, paraissant noire lorsqu'elle est concentrée, et qui est composée de peroxide de fer, d'acide gallique et de tannin. La soie n'est jamais teinte en bleu avant d'être plongée dans le bain noir.

De la Teinture en couleurs composées.

On prépare les couleurs vertes en plongeant les tissus d'abord dans un bain bleu, puis dans un bain jaune; le violet, le pourpre, le columbin, la pensée, l'amaranthe, le lilas, la mauve, s'obtiennent avec des bains bleus et rouges; le coquelicot, le brique, le capucine, l'aurore, les mordorés, les cannelles, résultent de l'action du rouge et du jaune. (*Voyez*, pour plus de détails sur l'art de la teinture, les ouvrages de MM. Berthollet et Chaptal.)

CLASSE V.

Nous réunissons dans cette classe les principes immédiats qui ne contiennent pas d'azote, que l'on ne peut pas rapporter aux matières colorantes, et dont on ne connaît pas encore les proportions d'oxigène, d'hydrogène et de carbone.

De l'Émétine.

723. MM. Magendie et Pelletier viennent de prouver que l'ipécacuanha (*psycothria emetica*), le *callicoca ipeca-cuanha*, le *viola emetica*, contiennent un principe immédiat particulier auquel ils ont donné le nom d'*émétine*, tiré de εμεω, *vomo*, qui indique sa propriété la plus remarquable, celle de faire vomir à petite dose.

L'émétine est sous la forme d'écailles transparentes, d'une couleur rouge brunâtre; son odeur est presque nulle; sa saveur est amère, un peu âcre, mais nullement nauséabonde. Soumise à la distillation, elle se comporte comme les matières non *azotées*, se tuméfie, noircit, donne de l'eau, de l'acide carbonique, une très-petite quantité d'huile, de l'acide acétique, et laisse pour résidu un charbon très-léger et très-spongieux. Elle est inaltérable à l'air, à moins que celui-ci ne soit humide, car alors elle s'humecte. L'eau la dissout en toutes proportions; le *solutum* ne cristallise point. Elle est soluble dans l'alcool et insoluble dans les éthers. L'acide sulfurique concentré la charbonne. L'acide nitrique la décompose; il se forme de l'acide oxalique, sans aucune trace de matière amère. Les acides hydro-chlorique et phosphorique la dissolvent sans l'altérer, en sorte qu'on peut la précipiter en saturant ces acides par un alcali. L'acide acétique la dissout à merveille. L'acide gallique et la noix de galle font naître dans sa solution aqueuse ou alcoolique un précipité d'un blanc sale, abondant, floconneux, peu soluble dans l'eau, qui paraît composé d'acide et d'émétine. Les acides oxalique et tartarique ne l'altèrent point. La dissolution alcoolique d'*iode* versée dans la teinture alcoolique d'émétine, produit un précipité rouge qui semble être formé d'iode et d'émétine. L'acétate, et surtout le sous-acétate de plomb, la précipitent abondamment. L'*émétique* et les sels de fer n'ont aucune action sur cette matière; il en est de même du sucre, de la gomme, de la gélatine, et des autres principes immédiats, végétaux et animaux.

MM. Magendie et Pelletier, après avoir administré l'émétine à plusieurs espèces d'animaux, ont conclu, 1° que l'ipécacuanha doit ses propriétés médicinales à l'émétine; 2° qu'elle est *vomitive* et qu'elle a une action spéciale sur le poumon et sur la membrane muqueuse du canal intestinal; elle est également narcotique; 3° qu'elle peut remplacer l'ipécacuanha dans toutes les circonstances où l'on se sert de ce médicament, avec d'autant plus de succès, qu'à une dose déterminée, elle a des propriétés constantes, ce qui n'a pas lieu pour l'ipécacuanha du commerce; 4° que son défaut d'odeur et son peu de saveur lui donnent encore un avantage marqué dans son emploi comme médicament (*Annales de chimie et de physique*, t. IV.) On administre l'émétine comme vomitif, à la dose de 4 grains en dissolution dans 4 onces d'eau pour les adultes ; on donne le *solutum* en deux ou trois doses, dont la première est plus forte que les autres ; on fait prendre aux enfans deux ou trois pastilles où l'émétine entre à la dose d'un demi-grain ; dans la coqueluche, les catarrhes pulmonaires, les diarrhées chroniques, on emploie avec avantage des pastilles qui contiennent un huitième de grain d'émétine. Administrée à des chiens, à la dose de 10, 12 ou 15 grains, cette substance détermine tous les symptômes de l'empoisonnement, produit l'inflammation des poumons et du canal digestif, et occasionne la mort au bout de 12, 15 ou 18 heures.

De la Picrotoxine.

724. La picrotoxine, découverte par M. Boullay, ne se trouve que dans le fruit du *menispernum cocculus* (coque du Levant). Elle est solide, sous la forme de prismes quadrangulaires, blancs, brillans, demi-transparens et excessivement amers ; elle se comporte au feu à-peu-près comme les résines, et se décompose sans donner de produit ammoniacal, ce qui prouve qu'elle ne contient pas d'azote ; elle est soluble dans 3 parties d'alcool, dans 25 parties d'eau bouillante et dans 50 parties d'eau froide. La potasse, la soude, l'ammoniaque, l'acide acétique et l'acide nitrique faible la dissolvent aussi très-bien ; ce dernier la transforme, à l'aide de la chaleur, en acide oxalique. L'acide sulfurique concentré la dissout à froid, et la charbonne si on élève un peu la température ; elle est insoluble dans les huiles ; elle n'a point d'usages. Plusieurs expériences faites sur les animaux nous ont prouvé qu'elle agit sur l'économie animale à-peu-près comme le camphre, mais à un degré beaucoup plus fort, puisqu'il suffit de la donner à la dose de 3 ou 4 grains pour déterminer la mort des chiens les

plus robustes dans l'espace d'une heure : c'est à elle que la coque du Levant doit ses propriétés délétères.

725. En faisant l'analyse du *daphne alpina*, M. Vauquelin a découvert une substance cristallisable, douée aussi d'une grande amertume, et qui paraît devoir être rapprochée, par ses propriétés, de la picrotoxine.

De la Sarcocolle.

726. La sarcocolle n'a été trouvée jusqu'à présent que dans le *penæa sarcocolla*, arbrisseau indigène du nord de l'Afrique. Lorsqu'elle est pure, elle est sous la forme de petits gâteaux bruns, demi-transparens, fragiles, incristallisables, et doués d'une saveur sucrée d'abord, puis amère ; sa pesanteur spécifique est, d'après Brisson, de 1,2684. Chauffée, elle se ramollit sans fondre, et répand une odeur de caramel ; si la température est assez élevée, elle prend la consistance du goudron, noircit, exhale une fumée blanche, pesante, d'une odeur âcre, et s'enflamme sans laisser presque de résidu. Elle se dissout très-bien dans l'eau et dans l'alcool ; la dissolution aqueuse est comme mucilagineuse. L'acide nitrique la dissout également, et le *solutum* n'est pas précipité par la gélatine. Elle est sans usages.

M. Thompson, qui a fait connaître cette substance, pense qu'elle a beaucoup d'analogie avec le suc de réglisse, et qu'elle participe jusqu'à un certain point des propriétés de la gomme et du sucre, mais principalement de ce dernier. Le produit connu dans le commerce sous le nom de *sarcocolle*, et qui est sous la forme de petits globules oblongs, demi-transparens, d'une couleur jaune ou d'un brun rougeâtre et d'une odeur analogue à celle de l'anis, est composé, d'après M. Thompson, 1° d'une très-grande quantité de *sarcocolle* pure; 2° de petites fibres ligneuses mêlées avec une substance molle, d'un blanc jaunâtre ;

3º. d'une matière brune, rougeâtre, ayant l'aspect terreux;
4º enfin d'une espèce de gelée molle, tremblante et transparente.

De la Gelée.

727. Le suc de groseilles, de mûres et de presque tous les
fruits acides parvenus à leur maturité, laisse déposer une
matière tremblante, connue sous le nom de *gelée*, qu'il
suffit de laver avec un peu d'eau froide pour obtenir à l'état
de pureté. La gelée est incolore par elle-même, mais elle
retient presque toujours un peu de la matière colorante du
fruit qui l'a fournie; elle a une saveur agréable. Distillée,
elle se comporte comme les autres matières végétales, si ce
n'est qu'elle donne un atome d'ammoniaque qui provient
sans doute de la décomposition du ferment dont il est difficile de la priver. Elle est à peine soluble dans l'eau froide;
ce liquide bouillant en opère bien la dissolution; mais la
gelée se dépose presqu'en entier par le refroidissement;
cependant si on fait bouillir pendant long-temps cette dissolution aqueuse, elle devient analogue au mucilage et perd
la propriété de se gélatiniser en se refroidissant; ce phénomène explique la difficulté que l'on éprouve à obtenir des
gelées lorsqu'on a été obligé de faire bouillir long-temps les
sucs. La gelée se dissout très-bien dans les alcalis; l'acide
nitrique la transforme en acide oxalique. Elle fait la base
des confitures de gelée.

De l'Ulmine.

728. Klaproth a donné ce nom à une substance qu'il
a examinée le premier, et qui exsude spontanément
d'une espèce d'orme que l'on croit être *l'ulmus nigra*.
L'ulmine est solide, insipide et d'une couleur noire brillante; elle se comporte au feu comme les autres matières
végétales; elle est insoluble dans l'alcool, dans l'éther et

très-soluble dans l'eau ; la dissolution aqueuse, d'une couleur brune noirâtre, ne devient pas mucilagineuse par l'évaporation, et précipite, par l'alcool, des flocons d'ulmine d'un brun clair. Traitée par le chlore ou par l'acide nitrique, elle se décompose et se change en une matière comme résineuse. Elle n'a point d'usages.

De l'Extractif.

729. On a admis dans les extraits un principe particulier que l'on a désigné sous le nom d'*extractif*, et que l'on a caractérisé par les propriétés suivantes : il est solide, d'un brun foncé, brillant, cassant, d'une saveur amère, soluble dans l'eau et dans l'alcool, insoluble dans l'eau lorsqu'il est uni à l'oxigène, susceptible de se combiner avec un très-grand nombre d'oxides métalliques, et décomposable au feu en divers produits, parmi lesquels on compte un acide et de l'ammoniaque. La plupart des chimistes pensent aujourd'hui que ce principe immédiat n'existe pas, et que l'on a presque toujours donné ce nom à des combinaisons d'acide, de principe colorant et de matière azotée.

CLASSE VI.

Des Principes immédiats végéto-animaux.

Ces principes immédiats sont formés d'oxigène, d'hydrogène, de carbone et d'une assez grande quantité d'azote : leur composition ne diffère donc pas de celle des substances animales ; nous les plaçons dans la sixième classe, parce qu'ils établissent le passage naturel des végétaux aux animaux ; ils se comportent avec les différens agens comme nous le dirons par la suite en faisant l'histoire générale des principes immédiats des animaux.

De l'*Asparagine.*

730. L'asparagine, découverte par MM. Vauquelin et Robiquet, n'a été trouvée jusqu'à présent que dans le suc d'asperge; elle cristallise en prismes rhomboïdaux, incolores, durs et fragiles, dont le grand angle de la base est de 130°; les bords de cette base et les deux angles situés à l'extrémité de la grande diagonale, sont tronqués et remplacés par des facettes; elle a une saveur fraîche, légèrement nauséabonde, qui excite la sécrétion de la salive. Distillée, elle se comporte comme les autres substances végétales; cependant, vers la fin de l'opération, on obtient un produit ammoniacal. Elle est insoluble dans l'alcool, peu soluble dans l'eau froide et très-soluble dans ce liquide bouillant; la dissolution n'altère point les couleurs du tournesol ni de la violette; les hydro-sulfates, l'hydro-chlorate de baryte, l'acétate de plomb, l'oxalate d'ammoniaque et l'*infusum* de noix de galle, ne la troublent point; l'acide nitrique la décompose à l'aide de la chaleur, et il se produit un peu d'ammoniaque. Elle est sans usages.

De la *Morphine.*

La découverte de la morphine est due à M. Sertuerner, pharmacien à Eimbeck, dans le royaume de Hanovre. Il y a environ quatorze ans qu'en faisant l'analyse de l'opium, ce jeune savant découvrit une matière particulière à laquelle il crut devoir attribuer les propriétés vénéneuses de ce médicament; le mémoire qu'il publia à ce sujet excita à peine l'attention des chimistes, et resta dans l'oubli à raison du petit nombre d'expériences concluantes qu'il renfermait et de l'impossibilité d'obtenir les résultats annoncés par l'auteur. Aujourd'hui M. Sertuerner fait connaître des travaux ultérieurs, et il met hors de doute l'existence d'une matière *particulière* dans l'opium, à laquelle il donne le nom de *morphine (morphium)*. Cette substance végéto-animale, formée par conséquent de carbone, d'hydrogène, d'oxigène et d'azote, possède les propriétés *alcalines* au plus haut degré, et semble ouvrir un nouveau champ de recherches chimiques, physiologiques et médicales.

731. La morphine est solide et incolore ; elle cristallise en pyramides tronquées, transparentes et très-belles, dont la base est ou un carré ou un rectangle ; on l'obtient souvent aussi en prismes à base trapézoïde ; lorsqu'on la fait dissoudre dans l'eau, dans l'alcool ou dans les éthers, elle a une saveur très-amère.

Soumise à l'action du feu, elle se fond aisément, ressemble au soufre fondu, et peut cristalliser par le refroidissement. Distillée, elle se décompose et fournit du carbonate d'ammoniaque, de l'huile, et le résidu est noirâtre, résineux, et d'une odeur particulière. Elle s'enflamme vivement lorsqu'on la chauffe avec le contact de l'air. Elle paraît éprouver fort peu d'action de la part de la pile galvanique ; cependant lorsqu'on la soumet à cette épreuve après l'avoir mêlée avec un globule de mercure, celui-ci semble s'agrandir et changer de consistance. On peut la combiner avec le soufre à l'aide de la chaleur ; mais elle se détruit au même moment et il se forme de l'acide hydrosulfurique.

Elle est insoluble dans l'eau froide, très-peu soluble dans l'eau bouillante, et très-soluble dans l'alcool et dans l'éther, surtout à l'aide de la chaleur ; par le refroidissement de ces liquides, la morphine se précipite sous forme de cristaux ; les solutions aqueuses et alcooliques brunissent le papier de rhubarbe plus fortement que le papier de curcuma, et *rétablissent la couleur bleue du tournesol rougi par un acide.*

Ell a la faculté de neutraliser les acides et de former de

sels simples et même des sels doubles. Elle donne avec l'acide *carbonique* un sel qui cristallise en prismes courts ; avec l'acide *acétique* un acétate très-soluble et cristallisable en petits rayons ; avec l'acide *sulfurique* des ramifications cristallines et même des prismes très-solubles ; avec l'acide *hydro-chlorique* des plumes ou des rayons moins solubles que les sels précédens, et qui, par le refroidissement, se prennent en une masse brillante, d'un blanc argentin, surtout si l'évaporation a été poussée trop loin ; avec l'acide *nitrique*, elle forme des cristaux rayonnés qui partent d'un centre commun ; avec l'acide *tartarique* des cristaux prismatiques. Le *sous-méconate de morphine* cristallise en prismes ; il est très-peu soluble dans l'eau. Suivant M. Sertuerner, tous ces sels ont un éclat micacé, s'effleurissent promptement à l'air et paraissent être fortement vénéneux.

La morphine décompose la plupart des sels métalliques des quatre dernières classes, tels que le sulfate, l'hydro-chlorate et l'acétate de fer, plusieurs sels à base de mercure, de plomb, de cuivre, etc. : elle forme avec l'acétate de cuivre une espèce de sel double ; du moins cet acétate perd sa couleur par l'addition de la morphine : elle n'a pas la propriété de saponifier les huiles oxidées. M. Sertuerner pense que la morphine, qu'il regarde comme une base salifiable, devrait être placée après l'ammoniaque, parce qu'elle est dégagée de toutes ses combinaisons par cet alcali ; suivant lui, elle se trouverait dans l'opium combinée avec l'acide méconique, dont nous avons parlé § 630, et à l'état de *méconate peu acide de morphine.*

Propriétés médicales de la morphine. Un demi-grain de morphine dissous dans un demi-gros d'alcool et étendu dans quelques onces d'eau distillée, fut donné à trois individus âgés d'environ dix-sept ans ; une rougeur générale, qu'on pouvait même apercevoir dans les yeux, couvrit leur figure, principalement les joues, et les forces vitales semblaient exaltées. Lorsqu'après une demi-heure on leur fit prendre encore un demi-grain de morphine, cet état augmenta considérablement; ils sentirent une envie passagère de vomir et un étourdissement dans la tête; sans en attendre l'effet, on leur fit avaler encore, après un quart-d'heure, un demi-grain de morphine en poudre grossière, avec quelques gouttes d'alcool et une demi-once d'eau; l'effet en fut subit; ils sentirent une vive douleur dans l'estomac, un affaiblissement et un engourdissement général, et ils étaient prêts à s'évanouir; on leur fit prendre 6 à 8 onces de vinaigre très-fort, qui déterminèrent un vomissement si violent, que l'un d'eux, d'une constitution délicate et dont l'estomac était tout-à-fait vide, se trouva dans un état très-douloureux; on lui donna du carbonate de magnésie qui ne tarda pas à faire cesser le vomissement; il passa la nuit dans un profond sommeil; le lendemain le vomissement revint, mais il cessa bientôt après une forte dose de carbonate de magnésie. Le défaut d'appétit, la constipation, l'engourdissement, et les maux de tête et d'estomac ne se dissipèrent qu'après quelques jours. (*Annales de Chimie* du mois de mai 1817, pag. 28.) M. Sertuerner pense que les combinaisons des acides avec la morphine ont encore plus d'effet.

Voici les résultats des expériences que nous venons de faire sur les chiens : 1.º la morphine, introduite seule dans l'estomac à la dose de 10 ou 11 grains, ne détermine en général aucun phénomène sensible, parce qu'elle est insoluble dans l'eau et peu susceptible d'être attaquée par le suc gastrique; cependant elle donne lieu quelquefois à des vomissemens. 2.º. Six grains de morphine dissous dans 2 gros de vinaigre très-faible et introduits dans l'estomac, occasionnent une légère paralysie des pattes postérieures et un sommeil peu profond. 3.º. Un grain de morphine dissous dans un gros et demi d'acide acétique très-faible, et injecté dans la veine jugulaire, détermine sur-le-champ les symptômes de l'empoisonnement par l'opium. (*Voyez* ma *Toxicologie générale.*) 4°. Douze grains de morphine dissous dans un peu d'acide acétique faible, appliqués sur le tissu cellulaire de la cuisse, donnent lieu, dix minutes après l'application, à tous les symptômes de l'empoisonnement par l'opium.

Substance cristallisable de l'opium (sel d'opium).

732. Cette substance, découverte par M. Derosne en 1802, n'a été trouvée jusqu'à présent que dans l'opium ; elle cristallise en prismes droits, incolores, à bases rhomboïdales, formant souvent par leur réunion de petites houpes ; elle est insipide, inodore et plus pesante que l'eau ; chauffée, elle fond comme les graisses, donne beaucoup de carbonate d'ammoniaque et tous les produits fournis par les substances végéto-animales ; si, après avoir élevé sa température, on la met en contact avec l'air, elle s'enflamme à la manière des résines. L'eau bouillante n'en dissout que $\frac{1}{400}$ de son poids, tandis qu'elle n'en dissout pas sensiblement à froid ; 24 parties d'alcool bouillant suffisent pour en dissoudre une partie, et il en faut près de 100 parties à la température ordinaire ; ce *solutum précipite par l'eau et ne verdit pas le sirop de violette ;* l'éther et les huiles volatiles, qui n'agissent presque pas sur elle à froid, en dissolvent une assez grande quantité à chaud. Les acides faibles en opèrent la dissolution à toutes les températures, et on peut précipiter la morphine de ces dissolutions au moyen des alcalis. Elle est peu soluble dans la dissolution de potasse ; elle n'a point d'usages. Quelque nombreux que soient les rapports qui existent entre cette substance et la morphine, il est évident que leur nature n'est pas la même. M. Sertuerner pense que le sel d'opium dont nous parlons est composé de morphine et d'acide méconique ; cette opinion est loin d'être appuyée par les expériences récentes de M. Robiquet, qui n'est jamais parvenu à en séparer l'acide méconique.

Du Gluten.

Le gluten , découvert par Beccaria , se trouve dans le froment, le seigle , l'orge, et dans beaucoup d'autres graines céréales ; suivant M. Proust, il existe aussi dans les glands , les châtaignes , les marrons d'Inde, les pois , les fèves , les pommes , les coings , les baies de sureau et de raisin , dans la rue , les feuilles de chou , les sedum , la ciguë , la bourrache , etc.

733. Le gluten est solide , mou , d'un blanc grisâtre , très-visqueux , collant , insipide et doué d'une odeur spermatique ; il est très-élastique et susceptible d'être étendu en lames minces ; plusieurs de ces propriétés physiques sont dues à l'humidité qu'il renferme , car si on le fait dessécher , il devient d'un brun foncé, fragile , très-dur et demi-transparent ; sa cassure est alors vitreuse.

Soumis à la distillation , il se décompose , se comporte comme les matières animales, et laisse un charbon très-volumineux et très-brillant. Exposé à l'air sec , il brunit, se recouvre d'une couche huileuse et finit par devenir très-dur ; si l'air est humide , il se gonfle , se putréfie , répand une odeur fétide , sa surface se recouvre de byssus et il acquiert l'odeur du fromage ; il se dégage du gaz hydrogène et de l'acide carbonique , et il se forme de l'acétate d'ammoniaque. (Proust.) Il ne se dissout point dans l'*eau* froide ; mis dans ce liquide bouillant, il perd sa tenacité et son élasticité ; laissé pendant long-temps avec de l'eau à la température ordinaire, il commence par se réduire en une bouillie dont on peut se servir pour coller la porcelaine et toute espèce de poterie ; bientôt après il se pourrit et se transforme en une matière d'un gris noirâtre : suivant Fourcroy et M. Vauquelin , les produits de cette altération sont de l'acide carbonique, de l'ammoniaque, une matière grasse, et une substance analogue à la fibre ligneuse. (*Annales du Muséum.*) Il est insoluble dans l'alcool; lorsqu'on triture avec un peu de ce liquide du gluten altéré par l'eau et semblable à de la glu, on obtient une espèce de mucilage qui, étant délayé dans l'eau, donne un liquide glutineux, que l'on peut étendre sur le bois, le papier, etc., et qui, suivant Cadet, peut remplacer les meilleurs vernis; mêlé avec de la chaux, ce liquide glutineux forme un lut que l'on peut appliquer comme celui que l'on prépare avec la chaux et le blanc d'œuf (albumine).

734. Les acides végétaux, surtout l'acide acétique concentré, l'acide hydro-chlorique et quelques autres acides minéraux faibles, dissolvent le gluten à l'aide de la chaleur; les dissolutions sont presque toujours troubles, mais permanentes, et peuvent être précipitées par les alcalis, qui saturent les acides. L'acide sulfurique concentré charbonne le gluten; l'acide nitrique agit sur lui comme sur les matières animales. Les alcalis faibles le dissolvent à l'aide de la chaleur; le *solutum* est trouble et décomposable par les acides; si les alcalis sont concentrés, ils le décomposent et le transforment en un produit comme savonneux. L'*infusum* de noix de galle précipite ses dissolutions en brun jaunâtre.

735. Le gluten exerce sur la fécule une action remarquable, dont nous devons les détails à M. Kirchoff. Si on verse 4 parties d'eau froide sur une partie de fécule de pommes de terre, et qu'après avoir agité on ajoute 20 parties d'eau bouillante, on obtient un empois épais; si on mêle à cet empois encore chaud une partie de *gluten* pulvérisé, et qu'on l'expose, pendant huit ou dix heures, à la température de 40 à 60° de Réaumur, le mélange devient acide et *sucré*; si après l'avoir filtré, on le fait évaporer, on obtient un sirop *sucré*, en partie soluble dans l'alcool, et susceptible de donner de l'esprit-de-vin quand on le mêle avec du levain acide. La dissolution alcoolique de ce sirop

fournit du *sucre* sous la forme de cristaux blancs et très-petits, lorsqu'on la fait évaporer.

Le gluten peut être employé pour faire des vernis, d'après la méthode de Cadet, et pour coller les fragmens de poteries; la farine lui doit la propriété de faire pâte avec l'eau, de lever, et par conséquent de faire du bon pain.

De la Fungine.

736. M. Braconnot regarde le tissu des champignons comme un principe immédiat particulier auquel il donne le nom de *fungine*. La fungine est plus ou moins blanche, mollasse, fade, insipide et peu élastique en la comparant au gluten; elle se divise assez bien entre les dents. Soumise à la distillation, elle se comporte comme les matières animales. Mise en contact avec une bougie allumée, elle s'enflamme avec assez de vivacité et laisse une cendre très-blanche. L'acide nitrique la transforme en une matière analogue au suif, et en une autre semblable à la cire, en matière résinoïde, en une substance amère et en acide oxalique; il se dégage du gaz azote. La fungine s'unit avec la substance astringente de la noix de galle. On peut l'employer comme aliment.

De l'Albumine, de la Fibrine et de la Gélatine.

737. Le suc de papayer (*carica papaya*) et de quelques autres végétaux, contient deux principes immédiats, absolument semblables à l'albumine et à la fibrine, qui font partie de plusieurs substances animales. Le *pollen du phœnix dactylifera* renferme une matière qui jouit de toutes les propriétés de la gélatine animale. (Vauquelin.) Nous nous contentons d'énoncer ici ce simple résultat, en nous réservant de revenir sur la description de ses divers principes immédiats, lorsque nous parlerons des substances animales.

Du Ferment.

738. On donne le nom de *ferment* à la substance visqueuse
et floconneuse qui se sépare lorsque les différens fruits éprouvent la fermentation vineuse. On ne saurait affirmer que
le ferment se trouve tout formé dans les végétaux , car il est
possible qu'il soit le résultat de la fermentation : dans tous
les cas, s'il existe dans les plantes , il n'est pas toujours de la
même nature; nous verrons en effet, en parlant de la fermentation, que le ferment de la bière , uni à des quantités convenables de sucre et d'eau , développe la fermentation spiritueuse dans des vaisseaux fermés , tandis que celui du
raisin exige le contact de l'air ou du gaz oxigène. Nous
allons décrire les propriétés du ferment connu sous le
nom de *levure de bière*.

Il est sous la forme d'une pâte d'un blanc grisâtre ,
ferme, fragile , et douée d'une odeur particulière , tirant sur
l'aigre. Soumis à la distillation , il se comporte comme les
matières animales, et fournit un produit ammoniacal ; si on
ne le chauffe qu'au degré convenable pour le dessécher ,
il perd une très-grande quantité d'eau , devient dur ,
fragile et imputrescible. Mis en contact avec du gaz oxigène , à la température de 15° à 20° , il se décompose , cède
du carbone et probablement un peu d'hydrogène , et au
bout de quelques heures le gaz oxigène se trouve presqu'entièrement transformé en gaz acide carbonique; il est
probable qu'il se forme aussi un peu d'eau. Abandonné à
lui-même dans des vaisseaux fermés et à la même température , il se putréfie au bout de quelques jours. Trituré avec
quatre ou cinq fois son poids de sucre et 20 ou 25 parties
d'eau, et soumis à la température de 15° à 20° , il ne tarde
pas à développer la fermentation spiritueuse, dont les principaux produits sont l'esprit-de-vin et l'acide carbonique.
Il est insoluble dans l'alcool et dans l'eau; ce liquide

bouillant lui enlève la propriété fermentescible, du moins pour un grand nombre de jours, comme on peut s'en convaincre en faisant le mélange dont nous venons de parler avec du ferment que l'on a laissé pendant 10 ou 12 minutes dans l'eau bouillante. On fait usage du ferment dans certains pays pour faire lever le pain.

ARTICLE III.

Des Parties des végétaux que l'on ne peut pas regarder comme des principes immédiats simples.

Cette branche de la chimie végétale est loin d'avoir été aussi bien étudiée que celle qui précède; nous allons cependant indiquer plusieurs faits importans relatifs à l'histoire de la *sève*, des *sucs particuliers*, des *bois*, des *racines*, des *écorces*, des *feuilles*, des *fleurs*, du *pollen*, des *semences*, des *fruits*, des *bulbes*, des *lichens* et des *champignons*.

De la Sève.

Sève de l'orme (*ulmus campestris*). Cette sève, recueillie à la fin d'avril, était d'un rouge fauve; sa saveur était sucrée et mucilagineuse; elle n'exerçait point d'action sur l'*infusum* de tournesol. M. Vauquelin la trouva formée, sur 1039 parties, de 1027,904 d'eau et de *principes volatils*, de 9,240 d'*acétate de potasse*, de 1,060 d'une matière végétale composée de *mucilage* et d'*extractif*, et de 0,796 de *carbonate de chaux*. Analysée plus tard, cette sève fournit au même savant un peu plus de matière végétale et un peu moins de carbonate de chaux et d'acétate de potasse. Exposée à l'air, elle se décomposa, et l'acétate se transforma en carbonate de potasse.

Sève du hêtre (*fagus sylvatica*). A la fin d'avril, cette sève était d'un rouge fauve et sans action sur le tournesol ; sa saveur était analogue à celle de l'infusion de tan. M. Vauquelin y trouva beaucoup d'*eau*, de l'acide *acétique*, de l'acide *gallique*, du *tannin*, des *acétates de potasse de chaux* et *d'alumine*, *une matière colorante*, du *mucus* et de l'*extractif*.

Sève du charme (*carpinus sylvestris*). A la fin du mois d'avril et pendant le mois de mai, elle était incolore, limpide, d'une saveur douce, d'une odeur semblable à celle du petit-lait, et rougissait assez fortement l'*infusum* de tournesol. Elle était composée de beaucoup d'*eau*, de sucre, d'acide *acétique*, d'*acétate de potasse et de chaux*, et de matière *extractive* (Vauquelin). Exposée à l'air, elle éprouvait successivement la fermentation spiritueuse et acide.

Sève du bouleau (*betula alba*), analysée par M. Vauquelin. Cette sève fournit les mêmes substances que la précédente, et un peu d'acétate d'alumine; elle était limpide, incolore, d'une saveur sucrée, et rougissait fortement le tournesol; évaporée et mêlée avec le ferment, elle donna de l'alcool (Vauquelin).

Sève du marronnier. Sa saveur est légèrement amère; on y trouve du mucus, du nitrate de potasse, une matière extractive, et probablement de l'acétate de potasse et de chaux (MM. Déyeux et Vauquelin).

Sève de la vigne (*vitis vinifera*). Suivant M. Déyeux, elle contient de l'acétate de chaux et de l'acide acétique tenant en dissolution une matière végéto-animale : elle se pourrit à l'air. (*Journal de Pharmacie*, an 6.)

La sève joue dans les végétaux un rôle analogue à celui du sang dans les animaux; elle monte depuis les racines jusqu'aux feuilles, s'altère, change de nature en vertu d'une force qui nous est inconnue, et donne naissance à une multitude de *sucs* variables dans leur composition, qui paraissent descendre des feuilles vers les racines, et que l'on peut diviser en sucs *laiteux*, *résineux* et *huileux*, *mucilagineux* ou gommeux et *sucrés*.

Des Sucs laiteux.

Nous devons examiner dans cet article le suc du pavot blanc (opium), du papayer, et des plantes qui fournissent les *gommes-résines*.

739. *Opium.* Ce médicament précieux n'est autre chose que le suc laiteux que l'on obtient après la floraison, en faisant des incisions longitudinales aux capsules et aux tiges du pavot blanc (*papaver album*), et que l'on fait épaissir. On cultive cette plante dans l'Inde et dans l'Orient. L'opium a été considéré jusqu'à ce jour comme formé de sel d'opium (*voyez* § 732), d'une matière extractive, de résine, d'huile, d'acide, d'une petite quantité de fécule, de mucilage, de gluten, de sulfate de chaux et de sulfate de potasse, enfin de débris de fibres végétales, mêlés quelquefois de sable et de petits cailloux. (Derosne.) Suivant M. Sertuerner, il est composé de méconate peu acide de morphine, d'extractif neutre, d'extractif acide, d'une matière analogue au caoutchouc, etc. Tout en admettant que la morphine, l'acide méconique et le caoutchouc font partie de l'opium, nous croyons que l'analyse donnée par M. Sertuerner est loin d'être satisfaisante, et demande de nouvelles recherches.

740. L'opium est ordinairement sous la forme de masses assez dures, d'un brun rougeâtre, d'une odeur vireuse particulière, et d'une saveur amère, chaude et nauséabonde ; la chaleur de la main suffit pour le ramollir. Soumis à la distillation, il se comporte comme les substances animales. Si on le chauffe avec le contact de l'air, il s'enflamme en absorbant l'oxigène de l'atmosphère. Si on le met pendant quelque temps avec de l'eau froide, il s'y dissout en partie ; le liquide, convenablement évaporé, constitue l'ex-

trait aqueux, muqueux ou gommeux d'opium qui, suivant M. Derosne, contient une petite quantité de principe cristallisable, la majeure partie du mucus, l'acide, de la résine et de la matière extractive. La partie insoluble dans l'eau, traitée à plusieurs reprises pendant quelques minutes avec de l'alcool à 35° ou 40° thermomètre de Réaumur, donne un liquide coloré en rouge, dans lequel se trouvent la résine et le sel d'opium (sous-méconate de morphine de M. Sertuerner); par le refroidissement de ce liquide, le sel d'opium se précipite avec un peu de résine, tandis que l'alcool tient en dissolution la majeure partie de ce dernier principe. Il suffit alors, pour avoir le principe cristallisable pur, de traiter de nouveau le dépôt par l'esprit-de-vin à la même température, jusqu'à ce qu'il soit obtenu *incolore* et parfaitement *cristallisé*. Le marc d'opium épuisé par l'eau et par l'alcool contient les matières qui n'ont pas été dissoutes par ces liquides. Le *vinaigre* agit aussi sur l'opium à la température ordinaire ; il en dissout la majeure partie, se colore en rouge ou en rouge brun, et acquiert des propriétés vénéneuses excessivement énergiques. L'opium est une des substances que l'on emploie le plus souvent en médecine. On s'accorde généralement à le regarder comme un des plus puissans narcotiques et calmans du système nerveux ; nous sommes loin de partager cette opinion, du moins nous sommes convaincus qu'administré à forte dose, l'opium exerce une action *particulière*, caractérisée-à-la fois par des symptômes qui annoncent le narcotisme et une vive excitation ; les animaux soumis à son influence poussent des cris plaintifs ; ils sont en proie à des mouvemens convulsifs assez forts ; ils sont inquiets, et si on les secoue pour les tirer de l'état d'assoupissement dans lequel ils paraissent plongés, ils sont réveillés sur-le-champ, s'agitent violemment et font des efforts pour échapper au danger dont ils se croient menacés. Les nombreuses expériences faites dans le dessein de combattre l'empoisonnement par l'opium nous ont conduits à admettre les conclusions suivantes : 1° on doit favoriser l'expulsion du poison par les émétiques, les purgatifs dissous dans une petite quantité d'eau, ou par des lavemens d'une décoction de tabac ; 2° on doit pratiquer une saignée au bras ou mieux à la veine jugulaire ; 3° on doit faire prendre souvent et alternativement de petites doses d'eau vinaigrée et d'une forte infusion de café. Si le vinaigre était administré avant l'expulsion de l'opium, il serait plus nuisible qu'utile ; en effet, il dissoudrait la partie active du poison, en favoriserait l'absorption, et déterminerait les accidens les plus graves. (*Voyez* ma *Toxicologie générale*, t. II, part. 1re.)

L'opium est administré, 1° dans la dernière période de la pleurésie, de l'entérite, de l'inflammation de la vessie, etc. ; 2° dans les phlegmasies de la peau avec sécheresse de cet organe, dans la petite-vérole confluente, surtout lorsqu'elle est prête à suppurer, qu'il y a de la douleur, fièvre, etc. ; dans la rougeole ; 3° dans la fièvre lente nerveuse, accompagnée de symptômes d'excitation ; 4° dans les fièvres intermittentes entretenues par un état spasmodique, surtout lorsque le frisson est long et fort ; 5° dans plusieurs maladies chroniques, avec douleur, irritation, etc. ; dans une multitude d'affections nerveuses, spasmodiques, telles que l'épilepsie, l'hystérie, le tétanos, etc. On le donne en pilules, en substance, en extrait, dissous dans du vin, dans du vinaigre, en sirop, etc. ; on commence par en donner un grain, et on augmente progressivement la dose.

741. *Suc de papayer* (*carica papaya*). Le suc de ce végétal, qui croît à l'Isle de France et au Pérou, a été analysé par M. Vauquelin et par M. Cadet de Gassicourt : il contient de l'eau, une petite quantité de graisse et de l'albumine, ou du moins une matière animale qui, comme celle-ci,

est soluble dans l'eau après avoir été desséchée au soleil, et fournit une dissolution coagulable par la chaleur, par les acides, etc. Le suc de papayer est employé dans l'Isle de France contre les lombrics ; on le donne aux enfans, à la dose d'un gros et demi, sous forme d'émulsion, préparée avec une cuillerée de miel et quatre ou cinq d'eau bouillante. Il est caustique et très-énergique.

Des Gommes-résines.

On doit considérer ces produits comme des sucs laiteux, renfermés dans les vaisseaux propres des végétaux, obtenus par l'incision faite aux tiges, aux branches et aux racines, desséchés par l'action de l'air, et composés d'un plus ou moins grand nombre de principes immédiats qui varient dans plusieurs d'entre eux, et que nous ferons connaître dans les histoires particulières.

Toutes les gommes-résines sont plus pesantes que l'eau ; la plupart sont opaques, très-fragiles, douées d'une saveur âcre et d'une odeur forte ; leur couleur est très-variable ; elles sont en partie solubles dans l'alcool et dans l'eau ; le *solutum* alcoolique est décomposé par le dernier de ces liquides, qui s'empare de l'alcool et précipite la résine sous la forme d'une matière blanche, laiteuse, très-divisée. Les gommes-résines se dissolvent aussi, à l'aide de la chaleur, dans les eaux de potasse et de soude. (Hatchett.) L'acide sulfurique les dissout, les transforme d'abord en charbon, puis en tannin artificiel.

742. *Assa fœtida,* ou suc épaissi de la racine du *ferula assa fœtida* (plante de la Perse). Il est formé, suivant M. Pelletier, de 65 parties d'une résine particulière, de 3,60 d'huile volatile, de 19,44 de gomme, de 11,66 de bassorine, de 0,30 de malate acide de potasse. L'assa fœtida est sous la forme de masses roussâtres, mêlées de larmes blanchâtres, friables, douées d'une saveur âcre, piquante, amère,

et d'une odeur alliacée très-forte, qui a valu à cette substance le nom de *stercus diaboli*; elle se ramollit facilement
par la chaleur; sa pesanteur spécifique est de 1,327. On
l'administre en médecine, 1° comme un excellent anti-spasmodique, dans l'hystérie, l'épilepsie, les convulsions,
l'hypochondrie, les coliques nerveuses, l'asthme, les hoquets et les vomissemens spasmodiques; 2° comme emménagogue, dans les cas où la suppression des règles tient à un
relâchement général, surtout s'il y a chlorose, cachexie, etc.,
3° comme excitant du système lymphatique, dans les empâtemens abdominaux; 4° comme anthelmintique à l'intérieur; 5° comme antiseptique dans la gangrène, les ulcères
anciens et rebelles, etc. On la donne en teinture, à la dose
de 12, 20 ou 30 gouttes, ou en substance, à la dose de 24 à
30 grains; on peut aussi la faire prendre dans de l'ammoniaque liquide, sous le nom d'*esprit ammoniacal fétide*;
on l'associe assez souvent à des tisanes anti-spasmodiques, anthelmintiques, emménagogues, etc.; suivant l'in-
dication que l'on veut remplir; on l'applique aussi quelquefois à l'extérieur sous la forme d'emplâtre, après l'a-
voir dissoute dans du vinaigre.

743. *Gomme ammoniaque*, ou suc épaissi de l'*heracleum
gummiferum* de Willdenow. Elle est composée, suivant
M. Braconnot, de 18,4 parties de gomme, de 70 de résine,
de 4,4 de matière glutineuse et de 6 parties d'eau. Elle
est solide, en masses ou en larmes, d'un jaune pâle, roussâtre en dehors, offrant dans son intérieur des morceaux
de la grosseur d'une amande, plus blancs et plus purs; sa
saveur est un peu amère et nauséabonde, son odeur faible
et désagréable. On doit la regarder comme un médicament
stimulant; on l'a administrée avec succès dans les catarrhes
chroniques, les toux humides, les péripneumonies fausses,
la suppression des règles occasionnée par une faiblesse générale, dans l'empâtement de certains viscères, etc.; on

l'applique aussi quelquefois avec avantage sur des tumeurs indolentes. On en fait prendre à l'intérieur 4 à 6 grains, dose que l'on réitère deux ou trois fois dans la journée ; quelquefois aussi on en donne un scrupule.

744. *Euphorbe*, ou suc de l'*euphorbia officinarum* et de l'*euphorbia antiquorum*. Il est composé, d'après M. Pelletier, de 60,80 parties de résine, de 12,20 de malate de chaux, de 1,80 de malate de potasse, de 14,40 de cire, de 2 de bassorine et de ligneux, de 8 d'huile volatile et d'eau (perte 0,80). Il est sous la forme de larmes irrégulières, roussâtres en dehors et blanches en dedans, inodores, friables, d'une saveur âcre, caustique ; sa poudre irrite fortement l'organe de l'odorat. Il doit être regardé comme un des poisons les plus irritans ; il détermine une vive inflammation des tissus sur lesquels on l'applique, et ne tarde pas à occasionner la mort. Il paraît cependant que son administration comme purgatif hydragogue a été suivie de succès dans quelques hydropisies ; on s'en est servi aussi dans la paralysie, dans l'amaurose, dans la léthargie, etc. On le donne en lavement, à la dose de 6 à 8 grains, délayé dans un jaune d'œuf et mis dans de l'huile ; ou bien on le fait prendre à l'intérieur, en pilules ou en bols, à la dose de 2 ou de 4 grains, mêlé avec des substances inertes ; on l'a aussi employé comme sternutatoire ; cependant la plupart des médecins ont renoncé à faire usage d'un médicament aussi dangereux et qui peut être si facilement remplacé.

M. John a trouvé dans le suc de l'*euphorbia cyparissias* 77 parties d'eau, 13,80 de résine, 2,75 de gomme, autant d'extractif, 1,37 d'albumine, 2,75 de caoutchouc et une certaine quantité d'huile grasse, d'acide tartarique, de carbonate de sulfate et de phosphate de chaux.

745. *Galbanum*, ou suc de la racine du *bubon galbanum*, arbrisseau qui croît en Afrique et en Asie. Il est formé, d'après M. Pelletier, de 66,86 de résine, de 19,28 de

gomme, de 7,52 de bois et de corps étrangers, d'un peu de malate acide de chaux, et d'une huile volatile (perte 6,34). Il est tenace, blanchâtre quand il est récent, jaune fauve lorsqu'il est vieux, et marbré de taches blanches brillantes ; il est sous la forme de grains ou de masses demi-transparentes ou opaques, d'une odeur désagréable et d'une saveur âcre, chaude et amère. Il a été employé pour dissiper les flatuosités, calmer les douleurs des intestins et certaines névroses ; on s'en est servi dans l'asthme et dans la toux opiniâtre. On l'applique ordinairement à l'extérieur sous la forme de liniment, d'emplâtre, de fumigations, etc. ; on en donne quelquefois 6, 12 ou 20 grains à l'intérieur, suspendus dans un jaune d'œuf.

746. *Gomme-gutte,* ou suc épaissi du *Garcinia cambogia* (Decandolle). Elle est formée, suivant M. Braconnot, de 20 parties de gomme et de 80 parties de résine. Elle est en masses opaques, fragiles, d'une cassure vitreuse, d'un jaune brun à l'extérieur et d'un jaune rougeâtre à l'intérieur ; sa poudre est d'un très-beau jaune ; sa saveur, d'abord presque nulle, est âcre et amère ; elle n'a point d'odeur ; elle agit comme un caustique, détermine l'inflammation des tissus sur lesquels on l'applique, et ne tarde pas à occasionner la mort. On l'emploie en médecine comme purgatif, 1° dans l'hydropisie ; elle est un des ingrédiens principaux des pilules hydragogues de Bontius et des pilules purgatives d'Helvétius ; 2° dans les fièvres intermittentes ; 3° dans l'asthme ; 4° pour expulser le ténia. On l'administre à la dose de 2, 4, 6 grains, et même quelquefois au-delà ; on la donne dans un acide végétal, mêlée avec quelque poudre inerte, ou avec quelqu'autre substance purgative. On en fait usage en peinture.

747. *Myrrhe.* On ignore quelle est la plante qui la fournit ; elle est formée, suivant M. Pelletier, de 34 parties de résine et de 64 parties de gomme. Elle est sous la forme de

larmes ou de grains fragiles, d'un jaune rougeâtre, légèrement transparens lorsqu'ils sont purs, mais souvent opaques; leur cassure est vitreuse, leur odeur agréable et leur saveur amère, aromatique et légèrement âcre; leur pesanteur spécifique est de 1,360. La myrrhe nous vient de l'Arabie et de l'Éthiopie; on la regarde comme tonique, stomachique et carminative; on l'administre en poudre, à la dose de 12, 15 ou 20 grains, pour faire cesser les flueurs blanches, les pâles couleurs, etc.; quelquefois on fait prendre, comme cordiale, 20 ou 30 gouttes de sa teinture.

748. *Oliban* (encens des anciens, suc du *juniperus lycia*, arbre de l'Arabie et de quelques contrées d'Afrique). Suivant M. Braconnot, il est formé de résine et de gomme. Il est en masses plus ou moins volumineuses, demi-transparentes, sèches, fragiles, d'un blanc jaunâtre, couvertes extérieurement d'une poussière blanche farineuse, douées d'une saveur âcre, aromatique; elles répandent une odeur agréable lorsqu'on les met sur les charbons ardens. On l'emploie comme parfum.

749. *Opopanax*, ou suc épaissi de la racine du *pastinaca opopanax*, plante du Levant. Suivant M. Pelletier, il est composé de 42 parties de résine, de 33,40 de gomme, de 9,80 de ligneux, de 4,20 d'amidon, de 2,80 d'acide malique, de 1,60 de matière extractive, de 0,30 de cire, de quelques traces de caoutchouc, et d'une petite quantité d'huile volatile (perte, 5,90); il est en morceaux d'un jaune rougeâtre à l'extérieur, blanchâtres à l'intérieur, d'une odeur forte et désagréable, d'une saveur âcre et amère; sa pesanteur spécifique est de 1,622. Plusieurs médecins le regardent comme étant plus emménagogue et plus anti-spasmodique que la gomme ammoniaque, mais moins tonique.

750. *Scammonée d'Alep*, ou suc épaissi de la racine du *convolvulus scammonia*, qui croît en Syrie. Elle est formée, d'après MM. Bouillon-Lagrange et Vogel, de 60 parties de résine, de 3 de gomme, 2 d'extractif, 35 de débris de vé-

gétaux, de matière terreuse, etc. Elle est cendrée, fragile, transparente dans sa cassure, d'une odeur particulière, nauséabonde, et d'une saveur âcre et amère ; sa pesanteur spécifique est de 1,235. *Scammonée de Smyrne,* ou suc épaissi du *periploca scammonium.* Elle contient 29 parties de résine et de gomme, 5 d'extractif, 58 de débris de végétaux et de matière terreuse ; elle est noire, plus pesante que la précédente, moins cassante et beaucoup moins recherchée. La scammonée d'Alep est employée, comme un purgatif fort, dans les apoplexies séreuses, dans les maladies de la peau rebelles, etc. : on la donne depuis 8 grains jusqu'à un demi-gros, en poudre, en bols ou en pilules ; ou bien on la mêle avec du sucre, un sel neutre, etc., et on l'étend dans une émulsion. On peut aussi faire prendre, pour remplir les mêmes indications, 2, 4, 6 ou 8 grains de résine de scammonée ; on ne se sert jamais de la scammonée de Smyrne, qui est beaucoup trop forte.

751. *Aloès succotrin,* ou suc des feuilles de l'*aloe perfoliata,* plante qui croît aux Indes orientales, à Soccotora, aux Barbades, etc. Il est formé, suivant M. Tromsdorff, de 75 parties de principe savonneux, de 25 parties de résine et d'un atome d'acide gallique. Il est d'un rouge brun, jaunâtre ; il est demi-transparent et fragile ; sa saveur est très-amère, son odeur nauséabonde ; sa poudre est d'un très-beau jaune ; il se dissout presqu'entièrement dans l'eau et dans l'alcool faible. *Aloès hépatique,* ou suc épaissi retiré par l'incision des feuilles du même végétal. Il est composé, suivant M. Tromsdorff, de 81,25 de principe savonneux, de 6,25 de résine, de 12,5 d'albumine et d'un atome d'acide gallique. Il a une couleur semblable à celle du foie ; il est plus rouge et plus fragile que le précédent ; il n'est pas transparent ; il a une odeur plus désagréable et une saveur plus amère que l'aloès succotrin. *Aloès caballin,* ou suc retiré par expression des feuilles du même végétal. Il est

très-impur, et renferme les débris de la plante que l'on a broyée pour en obtenir le suc ; il ne sert que dans la médecine vétérinaire. L'aloès succotrin est au contraire employé souvent par les médecins, 1° comme purgatif hydragogue : on donne son extrait aqueux à la dose de 4, 6, 8 ou 10 grains ; 2° comme tonique ; il fait partie des pilules gourmandes, de la plupart des élixirs toniques et stomachiques ; 3° comme amer et anthelmintique ; 4° comme emménagogue et anti-hémorrhoïdal, dans les cas où la suppression de ces évacuations tient à des maladies de langueur, à une faiblesse, etc. : il faut alors l'administrer en teinture. On s'en sert aussi dans la jaunisse avec faiblesse générale ; il fait partie des pilules savonneuses. On en fait quelquefois usage à l'extérieur sous la forme d'emplâtre, de teinture, etc. ; on introduit aussi dans l'anus du coton qui en est imbibé, pour tuer des vers.

Des Sucs résineux et huileux.

En parlant des résines (§ 680), nous avons fait connaître quelques-uns de ces sucs ; nous devons maintenant parler des *baumes*, que l'on doit considérer comme essentiellement composés de résine, d'acide benzoïque, et quelquefois d'une huile essentielle. M. Hatchett pense cependant qu'ils sont simplement formés de résine, et que l'acide benzoïque se produit pendant qu'on les traite par quelques agens chimiques.

Des Baumes.

Les *baumes* sont des substances concrètes ou liquides, très-odorantes, amères, et piquantes. Soumis à l'action d'une douce chaleur, ils se décomposent et laissent dégager l'acide benzoïque, qui se sublime sous la forme de belles aiguilles ; l'eau bouillante leur enlève une portion du même acide ; l'alcool, l'éther et les huiles volatiles les

dissolvent facilement. Traités par les alcalis, ils sont décomposés à l'aide de la chaleur, et l'on obtient un benzoate soluble dans l'eau et de la résine insoluble. Les
acides forts les décomposent également.

752. *Baume du Pérou.* Celui que l'on appelle *baume en
coque* n'est autre chose que le suc obtenu par les incisions
faites au *myroxilum peruiferum*, arbre qui croît au Mexique, au Brésil et au Pérou. Il est d'un jaune pâle et
presque liquide ; il brunit ensuite et prend la consistance
d'une pâte ; son odeur est suave ; sa saveur est âcre et amère.
Celui que l'on désigne sous le nom de *baume du Pérou
noir* est le produit de la décoction des branches du même
arbre. Sa couleur et sa consistance sont analogues à celles
d'un sirop épais un peu brûlé ; son odeur est très-agréable,
et il a la même saveur que le précédent. Il est souvent employé en médecine : on s'en sert dans les catarrhes chroniques du poumon et de la vessie, et dans les affections
nerveuses atoniques. On l'administre dans un jaune d'œuf
ou en pilules, à la dose de 4 à 10 grains par jour ; il fait
partie de beaucoup de médicamens composés ; on en fait
usage aussi pour exciter la surface de vieux ulcères, et favoriser leur cicatrisation.

753. *Baume de Tolu,* ou suc provenant des incisions faites
à l'écorce du *toluifera balsamum*, arbre qui croît près de
Carthagène, dans la province de Tolu. Il est d'abord liquide, transparent, rougeâtre ou jaunâtre ; mais il ne tarde
pas à se sécher et à devenir cassant ; il est doué d'une
odeur très-suave ; sa saveur est moins âcre et moins amère
que celle du précédent : c'est, parmi les baumes, celui que
l'on emploie le plus souvent en médecine. On l'administre
avec succès dans les affections catarrhales, dans la phthisie
pulmonaire ; tantôt on fait inspirer sa vapeur, tantôt on le
donne à la dose de 6, 12, 20 grains dissous dans l'alcool,
l'éther ou un sirop.

754. *Benjoin.* Il est obtenu par incision de plusieurs arbres, notamment du *styrax benzoin* de Dryander ; il nous vient de Sumatra , de Siam , de Java ; il existe aussi à Santa-Fé, à Popayan dans l'Amérique méridionale. Il est solide , d'un rouge brun , parsemé çà et là de larmes d'un blanc jaunâtre, qui lui font donner le nom de *baume amygdalin* ; il est fragile et présente une cassure vitreuse ; son odeur est agréable, sa saveur peu marquée. Il est formé, suivant Bucholz, de 20 gros 50 grains de résine de benjoin, de 3 gros 7 grains d'acide benzoïque, de 25 grains d'une substance semblable au baume du Pérou, de 8 grains d'un principe aromatique particulier, soluble dans l'eau et dans l'alcool, et de 30 grains de débris ligneux et d'impuretés. On a conseillé de l'employer dans les faiblesses du canal digestif, dans les fièvres ataxiques, adynamiques, éruptives, et même dans les fièvres intermittentes, les catarrhes rebelles, l'asthme humide, les toux chroniques lorsque l'irritation n'est pas très-vive, les affections rhumatismales, paralytiques, etc. On l'administre aux mêmes doses et sous les mêmes formes que les précédens. On s'en sert comme cosmétique et pour préparer l'acide benzoïque.

755. *Storax calamite.* On l'obtient par incision du *styrax officinale*, arbre qui croît dans le Levant, et, suivant quelques auteurs, en Italie. Il est quelquefois sous la forme de larmes rouges ; mais il se présente le plus souvent sous la forme de gros gâteaux mêlés de sciure de bois, fragiles, doux au toucher et d'un brun rougeâtre ; il est plus aromatique qu'aucun autre baume ; son odeur a quelque rapport avec celle du benjoin ; sa saveur est âcre. Il jouit des propriétés médicinales des autres baumes, mais il n'est guère employé qu'à l'extérieur.

756. *Styrax liquide.* Il est obtenu par la décoction des jeunes branches du *liquidambar styraciflua*, qui croît en Virginie, au Mexique, etc. Il est d'un gris verdâtre foncé,

opaque; il a la consistance du miel ; sa saveur est âcre, son odeur moins agréable que celle du précédent. On ne l'emploie qu'à l'extérieur comme excitant des parties gangrenées, des vieux ulcères, etc.

757. La *gomme d'olivier*, ou le suc concret des oliviers sauvages ou cultivés, est improprement nommé *gomme* ; car elle est composée, suivant M. J. Pelletier, de résine, d'*olivile* et d'un peu d'acide benzoïque. M. Paoli, qui l'avait examinée d'abord, l'avait crue formée de beaucoup de résine et d'une petite quantité d'extractif oxigéné. La gomme d'olivier est sous la forme de larmes ou de masses translucides sur les bords, presque diaphanes dans les endroits où elle est plus pure, d'un brun rougeâtre, présentant çà et là des parties plus claires et moins transparentes ; elle est fragile, et sa cassure offre un aspect gras, résineux, conchoïde ; sa pesanteur spécifique est de 1,298. Mise sur un fer chaud, elle entre en fusion, bout et exhale une odeur agréable de vanille. Les anciens l'employaient dans les maladies des yeux, de la peau, contre les douleurs des dents, etc. : elle faisait partie des médicamens dont ils se servaient pour panser les plaies et les blessures.

De la Gomme de gaïac.

758. La gomme de gaïac a été regardée pendant longtemps comme une résine : nous devons à M. Brande une série d'expériences qui prouvent qu'on doit la considérer comme formée d'une matière particulière et d'extractif ; elle est fournie par le *guajacum officinale*, arbre de l'Amérique méridionale ; tantôt elle exsude spontanément, tantôt il faut, pour l'obtenir, inciser l'écorce ou faire chauffer la tige. Elle est solide, d'un rouge brun ou vert, friable, un peu transparente et peu sapide ; sa cassure est vitreuse ; sa pesanteur spécifique est de 1,2289. Elle répand une odeur balsamique assez agréable lorsqu'on la triture. Soumise à

l'action du feu, elle se fond, se décompose à la manière des substances non azotées, et laisse presque le tiers de son poids de charbon. Elle communique à l'eau une couleur brune verdâtre et une saveur douceâtre ; ce liquide paraît dissoudre $\frac{9}{100}$ de matière extractive. L'alcool dissout facilement le gaïac ; le *solutum* est précipité en blanc par l'eau, et en un beau bleu pâle par le chlore ; l'acide nitrique le verdit au bout de quelques heures, puis le fait passer au bleu et au brun. Le gaïac est soluble dans les alcalis ; l'acide nitrique le décompose à l'aide de la chaleur, et il se forme de l'acide oxalique.

La dissolution alcoolique de gaïac est employée comme stimulant et sudorifique dans le rhumatisme et la goutte, dont elle éloigne les accès ; étendue d'eau, on s'en sert pour raffermir les gencives ; on l'a vue quelquefois guérir des douleurs sciatiques. On en donne une cuillerée dans une infusion amère, telle que la petite centaurée, la gentiane, etc.

Des Sucs mucilagineux.

Nous avons déjà parlé, en faisant l'histoire de la gomme, des sucs mucilagineux fournis par une multitude de plantes : aussi nous dispenserons-nous d'entrer à cet égard dans de plus grands détails.

Des Sucs sucrés.

759. *Suc de la canne (arundo saccharifera)*. Ce suc renferme de l'eau, du sucre cristallisable, du sucre incristallisable et une très-petite quantité de fécule verte (albumine), de gomme, de ferment, de matières salines et de parties fibreuses qui y sont tenues en suspension. On l'emploie pour extraire le sucre. (Voyez *Préparations.*)

760. *Manne*, ou suc concret du *fraxinus ornus*, qui croît en Calabre. On distingue trois variétés de manne : 1° la manne en larmes, la plus pure, est obtenue au moyen de petites

branchettes que l'on introduit dans l'arbre ; elle est solide, incolore, légère, douée d'une saveur sucrée ; elle est
sous la forme de stalactites, dont la surface est brillante et
comme cristalline ; 2° la manne en sorte, qui coule naturellement de l'arbre, peut être regardée comme l'inter-
médiaire entre la manne en larmes et la suivante ; 3° la
manne grasse, la moins estimée, se recueille en faisant des
incisions très-profondes à l'arbre ; elle est en fragmens
bruns, moins pesans, d'une odeur et d'une saveur nau-
séabondes, liés entre eux par un suc glutineux. Plusieurs
autres arbres, surtout les mélèzes, fournissent aussi les trois
variétés de manne dont nous parlons.

La manne en larmes est formée, suivant M. Bouillon-
Lagrange, de deux substances : l'une, soluble dans l'alcool
froid, donne fort peu d'acide saccholactique lorsqu'on la
traite par l'acide nitrique, et a quelque analogie avec le
sucre ; l'autre, insoluble dans ce menstrue, donne une
plus grande quantité d'acide saccholactique, et est appelée
par ce médecin *manne pure* (mannite). La plupart des
chimistes admettent au contraire, d'après M. Thenard, que
la manne en larmes est composée de beaucoup de mannite,
d'une certaine quantité d'un principe muqueux dont on
peut démontrer l'existence en versant du sous-acétate de
plomb dans sa dissolution aqueuse, d'une matière analogue
au sucre, et probablement d'un autre principe auquel elle
doit son odeur et sa saveur. En attendant que de nouvelles
expériences aient éclairé se sujet, nous embrasserons l'o-
pinion de M. Thenard. La manne en larmes est légèrement
acide et se dissout dans l'eau ; le *solutum*, abandonné à
lui-même à la température de 15°, donne une certaine
quantité d'acide acétique ; si on ajoute à ce solutum un
peu de levure de bière, on obtient une assez grande quantité d'esprit-de-vin. L'alcool bouillant dissout très-bien
la manne en larmes ; mais, par le refroidissement, toute

la mannite se précipite. A la température ordinaire, l'alcool dissout la matière sucrée et de la mannite. La manne en larmes abonde en mannite ; le contraire a lieu dans la manne grasse ; la manne en sorte tient le milieu, sous ce rapport, entre ces deux variétés.

La manne doit être regardée comme un purgatif doux que l'on donne à la dose d'une, de 2 ou de 3 onces, principalement à la fin des maladies inflammatoires, dans les suppurations internes, etc. ; on l'associe souvent à d'autres purgatifs, tels que le séné, le sulfate de soude, etc. ; elle est moins nauséabonde quand on la délaye dans l'eau froide que lorsqu'on la fait dissoudre dans l'eau chaude. La marmelade de Tronchin se fait avec parties égales de manne, de casse cuite et d'huile d'amandes douces. La manne est encore employée avec succès pour faciliter l'expectoration.

Du Tannin.

761. Le tannin a été regardé pendant long-temps comme un principe immédiat particulier, caractérisé par sa saveur astringente, sa solubilité dans l'eau et la propriété de précipiter la colle forte (gélatine). Les expériences de Hatchett et de M. Chevreul prouvent que ces propriétés appartiennent à un trop grand nombre de corps très-différens pour qu'on puisse établir d'après elles l'existence d'un genre nouveau. Ce dernier chimiste pense que la plupart des matières auxquelles on a donné le nom de tannin sont composées d'acide gallique, de principes colorans, etc. Cette opinion nous paraît très-fondée, et nous engage à placer l'histoire de ce corps parmi celle des matières végétales composées.

Le tannin fait partie de la noix de galle, du cachou, de la gomme kino, du sumac, du thé, de la plupart des écorces, des fruits, etc. Il peut aussi être obtenu par l'art, comme nous l'avons dit en parlant des résines, du camphre, de l'indigo, etc. Nous allons jeter un coup d'œil sur les diverses variétés de tannin, et sur les matières qui les fournissent.

Noix de galle. La noix de galle est une excroissance arrondie, de la grosseur d'une forte balle de plomb, tuberculeuse, ligneuse, d'un gris noirâtre, creuse, et souvent percée d'un petit trou : elle est produite par la piqûre que fait un insecte aux feuilles du chêne, sur lesquelles il dépose ses œufs. La plus estimée est celle d'Alep, qui vient du Levant ; celle de nos contrées est lisse, spongieuse, et ne mûrit point. Suivant M. Davy, 500 parties de noix de galle d'Alep sont formées de 130 parties de *tannin*, de 31 d'acide gallique uni à un peu d'extractif, de 12 de mucilage et d'une matière qui devient insoluble par l'évaporation, de 12 de carbonate de chaux et de matière saline, et de beaucoup de ligneux, fournissant par l'incinération une très-grande quantité de carbonate de chaux. *Propriétés du tannin de la noix de galle.* Il est solide, incristallisable, d'une couleur brune, fragile, et doué d'une saveur astringente. Distillé, il se boursouffle, se décompose, laisse un charbon très-volumineux, et fournit une liqueur acide susceptible de noircir les sels de fer, propriété que l'on doit attribuer à une portion de tannin qui a été entraînée dans le récipient par l'action du feu. Il se dissout dans l'eau, qu'il colore en brun, et dont il se sépare sous la forme de pellicules lorsqu'on fait évaporer la dissolution ; il est insoluble dans l'alcool. Le *solutum* aqueux précipite par les acides sulfurique, hydro-chlorique et arsénique ; l'acide *nitrique* et le *chlore* le décomposent facilement ; les eaux de chaux, de baryte et de strontiane le précipitent à la température ordinaire ; la magnésie, l'alumine, l'oxide d'étain, l'oxide de plomb, bouillis avec cette dissolution, la décolorent complètement et se combinent avec le tannin, avec lequel ils forment des produits insolubles. Aucun des sels des deux premières classes n'est décomposé par lui ; il en décompose au contraire un très-grand nombre de ceux des quatre dernières ; ainsi, il précipite les dissolutions de cuivre, d'étain, de plomb, de fer, de titane, etc. ; le précipité qu'il forme avec les sels de fer est d'un violet foncé ; c'est même à lui que l'on doit attribuer, dans certains cas, les précipités que l'infusion de noix de galle fait naître dans quelques dissolutions métalliques. (*Voyez*, t. Ier, *Tableau des précipités formés par la noix de galle*, p. 476.) La dissolution aqueuse de tannin précipite abondamment les dissolutions de gélatine et d'albumine ; ces précipités sont insolubles dans l'eau, et imputrescibles ; nous ferons voir, en parlant du tannage des peaux, que cet art consiste à combiner le tannin avec la gélatine.

Le tannin contenu dans les *écorces d'arbres* ne diffère pas sensiblement de celui que l'on trouve dans la noix de galle.

Cachou ou *terre du Japon*. Le cachou paraît être l'extrait aqueux obtenu en faisant bouillir les copeaux de l'intérieur du tronc du *mimosa catechu*, arbre qui croît dans la province de Bahar, dans l'Indostan. Il est sous la forme de gâteaux solides, compactes, fragiles, d'une cassure mate, inodores, doués d'une saveur astringente et douceâtre. Suivant M. Davy, le cachou de Bombay, d'une couleur peu foncée, est composé, sur 200 parties, de 109 de tannin, de 68 d'extractif, de 13 de mucilage et de 10 de matière insoluble formée de sable et de chaux. Le cachou de Bengale, d'une couleur chocolat, renferme, suivant ce chimiste, 97 parties de tannin, 73 d'extractif, 16 de mucilage et 14 de chaux et d'alumine. *Propriétés du tannin du cachou*. Il est plus soluble dans l'eau que le précédent ; il se dissout dans l'alcool ; il précipite les sels de fer en une couleur olive, et la gélatine en une matière grisâtre qui passe peu à peu au brun.

Gomme-kino ou *résine de Botani-Bay*. Ce produit, qui

ne devrait porter ni le nom de gomme ni celui de résine, est fourni par le *nauclea gambir* de Hunter, par diverses espèces d'*eucalyptus*, principalement par l'*E. resinifera* de Botani-Bay, et, suivant quelques naturalistes, par le *coccoloba resinifera*. Il nous vient principalement de la Jamaïque; il est sous la forme de masses dures, opaques, très-fragiles, dont la cassure est brillante; il est d'un rouge noir, mais il devient d'un rouge brun lorsqu'on le réduit en poudre; sa saveur est styptique et douceâtre; on le ramollit aisément en le tenant quelque temps dans la main. Il est fort peu soluble dans l'eau froide; ce liquide bouillant le dissout presque en totalité, et le *solutum* précipite abondamment par la gélatine; il est très-soluble dans l'alcool : la dissolution, suffisamment étendue d'eau, devient d'un très-beau cramoisi. Suivant M. Vauquelin, il est presque entièrement formé de tannin; il renferme aussi un peu d'extractif.

Tannin artificiel. En traitant le charbon de terre, l'indigo, les résines, etc., par l'acide nitrique, ou bien le camphre et les résines par l'acide sulfurique, on obtient entre autres produits une substance à laquelle MM. Hatchett et Chevreul ont donné le nom de *tannin artificiel;* elle est toujours composée d'une portion de l'acide employé et de charbon, ou d'une matière charbonneuse provenant de la substance végétale décomposée. Ses propriétés physiques et presque toutes ses propriétés chimiques sont les mêmes que celles du tannin naturel. Le tannin artificiel résultant de l'action de l'acide nitrique diffère seulement de celui qui est naturel, 1° en ce qu'il n'est pas décomposé par cet acide; 2° en ce qu'il fournit à la distillation du gaz deutoxide d'azote (gaz nitreux).

Usages des divers produits qui contiennent du tannin. On n'emploie jamais le tannin à l'état de pureté; mais on se sert souvent du tan, de la noix de galle, du cachou, du kino, etc. *Tan.* Nous avons déjà dit que la poudre d'écorce de chêne était employée pour tanner les peaux. *Noix de galle.* On emploie son infusion alcoolique ou aqueuse comme réactif pour distinguer les unes des autres certaines dissolutions métalliques ; on fait usage de sa décoction dans la préparation de l'encre, qui n'est autre chose qu'une combinaison de peroxide de fer, de tannin et d'acide gallique. (Voyez *Préparations.*) On l'administre en médecine comme astringent, dans les hémorrhagies passives, dans les dévoiemens chroniques, les flueurs blanches, les maladies venteuses, etc. ; on la donne ordinairement en poudre depuis 12 jusqu'à 60 grains. Sa décoction doit être regardée comme le meilleur contre-poison de l'émétique ; en effet elle décompose rapidement ce sel, et le transforme en un produit qui n'a que fort peu d'action sur l'économie animale ; on peut également faire usage de ce *decoctum* pour conserver les matières animales. *Cachou.* Le cachou est un excellent astringent que l'on administre à l'intérieur dans les mêmes circonstances que la noix de galle ; il est également utile dans les catarrhes chroniques, la phthisie avec expectoration très-abondante, etc. ; on le donne depuis un demi-gros jusqu'à deux gros par jour, en poudre ou en décoction ; et dans ce dernier cas, on l'associe souvent à la décoction de riz ou de grande consoude ; quelquefois aussi on en fait prendre un demi-gros dans une tasse de chocolat. *Gomme-kino.* Cette matière jouit de propriétés astringentes très-énergiques, et doit être administrée dans tous les cas dont nous venons de parler ; on l'a encore employée avec succès dans les fièvres intermittentes, surtout en l'associant au quinquina ; sa dose est depuis 12 grains jusqu'à un gros ; sa solution alcoolique se donne par gouttes.

Tannin artificiel. On ne fait aucun usage de cette matière.

Des Bois.

Les bois sont presque entièrement formés de ligneux (*voyez* § 649); ils en renferment au moins 95 à 96 parties sur 100; ils contiennent en outre une matière végéto-animale, des principes colorans, gommeux, résineux; des sels, etc.

762. *Bois de campêche* (*hœmatoxylon campechianum*, petit arbre épineux, qui croît abondamment dans la baie de Honduras). Il est compacte, d'un brun rougeâtre à sa surface; mais lorsqu'on le divise parallèlement à ses fibres, on voit que les parties mises à nu sont d'un rouge orangé; il a une odeur de violette assez forte et une saveur sucrée, amère, un peu astringente; il colore la salive en violet. Il est formé, suivant M. Chevreul, de ligneux, d'*hématine*, d'une matière brune insoluble dans l'alcool et très-peu soluble dans l'eau, d'une huile volatile ayant la même odeur que le bois, soluble dans l'eau; de matière végéto-animale, d'une substance résineuse et huileuse, d'acide acétique, d'acétates de potasse et de chaux, de silice, d'oxalate de chaux et de quelques autres sels. Il est employé dans la teinture.

763. *Bois de santal* (*pterocarpus santalinus*, arbre qui croît sur la côte de Coromandel et dans plusieurs autres parties des Indes orientales). Il est compacte, pesant, inodore et peu sapide; il brunit lorsqu'on l'expose à l'air; il contient, outre le ligneux, une matière colorante rouge dont nous avons parlé, la matière colorante brune qui f. it la base des extraits, un peu d'acide gallique et des sels. (M. P. lletie..)

764. *Bois de Brésil* (*cœsalpinia crista*, arbre qui croît dans le Brésil et dans quelques autres pays). Il est très-dur, très-pesant, d'une couleur d'abord blanchâtre, qui passe au rouge par l'exposition du bois à l'air : il communique cette couleur à l'eau avec laquelle on le fait bouillir. On l'emploie dans la teinture.

765. *Bois de corail.* Plusieurs naturalistes pensent que l'arbre qui fournit ce bois est l'*adenanthera pavonia*, qui croît dans les Indes. Il est rouge, parsemé de veines écarlates et brillantes, assez dur, et susceptible de prendre un très-beau poli ; il est inodore et insipide ; il communique à l'eau bouillante et à l'alcool une couleur de brique. Suivant M. Cadet il est essentiellement résineux, et peut être employé pour teindre la soie, pour faire une belle encre rouge et pour colorer les liqueurs de table. On en fait des meubles de luxe.

766. *Fustique* (*morus tinctoria*, arbre qui croît dans les îles des Indes occidentales). Il a une couleur jaune veinée d'orangé ; il n'est ni très-dur ni très-pesant ; il communique à l'eau une couleur orangée très-foncée. On l'emploie pour teindre en jaune.

767. *Sumac* (*rhus coriaria*, arbrisseau qui croît dans le Levant). M. Proust pense qu'il est principalement formé d'une matière tannante particulière ; il communique à l'eau une couleur jaune verdâtre, qui ne tarde pas à brunir lorsqu'on l'expose à l'air. On l'emploie en teinture comme mordant, à raison du tannin qu'il contient.

768. *Bois résineux.* Nous avons fait connaître, en parlant des résines, un très-grand nombre d'arbres qui fournissent un suc résineux : tels sont les pins, les sapins, etc. ; nous ne croyons pas devoir entrer dans de plus grands détails à cet égard.

Les bois qui ne sont pas colorés et qui ne contiennent pas une très-grande quantité de résine, sont employés pour la construction, pour faire le charbon, etc. (Voyez *Préparation du charbon de bois.*)

Des Écorces.

Les écorces sont principalement formées de ligneux ; il en est qui renferment différens autres principes immédiats, tels que du tannin, des résines, des matières colorantes, des sucs glutineux, etc.

769. *Écorce de chêne*. Cette écorce est une de celles qui contiennent le plus de tannin : aussi est-elle très-astringente; sa poudre porte le nom de *tan*, et sert à tanner les peaux.

770. *Cannelle* (écorce intérieure du *laurus cynnamomum*, arbre que l'on cultive principalement à Ceylan. Elle est sous la forme de longs morceaux roulés sur eux-mêmes, d'un jaune tirant sur le rouge, d'une saveur d'abord sucrée, ensuite piquante et aromatique, et d'une odeur très-suave ; elle doit ces deux dernières propriétés à une huile essentielle très-soluble dans l'alcool. Neuman a retiré 3 grammes de cette huile de 500 grammes d'écorce. On doit considérer la cannelle comme tonique et stimulante; on l'emploie dans les pertes qui suivent quelquefois l'accouchement, dans la ménorrhagie passive qui attaque des individus faibles, dans la leucorrhée constitutionnelle, dans les digestions pénibles occasionnées par la débilité de l'estomac, à la fin des diarrhées et des dysenteries; enfin comme sudorifique. On l'administre en poudre, à la dose de 10 à 12 grains jusqu'à un demi-gros; en infusion, dans une pinte de liquide, depuis un demi-gros jusqu'à un gros et demi. L'huile essentielle se donne à la dose de 3, 4, 6, 8 gouttes dans une potion sudorifique ; on fait prendre aussi quelquefois, dans une potion, 20, 30, 40 gouttes d'alcool de cannelle, ou le double d'eau distillée de cannelle. On connaît dans le commerce deux variétés de *cannelle blanche* : la première est l'écorce de Winter (*winterania*), qui jouit des propriétés de la cannelle, mais à un degré inférieur; la seconde est l'écorce du *drymis aromatique*, que les Américains emploient contre le scorbut, la paralysie, les catarrhes, et qu'ils regardent comme stomachique et sudorifique.

771. *Écorce du chanvre* (*cannabis sativa*). Elle est for-

mée de beaucoup de ligneux, de résine, d'une matière verte et d'un suc glutineux. Ces deux dernières substances sont susceptibles de se pourrir lorsqu'on les laisse pendant quelques jours en contact avec de l'eau , que l'on renouvelle peu à peu ; le ligneux reste alors avec la petite quantité de résine ; si on l'expose pendant quelques jours sur le pré à l'action du soleil , on obtient le *chanvre* en filasse. Cette opération , connue sous le nom de *rouissage* , a été perfectionnée dans ces derniers temps ; en effet , on peut faire rouir le chanvre en deux heures de temps : il suffit de dissoudre une livre de savon vert dans 650 livres d'eau, et d'y plonger le chanvre : on obtient plus de filasse et de meilleure qualité. M. Lée substitue au rouissage le procédé suivant , qui paraît préférable aux autres pour préparer le chanvre et le lin. On bat la plante avant qu'elle ne soit parfaitement mûre , en la plaçant entre deux fléaux de bois garnis de fer, cannelés , s'emboîtant l'un dans l'autre , dont l'un est fixe et l'autre mobile : par un moyen mécanique très-simple , la partie ligneuse de la plante est détachée et laisse les fibres à nu ; on passe le chanvre à travers des peignes dont la finesse varie progressivement ; il se trouve promptement préparé et propre à l'usage auquel on le destine ; on le lave à l'eau pure pour lui enlever la matière colorante.

772. *Quinquina* (écorce de diverses espèces du genre *cinchona* , arbres qui croissent en Amérique, au Pérou, etc.). Suivant M. Vauquelin , cette écorce est composée de ligneux , d'une matière résiniforme, qui ne paraît pas être identique dans toutes les espèces de quinquina , de mucilage et de quinate de chaux. Voici quelles sont les propriétés assignées par ce savant à la matière résiniforme. Elle est très-amère , très-soluble dans l'alcool, dans les acides et dans les alcalis ; peu soluble dans l'eau froide , et plus soluble dans l'eau chaude ; elle communique aux infusions de quinquina la propriété de précipiter par l'émé-

tique, par la noix de galle et par la colle-forte (gélatine) ;
elle possède au plus haut degré la vertu fébrifuge. Guidé
par ces expériences, M. Vauquelin a proposé, pour reconnaître les meilleures espèces de quinquina , de les faire
infuser dans l'eau , et de soumettre l'*infusum* à l'action de
ces divers réactifs : celui qui sera fourni par le quinquina
d'excellente qualité précipitera abondamment par la noix
de galle , l'émétique et la colle ; celui qui ne précipitera
par aucun d'eux ne sera point fébrifuge ; celui qui précipitera seulement par la colle ou par la noix de galle et
par l'émétique , sera de qualité moyenne; en général, l'*infusum* qui sera abondamment précipité par la noix de galle
sera préférable à celui qui le sera par la noix de galle , par
la colle et par l'émétique , mais faiblement.

M. Psaff a publié depuis une série d'expériences qui ne
sont pas d'accord avec les résultats que nous venons d'énoncer. Après avoir isolé par l'alcool la matière résiniforme, qu'il regarde comme une *résine particulière*, il en
a examiné les propriétés : elle est sous la forme de pellicules ou de filamens brillans, transparens, presque insipides,
semblables à des cristaux aciculaires ; elle agit sur l'eau ,
l'alcool, les acides et les alcalis, comme M. Vauquelin l'a
indiqué ; sa dissolution aqueuse se comporte comme le
tannin; sa dissolution alcoolique n'est point précipitée par
la noix de galle ; elle est troublée par la colle de poisson ;
les sels ferrugineux très-oxidés la précipitent en vert ; le
chlore y fait naître des flocons d'un jaune citron, l'hydrochlorate de deutoxide d'étain ne la trouble point. L'*éther
sulfurique* n'agit point sur cette résine. Mise sur des charbons ardens, elle se décompose, répand une fumée aromatique , et s'enflamme par l'approche d'une bougie.

M. Psaff ne croit pas que la propriété qu'a l'*infusum* du
quinquina de précipiter la noix de galle, la colle et l'émétique dépende d'un seul et même principe. Voici les con-

clusions auxquelles il a été conduit : « 1° les matériaux immédiats du quinquina capables de précipiter ces trois réactifs sont tous solubles dans l'eau et dans l'alcool ; 2° les principes qui précipitent la noix de galle et l'émétique paraissent co-exister dans les diverses espèces de quinquina sans être identiques ; 3° la substance qui précipite l'*infusum* de noix de galle est la véritable cause de l'amertume du quinquina ou le principe amer, quoique son union avec la noix de galle soit dépourvue de toute amertume ; 4° la matière qui se précipite avec la gélatine animale diffère tout-à-fait de ce principe amer ; elle appartient à cette modification de tannin qui colore en vert les dissolutions de fer, et qui existe dans quelques mauvaises espèces de quinquina sans ce principe amer ». (*Journal de Pharmacie*, 1815). Il résulte de ce travail que M. Psaff admet dans le quinquina un plus grand nombre de matières que celles qui ont été indiquées par M. Vauquelin. D'une autre part, Joseph Franck paraît avoir prouvé, par des observations cliniques multipliées, que la *poudre de quinquina* est beaucoup plus fébrifuge que la résine et que tout autre principe isolé de l'écorce. Ces considérations nous portent à croire qu'il importe de faire de nouvelles recherches sur le nombre et la nature des principes du quinquina, ainsi que sur leurs propriétés fébrifuges comparées à celle de l'écorce.

Le quinquina est un des médicamens les plus employés comme tonique, antiseptique, fébrifuge, etc. ; on l'administre 1° dans les fièvres intermittentes pernicieuses, à la dose de 6 ou 8 gros ; on doit le donner pendant l'intermission et la rémission ; 2° dans les fièvres intermittentes simples ; 3° dans une multitude d'affections intermittentes, nerveuses ou autres ; 4° dans les fièvres putrides et adynamiques ; 5° dans la fièvre jaune, après la cessation totale de l'irritation fébrile ; 6° dans la peste ; 7° dans les varioles de mauvais caractère, lorsque l'éruption languit ou que la fièvre de suppuration est très-forte ; 8° dans la faiblesse des organes digestifs , etc. On l'administre sous toutes les formes , et depuis la dose de 6 à 8 grains jusqu'à 8 , 10 gros.

773. *Cascarille (croton cascarilla* ou *clutia eleutheria ,* arbuste de l'Amérique australe).* Cette écorce est sous la forme de petits morceaux roulés , aplatis, peu épais, d'une cassure résineuse , d'un gris cendré à l'extérieur , et d'une couleur rouille de fer en dedans ; elle a une odeur aromatique et une saveur âcre très-amère ; elle est formée , suivant Tromsdorff, d'une très-grande quantité de ligneux, de mucilage et de principe amer , de résine , d'huile volatile, et peut-être d'une petite quantité d'acide benzoïque. On l'emploie avec succès comme fébrifuge dans les mêmes cas où le quinquina est indiqué ; on l'administre dans les diarrhées et les dysenteries chroniques , dans les hémorrhagies passives , dans la fièvre hectique , etc. ; on l'administre aussi comme vermifuge : on la donne ordinairement en poudre, depuis 12 jusqu'à 72 grains.

774. *Écorce de Malambo.* L'écorce de Malambo paraît appartenir à une espèce du genre *winterania* ; du moins, d'après M. Zea , elle a le plus grand rapport avec celle du *winterania aromatica.* Elle est de couleur cendrée rougeâtre ; son épiderme est gris et couvert de rugosités blanchâtres plus ou moins prononcées ; son odeur est forte et analogue à celle de certains poivres ; sa saveur est très-amère , chaude et piquante. Suivant M. Vauquelin, elle renferme les mêmes corps fixes que la plupart des plantes d'Europe ; elle contient environ $\frac{1}{15}$ de son poids de matière résineuse amère, unie à une huile volatile et aromatique extrêmement âcre. M. Cadet, qui avait examiné cette écorce avant M. Vauquelin, l'avait trouvée composée d'une matière colorante extractive , d'une matière résineuse très-abondante et très-amère, et d'un principe aromatique volatil. Il paraît qu'on

l'emploie avec succès en Amérique comme fébrifuge, tonique et astringente. M. Vauquelin pense qu'on doit l'administrer de préférence sous forme de teinture alcoolique, mêlée avec un sirop ou dans l'eau sucrée.

775. *Ecorce de tulipier* (*liriodendrum tulipifera*, arbre de l'Amérique septentrionale, qui existe abondamment à Schœnbrunn près Vienne). L'écorce des jeunes branches est lisse, d'un brun rougeâtre, tenace, d'une odeur très-fine, balsamique, d'une saveur un peu aigre, amère, sans être sensiblement astringente. Suivant M. Tromsdorff, elle est formée de ligneux, d'extractif amer, de principe gommeux et de résine. Hildebrant l'a substituée avec avantage au quinquina dans la fièvre tierce.

776. *Ecorce du daphne alpina*. Suivant M. Vauquelin, cette écorce contient du ligneux, un principe âcre, de la résine verte, une matière cristalline amère, et une substance colorante jaune. Le *daphne gnidium* n'a point fourni de matière cristalline.

777. *Liége*. Le liége est la partie extérieure de l'écorce du *quercus suber*. M. Chevreul a conclu, après avoir fait un très-grand nombre d'expériences, que le liége doit être considéré comme un tissu cellulaire dont les cavités contiennent des matières astringentes, colorantes et résineuses ou huileuses; ainsi il y a découvert un principe aromatique, de l'acide acétique, de l'acide gallique, une couleur jaune, une matière astringente, un produit azoté, de la cérine, une résine molle, un principe que ce chimiste a appelé *subérine*, et quelques sels.

Suivant Fourcroy, l'épiderme des végétaux ne serait que du liége; cette supposition a été rendue très-vraisemblable par les expériences de M. Chevreul. Toutefois la composition de l'épiderme des graminées paraît différer beaucoup de celle des autres plantes; il contient une très-grande quantité de silice. Suivant M. Davy, 100 parties d'épiderme de cannebonnet renferment 90 de silice ; 100 d'épiderme de bambou en contiennent 71,4 ; 100 de roseau commun en donnent 48,1 ; enfin 100 de tige de blé en renferment 5.

Des Racines.

Les racines sont tantôt ligneuses, tantôt charnues ; les premières sont en quelque sorte formées par le ligneux ; les autres contiennent, outre ce corps, plusieurs autres substances.

778. *Ipécacuanha brun* (*psychotria emetica*). Cette racine est brune ou cendrée, diversement tortueuse, hérissée de petits anneaux proéminens, inégaux et rugueux, de la grosseur d'une plume ; elle contient une moelle ligneuse (*meditullium*), qui ressemble à un fil, et dont il est facile de séparer l'écorce friable ; sa saveur est âcre et amère, son odeur herbacée et nauséabonde. MM. Pelletier et Magendie, dans un beau travail fait sur cette racine, ont prouvé que l'*écorce* contient, sur 100 parties, 2 de matière grasse, huileuse, odorante ; 16 d'émétine, 6 de cire végétale, 10 de gomme, 42 d'amidon, 20 de ligneux, et quelques traces d'acide gallique (perte, 4). Le *meditullium* est composé de 1,15 d'émétine, de 2,45 de matière extractive non émétique, de 5 de gomme, de 20 d'amidon, de 66,60 de ligneux, de quelques traces d'acide gallique et de matière grasse (perte, 4,80). Les résultats de cette analyse confirment ce que l'on savait déjà, savoir : que la partie corticale jouit de propriétés médicinales beaucoup plus énergiques que le *meditullium*. On administre l'ipécacuanha, 1° comme vomitif, principalement dans les fièvres intermittentes dont les paroxysmes se prolongent, dans les fièvres rémittentes de mauvais caractère, dans les dysenteries bilieuses, lorsqu'il y a surcharge des voies digestives, dans la coqueluche, dans certaines faiblesses des

organes digestifs, dans la péritonite puerpérale bilieuse, etc. On le donne à la dose de 4, 6, 12 ou 18 grains délayés dans de l'eau ; 2° comme excitant du système pulmonaire, dans les dernières périodes des catarrhes pulmonaires : dans ce cas, on en fait prendre de petites doses souvent répétées. MM. Magendie et Pelletier pensent que l'émétine doit être administrée de préférence à l'ipécacuanha, parce qu'elle jouit de tous ses avantages à un plus haut degré, et qu'elle n'a point l'odeur et la saveur désagréables de ce médicament. Il résulte aussi de leurs expériences que l'ipécacuanha peut agir à la manière des poisons lorsqu'il est administré à trop forte dose.

L'*ipécacuanha gris* (*calicocca ipecacuanha*) renferme, sur 100 parties de matière corticale, 14 d'émétine, 2 de matière grasse, 16 de gomme, 18 d'amidon, 48 de ligneux (perte, 2). L'ipécacuanha blanc (*viola emetica*) paraît contenir, suivant les mêmes auteurs, 5 parties d'émétine, 35 de gomme, 1 de matière végéto-animale et 57 de ligneux (perte, 3).

779. *Jalap* (*convolvulus jalappa*, plante de *Xalapa* dans la Nouvelle-Espagne). Elle est sous la forme de tranches minces, dures, d'une couleur brune, présentant des rayons et des cercles résineux; elle a très-peu d'odeur; sa saveur est légèrement âcre et nauséabonde; elle s'enflamme aisément. Les expériences faites par M. Planche, dans le dessein d'obtenir la résine de jalap, tendent à faire croire que cette racine est formée de ligneux, d'une matière colorante brune, d'un principe sucré, d'amidon, d'un acide qui paraît être l'acide acétique, et de résine à laquelle on attribue ses propriétés médicinales. On l'administre comme purgatif, depuis 4, 6, jusqu'à 48 grains, dans 3 ou 4 onces de véhicule. La résine de jalap est beaucoup plus active, et fait partie des potions hydragogues; on la donne depuis 4 jusqu'à 20 grains. Celle qui a été préparée avec la partie

ligneuse de la racine paraît plus active que celle qui est
fournie par la partie corticale ; du moins, à la dose de 12
à 15 grains, suspendus dans une émulsion, elle a produit
de 15 à 20 selles sur plusieurs malades. (M. Planche.)

780. *Rhubarbe* (*rheum palmatum*, racine qui vient des
parties septentrionales de la Chine). Elle est en morceaux
cylindriques et arrondis, d'un jaune sale à l'extérieur,
d'une texture compacte, d'une marbrure serrée, d'un rouge
brique à l'intérieur ; elle a une odeur particulière et une
saveur âcre ; elle colore la salive en jaune orangé et croque
très-fort sous les dents ; sa poudre est d'une couleur qui tient
le milieu entre le fauve et l'orangé. Elle est formée, suivant
M. Henry, 1° d'un principe colorant jaune, analogue au
tannin, doué d'une saveur amère, âpre, insoluble dans l'eau
froide, soluble dans l'alcool, l'éther et l'eau bouillante,
auquel on a donné le nom de *caphopicrite;* 2° d'une huile
fixe douce, rancissant par la chaleur ; 3° d'un peu de
gomme ; 4° d'amidon ; 5° de ligneux ; 6° de malate acide de
chaux ; 7° d'oxalate de chaux, qui fait le tiers de son poids ;
8° d'un peu de sulfate de chaux et d'un sel à base de potasse. La rhubarbe de *Moscovie* ne diffère de la précédente qu'en ce qu'elle contient un peu moins d'oxalate de
chaux. Celle de France renferme beaucoup plus de tannin
et d'amidon que les précédentes ; elle contient beaucoup
moins d'oxalate de chaux. On administre ce médicament,
1° comme tonique du système digestif, à la dose de 4, 5
à 6 grains, en poudre ou en infusion vineuse ; 2° comme
purgatif, surtout chez les enfans : on en fait infuser un ou
2 gros dans de l'eau, que l'on emploie aussi comme anthelmintique; 3° comme astringent dans les diarrhées et
dans les dysenteries atoniques : la dose est de 4 à 6 grains.
On s'en sert aussi dans les jaunisses lentes, etc.

781. *Racine d'iris de Florence* (*iris florentina*). Cette racine, fraîche, est âcre et amère ; elle perd une partie de ces

propriétés par la dessiccation; elle a une odeur agréable et très-analogue à celle des fleurs de violette. Elle contient, suivant M. Vogel, de la gomme, un extrait brun, de la fécule, une huile grasse, âcre, amère, une huile volatile en paillettes blanches et du ligneux. Elle était très-employée autrefois en médecine, comme tonique et incisive, dans certaines affections atoniques du système pulmonaire; on l'administre aujourd'hui, mais rarement, comme calmante, dans les coliques et les dévoiemens, surtout chez les enfans : on en donne 6 à 8 grains, avec autant de magnésie et de sucre.

782. *Racine de curcuma* (*curcuma longa* de Linné, *amomum curcuma* de Jacquin; racine jaune qui nous vient des Indes orientales). Elle est formée, suivant MM. Peltier et Vogel, d'une matière ligneuse, d'une fécule amilacée, d'une matière colorante brune, semblable à celle que l'on retire de plusieurs extraits, d'un peu de gomme, d'une huile volatile odorante, très-âcre, d'un peu d'hydro-chlorate de chaux, et d'une matière colorante jaune que ces chimistes regardent comme une *matière particulière*, très-hydrogénée, très-soluble dans les alcalis, susceptible de passer au rouge cramoisi par les acides concentrés. On emploie cette racine pour dorer les jaunes de gaude et donner plus de feu à l'écarlate; on s'en sert pour teindre en jaune orangé; mais la couleur qu'elle fournit n'est point solide; on prépare avec elle le papier de curcuma, dont on fait usage pour reconnaître les alcalis : cependant nous devons dire que, s'il est vrai que ce papier est rougi par les alcalis, il l'est également par les acides sulfurique, nitrique, hydro-chlorique, borique et phosphorique, si toutefois ce dernier est concentré.

783. *Racine de gentiane* (*gentiana lutea*, plante des contrées montagneuses de la Suisse, de la Hongrie, de la France, etc.). Elle est cylindrique, marquée d'anneaux

voisins les uns des autres, rugueuse, d'un brun foncé ou fauve, peu odorante et douée d'une saveur très-amère; son parenchyme est jaunâtre et tire un peu sur le rouge. Suivant Neuman, elle est formée de ligneux, d'un principe amer auquel elle doit principalement ses propriétés médicinales, d'une matière mucilagineuse, de résine et d'extractif. Les expériences que M. Planche a faites sur cette racine pour en obtenir de l'eau distillée, tendent à prouver qu'elle renferme en outre de l'acide acétique et un principe nauséabond volatil, agissant sur le cerveau à la manière des plantes vireuses. La racine de gentiane de Suisse contient en outre du sucre : en effet, elle a une saveur sucrée, et lorsqu'on la laisse fermenter pendant quinze jours avec de l'eau, dans une chambre chaude, on obtient de l'*eau-de-vie* qui n'a point de saveur désagréable, mais qui conserve l'odeur de la gentiane; on prépare aussi cette liqueur de gentiane dans les Vosges et dans le Jura. (M. Planche.) La racine de gentiane est employée en médecine comme un excellent tonique; on l'administre dans les fièvres intermittentes printanières, dans le scorbut, les obstructions des viscères du bas-ventre, les scrophules; on l'a aussi vantée comme anti-arthritique, lithontriptique, etc. On l'administre le plus ordinairement sous la forme de teinture alcoolique que l'on donne à la dose de 30 ou de 60 gouttes, ou sous la forme de vin aromatisé; on l'emploie aussi pour faire des tentes propres à dilater les trajets fistuleux. M. Planche ayant pris une cuillerée à bouche d'eau distillée de gentiane, eut de fortes nausées, et au bout de trois minutes il éprouva une sorte d'ivresse qui se prolongea pendant plus d'une heure.

784. *Racine de réglisse (glycyrrhiza glabra).* Cette racine est formée, d'après M. Robiquet, de fécule amilacée, d'albumine végétale ou de substance végéto-animale, d'une huile résineuse brune et épaisse qui donne de l'âcreté aux

décoctions de réglisse, de ligneux, d'une matière colorante, d'acide phosphorique et d'acide malique combinés avec la chaux et avec la magnésie, d'une matière sucrée qui se rapproche des résines, et que M. Devaux a appelée *sacco-gommite* ; enfin d'une matière cristalline qui a l'aspect d'un sel et qui a quelques rapports avec l'asparagine. *Propriétés de la matière sucrée.* Elle est solide, d'un jaune sale, d'une saveur analogue à celle de la réglisse ; elle se boursouffle sur les charbons ardens, et répand une odeur semblable à celle des résines ; elle est très-peu soluble dans l'eau froide, soluble dans l'eau bouillante, et se prend en gelée par le refroidissement ; elle se dissout dans l'alcool à toutes les températures ; elle n'est point fermentescible ; l'acide nitrique la transforme en une masse jaune, insoluble dans l'eau, qui paraît contenir un peu d'amer. *Propriétés de la matière cristalline.* Elle cristallise en octaèdres rectangulaires, incolores, dont les deux arêtes les plus courtes sont remplacées par des facettes ; elle est presque insipide et peu soluble dans l'eau ; le *solutum* n'est troublé par aucun réactif. Elle se boursouffle sur les charbons et répand une odeur ammoniacale ; elle se dissout dans l'acide sulfurique sans le noircir, et dans l'acide nitrique sans dégagement de gaz nitreux ; broyée avec la potasse caustique, elle laisse dégager de l'ammoniaque au bout d'un certain temps.

Le *jus de réglisse* n'est autre chose que le *decoctum* de la racine convenablement évaporé. L'*infusum* de réglisse, préparé avec un gros de racine sèche dépouillée de son écorce et une livre d'eau bouillante, est employé comme adoucissant et expectorant, dans les catarrhes légers, les chaleurs de poitrine. Le jus de réglisse peut être utile dans les toux catarrhales invétérées.

785. *Carôtte rouge* (*daucus carotta*). Suivant M. Bouillon-Lagrange, cette racine fournit à l'analyse du sucre liquide

incristallisable, de la fécule amilacée, du malate acide de chaux, et une matière jaune laissant des taches sur le papier, insoluble dans l'eau, soluble dans l'alcool et dans les huiles, n'ayant été trouvée jusqu'à présent que dans la carotte, qui lui doit sa couleur. On l'administre en médecine comme apéritive et analeptique, dans la strangurie et l'ictère. Le sucre et l'extrait de cette racine ont été employés avec succès dans le traitement des ulcères malins et carcinomateux, sinon pour guérir la maladie, du moins pour la diminuer : tantôt on applique le suc sur la partie affectée, tantôt on l'introduit par injection.

786. *Calaguala* (racine du *polypodium adianthiforme* de Forster et Jussieu, cryptogame de l'Amérique australe, de St.-Domingue, de la Nouvelle-Hollande, etc.). Elle est cylindroïde, écailleuse, roussâtre, flexueuse, garnie d'une multitude de fibrilles grêles qui se subdivisent encore en d'autres filamens ; sa saveur, d'abord douce, finit par être amère ; son odeur est rance et huileuse. Elle est formée d'un peu de sucre, d'un mucilage jaunâtre, d'un peu d'amidon, de ligneux, de résine amère, âcre et soluble dans les alcalis, d'une matière colorante rouge, d'acide malique, d'hydro-chlorate de potasse, de carbonate de chaux et de silice (Vauquelin). On a préconisé cette racine comme sudorifique dans le rhumatisme, la goutte, la syphilis ; on a vanté ses bons effets dans l'hydropisie, les phlegmasies chroniques de la poitrine, etc. ; mais il est indispensable de réitérer les observations avant de lui accorder autant de propriétés médicinales.

787. *Racine du bryonia alba* de Linné. Cette racine est fusiforme et acquiert souvent un très-grand volume. Elle contient, d'après les expériences de M. Vauquelin, une très-grande quantité de fécule unie à un suc très-âcre, amer, nauséabond, soluble dans l'eau et dans l'alcool ; une assez grande quantité de gomme, une matière vé-

géto - animale , du ligneux, un peu de sucre et une certaine quantité de malate acide de chaux et de phosphate de chaux. On l'administre en poudre comme purgatif, à la dose de 18 à 36 grains ; si la dose était très-forte elle agirait comme les poisons âcres. Si après avoir laissé déposer le suc de bryone on épuise le précipité par l'eau , on dissout le principe âcre, et il ne reste que la fécule amilacée, avec laquelle les Américains se nourrissent.

788. *Racine du jatropha manioc* (arbrisseau cultivé en Amérique). On trouve dans cette racine un suc laiteux, composé d'un principe volatil très-vénéneux, d'amidon , etc. ; la portion de la racine qui n'est pas succulente contient beaucoup de fécule. Les habitans du Nouveau-Monde commencent par extraire tout le suc de la racine; ils dessèchent celle-ci au soleil et la pulvérisent; la farine qui en résulte porte le nom de *cassave;* ils la font cuire sur une plaque de fer chaude, de manière à en obtenir des galettes auxquelles ils donnent le nom de *pain de cassave.*

789. *Racine de betterave.* (Voyez *Préparation du sucre.*)

Des Feuilles.

Les feuilles sont formées de trois parties distinctes: 1° de l'épiderme, dont l'analyse n'a pas encore été faite; 2° de la pulpe, dans laquelle on trouve souvent de la cire, une matière végéto - animale, etc., et qui contient toujours une résine colorée, à laquelle on doit probablement attribuer la couleur des feuilles; 3° de ligneux.

790. *Feuilles fraîches du nicotiana tabacum latifolia.* Ces feuilles contiennent, 1° une grande quantité d'albumine; 2° une matière rouge, peu connue, qui se boursoufle beaucoup lorsqu'on la chauffe, et qui se dissout dans l'eau et dans l'alcool; 3° un principe âcre, volatil, incolore,

très-soluble dans l'alcool, et beaucoup moins soluble dans l'eau, auquel le tabac doit ses propriétés vénéneuses ; 4° de la résine verte ; 5° du ligneux ; 6° de l'acide acétique ; 7° du malate acide de chaux, de l'oxalate et du phosphate de chaux, du nitrate et de l'hydro - chlorate de potasse, de l'hydro-chlorate d'ammoniaque, de l'oxide de fer et de la silice. (Vauquelin.)

Le tabac en poudre contient les mêmes principes que les feuilles fraîches, et en outre du carbonate d'ammoniaque et de l'hydro-chlorate de chaux. Ce tabac n'est autre chose que les feuilles sèches de quelques espèces de nicotiane que l'on a réduites en poudre, après leur avoir fait subir un commencement de fermentation, et leur avoir ajouté un peu de chaux pour leur donner du montant. Le tabac a été administré comme émétique, purgatif, expectorant, errhin, etc. On s'en est servi dans les infiltrations séreuses de la poitrine, dans l'asthme, les catarrhes, l'apoplexie séreuse, les paralysies des parties supérieures, le commencement des gouttes séreines, les maux de dents et d'oreilles, etc. On l'a donné principalement sous la forme de sirop, préparé avec l'infusion de tabac, du miel et du vinaigre. Ce médicament, connu sous le nom de sirop de *quercetan*, a été employé à la dose d'une cuillerée à café, ou tout au plus d'une cuillerée à bouche, dans une potion de trois ou quatre onces dont on faisait prendre une cuillerée de trois en trois heures. On a aussi administré des lavemens de *decoctum* de tabac, préparés avec deux ou trois gros de ce médicament et une pinte d'eau que l'on réduisait à chopine. Ces lavemens sont fortement purgatifs et émétiques, et peuvent être très-utiles lorsque, dans un empoisonnement, on ne peut pas obtenir des vomissemens par les émétiques ordinaires. Aujourd'hui on prescrit rarement le tabac à l'intérieur ; son administration imprudente est suivie de trop de danger pour que l'on ne cherche pas à le remplacer dans les affections où il peut être utile. Quel que soit le tissu sur lequel on l'applique, il est absorbé, transporté dans le torrent de la circulation, et porte son action sur le système nerveux : il détermine un tremblement général, des vertiges, la paralysie, l'insensibilité générale et la mort. Il exerce, indépendamment de cette action, une irritation locale suivie d'une inflammation plus ou moins vive.

791. *Feuilles de belladona* (*atropa belladona*). Le suc de cette plante est composé d'eau, d'une substance amère, nauséabonde, soluble dans l'alcool, à laquelle la *belladona* doit ses propriétés médicinales; d'une matière animale en partie coagulable par la chaleur, et qui reste en partie dissoute à la faveur d'un excès d'acide acétique, de nitrate, d'hydro-chlorate et de sulfate de potasse, d'oxalate acide de potasse et d'acétate de potasse; il ne paraît pas renfermer le principe âcre qui fait partie du tabac. (Vauquelin.) La poudre des feuilles de *belladona* semble avoir été administrée quelquefois avec succès dans les squirrhes des intestins, de l'utérus et des mamelles, et dans l'épilepsie; elle a été utile pour soulager les accès des maniaques, pour guérir les affections syphilitiques anciennes et sans inflammation, principalement lorsqu'on l'a associée au calomélas. Son emploi est très-avantageux dans la coqueluche, surtout lorsqu'on commence à l'administrer du quinzième au vingtième jour; cependant on en a obtenu de très-bons effets, même en la donnant dès le début de la maladie. On fait prendre aux enfans au-dessous d'un an un quart de grain de racine de cette plante mêlé avec du sucre, matin et soir; les enfans de trois ou quatre ans en prennent le double; ceux de six ans, un grain et demi, en augmentant progressivement la dose jusqu'à en donner deux ou trois grains dans les vingt-quatre heures. La *belladona*, donnée à plus forte dose, agit sur le système

nerveux comme un poison énergique. (*Voyez* ma *Toxi-cologie générale.*)

792. *Feuilles de gratiole (gratiola officinalis).* Le suc de cette plante est composé d'une substance gommeuse, brune, d'un peu de matière animale, de beaucoup d'hydro-chlorate de soude, d'un malate qui paraît être à base de potasse, d'une matière résineuse très-amère, à laquelle M. Vauquelin, à qui nous devons cette analyse, attribue les propriétés médicinales de la gratiole. Cette résine est très-soluble dans l'alcool, soluble dans l'eau, surtout à l'aide des autres principes du suc. L'*infusum*, préparé avec un demi-setier d'eau et vingt ou trente feuilles de gratiole, est quelquefois employé comme purgatif hydragogue, dans les hydropisies atoniques, les maladies cutanées, etc. Le vin de gratiole est encore plus actif. Administrées à forte dose, ces préparations irritent, enflamment le canal digestif, et déterminent la mort.

793. *Feuilles du cassia senna* (séné). Elles sont pointues, lancéolées, d'un vert jaunâtre, peu odorantes et douées d'une saveur âcre. Suivant M. Bouillon –Lagrange, le séné de la Palthe contient une matière particulière soluble dans l'eau et dans l'alcool, qui n'est pas une résine, mais qui en acquiert toutes les propriétés en se combinant avec l'oxigène; il renferme en outre de la potasse, de la magnésie, de la silice, du sulfate de potasse et du carbonate de chaux. On administre comme purgatif un *infusum* préparé avec un ou deux gros de feuilles de séné non altérées, et trois ou quatre onces d'eau; on l'associe ordinairement à d'autres purgatifs.

794. *Feuilles d'eupatorium perfoliatum.* On a annoncé dans le journal de Pharmacie que les feuilles de cette plante ont été administrées avec succès, en infusion, en poudre ou en teinture alcoolique, dans la fièvre jaune et dans les affections accompagnées d'une grande faiblesse.

795. *Feuilles d'absinthe (artemisia absinthium)*. L'absinthe a fourni à l'analyse une très-grande quantité de résine, de l'hydro-chlorate et du sulfate de potasse, du sulfate et du carbonate de chaux, de la silice, de l'alumine, de l'oxide de fer, un acide végétal libre, et un acide végétal combiné avec la potasse. (Kunsmuller.) On administre l'*infusum* aqueux et vineux d'absinthe comme tonique et stomachique, comme diurétique, vermifuge, emménagogue, etc.

796. *Indigofera anil.* Le suc des tiges de cette plante est composé d'indigo au *minimum* d'oxidation, de matière végéto-animale, d'une matière verte et d'une matière jaune extractive, solubles dans l'alcool, de mucilage, d'un sel calcaire et de sels alcalins. La *fécule verte* ou la partie tenue en suspension dans le suc non filtré, contient de la cire, de l'indigo, de la résine verte, de la matière animale et une matière rouge particulière. Le *marc* est presque entièrement formé de ligneux.

Des Fleurs.

Les fleurs ont été fort peu étudiées sous le rapport de l'analyse chimique : aussi nous nous dispenserons de faire leur histoire en détail.

797. *Girofle* (fleurs desséchées du *caryophyllus aromaticus*, arbre qui croît particulièrement aux Moluques). Les girofles sont d'un brun foncé ; leur saveur est âcre, aromatique et brûlante ; ils donnent une poudre grasse, surtout lorsqu'ils sont de bonne qualité. Ils sont formés, suivant M. Tromsdorff, sur 1000 parties, de 180 d'huile volatile, âcre, aromatique qui communique cette propriété aux fleurs ; de 40 parties d'une matière extractive peu soluble, de 130 de tannin particulier, de 130 de gomme, de 60 d'une résine particulière, de 280 de fibre végétale et de 180 d'eau. On emploie l'huile de girofle pour cautériser

les nerfs dentaires, pour détruire la carie des dents et celle des autres os. On prépare avec une pinte de vin et 4 ou 5 clous de girofle, une boisson tonique, stomachique, dont on se sert avec succès dans les maladies venteuses, à la fin des dévoiemens, dans les infiltrations passives, dans la petite-vérole, lorsque l'éruption est difficile.

Du Pollen.

798. Fourcroy et M. Vauquelin ont fait l'analyse du pollen du *phœnix dactylifera* (dattes) ; ils l'ont trouvé formé d'une matière animale, d'acide malique, de phosphate de chaux et de phosphate de magnésie. La matière animale est insoluble dans l'eau et paraît tenir le milieu entre le gluten et l'albumine ; elle est très-putrescible, et répand, en se putréfiant, l'odeur du vieux fromage.

Des Semences.

799. *Graines céréales (seigle).* Suivant Einhoff, 3840 parties de seigle sont formées de 930 parties d'enveloppe, de 390 d'humidité et de 2520 de farine. La même quantité de farine renferme 126 d'*albumine*, 364 de *gluten* non desséché, 426 de *mucilage*, 2345 d'*amidon*, 126 de *sucre*, 245 d'enveloppe. (Perte 208.)

Seigle ergoté. M. Vauquelin vient de prouver que le seigle ergoté contient, 1° une matière colorante d'un jaune fauve, soluble dans l'alcool, ayant une saveur semblable à celle de l'huile de poisson ; 2° une assez grande quantité d'une matière huileuse, blanche, d'une saveur douce ; 3° une matière colorante violette, de la même couleur que l'oseille, insoluble dans l'alcool et pouvant être facilement appliquée sur la soie et sur la laine alunées ; 4° un acide libre qui paraît être l'acide phosphorique ; 5° une matière végéto-animale très-abondante, très-putrescible, fournissant beaucoup d'huile épaisse et d'ammoniaque à la distillation ; 6° un peu d'ammoniaque que l'on peut séparer à la température de l'eau bouillante.

En comparant cette analyse à la précédente, on verra que le seigle ergoté ne contient plus d'amidon ; que le gluten s'y trouve altéré, et qu'il renferme une huile épaisse et de l'ammoniaque, produits que l'on ne rencontre pas dans le seigle ordinaire. Plusieurs naturalistes pensent d'après cela que l'ergot du seigle n'est qu'une dégénération résultante d'une maladie produite par des causes extérieures. M. Virey le regarde comme l'effet d'une matière putride, et il attribue ses effets vénéneux à la matière âcre et à la substance animale putrescente qu'il contient. Cette opinion n'est pas cependant généralement adoptée. Paulet et M. Decandolle croient que l'ergot n'est autre chose qu'un végétal nouveau, développé dans la balle qui devait contenir le grain de seigle ; ce végétal serait une espèce du genre *sclerotium* (champignon). L'analyse du *sclerotium steriorum*, faite par M. Vauquelin, ne milite pas en faveur de cette opinion : en effet, ce savant chimiste a trouvé qu'il existe des différences essentielles entre ces deux productions.

800. *Froment.* M. Vogel vient d'analyser la farine du *triticum hybernum*, cultivé au bord du Danube, entre Ratisbonne et Straubing ; il y a trouvé 63 parties de fécule, 24 de gluten non desséché, 5 de sucre gommeux, 1,5 d'albumine végétale. La farine du *triticum spelta*, du même pays, a donné 74 de fécule, 22 de gluten non desséché, 5,50 de sucre gommeux, 0,50 d'albumine végétale. Les cendres sont formées de plusieurs sels. M. Davy a prouvé que le froment cultivé dans les provinces méridionales contient plus de gluten que celui du Nord. L'orge, et probablement une foule d'autres graines céréales, sont formées des mêmes principes, mais dans des proportions différentes.

801. *Pain de froment.* Suivant M. Vogel, la mie de pain de froment contient le quart de son poids d'eau. Cent parties de mie desséchée sont composées de 3,60 parties de sucre, de 18 de fécule torréfiée, soluble dans l'eau froide (*voyez* fécule, § 644), de 53,50 de fécule, de 20,75 de gluten combiné avec un peu de fécule, d'acide carbonique, de magnésie et d'hydro-chlorate de chaux. (Voyez *Préparation du pain.*)

802. *Avoine.* La farine d'avoine (*avena sativa*) contient, d'après M. Vogel, 59 parties de fécule, 4,30 d'albumine, 3,50 de gomme, 8,25 de sucre et de principe amer, 2 d'huile grasse et un peu de matière fibreuse. Suivant M. Journet, l'écorce de la semence d'avoine renferme un principe odorant semblable à celui de la vanille, soluble dans l'alcool, et que l'on peut employer pour aromatiser les liqueurs, les crêmes, les pastilles, le chocolat, etc.

803. *Riz.* Le riz est formé, suivant M. Vogel, de 96 de fécule, de 1 de sucre, de 1,50 d'huile grasse, et de 0,20 d'albumine. Dans un travail plus récent, M. Braconnot a retiré du riz de la Caroline 5,00 d'eau, 85,07 de fécule, 4,80 de parenchyme, 3,60 de matière végéto-animale, 0,29 de sucre incristallisable, 0,71 de matière gommeuse voisine de l'amidon, 0,13 d'huile, 0,40 de phosphate de chaux.

804. La maladie connue sous le nom de *nielle*, à laquelle sont sujets l'orge et le froment, et qui est produite par un fungus, a été aussi l'objet des recherches de Fourcroy, de M. Vauquelin et d'Einhoff. Ces semences contiennent une huile âcre, du gluten putride, du charbon qui leur communique une couleur noire, de l'acide phosphorique, du phosphate ammoniaco-magnésien, et du phosphate de chaux ; elles ne renferment pas un atome d'amidon.

Graines des légumineuses. M. Einhoff, en faisant l'analyse

des pois (*pisum sativum*) et des fèves (*vicia fava*), les
a trouvés formés , sur 3840 parties , de :

	Pois.	Fèves.
Matière volatile	540	600·
Amidon	1265	1312·
Matière végéto-animale	559	417·
Albumine	66	31·
Sucre	81	0·
Mucilage	249	177·
Matière féculente , fibreuse et enveloppe	840	996·
Extractif soluble dans l'alcool	0	136·
Sels	11	37,5·
Perte	229	133,5·

805. *Noix du cocotier (cocos nucifera)*. M. Tromsdorff a
trouvé dans le suc de ce fruit beaucoup d'eau et de sucre
liquide , un peu de gomme et un sel végétal. Le *noyau* et la
partie charnue de la noix contiennent une très-grande quantité d'huile grasse , se figeant facilement , que M. Tromsdorff propose d'appeler *beurre végétal;* un liquide aqueux,
de l'albumine et du sucre liquide (*mucoso-sucré*). Il suit
de ces détails que la noix de cocotier doit être une substance très-nourrissante ; et en effet elle est très-employée
comme aliment en Asie et en Amérique.

806. *Semences du lycopodium clavatum* (lycopode). Suivant M. Bucholz , ces semences contiennent 60 parties d'une
huile fixe , soluble dans l'alcool , 30 de sucre, 15 de mucilage , 895 d'une substance insoluble dans l'eau , dans l'alcool , l'éther , l'huile essentielle de térébenthine et les dissolutions alcalines froides. On emploie ces semences toutes
les fois que l'on veut produire de grandes flammes : il s'agit
simplement de les projeter sur une bougie allumée.

Des Fruits charnus.

Tous les fruits charnus contiennent du sucre, du ferment,
ou bien une matière qui n'exige pour fermenter que le con-

tact de l'air ; ils renferment en outre du mucus, du ligneux, un principe colorant, et un ou deux acides. Les acides les plus généralement répandus dans les fruits sont les acides malique, sorbique et citrique ; on y trouve quelquefois l'acide acétique et le tartrate acide de potasse ; quelques-uns d'entre eux renferment aussi de la gelée, du tannin, et une substance végéto-animale analogue à l'albumine ou au gluten.

807. *Pulpe sucrée du tamarin* (*tamarindus indica*). M. Vauquelin a prouvé que 9752 parties de cette pulpe sont formées de 300 parties de tartrate acide de potasse, 432 de gomme, 1152 de sucre, 576 de gelée, 864 d'acide citrique, 144 d'acide tartarique, 40 d'acide malique, 2880 d'amidon et 3364 d'eau. La pulpe de tamarin est employée avec succès comme purgatif doux dans les fièvres bilieuses continues, les fièvres putrides, etc. ; on la donne à la dose d'une ou de deux onces dans une pinte d'eau ou de petit-lait.

Des Bulbes.

Nous comprenons sous ce titre l'oignon, l'ail, la pomme de terre, etc. Nous sommes pourtant loin d'admettre que toutes ces parties soient des bulbes ; car on ne devrait donner ce nom qu'à la racine d'une plante composée d'un corps charnu plus ou moins arrondi, dont la substance tendre et succulente est recouverte d'une ou de plusieurs tuniques, et qui offre à son extrémité inférieure une excroissance charnue, sur laquelle toutes les fibrilles radicales ont leur point d'insertion (M. Richard).

808. *Oignon* (bulbes de l'*allium cepa*). Cette bulbe contient une huile blanche, âcre, volatile et fétide, à raison d'une certaine quantité de soufre qu'elle renferme, beaucoup de sucre liquide et de mucilage semblable à la gomme arabique, une matière végéto-animale coagulable par la chaleur et analogue au gluten, du ligneux tendre, retenant

un peu de cette dernière matière , de l'acide phosphorique et de l'acide acétique, du phosphate et du citrate calcaire (Fourcroy et Vauquelin). Le suc de cette bulbe est-il abandonné à lui-même, à la température de 15 à 20°, il ne fournit point d'alcool, le sucre se détruit, et il se forme beaucoup d'acide nitrique et de la *manne*. La manne serait-elle le produit d'une altération analogue éprouvée par la sève des frênes et des mélèzes ?.....

809. L'*ail cultivé* (*allium sativum*), analysé par Neuman et M. Cadet de Gassicourt, vient d'être soumis à un nouvel examen par M. Bouillon-Lagrange. Il contient une huile volatile très-âcre à laquelle il doit, suivant M. Cadet, ses propriétés les plus remarquables, du soufre, un peu de fécule amilacée, de l'albumine végétale, et une matière sucrée. L'ail est un puissant stimulant ; cependant il est fort peu employé en médecine à cause de son odeur et de sa saveur désagréables. On donne quelquefois son *decoctum* dans les affections vermineuses ; il est un des principaux ingrédiens du vinaigre des *quatre voleurs*, dont on fait usage intérieurement et extérieurement dans les maladies contagieuses.

810. *Scille* (*scilla maritima*). Suivant M. Vogel, 100 parties de scille desséchée contiennent 30 parties de ligneux, 6 de gomme, 24 de tannin, du citrate de chaux et une matière sucrée ; enfin 35 parties d'un principe qu'il a appelé *scillitine* ou *principe amer visqueux*. Ce principe est blanc, fragile, pulvérisable, transparent ; sa cassure est résineuse, sa saveur amère ; il se ramollit au feu, attire l'humidité de l'air, se dissout dans l'alcool, et ne donne point d'acide mucique lorsqu'on le traite par l'acide nitrique : c'est à lui que la scille doit ses propriétés médicales, suivant M. Vogel. La scille fraîche contient en outre un principe âcre, volatil, qui se décompose à la température de l'eau bouillante. On emploie la scille en médecine comme diu-

rétique, expectorante, émétique ; on l'administre ordinairement dans l'oximel ou dans le vin.

811. *Pomme de terre* (tubercules du *solanum tuberosum*).
Suivant Einhoff, la pomme de terre dont l'enveloppe est
rougeâtre et le suc couleur de chair, contient 6,336 parties d'eau, 0,153 d'amidon, 0,107 d'albumine, 0,312 de
mucilage en sirop épais, 0,540 de matière fibreuse, amilacée, et une certaine quantité d'acide tartarique.

Plusieurs chimistes pensent qu'elle contient en outre
du sucre ; en effet, les pommes de terre, exposées à la
gelée, se ramollissent, acquièrent une saveur sucrée, et ne
tardent pas à éprouver la fermentation putride ; d'une autre
part, si on les écrase dans de l'eau chaude après les avoir
fait cuire, et qu'on les mêle avec de la levure, on obtient
de l'eau-de-vie : or, ce produit ne peut pas se former sans
la présence du sucre. M. Einhoff croit que dans ces différentes circonstances le mucilage contenu dans la pomme
de terre se transforme en sucre. Les cendres fournies par ces
tubercules sont composées de sous-carbonate, de sulfate,
d'hydro-chlorate et de phosphate de potasse, de sous-carbonate de chaux, de magnésie, d'alumine, de silice, des
oxides de fer et de manganèse.

La pomme de terre est l'aliment le plus sain et le plus
économique dont on puisse se nourrir. M. Cadet-de-Vaux
vient de prouver que le *parenchyme*, qui a été rejeté jusqu'à présent comme inutile, est une substance alimen-
taire avec laquelle on peut faire du pain, et que l'on doit
regarder comme une matière très-importante. Cent livres
de pommes de terre en contiennent 9 livres. Réduit à l'état
de farine, et associé à parties égales de farine de froment,
il donne un pain savoureux, qui se conserve frais pendant
plusieurs mois. On peut faire un excellent pain de ménage
avec 9 livres de parenchyme, 9 livres de farine de froment
et 18 livres de farine d'orge.

Si l'on veut convertir en pain le parenchyme frais, lavé et fortement exprimé, on l'humecte avec de l'eau presque bouillante, on le malaxe, on l'introduit dans le levain, et on y ajoute parties égales de la farine qu'on veut lui associer ; on le mêle parfaitement et on le pétrit. (M. Chabrand.)

Des Lichens.

812. La plupart des espèces de lichens, surtout celles qui ont des feuilles larges , contiennent une grande quantité d'une matière gélatineuse, regardée par quelques chimistes comme de la gomme ; elles renferment toutes du ligneux et des substances terreuses ; on trouve dans la plupart d'entre elles de la résine et une matière colorante.

813. *Lichen d'Islande* (*lichen islandicus*). Il est formé de 1,5 de sirop mêlé d'un peu d'extractif et de sel végétal , 0,1 de principe amer, 0,58 d'extractif soluble dans l'eau, mêlé de sels calcaires , 2,82 d'extractif soluble dans le sous-carbonate de potasse , 20,23 de substance coagulable, ana- logue à la gélatine, 0,49 de gomme produite par l'ébulli- tion , 14,00 de squelette insoluble. Le lichen d'Islande est très-employé en médecine , comme mucilagineux , contre les toux rebelles , l'hémoptysie , les catarrhes et les pre- miers degrés de la phthisie pulmonaire. On l'administre en décoction, et mieux encore sous la forme de gelée. Nous avons été souvent à même de reconnaître l'efficacité de cette dernière préparation administrée à forte dose, et nous sommes persuadés qu'elle n'a été jugée inefficace que par les praticiens qui en ont seulement fait prendre quel- ques petites cuillerées par jour. Nous avons donné avec le plus grand succès, dans les toux invétérées, chez des per- sonnes disposées à la phthisie, une livre de gelée de lichen avec autant de lait ; le malade prenait cette boisson en trois doses dans les 24 heures.

Cette espèce de lichen sert de nourriture en Islande. En

effet, la farine qu'il fournit, débarrassée du principe amer, est aussi nourrissante que la moitié de son poids de farine de froment. Suivant M. Berzelius, on peut le priver de la matière amère en versant sur 5oo grammes de lichen divisé 8 kilogrammes d'eau, et 4 kilogrammes de lessive contenant environ 32 grammes de sel. On abandonne le mélange à lui-même en l'agitant de temps en temps ; au bout de 24 heures, on décante le liquide ; on lave le lichen deux ou trois fois, et on le laisse dans de l'eau pendant 24 heures ; alors on le fait sécher et moudre.

Plusieurs lichens fournissent des couleurs employées dans la teinture : tel est principalement le lichen *roccena*.

Des Champignons.

813. Les champignons ont été analysés par MM. Bouillon-Lagrange, Braconnot et Vauquelin. *Champignon comestible (agaricus campestris)*. Il contient de l'adipocire, de la graisse, de l'albumine, de la matière sucrée, de l'osmazome (voyez *Chimie animale*), une substance animale insoluble dans l'alcool, de la fungine ou partie fibreuse, de l'acétate de potasse. *Agaricus bulbosus*. Il renferme de l'osmazome, la matière animale insoluble dans l'alcool qui se trouve dans le champignon comestible, une substance grasse, molle, d'une couleur jaune et d'une saveur âcre ; un sel acide qui n'est point un phosphate, et de la fungine. *Agaricus theogalus*. Il est formé de matière sucrée, cristalline ; de matière grasse, d'une saveur âcre et amère ; d'osmazome, de matière animale insoluble dans l'alcool, d'un sel végétal acide, de fungine. *Agaricus muscarius*. Il contient les deux matières animales dont nous avons parlé, la matière grasse, de l'hydro-chlorate, du sulfate et du phosphate de potasse, et de la fungine. M. Vauquelin, auteur de ces analyses, aurait desiré multiplier ses expériences ; mais il n'a pu disposer que d'une très-petite quan-

tité de ces champignons ; cependant il est porté à croire que les propriétés vénéneuses dont ils peuvent jouir doivent être attribuées à la matière grasse.

M. Braconnot, qui s'était occupé de cet objet avant M. Vauquelin , avait trouvé dans l'*agaricus volvaceus* de la fungìne, de la gélatine, de l'albumine, du sucre cristallisable , de l'huile, de la cire, de l'adipocire, de l'acide benzoïque , un principe délétère très-fugace, du phosphate, de l'hydro-chlorate et de l'acétate de potasse. D'autres champignons avaient fourni une matière animale encore inconnue, du mucus animal et quelques acides parmi lesquels on doit citer l'acide fungique. On peut voir , dans les tomes XLVI et LI des *Annales de Chimie*, les analyses de la truffe et du *boletus igniarius*, par M. Bouillon-Lagrange.

CHAPITRE II.

De la Fermentation.

On désigne sous le nom de *fermentation* tout mouvement spontané excité dans les corps, dont le résultat est la formation d'alcool, d'acide acétique ou d'un produit plus ou moins infect. On doit donc distinguer trois sortes de fermentation : la fermentation alcoolique, la fermentation acétique et la fermentation putride : on a encore admis la fermentation panaire et la fermentation sucrée. Nous ferons voir plus tard que la première se compose de la fermentation alcoolique et acide ; quant à la seconde , appelée *fermentation saccharine*, quelques chimistes pensent qu'elle existe réellement , puisque des graines ne contenant point de sucre en fournissent si on les traite par l'eau chaude après la germination. Cette opinion paraît fortement appuyée par les expériences récentes de M. Kirchoff. (*Voyez* la note de la pag. 235.)

De la Fermentation alcoolique, spiritueuse ou vineuse.

Pour exposer avec clarté tout ce qui est relatif à cet objet, nous allons examiner 1° la fermentation alcoolique
qui se développe dans un mélange fait par l'art; 2° celle
qui a lieu lorsqu'on place dans des circonstances convenables certains sucs fournis par la nature.

814. *Fermentation alcoolique d'un mélange artificiel.* Si
l'on introduit dans un flacon 5 parties de sucre dissous dans
25 ou 30 parties d'eau et intimement mêlé avec une partie de
ferment frais (levure de bière), et que l'on adapte à ce flacon
un bouchon percé d'un trou qui donne passage à un tube de
verre recourbé, propre à recueillir les gaz sous le mercure,
on observe, si la température est de 15° à 30°, tous les
phénomènes de la fermentation alcoolique : 1° il se forme
une multitude de petites bulles de gaz acide carbonique,
qui, en s'élevant, entraînent un peu de ferment, viennent
à la surface de la liqueur, où elles restent pendant quelque temps, et produisent de l'écume; bientôt après elles
se rendent sous les cloches, et le ferment qui avait été élevé
tombe au fond du vase, d'où il est porté de nouveau vers
la surface du liquide par d'autres bulles de gaz acide carbonique; ce mouvement de bas en haut et de haut en bas
continue, devient très-fort pendant les premières heures, et
rend le liquide trouble ; 2° au bout de quelque temps l'effervescence se ralentit, et la fermentation finit par cesser;
alors le liquide est clair, transparent, et l'on observe au
fond du flacon une *matière blanche*, composée seulement
d'oxigène, d'hydrogène et de carbone, tandis que le ferment employé contient en outre de l'azote. La quantité de
cette matière déposée est à-peu-près égale à la moitié de
celle du ferment décomposé. La liqueur renferme de
l'*alcool*, de l'eau, et une très-petite quantité d'une matière

très-soluble ; mais elle ne contient plus un atôme de sucre. Il suit de là que les résultats de cette expérience sont, la décomposition totale du sucre, la décomposition partielle du ferment, la formation de l'alcool, du gaz acide carbonique et de la matière blanche dont nous avons parlé.

Théorie. Suivant M. Gay-Lussac, l'alcool et l'acide carbonique se forment aux dépens de l'hydrogène, de l'oxigène et du carbone du sucre ; en effet, 100 parties de sucre se convertissent, pendant la fermentation, en 51,34 d'alcool et en 48,66 d'acide carbonique. Voici, du reste, le raisonnement établi par ce savant chimiste pour faire concevoir cette transformation. Admettons que le sucre est formé de 40,0 de carbone, et de 60,0 d'oxigène et d'hydrogène dans les proportions nécessaires pour former de l'eau (1) ; réduisons ces poids en volumes, alors nous pourrons regarder le sucre comme composé de

3 volumes de vapeur de carbone,
3 volumes d'hydrogène,
$1 + \frac{1}{2}$ volume d'oxigène.

Or, l'alcool peut être considéré comme étant formé de

2 volumes de vapeur de carbone,
3 volumes d'hydrogène,
$\frac{1}{2}$ volume d'oxigène (2).

---

(1) L'analyse prouve en effet que le sucre est composé de 42,47 de carbone et de 57,53 d'oxigène et d'hydrogène.

(2) En effet, l'alcool est composé de

1 volume de gaz oléfiant $=\begin{cases} 2 \text{ volumes de vapeur de carbone.} \\ 2 \text{ volumes d'hydrogène.} \end{cases}$

et 1 volume de vapeur d'eau $=\begin{cases} 1 \text{ volume d'hydrogène.} \\ \frac{1}{2} \text{ vol. d'oxigène. } (V. \text{ p. 108, t. 1}^{er}.) \end{cases}$

Il est donc évident que, pour transformer le sucre en alcool, il faut lui enlever

    1 volume de vapeur de carbone,

    1 volume de gaz oxigène.

Ces deux volumes forment, en se combinant, un volume de gaz acide carbonique.

Il est aisé de voir que, dans cette théorie, on néglige les produits fournis par le ferment dans l'acte de la fermentation : ces produits sont presque nuls. M. Thenard a établi que 100 parties de sucre n'exigent que 2 parties et $\frac{1}{2}$ de ferment supposé sec pour leur décomposition totale, et qu'il ne se forme qu'environ une partie et $\frac{1}{4}$ de la *matière blanche* insoluble non azotée dont nous avons parlé.

Puisque l'alcool et l'acide carbonique se produisent aux dépens du sucre, qu'il y a cependant une petite portion de ferment décomposée et transformée en matière blanche non azotée, que devient l'azote cédé par le ferment, et quel rôle joue celui-ci dans l'acte de la fermentation ? On l'ignore. On sait seulement qu'il n'y a point d'azote dans l'alcool, ni dans l'acide carbonique, ni dans la matière blanche insoluble, ni dans la petite quantité de matière soluble qui se trouve unie à l'alcool dans la liqueur (M. Thenard).

815. *Fermentation des sucs fournis par la nature.* Il existe un très-grand nombre de sucs susceptibles d'éprouver la fermentation alcoolique ; ils contiennent tous de l'eau, du sucre et du ferment, ou du moins une matière qui n'a besoin que du contact de l'air pour agir comme le ferment. Les principaux de ces sucs sont, 1° celui de raisin; 2° celui de pommes ; 3° celui que fournit l'orge qui a éprouvé un commencement de germination et que l'on a traité par l'eau ; 4° celui de quelques fruits sucrés. Tous ces sucs perdent la propriété de fermenter lorsqu'on les fait bouillir pendant quelque temps, phénomène qui paraît dépendre

de l'altération qu'éprouve le ferment pendant l'ébullition : du moins est-il certain que si, après avoir fait bouillir ces sucs, on leur ajoute une certaine quantité de ferment, on excite la fermentation.

Suc de raisin (moût). Il contient beaucoup d'eau, une assez grande quantité de sucre, une matière particulière très-soluble dans l'eau, qui paraît se transformer en ferment lorsqu'elle a le contact de l'air, un peu de mucilage, de tartrate acide de potasse, de tartrate de chaux, d'hydrochlorate de soude et de sulfate de potasse. Le suc de raisin fermente facilement à la température de 12° ou 15°, pourvu qu'il ait le contact du gaz oxigène, et il donne naissance à une liqueur alcoolique connue sous le nom de *vin*. M. Gay-Lussac a fait des expériences fort intéressantes sur la nécessité de la présence du gaz oxigène pour que cette fermentation se développe. Lorsqu'on écrase des raisins bien mûrs dans une cloche placée sur la cuve à mercure et privée d'air ou d'oxigène, le moût qui en résulte ne fermente point quelle que soit sa température, tandis que la fermentation s'établit presque dans le même instant si on introduit dans la cloche quelques bulles de gaz oxigène, et que la température soit de 20° à 25°. Il paraît que ce gaz s'unit à la matière particulière dont nous avons parlé, et la transforme en ferment; du moins est-il certain, 1° qu'il se dépose du ferment pendant la fermentation du moût de raisin ; 2° que si on mêle ce moût avec de l'acide sulfureux ou avec tout autre corps capable d'absorber l'oxigène, il ne fermente plus.

Vin rouge. Les vins rouges sont le résultat de la fermentation des raisins noirs, mûrs et mêlés de l'enveloppe de leurs grains. Après avoir foulé ces raisins pour en extraire le moût, on les abandonne à eux-mêmes dans des cuves en bois ou en pierre, dont la température est de 10 à 12°. Vers le cinquième jour, la fermentation est à son *maxi-*

mum ; il se dégage beaucoup de gaz acide carbonique ; la masse est soulevée, échauffée et troublée; l'écume, composée de ferment et de matière blanche, se forme ; la liqueur se colore en rouge, perd sa saveur sucrée, et devient alcoolique; en un mot, on remarque tous les phénomènes dont nous avons parlé § 814. Vers le septième jour, on foule la cuve avec un fouloir ou en y faisant descendre un homme nu, afin de ranimer la fermentation qui commence à se ralentir ; et lorsque, vers le dixième ou le treizième jour, la liqueur n'est plus en ébullition, qu'elle a déjà acquis une saveur forte et de la transparence, on la *tire* pour la placer dans des tonneaux, où elle continue à fermenter pendant plusieurs mois ; il se produit encore pendant ce temps une écume plus ou moins épaisse, qui se précipite et qui constitue la *lie*, dans laquelle on trouve, outre le ferment, la matière blanche, une portion du principe colorant rouge et de tartrate acide de potasse ; celui-ci se sépare de la dissolution aqueuse à mesure que l'alcool se forme et s'unit à l'eau.

Les vins rouges sont composés de beaucoup d'eau, d'une quantité d'alcool variable qui les rend plus ou moins forts, d'un peu de mucilage et de matière végéto-animale, d'un atôme de tannin qui leur communique une saveur âpre, d'un principe colorant bleu, passant au rouge par son union avec les acides, d'acide acétique et de tartrate acide de potasse qui leur donnent de la verdeur, enfin de tartrate de chaux, d'hydro-chlorate de soude, de sulfate de potasse, etc. Ils ne contiennent point de sucre, à moins que les raisins qui les fournissent ne soient très-sucrés, et que la fermentation n'ait pas été aussi prolongée qu'elle devait être. Suivant quelques chimistes, ils renferment une huile qui forme le bouquet du *vin* et qui leur donne plus ou moins de prix; cette huile n'a jamais été isolée, mais il est probable qu'elle existe, du moins pouvons-nous affirmer que la quantité plus ou moins supérieure des vins ne dépend d'aucun des principes que nous y avons admis, et qu'elle doit être attribuée à un corps qui nous a échappé jusqu'à présent.

Soumis à la distillation, les vins rouges fournissent un liquide incolore, volatil, connu sous le nom d'*eau-de-vie faible*, qui est principalement composée d'eau et d'alcool : les autres principes du vin restent dans la cornue. Abandonnés à eux-mêmes dans des bouteilles bien fermées, ils continuent à fermenter, deviennent par conséquent plus alcooliques, laissent déposer une nouvelle quantité de tartre, et acquièrent beaucoup plus de prix ; il paraît que leurs élémens reçoivent des modifications dans leurs combinaisons. Les acides font passer les vins rouges au rouge clair ; les alcalis les verdissent ; l'acide hydro-sulfurique et les hydro-sulfates les font passer au vert ou au brun noirâtre, sans y occasionner de précipité distinct.

Lorsque, par une cause quelconque, il se développe de l'acide acétique dans les vins rouges, et qu'ils deviennent aigres, ils peuvent dissoudre une assez grande quantité de litharge (protoxide de plomb), et se trouvent contenir de l'acétate de plomb : leur saveur, loin d'être aigre, est alors styptique, métallique, *sucrée*. Les marchands ont employé quelquefois ce moyen pour falsifier les vins : or, il est extrêmement dangereux, puisque les préparations de plomb solubles dans l'eau sont toutes vénéneuses. On pourra reconnaître la fraude en versant dans la liqueur de l'acide sulfurique, un sulfate ou un carbonate soluble, qui la précipiteront en blanc ; de l'acide chromique ou du chromate de plomb, qui y feront naître un précipité jaune ; enfin si on évapore le vin jusqu'à siccité et qu'on calcine le résidu dans un creuset, on en retirera du plomb métallique. Les hydro-sulfates, conseillés par les chimistes pour découvrir la présence du plomb dans le vin rouge, sont sans doute des réactifs précieux, puisqu'ils font naître dans cette liqueur un précipité noir de sulfure de plomb ; mais ils peuvent induire en erreur si on se borne à un examen superficiel ; en effet, plusieurs espèces de vin rouge ne contenant point de plomb noircissent sur-le-champ par l'addition d'un hydro-sulfate : le changement de couleur est donc insuffisant, pour prononcer ; il faut nécessairement obtenir un précipité noir de sulfure de plomb dont on puisse extraire le métal.

Si les vins sont troubles, on peut les clarifier aisément à l'aide d'une dissolution de colle ou de blanc d'œuf, qui, en s'emparant du tannin qu'ils contiennent, forment un précipité susceptible d'entraîner avec lui toutes les matières tenues en suspension.

Vins blancs. On prépare les vins blancs avec les raisins blancs, ou bien encore avec le moût des raisins noirs séparés de l'enveloppe de leurs grains ; du reste, les phénomènes et la théorie de leur fermentation est absolument semblable à celle dont nous venons de parler ; il en est à-peu-près de même de leur action sur le calorique.

Vins mousseux. Il suffit pour obtenir les vins mousseux de les mettre en bouteilles quelque temps après les avoir tirés, de renverser celles-ci, et de les déboucher de temps en temps, pour séparer la lie qui se trouve rassemblée dans le goulot. Il est évident que la fermentation du vin doit continuer dans les bouteilles, et que le gaz acide carbonique formé qui, dans la préparation des vins ordinaires, s'échappe dans l'atmosphère, doit rester en dissolution dans le vin : or, c'est ce gaz qui les rend mousseux lorsqu'on débouche la bouteille, et qu'il se dégage dans l'air.

Suc de pommes. Le suc de pommes paraît contenir beaucoup d'eau, *un peu de sucre* semblable à celui de raisin, une petite quantité de *ferment*, ou du moins d'une matière qui n'exige que le contact de l'air pour le devenir, beaucoup de mucilage et d'acides malique, sorbique et acétique. Il est susceptible de fermenter et de donner une liqueur connue sous le nom de *cidre*. La préparation du *cidre* se fait ordinairement en Picardie et en Normandie. On entasse les pommes *aigres* et *âpres*, cueillies depuis le mois de septembre jusqu'au mois de novembre (1); au bout de quelque temps, lorsqu'elles sont mûres et sucrées, on les réduit en une sorte de bouillie au moyen d'une forte pression et d'une certaine quantité d'eau; on verse le suc dans des tonneaux, et on le laisse déposer; bientôt après il entre en fermentation; mais celle-ci n'est bien développée que vers le mois de mars : à cette époque le cidre est piquant, et peut être enfermé dans des bouteilles, où il continue à fermenter et devient mousseux. Il se clarifie de lui-même et n'a pas besoin d'être collé. Il est difficile qu'il puisse se conserver long-temps sans passer à l'aigre.

On obtient du cidre de qualité inférieure en coupant le résidu des pommes dont on a exprimé le suc, en y ajoutant de l'eau, en le comprimant fortement, et en faisant fermenter la liqueur qui en découle.

Orge germée. Pour obtenir le *décoctum* de cette graine, on laisse l'orge dans l'eau pendant quarante-huit heures pour la ramollir; on l'étend sur un plancher de manière à former une couche peu épaisse; au bout de vingt-quatre heures on la retourne avec des pelles de bois pour qu'elle ne s'échauffe pas trop, et on recommence cette opération deux fois par jour; vers le cinquième jour il se manifeste des signes extérieurs de germination, que l'on arrête vingt-quatre heures après en soumettant l'orge à la température de 60° : alors les germes se détachent par le frottement, l'orge se trouve desséchée, et doit être grossièrement moulue; on la met en contact pendant deux ou trois heures avec de l'eau à 80°, qui dissout du sucre,

---

(1) Les pommes de bonne qualité ne donnent pas de bon cidre.

une matière analogue au ferment, de l'albumine, du mucus, et, suivant M. Thomson, un peu de gluten, de fécule et de tannin. Ce liquide, que nous avons nommé *decoctum d'orge germée*, est susceptible de fermenter et de donner la *bière* (1) : pour cela on le met dans une grande chaudière de cuivre; on y ajoute du houblon (*humulus lupulus*) dans la proportion de deux ou trois millièmes de la poudre d'orge employée pour faire le suc, et on le concentre par l'évaporation; alors on le fait refroidir promptement en le versant dans des cuves très-larges et peu profondes. Lorsque sa température est à 12°, on l'introduit dans une grande cuve appelée *cuve de fermentation*, et on y délaye un peu de levure; bientôt après la fermentation se développe, la liqueur est fortement agitée et offre beaucoup d'écume à sa surface. Aussitôt que le mouvement s'apaise, on la verse dans de petits tonneaux que l'on expose à l'air pendant quelques jours, et dans lesquels la fermentation continue. Quand il ne se forme plus d'écume on la colle, comme nous

---

(1) M. Kirchoff a fait dans ces derniers temps des expériences pour déterminer comment la matière sucrée se développe dans les graines céréales germées, et dans les farines des céréales infusées dans l'eau chaude. Il a été conduit à admettre les résultats suivans : 1°. Le gluten opère la formation du sucre dans les graines germées, et dans la farine infusée dans l'eau chaude. 2°. La fécule qui fait partie des graines germées n'a point subi de changement, car elle n'est convertie en sucre qu'au-dessus de 40° thermomètre de Réaumur. 3°. La fécule est, de toutes les parties constituantes de la farine, celle qui sert le plus particulièrement à la formation de l'alcool. (*Voyez* § 735.) 4°. Par l'acte de la germination, le gluten acquiert la propriété de transformer en sucre une plus grande quantité de fécule que celle qui se trouve dans la graine. 5°. La formation du sucre dans les graines qui ont germé est une opération chimique et non un résultat de la végétation.

l'avons dit en parlant des vins rouges; trois jours après, lorsque le dépôt est entièrement formé, on la met en bouteilles; mais elle ne mousse qu'au bout de huit ou dix jours.

La bière obtenue par ce moyen contient moins d'alcool que le cidre, et à plus forte raison que le vin; elle se transforme facilement en acide acétique et devient aigre, changement qu'elle éprouverait avec beaucoup plus de rapidité si elle ne contenait pas de houblon; du reste, cette plante jouit encore de la propriété de communiquer à la bière une légère saveur amère qui est fort agréable.

Suc de quelques autres plantes. Le suc de la canne, des groseilles, des cerises, de l'*acer montanum*, et tous ceux qui contiennent du sucre et du ferment, ou du moins une matière analogue à celui-ci, sont susceptibles de fermenter et de donner une liqueur spiritueuse, d'une odeur et d'une saveur variables.

De la Fermentation acide.

816. Lorsqu'une liqueur alcoolique, convenablement affaiblie, est unie à une certaine quantité de matière végéto-animale, et qu'on l'expose à une température de 10° à 30°, elle ne tarde pas à se décomposer et à donner naissance à de l'acide acétique : on dit alors qu'elle a éprouvé la *fermentation acide*. Nous allons démontrer que cette décomposition est quelquefois indépendante de l'action de l'*air*. 1°. Si on remplit un flacon de cristal avec de l'eau distillée saturée de sucre et mêlée avec du gluten; si on l'abandonne à lui-même après l'avoir parfaitement bouché, on ne tarde pas à observer tous les phénomènes de la fermentation alcoolique; bientôt après l'alcool formé se convertit en acide acétique, que l'on peut retirer par la distillation de la liqueur. 2°. Si on délaye dans un litre d'eau-de-vie à 12° 15 grammes de levure et un peu d'empois, il se forme dès le cinquième jour, et sans le con-

tact de l'air, de l'acide acétique très-fort. (M. Chaptal.)
3°. Le moût de bière se transforme rapidement en acide
acétique dans des vaisseaux clos lorsqu'il n'a été mêlé à
aucun principe amer. 4°. La bière et le cidre finissent également par s'acidifier quand on les prive pendant deux ou
trois mois du contact de l'air.

Ces expériences établissent rigoureusement la possibilité d'exciter la *fermentation acide* dans certaines liqueurs spiritueuses privées du contact de l'air ; elles prouvent en outre que la matière végéto-animale joue dans
l'acte de l'acétification un rôle remarquable qui nous est
encore inconnu. Voyons maintenant comment se comportent ces liqueurs exposées à l'*air*.

Il est parfaitement démontré, 1° que l'alcool pur,
faible ou concentré, ne se transforme jamais en acide
acétique ; 2° que le contraire a lieu si , étant moyennement
étendu , on le mêle avec une matière végéto-animale ;
3° que les vins très-vieux qui ne contiennent plus de
matière végéto-animale ne passent à l'état d'acide qu'avec
la plus grande difficulté ; qu'ils ne deviennent pas aigres , à
moins qu'on ne les mette en contact avec des ceps, des
feuilles de vigne, de la levure, etc. (M. Chaptal) ; 4°. qu'au
contraire les vins ordinaires contenant de la matière végéto-
animale se décomposent lorsqu'ils ont le contact de l'air ,
passent à l'état de vinaigre, se troublent, déposent une
sorte de bouillie, donnent naissance à du gaz acide carbonique, et finissent par ne plus contenir d'alcool. Ces
résultats nous portent à conclure que la matière végéto-
animale joue encore un très-grand rôle dans l'acétification
des liqueurs spiritueuses qui ont le contact de l'air ; cependant celui-ci exerce une influence remarquable ; car on sait
que le vin ne devient jamais aigre s'il est entièrement
privé du contact de l'air ; d'ailleurs les expériences de
M. Théodore de Saussure prouvent que les liqueurs al-

cooliques, exposées à l'air, en absorbent l'oxigène et produisent un volume de gaz acide carbonique égal à celui de
l'oxigène absorbé : cet acide est probablement formé aux
dépens d'une portion de carbone de l'alcool.

Nous devrions maintenant chercher à indiquer d'une
manière précise comment la matière végéto-animale agit
pour opérer la transformation de l'alcool en acide acétique,
quel est au juste le rôle que joue l'air dans cette opération, etc.; mais nous ne pourrions présenter à cet égard
que des conjectures peu satisfaisantes.

De la Fermentation putride.

On désigne sous le nom de *fermentation putride* ou de
putréfaction, la décomposition éprouvée par les corps
organiques soustraits à l'influence de la vie, et soumis à
l'action de l'eau et de la chaleur. Il ne doit être question
ici que de l'altération des substances végétales.

817. Ces substances ne sont pas toutes susceptibles d'é-
prouver la fermentation putride; les principes immédiats
de la troisième classe, tels que les huiles, l'alcool, les
résines, etc., ne se putréfient point; les acides végétaux ne
s'altèrent que difficilement; les principes immédiats dans
lesquels l'oxigène et l'hydrogène sont dans le rapport convenable pour former de l'eau, peuvent au contraire subir
plus facilement cette altération. Les *plantes* dont le tissu est
lâche se décomposent plus promptement que celles dont
le tissu est serré; mais dans aucun cas la décomposition des
végétaux n'est aussi rapide que celle des animaux.

818. Voyons maintenant quelle est l'influence de l'eau,
du calorique et de l'air sur les substances végétales susceptibles de se putréfier. *L'eau* agit en détruisant leur
cohésion et en dissolvant quelques produits de leur
décomposition ; sa présence est indispensable, puisqu'on
peut conserver indéfiniment les matières organiques par-

faitement desséchées. Le *calorique* exerce la même action que l'eau; il faut cependant, pour que la température favorise la putréfaction, qu'elle ne soit ni trop élevée ni trop basse; car, dans le premier cas, l'eau est vaporisée et le végétal se trouve desséché; dans le second, elle est congelée et la putréfaction s'arrête. La température la plus convenable et de 10° à 25°. *Action de l'air.* Si l'air est souvent renouvelé, il dessèche les végétaux, entraîne les germes putrides qu'ils exhalent et s'oppose à leur altération ultérieure. S'il est stagnant, il cède une portion de son oxigène au carbone qu'ils renferment, donne naissance à du gaz acide carbonique, et contribue nécessairement à hâter leur décomposition. (*Voyez* § 639.)

819. *Phénomènes de la putréfaction des substances végétales.* (*Voy.* § 639.)

Nous devons maintenant faire l'histoire du terreau, de la tourbe, du lignite, de la houille, des bitumes, etc., produits que plusieurs naturalistes regardent comme étant le résultat de la décomposition putride des matières organiques, et principalement des matières végétales.

820. *Terreau.* Suivant M. Théod. de Saussure, le terreau végétal, ou la matière qui reste après la putréfaction des végétaux, renferme, à poids égaux, plus de carbone et d'azote, et moins d'hydrogène et d'oxigène que les végétaux d'où il provient; il est entièrement soluble dans la potasse et dans la soude, et il se dégage de l'ammoniaque pendant la dissolution; les acides agissent peu sur lui; ils n'en dissolvent que la partie inorganique. L'alcool ne dissout qu'un atome de résine et d'extractif qui y sont contenus. L'eau a fort peu d'action sur lui. (Voyez *Recherches sur la végétation*, pag. 162.)

Tourbe. La tourbe est une substance solide, noirâtre, spongieuse, produite dans les eaux stagnantes, et provenant de la décomposition des plantes : aussi est-elle composée de végétaux entrelacés plus ou moins décomposés, mêlés de terre argileuse, sablonneuse, de coquilles, de débris d'animaux, etc. On ignore quel est le temps nécessaire à la formation de la tourbe.

Lignite. Le lignite paraît être produit par la décomposition du bois; on le rencontre assez abondamment en France, sous la forme de couches plus ou moins épaisses. Il est solide, opaque, d'un noir foncé ou d'un brun terreux; son tissu est presque constamment semblable à celui du bois. Lorsqu'on l'enflamme, il exhale une odeur âcre et fétide, et ne se boursouffle point. On distingue plusieurs variétés de lignite : 1° le *jayet,* d'un très-beau noir, que l'on emploie pour les bijoux de deuil ; 2° le *lignite friable* dont on se sert comme combustible dans les manufactures et pour la cuisson de la chaux ; 3° le *lignite fibreux ;* 4° le *lignite terreux* (terre de Cologne) : on l'emploie dans les peintures en détrempe et à l'huile ; on fait usage de sa cendre comme engrais.

Houille ou *charbon de terre.* On ignore quelle est l'origine de cette substance. Plusieurs naturalistes pensent qu'elle provient de la décomposition des corps organisés enfouis dans le sein de la terre.

Elle est sous la forme de masses solides, opaques, noires, plus ou moins brillantes, et assez dures pour ne pas pouvoir être rayées par l'ongle. La pesanteur spécifique moyenne de la houille est de 1,3. Lorsqu'on la divise, on remarque quelquefois dans ses fragmens des couleurs très-variées. Si, étant exposée à l'air, on la met en contact avec un corps en ignition, elle absorbe l'oxigène, répand une fumée noire et produit une belle flamme blanche. Les principales variétés de houille sont, 1° la *houille grasse, friable,* très-huileuse, très-légère et très-avide d'oxigène; 2° la *houille compacte,* dure, légère, et avide d'oxigène; 3° la *houille sèche,* pesante, mêlée de beaucoup de pyrite, et par conséquent dégageant beaucoup de gaz acide sulfureux lorsqu'on la chauffe avec le contact de l'air.

De la Distillation du charbon de terre.

821. L'opération qui a pour objet la distillation du charbon de terre offre un très-grand intérêt, puisqu'un de ses résultats principaux est le gaz hydrogène carboné huileux, qui sert aujourd'hui à l'éclairage des vastes emplacemens. M. Pelletan fils a donné sur cet objet un Mémoire dont nous allons extraire les faits les plus importans. L'ensemble de l'opération dont nous parlons se compose de la distillation du charbon de terre, de la purification du gaz, de son accumulation dans de vastes réservoirs, de son émission par des tuyaux, et de son inflammation.

Distillation. La distillation du charbon de terre peut être divisée en trois époques : dans la première on obtient peu de gaz, beaucoup d'eau ammoniacale et d'huile empyreumatique; dans la seconde il se dégage du gaz hydrogène carboné *huileux*, qui, par l'approche d'un corps en ignition, produit une flamme très-vive; dans la troisième enfin, on obtient du gaz hydrogène carboné simple, beaucoup moins inflammable que le précédent, et qui donne, en se combinant avec l'oxigène, une lumière rouge faible. Du mélange de ces deux gaz, dans des proportions différentes, résulte une flamme d'une intensité variable. L'expérience prouve que la température qui convient le mieux à la production du gaz huileux, et par conséquent à l'éclairage, est le *rouge* presque blanc; on doit en même temps agir sur une masse peu considérable de charbon de terre.

Purification du gaz. Le gaz obtenu par ce moyen contient, outre l'hydrogène carboné *huileux*, une huile épaisse, du sous-carbonate d'ammoniaque, de l'eau, du gaz acide sulfureux et de l'acide carbonique. On le fait passer dans un récipient contenant de l'eau froide qui se renouvelle, et dans lequel se condensent l'huile épaisse et le sel ammoniacal. Lorsque, par ce moyen, il a été débarrassé de ces deux substances, on le fait arriver dans un vase dépuratoire dans lequel on a mis de la chaux éteinte à l'air et réduite en poudre ; cet alcali s'empare du gaz acide sulfureux et du gaz acide carbonique, et le gaz hydrogène carboné *huileux* peut être regardé comme sensiblement pur. *Conservation du gaz.* On le conserve dans des gazomètres ovales d'une très-grande dimension, que l'on fait plonger dans l'eau ; il est important que la masse d'eau employée soit peu considérable et présente peu de surface, sans cela le gaz se dissout en partie, se décompose, et perd en un jour la faculté de donner une flamme brillante. *Émission du gaz par des tuyaux.* On sait que le gaz dont nous parlons est poussé du gazomètre dans un tuyau principal, qui l'apporte dans une rue à l'aide de petites branches qui se divisent en tuyaux d'un très-petit diamètre, et qui se rendent dans chaque maison. Le but que l'on se propose d'atteindre dans l'éclairage est d'obtenir par chaque ouverture qui donne issue au gaz, un courant égal pour toutes, uniforme et régulier dans chacune ; il faut pour cela que le tuyau principal ait une grande capacité par rapport aux branches. La pression exercée sur le gaz pour le faire parvenir dans les tuyaux ne doit jamais excéder celle que représente un pouce d'eau. *Inflammation du gaz.* Il suffit d'ouvrir les robinets qui se trouvent placés sur les petits tuyaux et de mettre le feu au gaz, qui arrive aussitôt dans les lampes ; on l'éteint au contraire à volonté en fermant les robinets. Suivant M. Pelletan, la flamme blanche produite par ce gaz est due à la présence d'une *huile en nature* tenue en dissolution dans le gaz hydrogène ; le gaz hydrogène carboné seul ne donne qu'une flamme rouge et peu lumineuse ; enfin cette flamme est d'autant plus blanche que le gaz s'est trouvé dans des circonstances plus favorables pour dissoudre et retenir une huile quelconque.

Indépendamment de l'utilité que l'on peut retirer du gaz produit pendant la distillation du charbon de terre, on peut encore se servir avec grand avantage du coak ou du charbon résidu de la distillation; en effet, il donne une chaleur plus vive que le charbon brut, et doit lui être préféré pour les usages domestiques et dans un très-grand nombre d'arts.

822. *Bitumes.* On n'est point d'accord sur l'origine des bitumes; on les regarde comme des produits de la décomposition de la houille, ou de la décomposition spontanée des corps organiques enfoncés dans le sein de la terre.

Ils sont solides, liquides, ou de la consistance du goudron; leur couleur est noire, brune ou jaunâtre; quelquefois même ils sont presque incolores; ils ont une odeur particulière qui se manifeste principalement lorsqu'on les frotte ou qu'on les chauffe; leur pesanteur spécifique est très-variable; ils sont fusibles et inflammables; ils sont insolubles dans l'eau et dans l'alcool. Distillés ils se décomposent et ne fournissent point d'ammoniaque.

823. *Bitume naphte.* Il se trouve en Perse, en Calabre, dans le duché de Parme, en Sicile, en Amérique, etc. Il est liquide, limpide, d'un blanc tirant un peu sur le jaune, et doué d'une odeur un peu semblable à celle de l'huile essentielle de térébenthine; sa pesanteur spécifique est de o,80. Il est tellement avide d'oxigène qu'il suffit, pour l'enflammer, de l'approcher d'un corps en ignition. Les Indiens l'emploient pour faire des vernis. On s'en sert en médecine comme calmant et comme anthelmintique.

824. *Bitume pétrole.* On le rencontre près de Clermont, en Italie, en Sicile, en Angleterre, en Transylvanie, dans l'Inde, etc.; quelquefois la mer qui avoisine les îles volcaniques du cap Vert en est couverte. Il paraît devoir son origine

à une altération particulière du *naphte*. Il est sous la forme d'un liquide onctueux, d'un brun noirâtre, presque opaque et doué d'une odeur forte ; sa pesanteur spécifique, d'après Kirwan, est de 0,878 ; il peut être distillé presque sans subir d'altération ; il est inflammable et ne laisse qu'un très-petit résidu ; on l'emploie dans l'éclairage, en médecine, etc. Il peut remplacer le goudron.

825. *Bitume malthe* (goudron minéral). Il existe principalement près de Clermont. Il diffère fort peu du pétrole ; sa consistance est visqueuse. On s'en sert comme du goudron ordinaire pour enduire les cables et les bois ; il fait partie de la cire noire à cacheter et de quelques vernis que l'on applique sur le fer. On l'emploie pour graisser les essieux des charrettes, etc.

826. *Bitume asphalte.* Il se trouve dans différentes contrées, et principalement à la surface du lac de Judée, dont les eaux sont salées. Il est solide, noir, avec une teinte brune, rouge ou grise; il est opaque, sec et friable; il est inodore, à moins d'être chauffé ou frotté; sa pesanteur spécifique varie depuis 1,104 jusqu'à 1,205. Il s'enflamme facilement lorsqu'on le chauffe avec le contact de l'air, et il laisse un résidu assez considérable.

Du Succin (karabé , ambre jaune , electrum).

827. Le succin se trouve principalement sur le rivage de la mer Baltique, entre Kœnigsberg et Memel. Il est solide , d'une couleur jaunâtre, inodore, insipide, d'une texture compacte, d'une cassure vitreuse. Il est souvent transparent, et il peut toujours recevoir un beau poli. Distillé, il fond, se décompose, et donne, outre l'acide succinique, des produits qui diffèrent suivant la température. (Voyez *Préparation de l'acide succinique.*) Si on le chauffe avec le contact de l'air, il s'enflamme facilement; il ne s'altère point dans l'atmosphère. Suivant Gehlen et M. Bouillon-

Lagrange, l'eau bouillante dissout une portion de l'acide succinique qu'il contient. Si on le fait bouillir avec de l'alcool, il paraît éprouver une altération et se dissoudre en partie ; le *solutum* a une saveur amère, blanchit par l'addition de l'eau, rougit l'*infusum* de tournesol, et précipite par les eaux de chaux et de baryte. D'après M. Bouillon-Lagrange, il contient de l'acide succinique et **du** succin altéré. Les huiles grasses et essentielles dissolvent le succin préalablement fondu. Il est employé pour préparer l'acide succinique et les vernis gras. Les Orientaux s'en servent aussi pour faire des bijoux.

TROISIÈME PARTIE.

Des Corps organiques animaux, ou de la Chimie animale.

ON trouve dans les animaux, comme dans les végétaux, des principes médiats, des principes immédiats, et des matières composées de deux ou d'un plus grand nombre de ces derniers : ainsi, le sang est une matière composée de trois principes immédiats animaux, l'albumine, la fibrine et la matière colorante; chacun de ces trois principes est formé d'azote, d'hydrogène, de carbone et d'oxigène. Mais toutes les substances regardées comme des principes immédiats des animaux ne contiennent point d'azote : en effet, l'acide sébacique, le sucre de lait, la cholestérine, les graisses, etc., n'en renferment pas un atome, et ressemblent, par leur composition, aux matières végétales des cinq premières classes; l'acide hydro-cyanique (prussique) que l'on prépare avec des matières animales ne contient point d'oxigène; le cerveau offre, dans quelques-unes de ses parties, des molécules animales dans lesquelles, outre l'oxigène, l'hydrogène, le carbone et l'azote, on trouve du soufre; d'autres qui contiennent du phosphore, etc. Il résulte de ce qui précède que dans l'état actuel de la science, on ne peut pas établir d'une manière générale la composition des divers principes immédiats des animaux; on peut seulement dire que la plupart d'entre eux sont formés d'hydrogène, d'oxigène, de carbone et d'azote.

CHAPITRE PREMIER.

Des moyens propres à faire connaître la nature des principes médiats des animaux.

On soumettra la matière animale à l'action de la chaleur (comme nous l'avons indiqué § 570). Si les produits de sa décomposition ne diffèrent pas de ceux dont nous avons parlé en faisant l'histoire des végétaux, on conclura qu'elle ne renferme point d'azote ; si au contraire, outre ces produits, on en obtient d'autres qui sont azotés, comme cela a lieu avec la plupart des substances animales, on affirmera que l'azote entre dans leur composition.

CHAPITRE II.

Des Principes immédiats des animaux.

A l'exemple de M. Thenard, nous diviserons ces principes en principes acides, principes gras, et en ceux qui ne sont ni gras ni acides ; nous rangerons encore dans une autre section les matières salines et terreuses contenues dans les animaux, et qui paraissent essentielles à leur constitution : tels sont, par exemple, les phosphates terreux qui se trouvent dans les os.

SECTION PREMIÈRE.

Des Principes immédiats qui ne sont ni gras ni acides.

Ces principes sont au nombre de dix : la fibrine, l'albumine, la gélatine, le caséum, l'urée, le mucus, l'osmazome, le picromel, la matière jaune de la bile, et le sucre de lait : si l'on en excepte ce dernier, tous contiennent de l'azote, et jouissent d'un certain nombre de propriétés communes que nous allons faire connaître.

828. Distillés dans un appareil analogue à celui qui a été décrit § 571, ils sont décomposés et fournissent un produit liquide, un produit solide et un autre gazeux; ces produits renferment de l'eau, du gaz acide carbonique, du *sous-carbonate d'ammoniaque* en partie sublimé sous la forme d'aiguilles dans le col de la cornue, en partie dissous dans le produit liquide; de l'*acétate* et de l'*hydro-cyanate d'ammoniaque* (1), une huile épaisse, noire, fétide et pesante; du gaz hydrogène carboné, du gaz oxide de carbone, du gaz azote et un charbon volumineux, léger, brillant et difficile à incinérer. Si au lieu de chauffer en vases clos, on agit avec le contact de l'air, leur décomposition est plus rapide; ils se boursoufflent, s'enflamment, finissent par se charbonner, et donnent des produits plus ou moins analogues aux précédens.

829. Excepté la fibrine, l'albumine coagulée, le caséum et la matière jaune de la bile, ils sont tous solubles dans l'eau froide; si on les laisse pendant quelque temps dans ce liquide, ils se décomposent et éprouvent tous les phénomènes de la putréfaction. (*Voyez* la fin de la chimie animale.) L'eau bouillante dissout encore plus facilement que l'eau froide les principes que nous avons dit être solubles; quant à la fibrine, le caséum et l'albumine coagulée, substances insolubles, elles paraissent subir une altération marquée lorsqu'on les fait bouillir avec ce liquide. (Berzelius.) L'action de l'alcool est analogue à celle de l'eau, excepté que cet agent ne peut dissoudre ni l'albumine, ni la gélatine, ni le mucus. Exposés à l'*air humide*, ils ne tardent pas

---

(1) Ces produits ammoniacaux prouvent évidemment l'existence de l'azote dans la matière soumise à l'expérience.

à se putréfier ; si au contraire l'atmosphère est parfaitement desséchée, ils peuvent être conservés indéfiniment. L'*hydrogène*, le *bore*, le *carbone*, le *phosphore*, le *soufre* et l'*azote*, n'exercent aucune action sur eux. L'*iode* et les métaux les décomposent, comme nous l'avons dit page 56 de ce vol., en parlant des principes immédiats des végétaux (2ᵉ *Classe*). Le *chlore* s'empare de leur hydrogène à des températures variables, les altère et s'unit souvent avec les matières qui résultent de leur décomposition. Nous verrons, en parlant des fumigations, que c'est ainsi que cet agent précieux transforme en substances inertes les miasmes animaux les plus délétères.

830. Les *acides* forts décomposent ces principes immédiats ou s'unissent avec eux. L'acide *sulfurique* concentré les charbonne tous, même à froid ; il agit probablement en déterminant la formation d'une certaine quantité d'eau et d'ammoniaque aux dépens de l'oxigène, de l'hydrogène et de l'azote de la matière animale ; il paraît aussi qu'il se forme un peu de matière huileuse. Lorsqu'au lieu d'agir à froid, on élève la température du mélange, on obtient du gaz acide sulfureux provenant de la décomposition de l'acide sulfurique.

831. Si l'on soumet à une douce chaleur, et dans l'appareil décrit planche Iʳᵉ, fig. 1, un de ces principes immédiats mêlé avec de l'acide nitrique moyennement concentré, on obtient une multitude de produits que nous allons énumérer à-peu-près dans l'ordre de leur formation : *eau, gaz acide carbonique, gaz azote, acide hydro-cyanique, oxide d'azote, acide nitreux, ammoniaque, acides acétique, malique, oxalique, matière jaune détonnante,* composée d'acide nitrique et de matière animale altérée. Quelques-uns de ces principes immédiats donnent aussi une certaine quantité de *graisse. Théorie.* Tout ce que nous avons dit § 641, en parlant de l'action qu'exerce

l'acide nitrique sur les substances végétales s'applique ici ; l'oxigène de cet acide s'unit au carbone et à l'hydrogène de la matière animale pour donner naissance à de l'eau et à de l'acide carbonique ; l'azote, l'oxide d'azote et l'acide nitreux proviennent de l'acide nitrique décomposé ; l'acide hydro-cyanique et l'ammoniaque se forment aux dépens de l'azote de la matière animale, et peut-être d'une portion de celui qui appartenait à l'acide nitrique ; les acides malique, acétique, oxalique ne sont que la substance animale *déshydrogénée*, *décarbonée* et *désazotée ;* enfin le composé détonnant paraît résulter de la combinaison d'une portion d'acide nitrique avec la matière animale contenant encore beaucoup d'azote.

832. Les *alcalis* dissous dans l'eau décomposent ces principes immédiats à la chaleur de l'ébullition, et il se forme de l'ammoniaque qui se volatilise, de l'acide carbonique, acétique, et une matière animale particulière, qui restent unis avec l'*alcali*.

833. Lorsqu'on les fait rougir avec de la potasse ou de la soude, on les décompose ; ils se transforment en charbon ; mais comme ce charbon retient de l'azote, il se produit du cyanogène (composé d'azote et de carbone) qui, en s'unissant à la potasse ou à la soude, donne naissance à du *cyanure de potasse*, que l'on avait regardé jusque dans ces derniers temps comme un prussiate.

De la Fibrine.

La fibrine se trouve dans le chyle, dans le sang et dans le muscles, dont elle fait la base.

834. Elle est solide, blanche, insipide, inodore, plus pesante que l'eau, et sans action sur l'*infusum* de tournesol et sur le sirop de violette ; elle est molle et légèrement élastique. Lorsqu'on la dessèche, elle acquiert une couleur jaune plus ou moins foncée, devient dure et cassante.

Distillée elle fournit beaucoup de sous-carbonate d'ammo-niaque et une plus grande quantité de charbon que la gélatine et l'albumine; ce charbon est excessivement léger, très-brillant et très-difficile à incinérer; la cendre que l'on en obtient renferme une grande quantité de phos-phate de chaux, un peu de phosphate de magnésie, du carbonate de chaux et du carbonate de soude. La fibrine est insoluble dans l'*eau froide*; cependant si on la met en contact avec ce liquide, et qu'on le renouvelle, elle se putréfie de temps en temps, se change en une matière soluble, mais ne se transforme pas en graisse; le corps gras que l'on obtient en mettant la chair musculaire dans l'eau existait tout formé dans le muscle, et a seulement été mis à nu à mesure que celui-ci a éprouvé la putréfaction. (M. Gay-Lussac.) Si on fait bouillir la fibrine pendant quelques heures dans de l'eau, elle se décompose et perd la propriété de se dissoudre dans l'acide acétique, comme l'a prouvé M. Berzelius; le liquide filtré se trouve conte-nir une matière précipitable par l'*infusum* de noix de galle; lorsqu'on l'évapore il fournit un produit blanc, sec, dur, d'une saveur agréable. L'*alcool* d'une densité de 0,810, mis sur de la fibrine, la décompose même à froid, et il se forme au bout d'un certain temps une espèce de matière grasse analogue à l'adipocire, d'une odeur forte et désagréable, qui reste en dissolution dans le liquide, et lui donne la propriété de précipiter par l'eau. L'*éther* agit sur elle de la même manière; cependant la décomposition est plus rapide, la substance grasse formée plus abondante et douée d'une odeur plus désagréable.

Lorsqu'on fait digérer sur elle de l'acide *hydro-chlorique* faible, il se dégage du gaz azote, et l'on obtient une matière dure, racornie, insoluble dans l'eau, qui paraît être com-posée d'acide hydro-chlorique en excès et de fibrine al-térée. Traitée à plusieurs reprises par l'eau froide, cette matière perd une portion d'acide, et se transforme en une masse gélatineuse, soluble dans l'eau tiède, qui ne diffère de la précédente qu'en ce qu'elle contient moins d'acide. L'acide *sulfurique* affaibli par six fois son poids d'eau agit de la même manière sur la fibrine. Concentrés, ces deux acides se comportent avec la fibrine comme nous l'avons indiqué § 830.

L'acide *nitrique* un peu affaibli, celui dont la densité est de 1,25, sépare de la fibrine une assez grande quantité de gaz azote; il se produit de la graisse, et la liqueur acquiert une couleur jaune. Au bout de vingt-quatre heures de contact, la fibrine se trouve transformée en une masse pulvérulente, d'un jaune citrin pâle, qui paraît devoir être regardée, d'après M. Berzelius, comme de la fibrine altérée, de la graisse, de l'acide malique et de l'acide nitrique ou nitreux. Lavée à grande eau, cette masse devient orangée, perd une portion d'acide et constitue l'*acide jaune* découvert par Fourcroy et M. Vauquelin, en traitant la chair musculaire par l'acide nitrique. Ainsi lavée, si on la fait bouillir avec de l'alcool, on ne dissout que la graisse; le résidu traité par le carbonate de chaux, donne du malate, du nitrate et du nitrite de chaux solubles.

L'acide *acétique* concentré transforme la fibrine, par l'action de la chaleur, en une masse gélatineuse qui se dissout dans l'eau chaude avec dégagement de gaz azote. Ce *solutum*, incolore, est précipité par les acides sulfurique, nitrique et hydro-chlorique, qui se combinent avec la matière animale, et donnent des produits acides insolubles dans l'eau. La potasse, la soude, l'ammoniaque et l'hydro-cyanate de potasse et de fer (prussiate) le précipitent également; mais le dépôt se redissout dans un excès d'alcali. Évaporé, il fournit un résidu transparent, rougissant l'*infusum* de tournesol, insoluble dans l'eau, soluble dans l'acide acétique.

La *potasse* et la *soude* dissolvent la fibrine à froid , mais beaucoup moins facilement qu'ils ne dissolvent l'albumine coagulée ; la dissolution précipite sensiblement par l'acide hydro-chlorique ; si on élève la température, il y a décomposition et formation des produits indiqués § 832.

Lorsqu'on met de la fibrine dans une solution aqueuse d'hydro-chlorate de deutoxide de mercure (sublimé corrosif), ce sel est décomposé ; on remarque qu'il se forme sur-le-champ un précipité blanc de proto-chlorure de mercure (calomélas) qui se combine en partie et intimement avec la matière animale; la liqueur rougit le sirop de violette au lieu de le verdir, et contient de l'acide hydrochlorique libre. *Théorie.* L'acide hydro-chlorique du sublimé corrosif peut être représenté par :

Acide hydro-chlorique $+$ (hydrogène $+$ chlore).
et le deutoxide de mercure

par................... oxigène $+$ mercure.

Eau.	Chlorure de mercure.

Le deutoxide de mercure et une portion d'acide hydrochlorique sont décomposés par la fibrine ; l'oxigène du premier se porte sur l'hydrogène de l'acide pour former de l'eau ; tandis que le chlore, en s'unissant au mercure, le fait passer à l'état de proto-chlorure qui se combine intimement avec la matière animale : il est évident que l'acide hydro-chlorique non décomposé doit rester libre dans la liqueur.

La fibrine est composée, d'après MM. Gay-Lussac et Thenard, de

Carbone......................	53,360.
Oxigène......................	19,685.
Hydrogène....................	7,021.
Azote........................	19,934.

Elle est sans usages lorsqu'elle est parfaitement pure.

De l'Albumine.

L'albumine se trouve en très-grande quantité dans le blanc d'œuf, dans le sérum du sang, le chyle, la synovie, dans les liquides exhalés par les membranes séreuses, surtout dans les diverses hydropisies, dans la bile des oiseaux, etc.

835. *Albumine solide.* Elle offre à-peu-près les mêmes propriétés physiques que la fibrine, et fournit les mêmes produits à la distillation, excepté qu'elle donne un peu moins de charbon. L'eau, l'alcool, l'éther, les acides sulfurique, nitrique et hydro-chlorique agissent sur elle comme sur la fibrine. L'acide acétique et l'ammoniaque la dissolvent moins bien que la fibrine, tandis que *la potasse et la soude en opèrent beaucoup mieux la dissolution à froid* ; le *solutum* alcalin *précipite* par l'acide hydro-chlorique; mais le précipité se redissout dans un excès d'acide.

836. L'*albumine liquide* (1) est incolore, transparente, inodore, plus pesante que l'eau, et douée d'une légère saveur particulière ; elle est susceptible de mousser par l'agitation, surtout lorsqu'on l'a mêlée avec de l'eau ; elle verdit le sirop de violette, propriété qu'elle doit à une certaine quantité de sous-carbonate de soude qu'elle renferme.

P. E. Lorsqu'on soumet à la température de 74° thermomètre centigrade, l'albumine qui n'a pas été affaiblie par une très-grande quantité d'eau, elle se coagule et donne l'albumine solide, dure, opaque et blanche; ce phénomène n'a pas lieu, même à la température de l'ébullition, si l'albumine est étendue de dix à douze fois son poids d'eau ; cependant si on continue à faire bouillir, la liqueur se concentre, et se coagule lorsqu'elle est parvenue au degré de concentration convenable. M. Bostock a prouvé qu'on

---

(1) L'albumine dont nous allons décrire les propriétés n'est autre chose que du blanc d'œuf délayé dans l'eau pure, et filtré.

pouvait découvrir par ce moyen $\frac{1}{1000}$ d'albumine dissoute dans l'eau. On a beaucoup disserté sur la cause de cette coagulation. Fourcroy l'a expliquée en supposant que l'albumine s'emparait de l'oxigène de l'air et se transformait en une substance nouvelle; mais cette explication tombe d'elle-même dès qu'il est établi que le phénomène a lieu aussi bien dans des vaisseaux fermés qu'à l'air libre. M. Thompson ayant égard à la composition de l'albumine liquide, dans laquelle on trouve de l'eau, du sous-carbonate de soude et de l'albumine, a pensé que sa liquidité était due à la soude qui la tenait en dissolution, et que lorsqu'on la faisait chauffer, l'alcali s'unissait intimement avec l'eau et abandonnait l'albumine, qui se déposait à l'état solide. Les physiciens s'accordent aujourd'hui à regarder la cohésion comme la cause de la coagulation de cette substance : chauffe-t-on, par exemple, de l'albumine liquide, les molécules d'eau s'éloignent des molécules albumineuses ; l'affinité des unes pour les autres diminue et l'albumine se précipite.

Lorsqu'on dessèche l'albumine, en l'exposant au soleil ou en la soumettant à une température de 40 à 50°, elle ne se coagule pas, et l'on obtient une masse *jaunâtre parfaitement soluble dans l'eau froide.*

837. Soumise à l'action d'une *pile voltaïque*, l'albumine liquide se coagule sur-le-champ (Brande). Les expériences faites par sir E. Home prouvent qu'il ne faut, pour produire le phénomène, qu'un appareil voltaïque d'un très-petit pouvoir, celui, par exemple, qui n'est pas assez fort pour affecter les électromètres les plus délicats ; le *coagulum* formé se trouve tout autour du pole résineux ou négatif. M. Brande pense que ce moyen peut être employé avec succès pour découvrir les petites quantités d'albumine qui font partie de certains fluides animaux.

838. L'*iode*, trituré avec l'albumine, la coagule ; le

coagulum est brun, se dissout dans les alcalis, et devient blanc lorsqu'on le lave avec de l'eau bouillante. (Peschier.) Le *chlore* ne tarde pas à coaguler l'albumine liquide et à en séparer des flocons blancs. Les *acides* sulfurique, sulfureux, nitrique, hydro-chlorique, et tous ceux qui sont un peu forts, excepté les acides phosphorique et acétique, se combinent avec elle et la coagulent sur-le-champ ou au bout de quelques heures; le *coagulum* est formé, d'après M. Thenard, d'albumine et d'acide.

839. Aucun des six alcalis dissous dans l'eau ne coagule l'albumine; ils la rendent au contraire plus fluide. Schéele fit une expérience curieuse que nous croyons devoir rapporter : il combina de l'albumine étendue d'eau avec une dissolution de potasse caustique, privée par conséquent d'acide carbonique; le composé, parfaitement transparent, fut *coagulé* aussitôt que la potasse fût saturée par de l'acide hydro-chlorique; le calorique dégagé pendant la combinaison de l'acide avec la potasse occasionna, suivant Schéele, la prompte formation du *coagulum*. Il répéta l'expérience en substituant à l'alcali caustique du sous-carbonate de potasse, et il n'y eut point de *coagulation* : dans ce dernier cas, le calorique mis à nu par l'action de l'acide sur le sel, fut employé à transformer en gaz l'acide carbonique qui se dégagea pendant la décomposition du sous-carbonate.

840. L'*alcool* coagule l'albumine sur-le-champ; le *tannin* s'y unit et la précipite également; le précipité jaune, très-abondant, a la consistance de la poix; il est insoluble dans l'eau, et ressemble à du cuir trop tanné, lorsqu'il a été desséché. (Séguin.)

Les *dissolutions salines* exercent sur ce fluide une action remarquable; presque toutes celles appartenant aux quatre dernières classes sont décomposées et précipitées par lui; la nature des précipités obtenus n'est pas assez connue pour pouvoir être indiquée d'une manière générale ; il est cependant probable que dans un assez grand nombre de cas, ces précipités sont formés d'albumine, d'oxide métallique et d'une certaine quantité d'acide.

841. Les sels de *cuivre*, dissous dans l'eau, donnent avec l'albumine un précipité abondant, d'un blanc verdâtre, qui n'exerce aucune action délétère sur l'économie animale : aussi avons-nous proposé l'albumine comme le meilleur contre-poison des sels cuivreux.

842. Si l'on verse une très-grande quantité d'hydrochlorate de deutoxide de mercure (sublimé corrosif dissous), ou de tout autre sel mercuriel, dans l'albumine, il se forme un précipité blanc floconneux qui se ramasse sur-le-champ ; ce précipité, parfaitement lavé, se dissout lentement, et en petite quantité, dans un excès d'albumine. Lorsqu'il a été desséché sur un filtre, il se présente pour l'ordinaire sous la forme de petits morceaux durs, cassans, faciles à pulvériser, demi-transparens, principalement sur leurs bords, d'une couleur jaunâtre, sans saveur, sans odeur, inaltérables à l'air et insolubles dans l'eau. Chauffés dans un petit tube de verre, ils se boursoufflent, noircissent, et se décomposent à la manière des matières animales, en dégageant une odeur de corne brûlée et beaucoup de fumée. Si on casse le tube après l'opération, on trouve le fond rempli d'un charbon extrêmement léger, et les parois internes tapissées, vers le milieu de leur hauteur, de globules mercuriels. Si, au lieu de faire cette expérience dans un tube ouvert, on la fait dans des vaisseaux fermés, on peut recueillir tous les produits de l'opération : la nature de ces produits démontre jusqu'à l'évidence que le précipité est du proto-chlorure de mercure (calomélas), intimement uni à l'albumine. (*Voyez*, pour la théorie, § 253.) Ce précipité se dissout parfaitement dans la potasse, la soude et l'ammoniaque, ou dans leurs sous-carbonates.

Si au lieu de verser beaucoup de sublimé corrosif dans l'albumine, on n'en met qu'une très-petite quantité, la liqueur se trouble, devient laiteuse, et ne précipite qu'au bout de quelques heures. Si on filtre, on obtient le précipité blanc dont nous venons de faire l'histoire, et il passe un liquide parfaitement limpide, qui n'est autre chose que de l'albumine retenant en dissolution une portion du précipité.

Lorsqu'on emploie moins d'albumine que dans le cas précédent, les mêmes phénomènes ont lieu, avec cette légère différence que le liquide filtré est composé d'une portion du précipité dissous dans l'albumine, et d'une certaine quantité de sublimé corrosif. En effet, il rougit la teinture de tournesol et verdit le sirop de violette; il précipite en noir par les hydro-sulfates; il agit sur une lame de cuivre absolument comme le sublimé corrosif; il précipite en blanc par une nouvelle quantité d'albumine, et alors il ne contient plus de sublimé. Ajoutons à ces expériences, qui prouvent l'existence du sublimé corrosif dans ce liquide, celles qui y démontrent la présence de l'albumine. L'acide nitrique le précipite en blanc; la dissolution de sublimé corrosif en sépare sur-le-champ des flocons blancs; enfin le calorique le coagule ou le rend seulement opalin, suivant que la quantité d'albumine est plus ou moins considérable. Il faut conclure de ces expériences que l'albumine, ainsi combinée avec ce précipité, peut former un corps soluble avec le sublimé corrosif.

Ces expériences nous ont conduits à examiner si le précipité obtenu par ce moyen exerçait une action quelconque sur l'économie animale, et nous avons conclu, après une nombreuse suite d'essais faits sur les animaux vivans, qu'il n'agissait point; en conséquence nous avons proposé l'albumine comme le meilleur antidote du sublimé corrosif et des sels mercuriels, et nous avons eu la satisfaction depuis de pouvoir en faire une application heureuse dans un cas d'empoisonnement par la liqueur mercurielle de Van-Swiéten. (*Voyez* ma *Toxicologie générale*, t. Ier.)

L'albumine est formée, suivant MM. Gay-Lussac et Thenard, de 52,883 parties de carbone, de 23,872 d'oxigène, de 7,540 d'hydrogène et de 15,705 d'azote. Il paraît qu'elle contient en outre un peu de soufre, car lorsqu'on la fait cuire dans des vases d'argent, elle les noircit ; elle fournit d'ailleurs du gaz acide hydro-sulfurique en se putréfiant.

On l'emploie pour clarifier une multitude de sucs troubles ; ainsi, il suffit de la faire chauffer avec des sirops, des jus d'herbes, etc., pour les rendre transparens ; l'albumine se coagule dans ce cas, et s'empare des molécules ténues qui altéraient leur transparence. Quelquefois la coagulation de l'albumine, dans certaines liqueurs, a lieu à froid ; par exemple, lorsque celles-ci contiennent du tannin, qui forme avec elle un composé insoluble : c'est par ce moyen que l'on clarifie les vins, la bière, etc. L'albumine sert comme contre-poison des sels cuivreux et mercuriels ; unie à la chaux, elle forme un lut très-siccatif ; enfin elle fait partie de plusieurs matières alimentaires.

Du Principe colorant du sang des animaux.

M. Brande a prouvé le premier que le sang était coloré par une matière animale, et que c'était à tort que l'on avait fait résider dans le fer la cause de sa couleur. M. Vauquelin, en répétant les expériences de M. Brande, a confirmé son travail et y a ajouté quelques faits remarquables : nous allons exposer l'histoire de ce corps, d'après les mémoires de ces deux savans.

843. Le principe colorant du sang est solide, inodore et insipide ; lorsqu'il est récemment séparé du sang, il a une

couleur *rouge pourpre* et même violacée, qui paraît verdâtre par réfraction ; quand il est sec , il est *noir* comme du jayet, dont il offre la cassure et le brillant. Distillé , il ne change ni de forme, ni de couleur, ni de volume ; il fournit du carbonate d'ammoniaque , une *huile rouge pourpre*, fort peu de gaz et beaucoup de charbon. Il ne change pas de couleur par son exposition à l'*air*. Il est insoluble dans l'eau ; mais si on le délaye dans ce liquide, il acquiert une couleur rouge vineuse. Il se dissout à merveille dans les acides et dans les alcalis , auxquels il communique une couleur rouge pourpre ; les dissolutions qui en résultent ne sont point précipitées par l'hydro-chlorate de baryte , l'acide gallique , ni le prussiate de potasse, preuve qu'elles ne renferment ni acide sulfurique ni fer; l'*infusum de noix de galle* , versé dans les dissolutions acides , en précipite la matière colorante avec sa propre couleur, ce qui n'aurait pas lieu si la dissolution contenait du fer (1).

La dissolution nitrique du principe colorant du sang n'est pas troublée par le nitrate d'argent ; mais l'acétate de plomb y fait naître un précipité brun , et le décolore complètement.

Si l'albumine du sang est mêlée avec une certaine quantité de ce principe colorant, la liqueur est rouge ; en abandonnant cette liqueur à elle-même, la matière colorante se dépose au bout d'un certain temps et l'albumine acquiert une couleur jaune verdâtre ; mais si le principe colorant déjà précipité reste en contact avec l'albumine jusqu'à ce

---

(1) Dans un mémoire récemment imprimé , M. Berzelius prétend , contre l'opinion de MM. Brande et Vauquelin , que le principe colorant du sang contient un demi pour cent de *fer à l'état métallique* , dont on peut démontrer l'existence en réduisant ce principe en cendres.

qu'elle soit putréfiée, il se redissout et la dissolution est de couleur écarlate : ce phénomène dépend de ce que l'ammoniaque provenant de la décomposition de l'albumine dissout le principe colorant, dont la couleur rouge produit l'écarlate par son mélange avec la couleur jaune de l'albumine.

Le principe colorant du sang est sans usages. Les essais qui ont été faits pour le fixer sur le coton ont tous été infructueux. M. Vauquelin termine son mémoire par quelques réflexions qui nous semblent devoir être rapportées : 1° la matière colorante du sang est exempte de fer ; 2° sa couleur diffère de celle du sang, qui est d'un rouge vif ; elle a cependant beaucoup de rapport avec la couleur du sang qui a été privé pendant quelque temps de l'influence de l'air ; 3° la matière colorante du sang ne change pas de couleur à l'air, tandis que le sang veineux acquiert de suite une belle couleur vermeille. Ces anomalies tiennent-elles à une altération éprouvée par le principe colorant pendant sa préparation, ou bien dépendent-elles de ce que dans le sang la matière colorante est mêlée ou combinée avec d'autres substances ? On l'ignore complètement.

De la Gélatine (colle-forte).

La chair musculaire, la peau, les cartilages, les ligamens, les tendons, les aponévroses, les membranes, les os, etc., contiennent une plus ou moins grande quantité d'une matière particulière qu'il suffit de traiter par l'eau bouillante pour transformer en *gélatine* ; il paraît donc que ce principe immédiat n'existe pas tout formé dans les divers solides dont nous venons de faire l'énumération ; les fluides animaux, dans l'état sain, ne renferment jamais ni la gélatine ni la matière propre à la former.

844. La gélatine pure est demi-transparente, incolore,

inodore, insipide , plus pesante que l'eau , sans action sur l'*infusum* de tournesol et sur le sirop de violette; sa dureté et sa consistance varient beaucoup. Le *calorique* agit sur elle comme sur toutes les substances de cette classe. A l'état solide , elle n'éprouve aucune altération de la part de l'air ; il n'en est pas de même si elle est à l'état liquide ou sous la forme de gelée , car elle ne tarde pas à s'aigrir et à éprouver tous les phénomènes de la putréfaction. L'*eau* froide n'en dissout qu'une très-petite quantité ; mais elle se gonfle , devient molle et élastique en absorbant ce liquide ; l'eau chaude la dissout à merveille. Suivant M. Bostock , il suffit de dissoudre une partie de gélatine pure dans 100 parties d'eau pour que la liqueur se prenne en *gelée* par le refroidissement ; tandis qu'avec une plus grande quantité de liquide on ne peut obtenir la *gelée* qu'à l'aide de l'évaporation. Cette gelée peut être dissoute dans l'eau sans éprouver aucune altération , puisqu'on peut de nouveau lui donner l'état gélatineux en la faisant évaporer.

845. Lorsqu'on fait arriver du *chlore* gazeux dans une dissolution de gélatine , il se forme de l'acide hydro-chlorique aux dépens de l'hydrogène de la gélatine, et un produit blanc , floconneux , composé de filamens nacrés très-flexibles , très-élastiques , que l'on peut regarder comme de la gélatine altérée , combinée avec du chlore et avec de l'acide hydro-chlorique. Ces filamens sont insipides , insolubles dans l'eau et dans l'alcool ; ils ne se putréfient pas, et exercent à peine de l'action sur l'*infusum* de tournesol, à moins qu'ils ne contiennent un grand excès d'acide ; ils dégagent spontanément du chlore, mais ils en donnent beaucoup plus si on les chauffe ; ils forment avec les alcalis des hydrochlorates. (M. Thenard.)

Les alcalis, les acides et la plupart des sels ne troublent point le *solutum* de gélatine ; les alcalis et les acides affaiblis dissolvent même la gélatine solide ; la dissolution formée par les premiers n'est pas précipitée par les acides concentrés. Ces *acides* agissent sur elle comme sur les autres substances de cette section. L'acétate de plomb ne la précipite pas ; le nitrate de mercure fait naître dans le *solutum* de gélatine un précipité très-abondant, analogue à la matière caséeuse.

846. Lorsqu'on verse dans une dissolution d'hydro-chlorate de deutoxide de mercure, concentrée et bouillante (sublimé corrosif dissous), de la gélatine dissoute et à la même température, la liqueur conserve sa transparence ; mais à mesure qu'elle se refroidit, on la voit se troubler et laisser déposer une foule de parties blanches, solides, collantes et comme gélatineuses, qui disparaissent, ainsi que le trouble, lorsqu'on élève de nouveau la température du liquide jusqu'au degré de l'ébullition. Si, au lieu d'agir à chaud, on prend une dissolution concentrée de gélatine à la température ordinaire, et qu'on la mêle avec une dissolution concentrée de sublimé corrosif, on observe le même trouble et le même dépôt ; et la liqueur, comme dans le premier cas, reprend sa transparence par l'action de la chaleur. Les flocons obtenus par ce moyen, mis sur le feu, répandent l'odeur de corne brûlée ; lavés avec de la potasse à l'alcool, ils noircissent sur-le-champ et donnent de l'oxide noir de mercure, tandis qu'il se forme de l'hydro-chlorate de potasse ; d'où il faut conclure que la dissolution de gélatine fait éprouver au sublimé corrosif le même genre de décomposition que l'albumine, c'est-à-dire, qu'elle le transforme en proto-chlorure de mercure qui se combine avec une portion de matière animale. Il est inutile de faire observer qu'en chauffant ces flocons, on en retire du mercure métallique.

847. L'alcool précipite la gélatine de sa dissolution aqueuse concentrée ; l'eau dissout le précipité ; du reste l'alcool, l'éther et les huiles sont sans action sur la gélatine

solide. Le *tannin*, versé dans le *solutum* aqueux de gélatine, s'empare de celle-ci, et produit un précipité abondant, d'un blanc grisâtre, collant, élastique, qui, étant desséché, devient dur et présente une cassure vitreuse ; il est insoluble dans l'eau, insipide, imputrescible et soluble dans un excès de gélatine ; il constitue en partie le cuir tanné. (Voyez *Peau*.) Une dissolution qui ne contient que $\frac{1}{5000}$ de son poids de gélatine est troublée et précipitée par le tannin ou par l'*infusum* de noix de galle.

Suivant MM. Gay-Lussac et Thenard, la gélatine est formée de

Carbone............................	47,881.
Oxigène............................	27,207.
Hydrogène.........................	7,914.
Azote..............................	16,998.

La gélatine a des usages nombreux ; le bouillon, presqu'entièrement formé par elle, lui doit ses propriétés nutritives ; elle constitue les gelées, etc. Nous devons maintenant examiner les diverses variétés de gélatine.

Ichtyocolle, ou colle de poisson. La colle de poisson n'est autre chose que la membrane interne de la vessie natatoire de différens poissons, lavée et desséchée en plein air ; la plus estimée est incolore, demi-transparente, sèche, inodore, insipide, presqu'entièrement formée de gélatine, et moins soluble dans l'eau que la colle-forte ; elle est fournie par les esturgeons suivans : *accipenser sturio, stellatus, huso* et *ruthenus* ; on en retire aussi de tous les poissons sans écailles, des loups marins, des marsouins, des requins, des sèches, des baleines, etc. ; mais elle est inférieure à l'autre. On l'emploie pour clarifier les liqueurs, pour donner de l'apprêt à la soie, pour préparer le taffetas gommé, etc.

Colle-forte. La colle forte la plus pure est très-dure,

fragile, d'un brun foncé, également transparente dans toutes ses parties et sans aucune tache noire ; l'eau froide la gonfle et la rend gélatineuse sans la dissoudre ; elle n'est soluble dans ce liquide que lorsqu'elle n'est pas assez forte ; c'est des rognures de peaux de plusieurs espèces d'animaux, des sabots et des oreilles de chevaux, de bœuf, de mouton, de veau, etc., qu'on l'extrait ; on l'emploie dans la composition de la peinture en détrempe, pour coller les bois, pour fabriquer le papier, etc. Il y a une variété de colleforte appelée *size*, qui ne diffère de la précédente que par un plus grand degré de pureté, et dont les papetiers se servent pour fortifier le papier ; elle est aussi employée par les fabricans de toile, les doreurs, les fourbisseurs, etc. ; on l'obtient avec les peaux d'anguilles, le vélin, le parchemin, les peaux de chevreaux, de chat, de lapin, etc.

Du Mucus animal.

Le mucus se trouve à la surface de toutes les membranes muqueuses, dans les cheveux, les poils, la laine, les plumes, les écailles des poissons, etc. ; il constitue presque à lui seul les durillons, les ongles, les parties épaisses de la plante des pieds et les cornes ; les écailles sèches que l'on remarque quelquefois à la surface de la peau en sont entièrement formées : la bile en contient également. On ne sait pas encore si le mucus de ces diverses parties est identique.

848. *Mucus liquide.* Il est transparent, visqueux, filant, inodore et insipide. Exposé à l'air, il se dessèche ; chauffé, il ne se coagule point, et ne se prend pas en gelée.

849. *Mucus solide.* Il est demi-transparent comme la gomme, fragile, insoluble dans l'eau, l'alcool et l'éther, susceptible de se gonfler et de se ramollir dans le premier de ces liquides ; il est peu soluble dans les acides. Chauffé dans des vaisseaux fermés, il se décompose et fournit une très-

grande quantité de sous-carbonate d'ammoniaque ; mis sur les charbons ardens, il fond, se boursouffle, et répand l'odeur de la corne décomposée par le feu. Nous devons à Fourcroy et à MM. Vauquelin, Berzelius et Hatchett, presque tout ce que nous savons sur le mucus.

Après avoir parlé de ce corps en général, nous allons examiner quelques espèces en particulier, et noter, d'après M. Berzelius, les différences qu'elles présentent.

Mucus des narines et de la trachée. Il est formé, suivant M. Berzelius, de 993,9 d'eau, de 53,3 de matière muqueuse, de 5,6 d'hydro-chlorates de potasse et de soude, de 3 de lactate de soude, uni à une substance animale, de 0,9 de soude, de 3,5 de phosphate de soude, d'albumine, et d'une matière animale insoluble dans l'alcool et soluble dans l'eau. Ce mucus était très-consistant, et aurait fourni une plus grande quantité d'eau s'il eût été plus fluide. Suivant MM. Vauquelin et Fourcroy, le mucus des narines, dans le coryza ou rhume de cerveau, contient de l'eau, de l'hydrochlorate de soude, de la soude libre, du mucus et quelques traces de phosphates de chaux et de soude. Les propriétés du mucus des narines ne diffèrent presque pas de celles que nous avons attribuées au mucus en général, d'après Fourcroy et M. Vauquelin. M. Brande dit que le mucus de la trachée-artère n'est précipité ni par l'alcool ni par les acides.

Mucus de la vésicule du fiel. Il est plus transparent que celui des narines, et a une teinte jaunâtre qu'il reçoit de la bile. Quand il est desséché, il se ramollit dans l'eau, mais il perd une partie de ses propriétés muqueuses. Il se dissout dans les alcalis, devient beaucoup plus fluide, et peut en être précipité par les acides. L'alcool le coagule en une masse grenue, jaunâtre, à laquelle on ne peut pas rendre les propriétés du mucus. Tous les acides y font naître un *coagulum* jaunâtre qui rougit l'*infusum* de tournesol.

Mucus des intestins. Lorsqu'il a été desséché, on ne peut pas lui rendre ses propriétés muqueuses par l'addition de l'eau; les alcalis produisent cet effet; mais le mucus est toujours opaque.

Mucus des conduits de l'urine. Il perd totalement ses propriétés par la dessiccation; alors il paraît cristallisé, et acquiert une couleur rosée qu'il doit à l'acide urique; il est très-soluble dans les alcalis, et ne peut être séparé de ses dissolutions par les acides; le tannin le précipite sous la forme de flocons blancs.

Mucus de la salive. Il est blanc, insoluble dans l'eau, soluble en grande partie dans la potasse et dans la soude, d'où il peut être précipité par les acides; la portion qui ne se dissout pas dans ces alcalis disparaît facilement dans l'acide hydro-chlorique, et ne peut pas être précipitée par une nouvelle quantité d'alcali. Les acides acétique et sulfurique étendus d'eau ne le dissolvent pas, mais le rendent transparent et corné. Suivant M. Brande, l'acétate de plomb ordinaire le précipite, tandis que l'*infusum* de noix de galle, les hydro-chlorates de deutoxide de mercure et d'étain, ne le précipitent point. Ce chimiste croit, après avoir soumis ce mucus à l'action du fluide électrique, qu'il pourrait être composé d'albumine et de sel commun, ou d'albumine et de soude. M. Berzelius pense que le mucus de la salive est fourni par la membrane muqueuse de la bouche, et par conséquent qu'il n'entre pas comme partie essentielle dans la composition de la salive : cette opinion n'est pas généralement partagée.

De l'Urée.

L'urée n'a été trouvée jusqu'à présent que dans l'urine de l'homme et dans celle de tous les quadrupèdes; il est probable qu'elle existe chez tous les autres animaux.

850. L'urée pure est sous la forme de lames micacées, brillantes, incolores, ou en feuilles quadrilatères, allongées, transparentes, asséz dures et plus pesantes que l'eau; elle exhale une odeur particulière analogue à celle de l'urine; sa saveur est fraîche et piquante; elle n'agit point sur l'*infusum* de tournesol; *chauffée* dans des vaisseaux clos, elle se fond, se décompose subitement, et donne très-peu de charbon, beaucoup de sous-carbonate d'ammoniaque, et une substance qui présente presque tous les caractères de l'acide *urique* : ces deux matières sont élevées par la sublimation dans le col de la cornue; le produit liquide est composé d'une très-petite quantité d'eau, d'huile et d'un atome d'acétate d'ammoniaque; le produit gazeux est imprégné d'une odeur fétide; il entraîne du carbonate d'ammoniaque.

L'urée absorbe fortement l'humidité de l'*air*, et se dissout très-bien dans l'eau. L'alcool la dissout aussi facilement, moins abondamment cependant, et moins vite que ne le fait l'eau. La dissolution aqueuse d'urée, abandonnée à elle-même, ne tarde pas à se décomposer, et donne du sous-carbonate et de l'acétate d'ammoniaque. Le *chlore* la décompose, s'empare de son hydrogène, passe à l'état d'acide hydrochlorique, et il se forme des flocons semblables à une huile concrète; il se produit en outre du gaz acide carbonique, du sous-carbonate d'ammoniaque et du gaz azote. Quelques gouttes d'acide nitrique, versées dans cette dissolution un peu concentrée, donnent naissance sur-le-champ à une foule de cristaux lamelleux, brillans, et la liqueur se prend en masse; ces cristaux sont composés d'urée et d'acide nitrique en excès; ils sont peu solubles dans l'eau, décomposables par les alcalis, et susceptibles de détonner quand on les distille; ce phénomène est dû à ce qu'il se forme une certaine quantité de nitrate d'ammoniaque qui, comme nous l'avons dit § 300, est susceptible de se décomposer complètement par le feu. L'acide *nitreux* ne précipite point l'urée de sa dissolution, mais il la décompose rapidement et donne naissance aux mêmes produits que l'acide nitrique. L'acide *sulfurique* faible, chauffé avec cette dissolution, décompose l'urée, qu'il transforme en partie en huile; il en sépare une portion de carbone qui colore et trouble la dissolution; enfin, il donne naissance à beaucoup de sulfate d'ammoniaque.

L'urée influe tellement sur la cristallisation de plusieurs sels avec lesquels elle est mêlée, que la forme cubique de l'hydro-chlorate de soude est changée en celle d'un octaèdre, tandis que la forme octaédrique de l'hydro-chlorate d'ammoniaque est transformée en celle d'un cube. Il en est à-peu-près de même pour le sulfate de potasse, qu'on ne peut obtenir que sous la forme de mamelons tant qu'on n'a pas détruit, par la calcination, l'urée avec laquelle il était uni.

L'*infusum* de noix de galle ne trouble point la dissolution d'urée; il en est de même des alcalis : cependant ceux-ci la décomposent à l'aide de la chaleur.

L'urée est formée, d'après Fourcroy et M. Vauquelin, de

Oxigène	28,5.
Azote	32,5.
Carbone	14,7.
Hydrogène	11,8.

Elle a été découverte par Rouelle le cadet; mais la plupart de ses propriétés ont été exposées, pour la première fois, par Fourcroy et M. Vauquelin. Elle est sans usages.

De la Matière caséeuse.

La matière caséeuse ne se rencontre que dans le lait ; cependant elle a été trouvée par M. Cabal dans l'urine d'une femme de vingt-six ans, veuve depuis plusieurs années, et qui n'avait jamais eu de maladie laiteuse. (*Annales de Chimie*, tom. LV, pag. 64). Plusieurs médecins ont annoncé, sans le prouver, qu'elle existait aussi dans l'urine des femmes nouvellement accouchées qui ne nourrissent pas leurs enfans, et dans celle des femmes qui sèvrent.

851. Le caséum est blanc, solide, inodore, insipide, plus pesant que l'eau, sans action sur l'*infusum* de tournesol et sur le sirop de violette. Soumis à la distillation, il fournit une eau rougé, fétide, une huile épaisse, presque concrète, d'une couleur brune foncée, du sous-carbonate d'ammoniaque et un charbon volumineux, dur, brillant, qui donne par l'incinération beaucoup de phosphate de chaux. Par son exposition à l'*air*, le caséum acquiert de la consistance, s'altère et se transforme en une sorte de fromage. Il est insoluble dans l'eau et dans l'alcool. Les alcalis, et surtout l'ammoniaque, le dissolvent facilement à l'aide d'une légère chaleur ; si on le fait bouillir long-temps avec ces substances, il se décompose et fournit de l'ammoniaque, des gaz, etc. Les acides minéraux affaiblis et les acides végétaux concentrés le dissolvent également à une température peu élevée. Il est formé, suivant MM. Gay-Lussac et Thenard, de

Carbone...........................	59,781.
Oxigène...........................	11,409.
Hydrogène.........................	7,429.
Azote.............................	21,381.

Nous verrons, en parlant du lait, que le caséum doit

être regardé comme faisant la base de toutes les espèces de fromage.

De la Matière extractive du bouillon, ou de l'osmazome.

852. Cette matière, décrite pour la première fois par Thouvenel, et que M. Thenard a proposé d'appeler *osmazome*, se trouve dans la chair de bœuf, dans le cerveau, dans le bouillon, dans quelques champignons, etc. Elle est sous la forme d'un extrait brun rougeâtre, d'une odeur aromatique et d'une saveur forte, semblable à celle du bouillon. Chauffée, elle se boursoufle, se décompose, fournit du sous-carbonate d'ammoniaque et un charbon volumineux, dont on retire, par l'incinération, du sous-carbonate de soude. Exposée à l'air, elle en attire l'humidité, mais elle tarde assez long-temps à s'aigrir et à se putréfier. L'eau et l'alcool la dissolvent facilement ; le *solutum* aqueux précipite abondamment par l'infusion de noix de galle, par le nitrate de mercure, par l'acétate et par le nitrate de plomb.

Le bouillon doit sa saveur et son odeur à cette matière ; il est d'autant meilleur qu'il en contient davantage. Suivant M. Thenard, il y a dans le bouillon 7 parties de gélatine contre une partie d'osmazome. Cette matière n'est point regardée par tous les chimistes comme un principe immédiat particulier.

Du Picromel.

Le picromel fait partie de la bile de la plupart des animaux ; on ne l'a cependant pas trouvé dans la bile de l'homme, quoiqu'il fasse partie de certains calculs biliaires contenus dans la vésicule humaine.

853. Il ressemble, par son aspect et par sa consistance, à la térébenthine ; il est incolore, doué d'une odeur nauséabonde, et d'une saveur âcre, amère et sucrée, qui lui a fait donner

le nom sous lequel il est connu ; sa pesanteur spécifique est plus considérable que celle de l'eau. Soumis à la distillation, il se boursoufle, se décompose, et fournit à peine du sous-carbonate d'amoniaque. Il est déliquescent, et par conséquent très-soluble dans l'eau ; il se dissout aussi dans l'alcool. Le *solutum* aqueux n'est point troublé par les alcalis, par l'infusion de noix de galle, par l'*acétate de plomb ordinaire*, ni par la plupart des sels ; il n'est guère précipité que par le *sous-acétate de plomb*, le nitrate de mercure et les sels de fer.

M. Thenard, à qui nous sommes redevables de presque tout ce que nous savons sur cette substance, a prouvé, 1° que la résine de la bile, dont nous parlerons plus bas, est soluble dans le picromel ; 2° que la résine, le picromel et la soude peuvent s'unir et former un composé très-intime ; 3° que la dissolution de résine dans le picromel peut décomposer, à l'aide de la chaleur, l'hydro-chlorate de soude (sel marin), et que si l'on calcine le mélange de ces trois corps, on transforme le picromel et la résine en charbon, contenant du sous-carbonate de soude.

Le picromel, traité à une douce chaleur par les acides nitrique, sulfurique ou hydro-chlorique étendus, donne une masse visqueuse, sur laquelle l'eau exerce à peine de l'action. On n'a pas encore analysé ce produit. Il est sans usages.

De la Matière jaune de la bile.

La matière jaune de la bile, regardée par quelques chimistes comme du mucus altéré, fait partie de la bile de presque tous les animaux, et de presque tous les calculs biliaires de l'homme ; les calculs biliaires de bœuf en sont entièrement formés, et il n'est pas rare de la voir se déposer sur les parois de la vésicule du fiel et des canaux biliaires, qu'elle obstrue quelquefois.

854. Elle est solide, pulvérulente lorsqu'elle est sèche, d'une couleur jaune, sans saveur, sans odeur, et plus pesante que l'eau ; distillée, elle se comporte comme les matières azotées. (*Voyez* § 828.) L'eau, l'alcool et les huiles ne peuvent point la dissoudre ; il n'en est pas de même des alcalis ; le *solutum* laisse précipiter des flocons bruns verdâtres par l'addition d'un acide. Elle passe au vert par son contact avec l'acide hydro-chlorique, qui, du reste, n'en dissout qu'un atome. Elle est sans usages.

De la Résine de la bile (matière verte).

855. M. Thenard admet dans la bile une matière verte, amère, analogue aux résines, peu soluble dans l'eau, susceptible d'être précipitée de sa dissolution par l'acétate et par le sous-acétate de plomb, et de donner un précipité composé de protoxide de plomb et de résine ; elle est en outre soluble dans les alcalis, dans le picromel, etc. M. Berzelius la croit formée d'acide et d'une matière particulière propre à la bile. En attendant que de nouvelles expériences aient décidé laquelle de ces deux opinions doit prévaloir, nous considérerons cette matière comme un principe immédiat particulier, qui, suivant nous, peut s'altérer facilement dans certaines maladies bilieuses, contracter une saveur âcre, caustique, et jouer un très-grand rôle dans la production de quelques ulcères, qu'il n'est point rare de découvrir dans le canal digestif de certains individus qui ont succombé à la suite d'une maladie bilieuse : du moins tels sont les résultats auxquels nous croyons avoir été conduits par quelques expériences de chimie pathologique.

Du Sucre de lait (saccharum lactis).

Il n'a été trouvé que dans le lait. Il est sous la forme de parallélipipèdes réguliers, terminés par des pyramides à quatre faces, incolores, demi-transparens, durs, inodorés, doués d'une saveur légèrement sucrée, et plus pesans que l'eau. Soumis à la distillation, il se boursouffle et se décompose à la manière des principes immédiats *des végétaux de la 2ᵉ classe*, ce qui prouve qu'il ne renferme pas un atome d'azote. Il est inaltérable à l'air, peu soluble dans l'eau froide, plus soluble dans l'eau bouillante, et insoluble dans l'alcool. Le *solutum* aqueux n'est précipité ni par les alcalis, ni par les acides, ni par l'infusion de noix de galle, ni par les sels ; l'alcool le trouble sensiblement. L'acide *nitrique* agit sur lui à chaud comme sur la gomme ; il le transforme en acide *saccholactique* (mucique), et en acides malique et oxalique. Trituré avec de la levure et de l'eau, il ne fermente pas comme le sucre proprement dit.

M. Vogel a prouvé, en 1812, que lorsqu'on fait bouillir pendant trois heures 100 parties de sucre de lait avec 400 parties d'eau et 2, 3, 4 ou 5 parties d'acide sulfurique à 66°, ou d'acide hydro-chlorique, et que l'on ajoute de l'eau à mesure qu'elle s'évapore, on obtient, après avoir saturé l'excès d'acide par du carbonate de chaux, une matière analogue à la cassonade, beaucoup plus sucrée que le sucre de lait, très-soluble dans l'alcool, et susceptible d'éprouver la fermentation spiritueuse par son mélange avec l'eau et avec la levure.

Le sucre de lait est composé, d'après MM. Gay-Lussac et Thenard, de 38,825 de carbone, et de 61,175 d'hydrogène et d'oxigène, dans les proportions nécessaires pour former de l'eau. Il fait la base du petit-lait ; il est rarement administré seul en médecine ; il est quelquefois employé pour falsifier la cassonade : on pourra aisément reconnaître la fraude au moyen de l'eau ou de l'alcool faible ; ces liquides dissoudront le sucre, et n'agiront point, ou agiront à peine sur le sucre de lait.

Des Principes immédiats gras.

Nous avons cru devoir ranger les graisses composées de stéarine et d'élaïne, à côté des huiles, dans la chimie végétale : en effet, un des caractères les plus remarquables de ces graisses est de pouvoir saponifier les alcalis, propriété dont jouissent également les huiles grasses : d'ailleurs, ces huiles paraissent également formées de stéarine et d'élaïne ou de substances analogues. Nous réservons pour cette section une matière grasse regardée comme un principe immédiat, et qui ne jouit pas de la propriété de saponifier les alcalis : elle est connue sous le nom de *cholestérine (adipocire)*.

De la Cholestérine.

856. La cholestérine se trouve très-abondamment dans les calculs biliaires de l'homme ; elle a été désignée par Fourcroy sous le nom impropre d'*adipocire*, qu'il avait déjà donné au *gras* des cadavres, dont elle diffère beaucoup. (Chevreul.) La cholestérine, ou substance cristallisée des calculs biliaires humains, est sous la forme d'écailles blanches, brillantes, inodores, insipides ; elle fond à la température de 137°, et cristallise par le refroidissement en lames rayonnées. Distillée, elle fournit un produit huileux qui n'est ni acide ni ammoniacal, tandis que celui que donnent les autres graisses est acide ; elle est insoluble dans l'eau. Cent grammes d'alcool bouillant, d'une pesanteur de 0,816, en dissolvent 18 ; la même quantité d'alcool à 0,840 n'en dissout que 11,24 ; d'où il suit que la majeure partie doit se déposer par le refroidissement de la liqueur. Elle n'est pas altérée par les alcalis et ne jouit pas de la pro-

priété de se saponifier. Lorsqu'on la traite par l'acide nitrique, on la transforme en un acide particulier qui vient d'être découvert par MM. Caventou et Pelletier, et auquel ils ont donné le nom d'acide *cholestérique*.

Des Acides à radical binaire ou ternaire, contenus dans les animaux, ou produits par l'action de quelques corps sur les substances animales.

Ces acides sont : l'acide urique, l'acide rosacique, l'acide amniotique, l'acide butirique, l'acide cholestérique, l'acide hydro-cyanique, l'acide chloro-cyanique, l'acide lactique, et les acides acétique, malique, oxalique et benzoïque. Nous ne parlerons point des quatre derniers, dont les propriétés ont été exposées dans la *Chimie végétale*.

De l'Acide urique.

L'acide urique se rencontre dans l'urine de l'homme et des oiseaux, dans un très-grand nombre de calculs urinaires, et dans les calculs arthritiques ; il constitue toute la partie blanche des excrémens des oiseaux.

857. Il est blanc, insipide, inodore, dur ; il cristallise sous forme de paillettes ; il rougit à peine l'*infusum* de tournesol ; il est plus pesant que l'eau ; chauffé dans des vaisseaux fermés, il se décompose à la manière des substances azotées, et fournit, entre autres produits, une substance analogue à l'urée, qui, suivant Schéele, se rapproche de l'acide succinique, et, suivant Pearson, de l'acide benzoïque ; il est inaltérable à l'air. L'eau bouillante dissout $\frac{1}{1150}$ de son poids de cet acide, tandis qu'elle n'en dissout que $\frac{1}{1720}$ à la température de 15° à 16°. Il est insoluble dans l'alcool. L'acide nitrique concentré le dissout très-bien ; cette dissolution, rapprochée par l'évaporation, acquiert une

couleur rouge violette, d'autant plus intense que l'action du feu a été poussée plus loin. Lorsque le mélange est évaporé jusqu'à siccité, il s'enflamme, phénomène dont l'explication est fort simple, en réfléchissant à l'action que l'acide nitrique a dû exercer sur les élémens de l'acide urique, et dont le résultat a été la formation d'eau, de gaz acide carbonique, d'acide hydro-cyanique (prussique), d'azote, de gaz oxide d'azote et de *nitrate d'ammoniaque*, sel qui ne partage avec aucun autre la propriété de s'enflammer.

Si l'on fait arriver du *chlore* gazeux dans de l'eau au fond de laquelle on a mis de l'acide urique pulvérulent, celui-ci est décomposé, et il se forme sur-le-champ de l'hydrochlorate et de l'oxalate acide d'ammoniaque, de l'acide malique, de l'acide carbonique et de l'eau.

L'acide urique ne produit des sels solubles qu'avec les bases solubles elles-mêmes, et encore faut-il que ces bases soient en excès; les urates résultans sont décomposés par l'acide hydro-chlorique et par presque tous les acides, qui s'emparent de la base et précipitent l'acide urique. L'urate d'ammoniaque est décomposé par la potasse ou par la soude; il se dégage de l'ammoniaque et il se forme des urates de potasse ou de soude. L'acide urique est sans usages ; il a été découvert en 1776 par Schéele, qui lui donna le nom d'*acide lithique*, parce qu'il croyait que tous les calculs urinaires étaient formés par lui. M. Gay-Lussac a prouvé, en 1815, que, dans l'acide urique, le carbone est à l'azote dans le rapport de 2 à 1 , comme dans le cyanogène. (*Voy.* page 283 de ce vol.)

De l'Acide rosacique.

858. L'acide rosacique se dépose de l'urine des individus atteints de la goutte, de fièvres intermittentes et de fièvres nerveuses. Suivant M. Proust, qui l'a découvert, il existe

même dans l'urine de l'homme sain. Il est solide, d'une couleur rouge de cinnabre, sans odeur et presque sans saveur; il rougit l'*infusum* de tournesol. Voici les caractères assignés à cet acide par M. Vauquelin : distillé, il se comporte comme les matières organiques ne contenant pas d'azote; il est déliquescent, très-soluble dans l'eau et dans l'alcool; il forme avec les six alcalis des sels solubles; il précipite en rose l'acétate de plomb; il peut se combiner intimement avec l'acide urique et former un composé très-peu soluble dans l'eau: aussi le dépôt rouge que l'on observe dans les maladies dont nous avons parlé est-il composé de ces deux acides. M. Vogel, qui a eu occasion d'examiner depuis une assez grande quantité d'acide rosacique, le caractérise par les propriétés suivantes : 1° l'acide sulfurique concentré le convertit en une poudre d'un rouge foncé, le dissout et le transforme peu à peu en une poudre blanche, insoluble dans l'eau et semblable à l'acide urique. 2°. L'acide sulfureux lui communique aussi une teinte rouge dont l'intensité augmente par degrés et qui est inaltérable. 3°. L'acide nitrique le fait également passer à l'état d'acide urique. 4°. Si on le délaye dans le *solutum* de nitrate d'argent, il acquiert au bout de quelques heures une couleur brune fauve qui finit par passer au vert bouteille. L'acide rosacique est sans usages.

De l'Acide amniotique.

859. Cet acide a été trouvé dans les eaux de l'amnios de la vache, par MM. Vauquelin et Buniva; les eaux de l'amnios de la femme n'en contiennent point; on ignore s'il fait partie de celles de quelques autres animaux. Il est solide, incolore, brillant, d'une saveur légèrement aigre et inodore; il rougit l'*infusum* de tournesol. Chauffé, il se boursoufle, se décompose et fournit des produits analogues à

ceux que donnent les matières organiques azotées. Il est inaltérable à l'air, peu soluble dans l'eau froide et dans l'alcool, très-soluble dans ces liquides bouillans : aussi se dépose-t-il en grande partie sous la forme de longues aiguilles à mesure que ces dissolutions se refroidissent; il s'unit à tous les alcalis, avec lesquels il forme des sels solubles; ces sels sont décomposés par tous les acides un peu forts, qui s'emparent de l'alcali et précipitent l'acide amniotique sous la forme d'une poudre blanche cristalline. Il ne décompose les carbonates alcalins qu'à l'aide de la chaleur. Il ne précipite point les dissolutions nitriques d'argent, de plomb et de mercure; il est sans usages.

De l'Acide formique.

860. L'acide formique, admis et rejeté tour-à-tour par les chimistes, paraît être un acide particulier, d'après les expériences de Gehlen; il existe dans les fourmis; il est liquide, même au-dessous de zéro; il a une odeur aigre et piquante; sa pesanteur spécifique, comparée à celle de l'eau, est de 1,1168 à la température de 16° Réaumur.

Distillé avec son poids d'alcool, il présente les mêmes phénomènes que l'acide acétique, excepté qu'il se manifeste une odeur très-prononcée de noyaux de pêche; le liquide obtenu dans le récipient a une odeur agréable, forte, analogue à celle de ces noyaux, et une saveur semblable, avec un arrière-goût de fourmis. L'acide formique donne avec la baryte un sel en cristaux transparens, de l'éclat du diamant, inaltérable à l'air et soluble dans quatre parties d'eau. Il s'unit au deutoxide de cuivre, avec lequel il forme un sel cristallisable en prismes hexaèdres, d'un beau bleu verdàtre, qui deviennent d'un blanc bleuâtre par la trituration. Le *formiate de cuivre*, soumis à l'action de la chaleur, se fond dans son eau de cristallisation, se dessèche et passe au bleu ; si on continue à le chauffer , il fournit un liquide aqueux, faiblement acide, d'une odeur piquante, qui ne contient pas d'huile empyreumatique ; il se dégage du gaz acide carbonique et du gaz hydrogène carboné, et il reste dans la cornue du cuivre métallique sans un atome de *charbon*. L'*eau* dissout un tiers de plus de formiate que d'acétate de cuivre. L'alcool n'en prend que $\frac{1}{400}$, tandis qu'il dissout $\frac{1}{13}$ d'acétate de cuivre. Ces caractères suffisent pour établir une différence entre l'acide formique et l'acide acétique avec lequel on avait voulu le confondre. L'acide formique est sans usages.

De l'Acide lactique.

861. L'acide lactique a été découvert par Schéele dans le petit-lait aigri ; suivant M. Berzelius, il existe aussi dans tous les fluides animaux et dans la chair musculaire ; il y est tantôt libre, tantôt combiné avec un alcali. Il est sous la forme sirupeuse ou d'extrait, incristallisable et peu sapide ; il rougit l'*infusum* de tournesol. Distillé, il donne les mêmes produits que les acides végétaux. (*Voyez* § 571.) Il est soluble dans l'eau et dans l'alcool. La potasse, la soude, l'ammoniaque, la baryte, la chaux, la magnésie, l'alumine et le protoxide de plomb forment avec lui des sels déliquescens ; le zinc et le fer, mis dans cet acide étendu d'eau , décomposent celle-ci , s'oxident et se transforment en lactates solubles , et l'hydrogène de l'eau se dégage à l'état de gaz. Le bismuth, le cobalt, l'antimoine, l'étain, le mercure , l'argent et l'or sont sans action sur lui. M. Thenard remarque, avec raison, que l'acide nancéique de M. Braconnot a beaucoup de rapport avec cet acide. (*Voy*. § 636.) Plusieurs chimistes le regardent comme de l'acide acétique uni à une matière organique. L'acide lactique est sans usages.

De l'*Acide butirique.*

862. M. Chevreul, en faisant l'analyse du beurre, a découvert un principe odorant très-remarquable, auquel il a donné le nom d'*acide butirique.* Nous regrettons que le travail de ce savant chimiste sur cet objet n'ait pas encore été publié en entier, pour pouvoir faire l'histoire complète de ce corps; en attendant, nous allons faire connaître quelques-unes de ses propriétés. L'acide butirique rougit l'*infusum* de tournesol; il forme avec l'eau un hydrate qui, à l'exception de l'acidité, jouit de tous les caractères physiques des huiles volatiles. A la température de 12°, il donne avec l'alcool un composé éthéré qui a l'odeur de pommes de reinette. Il forme avec la potasse, la chaux, la baryte, la strontiane, les oxides de cuivre, de plomb, etc., des sels bien caractérisés, qui ont une odeur forte de beurre frais. Le butirate de potasse concentré peut s'unir avec un excès de son acide sans rougir l'*infusum* de tournesol; mais si on ajoute de l'eau à cette combinaison, l'acide en excès est mis en liberté et rougit cette infusion, phénomène analogue à celui que M. Meyrac a observé depuis dans les borates. (*Voyez* t. I. pag. 278.) Le butirate de baryte distillé fournit à-peu-près autant d'acide carbonique qu'il en faudrait pour saturer la baryte qu'il renferme, et un liquide que M. Chevreul nomme *pyro-butirique.* (Lettre de M. Chevreul aux rédacteurs du *journal de Pharmacie.*)

De l'*Acide sébacique.*

863. L'acide sébacique n'existe pas dans la nature; il est le produit de la distillation des graisses. Il fut décrit d'abord par Grutzmacher, Crell, etc.; mais M. Thenard prouva, en 1801, que l'acide auquel ces savans avaient donné ce nom n'était que de l'acide acétique, de l'acide hydro-

chlorique, ou de la graisse gazéifiée et altérée, et il parvint
à l'obtenir pur. Voici quelles sont ses propriétés : il cristallise en petites aiguilles incolores, peu consistantes, inodores, douées d'une saveur acidule, légèrement amère,
plus pesantes que l'eau, et rougissant l'*infusum* de tournesol.

Chauffé, il se fond comme le suif, se décompose et se
vaporise en partie; il est inaltérable à l'air; il est peu
soluble dans l'eau froide; ce liquide bouillant en dissout
les 0,25 de son poids : aussi se dépose-t-il sous la forme
d'aiguilles ou de lames brillantes à mesure que la dissolution se refroidit. Il est très-soluble dans l'alcool à toutes
les températures; les huiles fixes et volatiles le dissolvent
également. Il s'unit à la potasse, à la soude et à l'ammoniaque, et forme des sels solubles et décomposables par les
acides nitrique, sulfurique ou hydro-chlorique : en effet,
ces acides se combinent avec l'alcali et précipitent l'acide
sébacique. Il ne trouble point les eaux de chaux, de baryte
ou de strontiane. Il précipite en blanc les acétates de plomb
et de mercure, ainsi que les nitrates de ces bases et celui
d'argent. Il est sans usages.

De l'*Acide cholestérique*.

864. MM. J. Pelletier et J.-B. Caventou viennent de découvrir cet acide en traitant la cholestérine par l'acide nitrique. (*Voyez* pag. 276 de ce vol.) L'acide cholestérique
est d'un blanc jaunâtre lorsqu'il est cristallisé, et d'une
couleur beaucoup plus foncée quand il a été fondu; il a une
odeur analogue à celle du beurre; sa saveur est faible et
légèrement styptique; il rougit l'*infusum* de tournesol; sa
pesanteur spécifique est plus grande que celle de l'alcool et
moindre que celle de l'eau.

Il est fusible à 58° thermomètre centigrade. Distillé, il
se décompose à la manière des substances végétales qui ne

contiennent pas d'azote. (*Voyez* § 571.) Il est assez soluble dans l'eau pour que ce liquide rougisse l'*infusum* de tournesol; l'alcool bouillant le dissout en toutes proportions; il est moins soluble dans ce liquide froid. Les acides ont peu d'action sur lui; l'acide sulfurique concentré le fait passer d'abord au rouge foncé et finit par le charbonner; l'acide nitrique le dissout à toutes les températures. Aucun des acides végétaux ne peut le dissoudre; il n'en est pas de même des éthers sulfurique et acétique, qui le dissolvent en toutes proportions. Il est sans action sur les huiles fixes, tandis qu'il est rapidement dissous par les huiles volatiles, même à froid. L'acide cholestérique forme avec les oxides métalliques des sels auxquels on donne le nom de *cholestérates*. Il est sans usages.

Des Cholestérates.

865. Ils sont tous colorés. Ceux qui sont formés par les alcalis sont déliquescens et très-solubles dans l'eau; ceux qui sont fournis par les oxides des quatre dernières classes sont insolubles ou peu solubles. Excepté l'acide carbonique, presque tous les autres acides végétaux et minéraux décomposent ces sels. Les cholestérates de potasse, de soude et d'ammoniaque précipitent toutes les dissolutions métalliques des quatre dernières classes; les précipités sont diversement colorés, suivant la nature et le degré d'oxidation du métal. En général les couleurs sont plus brillantes lorsque les précipités sont encore humides.

Du Cyanogène.

Avant de parler de l'acide hydro-cyanique (prussique), nous croyons devoir faire l'histoire du cyanogène, substance gazeuse découverte par M. Gay-Lussac, composée de deux volumes de vapeur de carbone et d'un volume de gaz azote. Le cyanogène, combiné avec l'hydrogène, constitue l'acide hydro-cyanique.

866. Le cyanogène est un produit de l'art; il est sous la forme d'un fluide élastique, permanent, d'une odeur très-vive et pénétrante, et d'une saveur très-piquante; sa pesanteur spécifique est de 1,8064. Il rougit l'*infusum* de tournesol; mais en faisant chauffer la dissolution, le gaz se dégage mêlé avec un peu d'acide carbonique, et la couleur bleue reparaît.

Il peut être soumis à l'action d'une très-haute température sans se décomposer; mais si, étant exposé à l'air, on le met en contact avec un corps en ignition, il absorbe l'oxigène et produit une flamme de couleur bleuâtre mêlée de pourpre. Le *phosphore*, le *soufre* et l'*iode*, à la température produite par la lampe à l'esprit-de-vin, peuvent être volatilisés dans ce gaz sans agir sur lui; le gaz *hydrogène* ne l'altère pas non plus à ce degré de chaleur.

L'*eau*, à la température de 20°, agitée pendant quelques minutes avec le cyanogène, en dissout quatre fois et demie son volume; l'*alcool* pur en prend vingt-trois fois son volume; l'*éther sulfurique* et l'*huile de térébenthine* en dissolvent au moins autant que l'eau. Lorsqu'on met ensemble du gaz acide *hydro-sulfurique* et du cyanogène gazeux, on obtient une substance jaune, en aiguilles très-fines, entrelacées, soluble dans l'eau, composée d'un volume de cyanogène et d'un volume et demi d'acide hydro-sulfurique, et qui ne précipite pas le nitrate de plomb, comme le fait l'acide hydro-sulfurique seul. Cette combinaison s'opère lentement.

Cyanures métalliques.

867. L'action du *potassium* sur le cyanogène à froid est excessivement lente; mais si on chauffe avec la lampe à esprit-de-vin, le potassium devient incandescent et absorbe un

volume de cyanogène égal à celui de l'hydrogène qu'il dégagerait de l'eau. *Le cyanure de potassium* obtenu est
jaunâtre et doué d'une saveur très-alcaline ; mis dans l'eau,
il se dissout sans effervescence, décompose le liquide et
passe à l'état d'hydro - cyanate de potasse ; d'où il suit
que l'hydrogène de l'eau se porte sur le cyanogène pour
former de l'acide hydro-cyanique, tandis que l'oxigène
s'unit au *potassium*, qu'il transforme en potasse.

868. *Cyanure de mercure* (prussiate de mercure). Suivant
M. Gay-Lussac, le sel qui a été décrit sous le nom de
prussiate de deutoxide de mercure n'est autre chose que
du cyanogène et du mercure. Lorsqu'il est neutre, il cristallise en longs prismes quadrangulaires, coupés obliquement ; si on le fait bouillir avec du deutoxide de mercure,
il devient *très-alcalin* et cristallise en très-petites houppes
(M. Proust) ; il a alors une saveur styptique très-désagréable ; il excite fortement la salivation ; il est inodore et
beaucoup plus pesant que l'eau. M. Gay-Lussac le regarde
dans cet état comme formé de cyanogène et d'oxide de
mercure. Le *cyanure de mercure neutre* et parfaitement
sec, soumis à l'action d'une chaleur modérée, noircit, se
fond comme une matière animale, et se décompose en
partie ; il se dégage du *cyanogène* pur ; il se volatilise du
mercure avec une assez grande quantité de cyanure, et il
reste un charbon aussi léger que du noir de fumée. Si le
cyanure est humide et neutre, il fournit, en se décomposant, de l'acide carbonique, de l'ammoniaque et beaucoup de vapeur hydro-cyanique ; d'où il suit que l'eau a été
décomposée. Si au lieu d'agir sur le cyanure neutre, on
distille le cyanure *alcalin* et humide, on obtient les mêmes
produits, et en outre de l'azote, et un liquide brun regardé
par M. Proust (qui fit le premier cette expérience) comme
de l'huile. Suivant M. Gay-Lussac, ce liquide n'est pas
huileux.

869. Le cyanure de mercure est décomposé par l'acide hydro-chlorique, qui se décompose également; le cyanogène du premier forme, avec l'hydrogène de cet acide, du gaz acide hydro-cyanique, tandis que le chlore reste uni avec le mercure. Les acides nitrique et sulfurique faibles n'agissent sur le cyanure de mercure qu'en le dissolvant; l'acide sulfurique concentré est décomposé par lui; il cède une portion de son oxigène au mercure, détruit le cyanogène, et l'on obtient, entre autres produits, du gaz acide sulfureux et du sulfate de mercure. L'acide *hydro-sulfurique* le décompose en se décomposant; son hydrogène transforme le cyanogène en acide hydro-cyanique, tandis que le soufre s'unit au mercure.

La *potasse* ne décompose point le cyanure de mercure; elle se borne à le dissoudre à l'aide de la chaleur. Il paraît qu'il en est de même des autres bases salifiables.

870. L'eau dissout facilement ce produit, surtout lorsqu'il est avec excès d'oxide; la plupart des sels sont sans action sur cette dissolution. Si on la mêle avec de la limaille de fer décapée et de l'acide sulfurique faible, on remarque des phénomènes curieux; le fer s'oxide aux dépens de l'oxigène de l'eau, et se dissout dans l'acide sulfurique; l'hydrogène provenant de la décomposition de l'eau s'unit au cyanogène du cyanure pour former de l'acide hydro-cyanique, et le mercure se précipite; en sorte que la liqueur renferme de l'acide hydro-cyanique et du proto-sulfate de fer en dissolution. C'est en distillant cette liqueur que Schéele obtint, pour la première fois, l'acide hydro-cyanique liquide, peu concentré.

Le cyanure de mercure ne se trouve pas dans la nature; il est formé, suivant M. Gay-Lussac, de 79,9 de mercure et de 20,1 de cyanogène; ce résultat s'accorde parfaitement avec celui qu'avait obtenu précédemment M. Porrett, qui regardait ce produit comme formé d'acide prussique et d'oxide de mercure. Il est employé à la préparation du cyanogène et de l'acide hydro-cyanique. On s'en sert aussi quelquefois dans les maladies syphilitiques; mais il est très-vénéneux. Schéele, M. Proust, M. Porrett et M. Gay-Lussac nous ont fait connaître tout ce que nous savons sur ce cyanure.

871. *Cyanure d'argent.* Soumis à l'action d'une douce chaleur, il laisse dégager du cyanogène; il se fond en un liquide rouge-brun, qui devient solide, et acquiert une couleur grisâtre en se refroidissant; dans cet état, il est regardé par M. Gay-Lussac comme un sous-cyanure, indécomposable par la chaleur dans des vaisseaux fermés; mais qui donne de l'argent si on le chauffe avec le contact de l'air.

M. Gay-Lussac pense que l'on peut obtenir des *cyanures* avec tous les métaux peu oxidables; mais il élève des doutes sur la possibilité d'en obtenir avec les métaux qui s'oxident facilement.

Le cuivre, l'or, le platine n'exercent aucune action sur le cyanogène; le fer, à la température d'un rouge presque blanc, le décompose en partie; il se recouvre d'un charbon très-léger et devient cassant; la portion de cyanogène échappée à la décomposition est mêlée d'azote.

Cyanures alcalins.

872. Le *cyanogène* est rapidement absorbé par une dissolution de potasse, de soude, de baryte, ou de strontiane caustique et pure. Ces produits ont une couleur jaune citrin si les alcalis ne sont pas saturés de gaz; ils acquièrent au contraire une couleur brune et comme charbonnée si les bases sont saturées. Ils doivent être regardés comme composés de cyanogène et d'alcali; si on les met en contact avec un acide il y a effervescence, l'eau et le cyanogène sont décomposés, et l'on obtient du gaz acide carbonique, de l'acide hydro-cyanique et de l'ammoniaque.

Théorie. On se rappelle sans doute que l'eau est composée de deux volumes de gaz hydrogène et d'un volume de gaz oxigène ; le cyanogène, d'après les belles expériences de M. Gay-Lussac, est formé de deux volumes de vapeur de carbone et d'un volume de gaz azote : ces deux corps peuvent donc être représentés, savoir, le cyanogène par

1 vol. de vap. de carbone $+$	1 vol de vap. de carb. $+\frac{1}{2}$ vol. d'azote.	$+\frac{1}{2}$ vol. d'azote.

et l'eau

par·· 1 vol. d'oxigène $+$	$\frac{1}{2}$ vol. d'hydrogène	$+$ 1 vol. $\frac{1}{2}$ d'hydrog.
Acide carbonique, 1 volume.	Acide hydro-cyanique, 1 volume.	Ammoniaque, 1 volume.

On voit, à l'aide de ce tableau, 1° qu'un volume de vapeur de carbone du cyanogène s'unit au volume d'oxigène qui fait partie de l'eau et forme un volume de gaz acide carbonique (1) ; 2° que l'autre volume de vapeur de carbone du cyanogène se combine avec un demi-volume de l'azote contenu dans le cyanogène, plus avec un demi-volume de l'hydrogène de l'eau, et donne naissance à un volume de vapeur hydro-cyanique (2) ; 3° que l'autre demi-volume de gaz azote appartenant au cyanogène décomposé, produit avec l'autre volume et demi d'hydrogène provenant de la décomposition de l'eau, un volume de gaz ammoniac (3).

Le gaz ammoniac et le cyanogène agissent l'un sur

---

(1) Nous avons dit (pag. 74 du t. 1ᵉʳ), que lorsque le gaz oxigène transforme le carbone en acide carbonique, son volume reste le même.

(2) En effet, un volume de vapeur hydro-cyanique est formé par un volume de vapeur de carbone, $+\frac{1}{2}$ volume d'azote, $+\frac{1}{2}$ volume d'hydrogène.

(3) Un volume de gaz ammoniac est effectivement composé d'un volume et $\frac{1}{2}$ de gaz hydrogène, et de $\frac{1}{2}$ volume d'azote.

l'autre au moment où on les mêle ; mais leur réaction n'est complète qu'au bout de plusieurs heures ; il se forme d'abord une vapeur blanche épaisse qui disparaît promptement ; le volume diminue considérablement, et il se produit une matière brune solide, composée d'un volume de cyanogène et d'un volume et demi de gaz ammoniac ; cette matière est à peine soluble dans l'eau, qu'elle colore pourtant en orange brun foncé. Le cyanogène est sans usages.

De l'Acide hydro-cyanique (prussique).

L'acide hydro-cyanique a été ainsi nommé par M. Gay-Lussac, qui l'a trouvé formé en poids de 3,90 d'hydrogène et de 96,10 de cyanogène (dans lequel il y a 44,39 de carbone et 51,71 d'azote : ces proportions sont représentées par un volume de vapeur de carbone, demi-volume d'hydrogène et demi-volume d'azote). Cet acide a été trouvé dans l'écorce du merisier à grappes (*prunus padus*), dans le laurier-cerise, les fleurs de pêcher, etc.

873. Il est liquide, incoloré, doué d'une odeur forte et d'une saveur d'abord fraîche puis brûlante ; sa pesanteur spécifique, à 7° thermomètre centigrade, est de 0,7058 ; elle est de 0,6969 à 18° du même thermomètre ; il rougit faiblement l'*infusum* de tournesol ; il entre en ébullition à 26°,5 thermomètre centigrade ; la densité de sa vapeur est de 0,9476 ; il se congèle à environ 15°—0° ; il est alors cristallisé sous la forme de fibres, à-peu-près comme le nitrate d'ammoniaque. On peut opérer cette solidification, à la température de 20°+0 th. centigrade, en mettant sur une carte un peu de cet acide liquide : en effet, une portion d'acide se réduit en vapeur, absorbe du calorique à l'autre portion, dont la température finit par s'abaisser assez pour que la congélation ait lieu. (*Voyez* les expériences de M. Leslie sur la *Solidification de l'eau*, t. 1er, pag. 28.)

874. Si on fait passer l'acide hydro-cyanique à travers

un tube de porcelaine incandescent, on obtient une légère couche de charbon, du gaz hydrogène, un peu d'azote et de *cyanogène*, mêlés avec une assez grande quantité d'acide hydro-cyanique échappé à la décomposition. Si, au lieu d'agir ainsi, on fait passer 2 grammes de vapeur du même acide à travers o^{gr},806 de fil de clavecin roulé en un cylindre très-court et rougi dans un tube de porcelaine, on obtient un gaz composé de volumes égaux d'hydrogène et d'azote; une portion de carbone se dépose sur le fer, l'autre portion se combine avec ce métal et le rend très-aigre; du reste, le fer n'est pas oxidé. Le cuivre et l'arsenic n'ont aucune action sur lui. Si on fait l'expérience en substituant au fil de fer du deutoxide de cuivre, l'acide et l'oxide sont décomposés; l'hydrogène et le carbone du premier se combinent avec l'oxigène de l'oxide pour former de l'eau et du gaz acide carbonique; l'azote de l'acide est mis à nu et se dégage, tandis que le cuivre métallique reste dans le tube : on obtient dans cette expérience 2 parties d'acide carbonique en volume et une partie de gaz azote. Si on fait chauffer de la vapeur d'acide hydro-cyanique avec du *potassium*, l'acide est décomposé; il se dégage un volume de gaz hydrogène, qui est exactement la moitié de celui de la vapeur acide employée, et il reste un composé de cyanogène et de *potassium* (cyanure). Lorsqu'on soumet à l'action du *fluide électrique*, dans l'eudiomètre de Volta, un mélange fait avec une partie de vapeur d'acide hydro-cyanique et une partie et demie d'*oxigène* en volume, l'acide est décomposé avec dégagement de calorique et de lumière; le carbone et l'hydrogène s'unissent à l'oxigène pour former de l'eau, et l'azote est mis à nu. C'est à l'aide de ces diverses expériences que M. Gay-Lussac a établi le premier la véritable composition de l'acide dont nous parlons.

875. L'acide hydro-cyanique liquide, soumis à l'action

de la pile de Volta, se décompose ; l'hydrogène, attiré par le pole résineux ou négatif, se dégage à l'état de gaz, tandis que le cyanogène, mis à nu près du fil vitré ou positif, reste en dissolution dans l'acide non décomposé.

876. L'acide hydro-cyanique, conservé dans des vases bien fermés et privés d'air, se décompose quelquefois en moins d'une heure ; d'autres fois il se conserve sans altération pendant douze à quinze jours ; cette décomposition est toujours partielle ; l'acide décomposé se transforme en charbon plus ou moins azoté qui donne au liquide un aspect noirâtre, et en ammoniaque qui se combine avec l'acide non altéré.

877. Le *phosphore* et l'*iode* peuvent être volatilisés dans la vapeur hydro-cyanique sans lui faire subir aucune altération. Le *soufre*, au contraire, se combine avec elle, et donne naissance à un produit solide composé de soufre et d'acide hydro-cyanique.

878. Le *chlore* décompose cet acide, s'empare de son hydrogène pour former de l'acide hydro-chlorique, tandis que le cyanogène ou ses élémens, le carbone et l'azote, s'unissent à une autre portion de chlore, et constituent un acide particulier décrit pour la première fois par M. Berthollet sous le nom d'acide *prussique oxigéné*, et que M. Gay-Lussac a appelé acide *chloro-cyanique* : en effet, il est composé d'un volume de carbone, d'un demi-volume d'azote et d'un demi-volume de chlore. Nous exposerons ses propriétés après avoir fait l'histoire de l'acide hydro-cyanique.

879. La *baryte*, la *potasse*, et tous les oxides dans lesquels l'oxigène est fortement retenu par le métal, mis en contact à une température rouge avec l'acide hydro-cyanique, le décomposent, s'emparent du cyanogène, passent à l'état de cyanure, etc., et laissent dégager le gaz hydrogène.

880. L'action de cet acide sur les oxides dans lesquels l'oxigène est faiblement retenu varie singulièrement. Le

peroxide de mercure, mis en contact à la température ordinaire avec l'acide hydro-cyanique, cède tout l'oxigène à son hydrogène pour former de l'eau , et le mercure s'unit au cyanogène, avec lequel il forme du cyanure, que l'on a appelé jusqu'à présent *prussiate de mercure*. On observe les mêmes phénomènes si , au lieu de faire réagir ces deux corps à froid, on fait chauffer de la vapeur d'acide hydro-cyanique avec le peroxide de mercure ; mais l'action est tellement vive qu'il pourrait se produire une vive explosion si l'on agissait sur des masses un peu considérables.

Nous avons établi que l'acide hydro-cyanique est complètement décomposé par le peroxide de cuivre à une température rouge ; maintenant si on fait réagir ces deux corps à froid , une portion d'acide hydro-cyanique est décomposée , son hydrogène s'unit à l'oxigène de l'oxide de cuivre , forme de l'eau , et le cyanogène est mis à nu. L'acide hydro-cyanique pur est un des poissons les plus actifs ; il suffit d'en mettre une goutte ou deux sur la conjonctive pour déterminer presqu'instantanément la mort des chiens les plus robustes ; il agit en stupéfiant le cerveau.

Des Hydro-cyanates simples (prussiates simples).

Les hydro-cyanates simples sont toujours avec excès de base , lors même que l'on a employé un grand excès d'acide pour les produire : aussi ceux qui sont formés par les alcalis verdissent-ils toujours le sirop de violette. Si après avoir desséché les hydro-cyanates alcalins , on les soumet à l'action d'une température élevée dans des vaisseaux fermés , ils se transforment en cyanures d'oxides ; d'où il suit que l'acide hydro-cyanique a perdu son hydrogène. Si on les chauffe au contraire avec le contact de l'air ou de l'eau , ils se changent en carbonates , phénomène qui prouve que l'oxigène de l'un ou de l'autre de ces agens forme de l'acide carbonique avec le carbone de l'acide hydro-cyanique , et par conséquent que celui-ci est également décomposé. Les acides les plus faibles leur enlèvent l'oxide, et mettent à nu l'acide hydro-cyanique. Ils ont la propriété de précipiter un très-grand nombre de dissolutions métalliques appartenant aux quatre dernières classes, comme on peut s'en assurer par le tableau suivant.

DISSOLUTIONS SALINES.	PRÉCIPITÉS FORMÉS par les hydro-cyanates simples.
Sels de manganèse.........	jaune sale.
— Fer protoxidé	orangé.
— Fer deutoxidé.........	vert bleuâtre.
— Étain	blanc.
— Zinc................	*idem.*
— Antimoine	*idem,*
— Urane...............	blanc jaunâtre.
— Cobalt..............	cannelle clair.
— Bismuth.............	blanc.
— Cuivre protoxidé.......	*idem.*
— Cuivre deutoxidé.......	jaune.
— Nickel..............	blanc jaunâtre.
— Mercure deutoxidé	jaune.
— Argent..............	blanc.
— Or	blanc qui passe au jaune.

Quelle est la nature de ces précipités ? Les chimistes ne sont pas encore d'accord sur ce point. M. Gay-Lussac est porté à croire que ceux que l'on obtient avec les dissolutions d'or, d'argent, de mercure et même de fer, que l'on a regardés jusqu'à présent comme des prussiates, sont des cyanures métalliques : dans ce cas il y aurait décomposition de l'acide hydro-cyanique et de l'oxide métallique, comme nous l'avons dit en exposant l'action des hydro-chlorates sur le nitrate d'argent. (*Voyez* t. 1er, pag. 206).

881. *Hydro-cyanate d'ammoniaque.* Ce sel est un produit de l'art; il cristallise en cubes, en petits prismes entrelacés, ou en feuilles de fougère; il est tellement volatil qu'à la température de 22°, la tension de sa vapeur est d'environ 45 centimètres; en sorte qu'à 36° elle ferait équilibre à la pression de l'atmosphère. Il se décompose et se charbonne avec la plus grande facilité. Il est sans usages. Les autres hydro-cyanates simples ont été fort peu étudiés.

Des Hydro-cyanates doubles (prussiates doubles).

882. On a cru, jusque dans ces derniers temps, que les hydro-cyanates simples alcalins jouissaient de la propriété de se combiner avec le deutoxide de fer, et de donner des sels doubles beaucoup plus stables et moins faciles à décomposer que les hydro-cyanates simples ; on accordait même cette propriété aux hydro-cyanates simples non alcalins, et on supposait, par analogie, que l'oxide de fer n'était pas le seul qui fût propre à les transformer en sels doubles. M. Gay-Lussac, dans son beau travail sur l'acide hydrocyanique, a fait des expériences qui sont loin d'appuyer cette opinion : suivant lui, l'hydro-cyanate de potasse simple (le seul qu'il ait examiné) passe à l'état d'hydrocyanate de potasse et d'argent, en dissolvant du cyanure d'argent; l'hydro-cyanate de potasse et de fer est regardé par ce savant comme de l'hydro-cyanate de potasse + du sous-cyanure de fer, et dans ces circonstances le cyanure de mercure et le sous-cyanure de fer donnent aux hydro-

cyanates simples la propriété de se saturer complétement d'acide, tandis qu'ils sont toujours alcalins quand ils sont simples. En attendant que des travaux ultérieurs nous permettent d'exposer, d'une manière complète, les propriétés de cette nouvelle classe de sels, nous allons faire l'histoire de ceux qui sont connus.

De l'Hydro-cyanate neutre de potasse et d'argent.

883. On ne trouve pas ce sel dans la nature ; il cristallise en lames hexagonales, groupées confusément et très-solubles dans l'eau ; sa dissolution n'est point troublée par l'hydrochlorate d'ammoniaque, ce qui prouve que l'argent y est en combinaison intime ; l'acide hydro-chlorique la décompose, en dégage l'acide hydro-cyanique, réagit sur l'argent et le précipite à l'état de chlorure ; l'acide hydro-sulfurique y produit un changement analogue. Elle précipite en blanc les sels de fer et de cuivre.

De l'Hydro-cyanate neutre de potasse et de fer (prussiate de potasse ferrugineux).

884. Ce sel est un produit de l'art ; il est sous la forme de cristaux cubiques ou quadrangulaires, d'un jaune citrin ; il est inodore, sapide et plus pesant que l'eau. Il est décomposé par une chaleur rouge, et fournit de l'acide hydrocyanique, de l'acide carbonique et de l'ammoniaque qui se volatilisent, et de la potasse, du fer et du charbon fixes. Il est inaltérable à l'air et insoluble dans l'alcool ; l'eau le dissout à toutes les températures, mais beaucoup mieux à chaud qu'à froid ; le *solutum* n'est décomposé ni par les *alcalis*, ni par l'*acide hydro-sulfurique*, ni par les *hydro-sulfates* ; ni par l'*infusion de noix de galle* ; il ne décompose point l'alun lorsqu'il est neutre ; mais s'il est avec excès d'alcali, il le trouble légèrement et en sépare de l'alu-

mine; il n'est point décomposé par son ébullition avec le cyanure d'argent; il décompose la plupart des dissolutions métalliques des quatre dernières classes, dans lesquelles il fait naître des précipités d'une couleur variable, comme nous l'avons fait voir dans le tableau de la page 476 du tome 1er. Quelle est au juste la composition de ces précipités? sont-ils formés par un hydro-cyanate simple ou double, ou par un cyanure simple ou double?

885. Si on fait bouillir du *deutoxide de mercure* avec le *solutum* d'hydro-cyanate de potasse et de fer, on obtient du cyanure de mercure, du mercure, du peroxide de fer et de l'eau; d'où il suit qu'il y a décomposition du sel et de l'oxide mercuriel. *Théorie.* En considérant le sel employé comme de l'hydro-cyanate de potasse + du sous-cyanure de fer (M. Gay-Lussac), on voit que le mercure s'unit au cyanogène du sous-cyanure de fer et de l'acide hydro-cyanique; l'hydrogène de celui-ci s'empare d'une portion d'oxigène de l'oxide mercuriel pour former de l'eau, tandis que l'autre portion d'oxigène de cet oxide transforme le fer du sous-cyanure en peroxide.

Les acides sulfurique, hydro-chlorique, acétique, etc. n'exercent aucune action, à la température ordinaire, sur l'hydro-cyanate de potasse et de fer pulvérulent; mais si on fait bouillir le mélange, il y a décomposition, et l'on obtient du gaz acide hydro-cyanique, et un précipité blanc très-abondant, qui paraît formé de sous-cyanure de fer et d'une portion d'acide hydro-cyanique, phénomènes que l'on ne peut expliquer sans admettre que l'acide employé se borne à enlever la potasse à l'hydro-cyanate; une portion d'acide hydro-cyanique se volatilise, et l'autre est précipitée avec le sous-cyanure de fer.

L'hydro-cyanate de potasse et de fer est souvent employé comme réactif.

Du Bleu de Prusse.

886. Nous conservons le nom de *bleu de Prusse* à la substance qui est ainsi connue depuis plusieurs années, parce que les chimistes ne sont pas d'accord sur sa véritable composition : en effet on peut la regarder comme un hydro-cyanate ou comme un *cyanure de fer hydraté*. Les expériences de M. Proust, confirmées par d'autres plus récentes, faites par M. Gay-Lussac, nous paraissent établir que ce composé, parfaitement pur, ne renferme point de potasse.

Le bleu de Prusse est solide, d'un bleu extrêmement foncé, sans saveur, sans odeur, et beaucoup plus pesant que l'eau. Distillé, il se décompose, et fournit de l'acide hydro-cyanique, de l'acide carbonique, du sous-carbonate d'ammoniaque, de l'oxide de carbone, de l'hydrogène carboné, et une très-grande quantité d'un résidu composé de charbon et de fer (M. Proust) (1) ; il ne donne point de cyanogène. Ces deux résultats s'expliquent à merveille dans l'une et l'autre des deux hypothèses admises par les chimistes sur la composition de ce bleu.

Le bleu de Prusse verdit lentement lorsqu'il est exposé à l'air pendant long-temps ; cette altération est due à l'oxigène de l'air. On ignore quelle est la nature du corps qui se forme ; mais il est extrêmement probable que ce n'est pas, comme on l'avait cru, du prussiate de fer oxigéné (chloro-cyanate).

---

(1) Suivant M. Proust, le résidu contient aussi de l'alumine ; mais il est évident que l'existence de ce corps dans le bleu de Prusse est accidentelle ; elle dépend de ce que l'on s'est servi, pour l'obtenir, d'un hydro-cyanate de potasse et de fer alcalin, qui a précipité une certaine quantité de l'alumine que renferme l'alun avec lequel il a été préparé.

gazeux à la température et à la pression atmosphérique ordinaires : c'est sous cet état que nous allons l'examiner. Il est composé, d'après M. Gay-Lussac, d'un demi-volume de chlore, et d'un demi-volume de cyanogène ; il est en outre mêlé à une quantité variable d'acide carbonique.

Il est incolore, doué d'une odeur vive très-pénétrante, qui irrite fortement la membrane pituitaire et détermine le larmoiement ; sa pesanteur spécifique est de 2,111 ; il rougit l'*infusum* de tournesol. Il n'est pas inflammable, et il ne détonne pas lorsqu'on le mêle avec 2 parties d'oxigène ou d'hydrogène, et qu'il est soumis à l'action de l'étincelle électrique. Il est soluble dans l'eau ; le *solutum* ne trouble ni le *nitrate d'argent* ni l'eau de baryte. Les alcalis l'absorbent rapidement ; mais il faut les employer en excès pour faire disparaître complètement son odeur. Si on ajoute un acide aux composés d'alcali et de ce gaz, il y a effervescence, dégagement d'acide carbonique, et formation d'ammoniaque et d'acide hydro-chlorique : en effet, l'acide chloro-cyanique et l'eau sont décomposés ; une portion de l'hydrogène de l'eau s'unit au chlore pour former de l'acide hydro-chlorique ; une autre portion d'hydrogène se combine avec l'azote du cyanogène pour donner naissance à de l'ammoniaque, tandis que le carbone du cyanogène se porte sur l'oxigène de l'eau et produit de l'acide carbonique.

Nous avons dit que la solution aqueuse d'acide chloro-cyanique ne précipite pas le nitrate d'argent ; cependant, si on la mêle avec de la potasse, puis avec de l'acide nitrique, et qu'on verse du nitrate d'argent dans le mélange, on obtient un précipité de chlorure d'argent (muriate) : ce fait prouve incontestablement l'existence du chlore dans l'acide chloro-cyanique.

Lorsqu'on fait chauffer de l'antimoine dans une petite cloche de verre contenant le gaz chloro-cyanique dont nous parlons, le gaz diminue de volume, et tout l'acide chloro-cyanique est décomposé : en effet, le chlore s'unit à l'antimoine, et donne des vapeurs de chlorure (beurré d'antimoine) qui cristallisent en se condensant, tandis que le cyanogène reste avec l'acide carbonique qui, comme nous l'avons dit, se trouve mêlé au gaz chloro-cyanique. L'action du *potassium* sur cet acide est analogue à celle que ce métal exercé sur le cyanogène.

888. L'acide chloro-cyanique précipite les dissolutions de protoxide de fer en vert ; ce précipité devient d'un très-beau bleu par l'addition de l'acide sulfureux, d'un sulfite, d'un nitrite, etc. ; on obtient encore ce précipité vert en ajoutant à l'acide chloro-cyanique le sel de fer au minimum, plus de la potasse, et un peu d'un acide quelconque. Si, au contraire, on mêle la potasse avec l'acide chloro-cyanique avant d'avoir ajouté le sel de fer, on n'obtient pas de précipité vert. Quelle est la nature de ce précipité ? Avant la découverte du cyanogène, on le regardait comme du prussiate oxigéné de fer ; maintenant il peut être considéré comme une combinaison de sous-cyanure de fer et d'acide chloro-cyanique, si toutefois le bleu de Prusse est du sous-cyanure de fer..... L'acide chloro-cyanique a été découvert par M. Berthollet, et étudié dans ces derniers temps par M. Gay-Lussac ; il est sans usages.

SECTION II.

Des Matières salines et terreuses que l'on trouve dans les diverses parties des animaux.

889. Ces matières sont les sous-phosphates de chaux, de magnésie, de soude et d'ammoniaque ; les sous-carbonates de soude, de potasse, de chaux et de magnésie ; les sulfates et hydro-chlorates de potasse et de soude, les benzoates de soude et de potasse, l'acétate de potasse ; l'oxalate de chaux, l'urate d'ammoniaque, le lactate de soude (Berzelius), les

oxides de fer et de manganèse, la silice, et, suivant quelques chimistes, le phtorure de calcium (fluate de chaux).

La plupart des chimistes pensent que ces matières se
trouvent toutes formées dans les fluides ou dans les solides
animaux. M. Berzelius croit au contraire que quelques-
unes d'entre elles n'y existent pas, et qu'elles se forment,
pendant que l'on cherche à les obtenir, par la décomposition de la matière animale ; en sorte que, suivant ce chimiste, les fluides et les solides animaux, dans ce cas particulier, ne contiendraient que les élémens de certains produits inorganiques que l'on en retire.

CHAPITRE III.

Des différentes parties fluides ou solides composant les animaux.

Lorsqu'on examine attentivement les diverses fonctions
de l'économie animale, on est obligé d'admettre que les
alimens se transforment en chyle et en excrémens dans le
canal intestinal ; que le chyle est absorbé, versé dans la
veine sous-clavière gauche et changé en sang ; enfin, que
toutes les autres parties des animaux se forment aux dépens
du sang. Ces notions nous tracent l'ordre que nous avons à
suivre dans l'histoire des matières animales composées.

SECTION PREMIÈRE.

De la Digestion et de ses produits immédiats.

Les alimens, après avoir été broyés dans la bouche, se
mêlent avec la salive et avec le mucus renfermé dans cette
cavité, et arrivent dans l'estomac, où ils se transforment en
une matière molle comme de la bouillie, connue sous le nom
de *chyme* ; celui-ci, au bout d'un certain temps, passe dans
les intestins grêles, et se change en *chyle* et en *excrémens*,

en vertu d'une *force* qui nous est inconnue, et de l'action qu'exercent sur lui la bile, les sucs pancréatique et gastrique. (*Voyez* les ouvrages de *Physiologie.*)

Du Chyme.

890. M. Marcet fit, en 1813, l'analyse du chyme d'une poule d'Inde qui avait été nourrie seulement avec des végétaux, et il conclut de ses expériences, 1° que le chyme n'était ni acide ni alcalin, et qu'il était presque entièrement dissous par l'acide acétique ; 2° qu'il contenait de l'albumine, du fer, de la chaux et un hydro-chlorate alcalin : la présence de l'albumine dans le chyme est d'autant plus surprenante qu'elle n'existait point dans les matières avec lesquelles on avait nourri l'animal ; 3° qu'il ne renfermait pas de gélatine ; 4° qu'il donnait quatre fois plus de charbon que le chyle retiré d'un chien que l'on avait nourri avec des substances végétales ; 5°. que le chyme qui provient d'une nourriture végétale donne plus de matière animale solide que tout autre fluide animal ; tandis qu'il paraît contenir au contraire moins de substances salines. Mille parties de ce chyme fournirent 12 parties de charbon et 200 parties de matière solide, dans lesquelles il y avait 6 parties de sels.

M. Emmert avait annoncé, en 1807, que la partie fluide des alimens digérés dans l'estomac des herbivores et des carnivores renfermait, entre autres produits, beaucoup de gélatine, un acide fixé qu'il croyait être l'acide phosphorique, et du protoxide de fer. Suivant *Werner*, le chyme de ces animaux renferme un acide fixe sécrété par la membrane muqueuse de l'estomac ; il ne se coagule point comme le chyle. (Tubingue, 1800.)

Il suit de ce court exposé que l'histoire chimique du chyme est extrêmement imparfaite, parce qu'il a été rarement analysé ; il est probable que sa nature varie dans les différentes espèces d'animaux, et même dans les différens individus de la même espèce : du moins remarque-t-on que sa couleur, sa consistance et son aspect diffèrent suivant les espèces d'alimens ingérés.

Du Chyle.

891. Le chyle de l'homme n'a jamais été analysé. M. Vauquelin a trouvé dans celui de cheval, 1° de la fibrine, ou du moins une matière albumineuse ayant beaucoup d'analogie avec la fibrine, une substance grasse qui donne au chyle l'apparence du lait, de la potasse, de l'hydrochlorate de potasse, du phosphate de fer-blanc et du phosphate de chaux. D'après ce chimiste, la composition du chyle varie suivant qu'il est pris dans telle ou dans telle autre partie : ainsi la matière fibreuse est d'autant plus parfaite que le chyle est plus près de son mélange avec le sang. M. Dupuytren avait déjà obtenu, en analysant le chyle de chien, des résultats analogues à ceux dont nous venons de parler.

892. *Propriétés du Chyle* (1). M. Marcet a publié, en 1815, un travail sur le chyle retiré du canal thoracique des chiens, qu'il avait soumis préalablement à un régime purement végétal ou à un régime animal. Voici les résultats qu'il a obtenus ; nous désignerons ces deux espèces de chyle par les noms de *chyle végétal* et de *chyle animal*. *Chyle végétal*. Il est liquide et presque toujours transparent, à-peu-près comme le sérum ordinaire ; il est inodore, insipide et plus pesant que l'eau. Abandonné à lui-même, il se coagule à la manière du sang : le *coagulum* est presque inodore et ressemble à une huître ; sa surface ne se recouvre pas d'une matière onctueuse

---

(1) Le chyle ne peut jamais être obtenu pur ; il est toujours mêlé avec de la lymphe.

analogue à la crême; la pesanteur spécifique de la portion séreuse paraît être 1021 à 1022. Distillé, il fournit un liquide contenant du carbonate d'ammoniaque et une huile fixe pesante, et il reste beaucoup de charbon dans lequel on trouve des sels et du fer. Il peut être conservé pendant plusieurs semaines sans se putréfier. *Chyle animal.* Il est toujours laiteux, inodore, insipide, plus pesant que l'eau; il se coagule comme le précédent; le *coagulum* est opaque et a une teinte rosée; il est surnagé par une matière onctueuse semblable à de la crême. Le sérum pèse autant que celui du chyle végétal. Distillé, il donne beaucoup plus de carbonate d'ammoniaque et d'huile; mais il fournit trois fois moins de charbon : ce produit renferme, comme celui du précédent, des sels et du fer. Le chyle animal se décompose au bout de trois ou quatre jours, et la putréfaction a plutôt lieu dans le *coagulum* que dans la partie séreuse. Suivant M. Marcet, l'élément principal de la matière animale de ces deux espèces de chyle est l'albumine; ils ne renferment point de gélatine. Mille parties fournissent de 5o à 9o parties de substances solides, dans lesquelles il y a environ 9 parties de sels.

M. Magendie considère le chyle sous deux rapports : 1° chyle provenant de matières grasses végétales ou animales; 2° chyle des matières qui ne sont pas grasses. Le premier, retiré du canal thoracique, est d'un blanc laiteux, d'une odeur spermatique prononcée, d'une saveur salée; il happe un peu à la langue et est sensiblement alcalin; il se sépare en trois parties, l'une supérieure, formée par un corps gras; l'autre solide, qui reste au fond du vase, composée de fibrine et de matière colorante rouge; et la troisième liquide, analogue au sérum du sang. Le chyle des matières qui ne sont pas grasses est opalin, presque transparent : il se sépare également en trois couches; mais celle qui se produit à la surface est moins marquée que dans la première espèce de chyle ; la proportion des substances qui forment ces couches varie suivant les alimens qui ont été pris.

Voici maintenant les observations faites par M. Vauquelin sur le chyle de cheval. Le sérum, semblable à celui du sang, est formé d'albumine, et tient en suspension un corps gras soluble dans l'alcool et insoluble dans les alcalis. Il est coagulé par l'alcool, par les acides et par la chaleur ; le *coagulum* obtenu par la chaleur est formé de matière grasse et d'albumine ; lorsqu'on le traite par la potasse, l'albumine seule est dissoute : le contraire a lieu quand on le fait bouillir avec l'alcool, qui ne dissout que la matière grasse.

Le *coagulum* qui se forme en abandonnant le chyle à lui-même, est composé, d'après ce savant chimiste, de *serum*, de fibrine et de matière grasse. On peut enlever le *serum* au moyen de l'eau, et séparer la matière grasse par l'alcool bouillant ; la matière fibreuse qui reste ne peut pas être regardée comme de la fibrine pure ; car elle n'en a ni la contexture, ni la force, ni l'élasticité ; elle est plus promptement et plus complètement dissoute par la potasse caustique. On peut la considérer en quelque sorte comme de l'albumine qui commence à prendre le caractère de la fibrine. Il résulte du travail de M. Vauquelin que l'on pourrait regarder, jusqu'à un certain point, le chyle de cheval comme du sang, moins de la matière colorante, plus de la graisse.

MM. Emmert et Reuss, en analysant le chyle des vaisseaux lactés d'un cheval rendu impotent par l'éparvin, y ont trouvé de la soude, de la gélatine, de l'albumine, de la fibrine, des hydro-chlorates de soude et d'ammoniaque, du phosphate de chaux et beaucoup d'eau. Suivant M. Emmert, le chyle extrait du réservoir et du canal thoracique des chevaux contient de l'eau, une matière albumineuse analogue à la fibrine, de la soude caustique, de la gé-

ne, du soufre et plusieurs sels; il pense que l'on ne
uve de l'huile ou de la matière grasse que dans celui
i provient des gros vaisseaux lactés. Le chyle de la partie
périeure des intestins grêles a fourni à cet auteur de la
atine et du fer très-oxidé; il était acide, fortement
loré par la bile, et ne renfermait pas un atome d'albu-
ne. Celui qui se trouvait dans la partie inférieure des
testins grêles n'était pas acide, et contenait du fer peu
idé, de la gélatine, une substance albumineuse non coa-
lable par la chaleur, du soufre et de la bile.

De la Matière fécale.

893. *Matière fécale humaine.* M. Berzelius a retiré de
00 parties d'excrémens de consistance moyenne 73,3 d'eau,
,9 de parties de la bile solubles dans l'eau, 0,9 d'albu-
ine, 2,7 de matière extractive particulière, 1,2 de sels,
0 de matière insoluble ou résidu des alimens, 14,0 de
atière déposée dans l'intestin, consistant en bile, en sub-
ance animale particulière, et en résidu insoluble. Les
ls des excrémens sont formés, sur 17 parties, de 5 de
rbonate de soude, 4 d'hydro-chlorate de soude, 2 de
lfate de soude, 4 de phosphate de chaux, et 2 de phosphate
hmoniaco-magnésien; il y a aussi des traces de soufre,
e phosphore, de silice et de sulfate de chaux. Macquer
M. Proust avaient déjà reconnu l'existence du soufre
ans les excrémens de l'homme. Suivant M. Vauquelin, ils
ntiennent constamment un acide libre, semblable au
naigre, qui leur donne la propriété de rougir l'*infusum*
tournesol. M. John, au lieu d'un acide, y a trouvé un
cali libre. Vogel pense qu'ils renferment du salpêtre. Il
mble résulter de ces diverses analyses, que la matière
cale humaine est sujette à des changemens suivant les
imens dont l'homme fait usage.

Excrémens des quadrupèdes mammifères. Chevaux
Ils renferment plus de phosphate de chaux qu'il n'y e
a dans le fourrage que l'on a donné à l'animal. Suivan
Thompson, ils contiennent de l'acide benzoïque. On retir
par la distillation, de la suie de ces excrémens, beaucoup d
sel ammoniac; il paraît aussi qu'ils renferment du nitrate d
potasse. *Vaches* nourries dans l'étable avec de la betterave
Ces excrémens ont fourni à l'analyse $71\frac{7}{8}$ d'eau, $28\frac{1}{8}$ d
matière grasse, de la fibre végétale, plusieurs sels et un
substance soluble dans l'eau et dans l'alcool, qui colore le
excrémens en vert et qui exhale l'odeur de bile lorsqu'o
la chauffe; ils ne contiennent ni acide ni alcali libr
(Einoff et Thaer); on y a annoncé aussi la présence d
nitre et de l'acide benzoïque; enfin la suie fournit du se
ammoniac. *Chiens (album græcum).* Suivant Haller, ils n
renferment point d'acide libre. Fourcroy pensait qu'il
étaient entièrement composés de terre osseuse (phosphate
terreux). *Ruminans.* Ils contiennent beaucoup d'acid
libre.

Excrémens des oiseaux. Les oiseaux rendent à-la-foi
l'urine et les excrémens. Nous allons parler d'abord d
la composition du *guano*, qui n'est autre chose que l
fiente d'un oiseau très-répandu dans la mer du Sud, au
îles de Chinche, près de Pisco, à Ilo, Jza et Arica. L
guano est en couches de cinquante à soixante pieds, qu
l'on exploite comme des mines d'ocre de fer, et dont on s
sert comme engrais. (Humboldt et Bonpland.) Suivan
Fourcroy et M. Vauquelin, il contient : acide uriqu
en partie combiné avec l'ammoniaque et la chaux $\frac{1}{4}$
acide oxalique en partie uni à la potasse et à l'ammo
niaque; acide phosphorique combiné aux mêmes base
et à la chaux, des traces de sulfates et d'hydro-chlorates d
potasse et d'ammoniaque, un peu de matière grasse, et d
sable en partie quartzeux, en partie ferrugineux. D'apr

laproth, l'acide urique n'y serait pas aussi abondant. On ouve près d'Auxerre, et dans plusieurs autres grottes, des pôts de fiente formés par des chauves-souris et entière-ent semblables au guano.

Excrémens de poules. Nous devons à M. Vauquelin un avail remarquable sur ces excrémens. Il fit manger à une oule 483,838 grammes d'avoine qui contenaient,

Phosphate de chaux..................... 5,944.
Silice............................... 9,182.

La poule pondit quatre œufs dont les coquilles conte-aient du carbonate de chaux, du phosphate de chaux et du uten; elle rendit des excrémens qui fournirent une cendre mposée de carbonate et de phosphate de chaux et de lice. En comparant les matières avalées à celles qui furent ndues, on trouva que la poule rendit 1,115 grammes e silice de moins qu'elle n'en avait pris, tandis qu'elle urnit 7,139 de phosphate de chaux et 20,457 de carbo-ate de chaux de plus qu'il n'y en avait dans l'avoine : se erait-il formé, pendant l'acte de la digestion, une certaine uantité de chaux, d'acide phosphorique et de carbonate e chaux ?... Ces expériences méritent d'être répétées, en yant la précaution, comme l'indique le professeur The-ard, de nourrir la poule pendant long-temps d'avoine et e l'empêcher d'avaler autre chose.

M. Wollaston a retiré $\frac{2}{100}$ d'acide urique des excrémens 'une oie qui ne mangeait que de l'herbe. Ceux d'un faisan ourri avec du millet lui en ont fourni $\frac{1}{4}$. Il a trouvé eaucoup d'urate de chaux dans les excrémens d'une poule ui se nourrissait de toute sorte de matières. Ceux de aucon, d'oiseaux aquatiques, de tourterelles, d'aigles, le vautours, de corbeaux, de grues, de rossignols, etc, ontiennent aussi de l'acide urique. M. John a retiré des xcrémens de pigeons beaucoup d'acide urique, de la résine verte, de la bile, de l'albumine, et une grande quantité de matière farineuse.

Du Sang.

894. Le sang humain a été analysé par un très-grand nombre de chimistes. On s'accorde généralement à le regarder comme formé d'eau, d'albumine, de fibrine, d'un principe colorant et de différens sels; il ne contient pas de gélatine. M. Berzelius a donné, dans ces derniers temps, la composition du *serum*. Suivant lui, 1000 parties de *serum* de sang humain contiennent 905 parties d'eau, 80 d'albumine, 10 parties de substances solubles dans l'alcool (savoir : 6 d'hydro-chlorate de potasse et de soude, et 4 de lactate de soude uni à une matière animale), 4 parties de substances solubles seulement dans l'eau, savoir : soude carbonatée, phosphate de soude, et un peu de matière animale. Ces résultats sont un peu différens de ceux que M. Marcet avait obtenus quelque temps avant M. Berzelius : en effet, suivant M. Marcet, 1000 parties de *serum* de sang humain sont formées de 900 parties d'eau, de 86,08 d'albumine, de 6,06 d'hydro-chlorate de potasse ou de soude, de 4 de matière mucoso-extractive, qui est le lactate de soude impur de M. Berzelius, de 1,65 de sous-carbonate de soude, de 0,35 de sulfate de potasse et de 0,60 de phophate terreux. Le caillot du sang est entièrement formé de fibrine, d'albumine et de principe colorant (1).

M. Proust annonça, en 1800, que le sang contient de l'ammoniaque, du soufre à l'état d'hydro-sulfate, des

____

(1) MM. Déyeux et Parmentier avaient annoncé dans le caillot du sang l'existence d'une matière que plusieurs chimistes regardent comme du mucus, et à laquelle ils avaient donné le nom de *tomelline*.

traces de vinaigre un peu modifié, et de l'acide benzoïque combiné avec la soude ; il y trouva aussi de la bile. Ces résultats remarquables ont peu fixé l'attention des chimistes et méritent d'être constatés avec soin.

895. Nous devrions maintenant rapporter les analyses comparatives du sang humain, veineux et artériel ; mais nous manquons de données à cet égard : nous savons seulement que le sang veineux est d'un rouge brun, que son odeur est faible, sa température de 31° Réaumur, sa capacité pour le calorique 852 (celle de l'eau étant 1000), sa pesanteur spécifique 1051 ; qu'il contient plus de *se-rum*, et qu'il tarde plus à se coaguler que le sang artériel. Celui-ci est au contraire d'un rouge vermeil ; son odeur est forte, sa température de près de 32° Réaumur, sa capacité pour le calorique 839, et sa pesanteur spécifique 1049. L'analyse comparative du sang de cheval faite par Abildgaard nous apprend seulement que le sang veineux contient moins de carbone que le sang artériel : résultat peu instructif, et qui ne saurait être admis sans avoir été confirmé par de nouvelles expériences.

Suivant Fourcroy, le sang de fœtus humain renferme de la soude, beaucoup de *serum*, un peu de fibrine mol-lasse, analogue à la gélatine, de la bile et de la gélatine.

896. *Propriétés du sang.* Nous venons de faire con-naître les propriétés physiques du sang ; nous allons maintenant parler de ses propriétés chimiques. Lorsqu'on le chauffe, il se coagule ; le *coagulum*, d'un brun violet, donne par la calcination un charbon volumineux, difficile à incinérer. Abandonné à lui-même, le sang se sépare en deux parties ; l'une, liquide, constitue le *sérum* ; l'autre, solide, porte le nom de *caillot*, de *cruor*, d'*insula*, etc. Cette coagulation a lieu sans que la température s'élève, comme le prouvent les expériences de Hunter et de J. Davy. Quelle peut en être la cause ? On l'avait attribuée au re-

froidissement du sang au contact de l'air et au défaut de mouvement ; mais l'expérience prouve qu'elle ne dépend d'aucune de ces causes ; elle paraît tenir à ce que le sang qui est hors de la veine n'est plus doué de vie. Cependant le contact de l'air et le repos favorisent sa coagulation : aussi peut-on le conserver à l'état liquide si on l'agite beaucoup à mesure qu'on l'extrait ; dans ce cas, il ne se sépare qu'une portion de fibrine colorée, sous la forme de longs filamens.

Si on agite, avec du gaz *oxigène* ou avec de l'*air* atmosphérique, du sang battu et dépouillé d'une certaine quantité de fibrine, il devient d'un rouge rose ; l'*ammoniaque* le fait passer au rouge cerise ; le gaz oxide de carbone, le deutoxide d'azote et l'hydrogène carboné, au rouge violacé ; le gaz *azote*, le gaz acide *carbonique*, le gaz *hydrogène* et le *protoxide d'azote*, au rouge brun ; l'*hydrogène arsenié* et l'acide *hydro-sulfurique*, au violet foncé, passant peu à peu au brun verdâtre ; le gaz acide *hydro-chlorique*, au brun marron ; le gaz acide *sulfureux*, au brun noir ; le chlore, au brun noirâtre, qui passe peu à peu au blanc jaunâtre. Ces trois derniers gaz le coagulent en même temps.

Presque tous les acides un peu forts précipitent le sang en s'unissant à l'albumine qu'il renferme ; il en est de même de la plupart des sels des quatre dernières classes. La potasse et la soude exercent une action contraire, le rendent plus fluide, et empêchent sa coagulation en dissolvant la fibrine qui tend à se précipiter. L'alcool s'empare de l'eau qu'il contient, et en précipite l'albumine, la fibrine, la matière colorante et plusieurs sels. Le sang humain n'a point d'usages.

Sang humain dans l'état de maladie. Sang des scorbutiques. Suivant MM. Déyeux et Parmentier, ce sang contient fort peu de fibrine, et il n'a point l'odeur particulière du sang d'un individu sain ; du reste, il renferme les mêmes élémens. Fourcroy remarqua aussi que le sang tiré des gencives d'un scorbutique n'offrait point de fibrine ; il devenait noir par le refroidissement et restait fluide ; au lieu d'un *coagulum*, il fournissait quelques flocons mous et comme gélatineux. *Sang des diabétiques.* Suivant MM. Nicolas et Guedeville, le sang des diabétiques renferme beaucoup plus de *serum* que dans l'état sain ; il contient très-peu de fibrine et paraît peu animalisé. M. Wollaston a prouvé, contre Rollo , que le *serum* du sang dont nous parlons n'offre point de sucre, ou du moins que le liquide qui se sépare du *coagulum* n'en renferme pas le trentième de ce qu'il en a retiré de l'urine du même individu.

Sang des ictériques. Le sang d'un ictérique de quarante-cinq ans, examiné par M. Déyeux, ne formait point de couenne ; il était d'un rouge très-foncé ; le *serum* contenait de la gélatine et de l'albumine ; il avait une couleur jaune, sans pour cela contenir de la bile. Nous avons fait trois fois l'analyse du sang des ictériques, et constamment nous y avons trouvé la bile ou la matière résineuse verte qui caractérise cette liqueur : du reste, sa composition chimique ne différait pas de celle du sang humain à l'état de santé. *Sang retiré des malades atteints de phlegmasies, de fièvres continues*, etc., dans lequel on observe très-souvent une couche plus ou moins épaisse, connue sous le nom de *couenne*. Sa composition est la même que celle du sang d'un homme sain. La nature des principes qui constituent la *couenne* nous paraît varier singulièrement. MM. Déyeux et Parmentier en ont trouvé qui offrait tous les caractères de la fibrine. Fourcroy et MM. Vauquelin et Thenard en ont analysé qui était formée de fibrine et surtout d'albumine concrète ; nous l'avons vue quelquefois renfermer une assez grande quantité de gélatine : enfin M. Berzelius pense qu'elle peut contenir tous les principes qui constituent le caillot. *Sang dans la fièvre putride.* Suivant MM. Déyeux et Parmentier, ce sang ne forme pas toujours de couenne ; il est semblable au précédent, et il ne renferme point *d'ammoniaque.*

Sang de bœuf. M. Berzelius a trouvé le sang de bœuf composé des mêmes principes que le sang humain, et à-peu-près dans les mêmes proportions. Les expériences récentes de M. Vauquelin tendent cependant à établir qu'il renferme, outre la fibrine, l'albumine et la matière colorante, une *huile grasse* d'une couleur jaune, d'une saveur douce et d'une consistance molle ; il suffit pour obtenir cette huile de coaguler le *serum* par l'alcool froid, de traiter à trois ou quatre reprises le *coagulum* par sept ou huit fois son poids d'alcool bouillant, et de faire évaporer les liqueurs alcooliques ; l'huile se sépare à mesure que l'alcool se volatilise. MM. Déyeux et Parmentier pensent que le sang de bœuf renferme en outre un principe volatil odorant qui n'agit point sur les réactifs. M. Vogel a prouvé, dans ces derniers temps, qu'il contient aussi du soufre et de l'acide carbonique.

On emploie le sang de bœuf pour faire le boudin, pour clarifier les sirops et obtenir le sucre, pour préparer le cyanure de potasse, l'acide hydro-cyanique, etc. On peut faire avec le *serum* du sang de bœuf et de la chaux vive parfaitement divisée, un mélange très-utile pour peindre les grands emplacemens, les vaisseaux, les ustensiles en bois, et que l'on peut appliquer aussi avec grand succès, comme badigeon, sur les pierres, les murs, les conduits d'eau, etc. Ce mélange a l'avantage d'être économique, d'adhérer fortement, de sécher facilement, et de ne pas répandre d'odeur désagréable ; il est d'ailleurs inaltérable, ou du moins il ne s'altère que très-difficilement. C'est à M. Carbonell, savant professeur de chimie à Barcelonne, que nous sommes redevables de cette découverte, dont il a fait déjà un très-grand nombre d'applications intéressantes pour les arts. (*Voyez* le Mémoire intitulé : *Pintura al suero*. An. 1802.)

Sang de cheval. Suivant Abildgaard, 100 parties de sang artériel ont fourni 25 parties de matière solide. Une once de cette matière a donné 64 grains de charbon. Cent parties de sang veineux contenaient 26 parties de sub-stance solide ; 1 once de cette substance a fourni 116 grains et $\frac{1}{2}$ de charbon. Ce sang renferme de la potasse.

Sang de mammifères dormeurs. Il contient 6,2628 d'eau, 1,6454 d'albuminé, 0,0177 de fibrine, 0,0354 de géla-tine. (Saissy.)

Sang des oiseaux. Le sang des oiseaux est plus rouge et plus chaud que celui des mammifères ; il donne facile-ment un *coagulum* gélatineux; mais le *serum* ne se sépare qu'avec difficulté. (Fourcroy.) Suivant Menghini, il con-tient du fer.

Sang de poissons. Il est blanchâtre, difficilement coa-gulable, et a la plus grande tendance à devenir huileux, (Fourcroy.)

Des Phénomènes chimiques de la respiration.

Nous avons déjà dit que le chyle produit par la diges-tion des alimens était versé dans la veine sous-clavière gauche et mêlé avec le sang veineux; celui-ci traverse les poumons, et se trouve converti en sang artériel par l'action de l'air atmosphérique. Quel rôle jouent l'air et le sang vei-neux dans cette transformation ? *Air*. L'air atmosphérique est le seul fluide aériforme qui puisse servir à la respiration ; les animaux périssent promptement dans tous les autres gaz, sans en excepter l'*oxigène* pur, et l'expérience prouve que quelques-uns de ces gaz n'exercent aucune action délétère par eux-mêmes, et qu'ils tuent les animaux, parce que leur action ne peut pas remplacer celle de l'oxigène : tels sont l'azote, l'hydrogène, etc.; tandis qu'il existe des gaz fortement délétères, agissant à la manière des poisons les plus énergiques : tels sont l'acide hydro-sulfurique, l'hydrogène arsenié, l'ammoniaque, etc. Voyons maintenant quelle est l'action de l'*air* atmosphérique dans la respiration. 1°. La quantité d'air expirée est sensiblement égale à celle qui a été inspirée ; 2° l'air inspiré contient autant d'azote que l'air expiré; 3° celui-ci est mêlé avec une assez grande quantité de vapeur, qui constitue la *transpiration pulmonaire*, dans laquelle, suivant M. John, on trouve en outre une matière animale qui lui donne une odeur particulière ; 4° au lieu de 0,21 d'oxigène et d'une trace d'acide carbonique qui entrent dans la composition de l'air atmosphérique, l'air expiré contient 0,18 ou 0,19 d'oxigène et 3 ou 4 centièmes d'acide carbonique ; en sorte que la quantité d'acide produit est un peu plus forte que la quantité d'oxigène absorbé. *Sang veineux.* Après avoir exposé les phénomènes chimiques que présente l'air par son contact avec le sang veineux dans les poumons, nous devrions faire connaître les changemens que celui-ci éprouve dans ses propriétés physiques et dans sa composition ; mais, nous devons l'avouer, nos connaissances à cet égard sont extrêmement bornées ; nous manquons d'analyses exactes et comparatives du sang artériel et du sang veineux : nous savons seulement que ce dernier devient d'un rouge vermeil, acquiert une odeur et une saveur plus fortes, que sa température s'élève, etc. (*Voyez* § 895.)

Lavoisier pensait que l'oxigène absorbé dans l'acte de la respiration se combinait avec le carbone du sang veineux pour former de l'acide carbonique, tandis qu'il s'unissait à l'hydrogène pour donner naissance à de l'eau qui faisait partie de la transpiration pulmonaire : le changement de couleur du sang était attribué, dans cette hypothèse, à l'action d'une autre portion d'oxigène sur le fer contenu dans le sang. Cette explication, vicieuse sous tous les rapports, tombe d'elle-même par cela seul que l'oxigène absorbé pendant l'inspiration suffit à peine pour donner naissance à l'acide carbonique que l'on obtient, en supposant même que cet acide se forme aux dépens de l'oxigène de l'air et du carbone du sang.

Voici quelle est l'opinion actuelle des chimistes et des physiologistes sur cette fonction : 1° il est évident que le changement de couleur du sang dépend de son contact médiat avec l'oxigène, puisque l'oxigène ou l'air atmosphérique sont les seuls gaz susceptibles de l'opérer. Mais sur quelle partie du sang agit l'oxigène, est-ce sur le principe colorant, sur le carbone, ou bien cette action est-elle simultanée? On l'ignore. 2°. Il paraît que la transpiration pulmonaire dépend d'une portion de *serum* qui s'échappe des dernières divisions de l'artère pulmonaire, et d'une portion de vapeur produite par le sang artériel qui se distribue à la membrane muqueuse des voies aériennes. Les expériences de M. Magendie sur les liquides et de M. Nysten sur le gaz, prouvent effectivement que ces substances, injectées dans le système veineux, sont constamment expulsées par la transpiration pulmonaire. 3°. On ne sait pas comment se forme l'acide carbonique : suivant quelques physiologistes, il est produit par l'oxigène de l'air et par le carbone du sang veineux ; suivant quelques autres, il existe tout formé dans le sang veineux, et il est exhalé au moment de l'expiration. Les expériences de M. Vogel, qui, comme nous l'avons dit, démontrent l'existence de l'acide carbonique dans le sang de bœuf, pourraient peut-être servir à appuyer cette opinion. 4°. On ignore quelle est la cause de l'élévation de température qui a lieu pendant la respiration. 5°. Il suit de tout ce qui précède qu'il est impossible d'établir d'une manière précise comment l'oxigène agit dans cette fonction importante.

Des Liqueurs des sécrétions.

Le sang artériel porté dans toutes les parties du corps éprouve dans certains organes une altération particulière, dont le résultat est la production d'un liquide qu'il ne contenait point : cette opération est connue sous le nom de *sécrétion* : ainsi l'urine est sécrétée dans les reins, la bile dans le foie, la salive dans les glandes salivaires, etc. ; aucun de ces fluides sécrétés n'existait dans le sang. Nous ignorons complètement la manière dont cette transformation a lieu. On a divisé les liquides sécrétés en alcalins et en acides.

De la Lymphe.

897. On donne le nom de *lymphe* au liquide contenu dans les vaisseaux lymphatiques, et dans le canal thoracique des animaux que l'on a fait jeûner pendant vingt-quatre ou trente heures. Suivant M. Chevreul, 1000 parties de lymphe de chien sont formées de 926,4 d'eau, de 004,2 de fibrine, de 061,0 d'albumine, de 006,1 d'hydro-chlorate de soude, de 001,8 de carbonate de soude, et de 000,5 de phosphate de chaux, de magnésie et de carbonate de chaux. M. Brande, dans un travail moins complet sur la lymphe, a obtenu des résultats à l'appui de cette analyse : suivant lui, la lymphe contient de l'albumine, un alcali libre et de l'hydro-chlorate de soude. Elle ne renferme point d'acide libre ni de fer. D'après MM. Emmert et Reuss, 92 grains de lymphe des vaisseaux absorbans des chevaux ont fourni un grain de fibrine, $86\frac{1}{4}$ d'eau, $3\frac{3}{4}$ d'albumine, de sel marin, de phosphates, et de soude libre.

La lymphe est sous la forme d'un liquide rosé, légèrement opalin, quelquefois d'un rouge de garance, d'autres fois jaunâtre ; son odeur est spermatique, sa saveur salée, sa pesanteur spécifique est de 1022,28, celle de l'eau étant 1000; elle ne rougit point l'*infusum* de tournesol. Evaporée jusqu'à siccité, elle laisse une très-petite quantité de résidu verdissant légèrement le sirop de violette. Soumise à l'action électrique d'une batterie de 30 paires de plaques de zinc et de cuivre, elle fournit de l'albumine coagulée et de l'alcali, qui se portent au pole résineux (Brande). Elle se mêle en toutes proportions avec l'eau; l'alcool la rend trouble. Abandonnée à elle-même, elle se prend en masse; sa couleur rose devient plus foncée, et l'on voit paraître des filamens rougeâtres, imitant par leur disposition des arborisations irrégulières; elle est alors formée de 2 parties distinctes, l'une solide, l'autre liquide; si on sépare cette dernière, elle ne tarde pas aussi à se prendre en masse. La portion solide, analogue jusqu'à un certain point au caillot du sang, passe au rouge écarlate par son contact avec le gaz oxigène, et au rouge pourpre lorsqu'on la met dans du gaz acide carbonique. (M. Magendie.)

De la Synovie.

898. La synovie est un liquide exhalé par une membrane mince qui entoure les articulations mobiles. Suivant Hildebrandt, la synovie de l'homme est formée d'eau, d'un peu d'albumine, de soude et d'hydro-chlorate de soude. Cette analyse ne peut être considérée que comme un aperçu et demande à être répétée. Margueron a trouvé dans 100 parties de synovie de bœuf, recueillie en incisant les articulations du pied, 80,46 parties d'eau, 4,52 d'albumine, 11,86 de matière filandreuse ou d'albumine modifiée, 1,75 d'hydro-chlorate de soude, 0,71 de soude, 0,70 de phosphate de chaux. Suivant Fourcroy, il y a en outre une matière animale particulière qui paraît être de l'acide urique.

La synovie de *bœuf*, récemment extraite de l'articulation
est fluide, visqueuse, demi-transparente et d'un blanc verdâtre ; son odeur est analogue à celle du frai de grenouille
sa saveur est salée. Abandonnée à elle-même, elle ne tard
pas à devenir gélatineuse, puis reprend son premier état
perd de sa viscosité, et laisse déposer une substance visqueuse. Les acides faibles, versés dans la synovie, la rendent plus fluide et en séparent la matière filandreuse.

De l'Eau de l'amnios de la femme.

899. Ce liquide est sécrété par la membrane interne du sac
ovoïde dans lequel nage le fœtus. Suivant MM. Vauquelin
et Buniva, il est formé d'un peu d'albumine semblable à
celle du sang, d'une matière caséiforme, d'hydro-chlorate de soude, de phosphate de chaux, de carbonate de
chaux, de carbonate de soude et de beaucoup d'eau, puisque l'albumine et les sels ne forment que les 0,012 de l'eau
de l'amnios. Il a une couleur blanche, un peu laiteuse, une
odeur douce et fade, et une saveur légèrement salée ; sa
pesanteur spécifique est de 1,005 ; il verdit le sirop de
violette d'une manière marquée, et cependant rougit l'*infusum* de tournesol ; l'agitation y produit une écume considérable ; il est précipité par la potasse, l'alcool, l'*infusum* de noix de galle et le nitrate d'argent ; les acides, au
contraire, l'éclaircissent. *Propriétés de la matière caséiforme.* Suivant les auteurs déjà cités, cette matière doit
être regardée comme une substance particulière, à laquelle l'eau de l'amnios doit son aspect laiteux, et qui
paraît être le résultat d'une altération de l'albumine, qui
prend un caractère gras. Elle est blanche, brillante,
douce au toucher, et a l'aspect d'un savon nouvellement
préparé ; elle est insoluble dans l'eau et sans action sur
l'alcool et les huiles. Les alcalis caustiques en dissolvent

une partie avec laquelle ils forment un savon, si l'on en juge par l'odeur, la saveur et la propriété de précipiter par les acides. Elle décrépite sur le feu, se dessèche, noircit, répand des vapeurs huileuses, empyreumatiques, et laisse un charbon abondant et difficile à incinérer; la cendre qui en résulte est grise et presqu'entièrement formée de carbonate de chaux. L'eau de l'amnios se dépose sur le corps du fœtus, et paraît servir à modérer les fonctions de la peau, à raison de sa douceur et de son onctuosité.

M. Berzelius a annoncé, dans l'eau de l'amnios de la femme, l'existence de l'acide *hydro-phtorique* (fluorique).

Eau de l'amnios de vache. Elle est formée, d'après MM. Vauquelin et Buniva, d'eau, d'une matière animale particulière, jaunàtre, visqueuse, extractiforme, très-soluble dans l'eau, incristallisable et insoluble dans l'alcool; d'acide *amniotique*, de sulfate de soude, de phosphate de chaux et de magnésie.

Elle a une couleur rouge fauve, une saveur acide mêlée d'amertume, une odeur analogue à celle de certains extraits végétaux, et une viscosité semblable à celle de la gomme dissoute dans l'eau; sa pesanteur spécifique est de 1,028; elle rougit fortement l'*infusum* de tournesol, et précipite abondamment par l'hydro-chlorate de baryte; l'alcool en sépare une matière rougeâtre très-abondante.

De la Salive.

900. La salive de l'homme est formée, d'après M. Berzelius, de 992,9 d'eau, de 2,9 de matière animale particulière, de 1,4 de mucus, de 1,7 d'hydro-chlorates de potasse et de soude, de 0,9 de lactate de soude et de matière animale, et de 0,2 de soude. Le mucus de la salive incinéré fournit beaucoup de phosphate calcaire et un peu de phosphate de magnésie.

La salive est un fluide inodore, insipide, transparent, visqueux, un peu plus pesant que l'eau, et susceptible de devenir écumeux par l'agitation ; il verdit légèrement le sirop de violette ; lorsqu'il est étendu d'eau, il laisse déposer peu à peu tout le mucus. (Voyez *Propriétés de ce mucus*, pag. 267 de ce vol.)

901. Si, après l'avoir desséché, on la traite successivement par de l'alcool pur et par de l'alcool aiguisé d'acide acétique, on dissout tous ses principes, excepté la matière animale particulière et le mucus ; ces deux substances peuvent être aisément séparées l'une de l'autre par l'eau, qui dissout la première et qui n'agit pas sur le mucus. *Propriétés de la matière animale particulière.* Elle est soluble dans l'eau et insoluble dans l'alcool ; le *solutum* aqueux, évaporé jusqu'à siccité, laisse une masse transparente, soluble de nouveau dans l'eau froide ; cette dissolution n'est précipitée ni par les alcalis, ni par les acides, ni par le sous-acétate de plomb, ni par le sublimé corrosif, ni par le tannin ; elle ne se trouble point par l'ébullition.

Du Suc pancréatique.

902. On n'a jamais pu se procurer une assez grande quantité de suc pancréatique pour en faire l'analyse ; on sait seulement qu'il n'est pas acide, comme on l'avait prétendu ; qu'il est plutôt alcalin, inodore, jaunâtre, doué d'une saveur salée, et en partie coagulable par la chaleur. On croit qu'il a beaucoup de rapport avec la salive.

Des Humeurs de l'œil.

903. *Humeur aqueuse.* Cette humeur, placée dans les chambres antérieure et postérieure de l'œil, est formée, suivant M. Berzelius, de 98,10 d'eau, d'un peu d'albumine, de 1,15 d'hydro-chlorates et de lactates, et de 0,75 de soude, avec une matière animale soluble seulement dans l'eau ;

sa pesanteur spécifique, suivant M. Chenevix, est de 1,0053. Ce chimiste la considère comme composée de beaucoup d'eau, d'un peu d'albumine, de gélatine et d'hydro-chlorate de soude. M. Nicolas y admet en outre du phosphate de chaux.

904. *Humeur vitrée.* Cette humeur est derrière le cristallin. On y trouve, suivant M. Berzelius, les mêmes principes que dans l'humeur aqueuse, mais dans des proportions un peu différentes : ainsi il y a 98,40 d'eau, 0,16 d'albumine, 1,42 de lactate et d'hydro-chlorates, et 0,02 de soude et de matière animale. M. Chenevix pense qu'elle contient moins d'eau, et plus d'albumine et de gélatine que l'humeur aqueuse ; il y admet en outre de l'hydro - chlorate de soude.

905. *Cristallin.* D'après M. Berzelius, il renferme 58 parties d'eau, 25,9 de *matière particulière*, 2,4 de lactates, d'hydro-chlorates et de matière animale soluble dans l'alcool, 1,3 de matière animale soluble dans l'eau avec quelques phosphates, 2,4 de membrane cellulaire insoluble. *Propriétés de la matière particulière.* Elle est soluble dans l'eau, coagulable par la chaleur; ainsi coagulée, elle possède, à la couleur près, tous les caractères de la matière colorante du sang : on peut en obtenir des cendres contenant un peu de fer. (Berzelius.) M. Chenevix regarde le cristallin comme formé d'un peu d'eau, d'albumine et de gélatine. M. Nicolas a obtenu des résultats analogues. Ces chimistes ont cru que la gélatine faisait partie des humeurs de l'œil, parce qu'elles précipitent par la noix de galle; mais ce réactif, pouvant précipiter l'albumine et plusieurs autres matières animales, ne suffit pas pour en faire admettre l'existence.

906. *Cataracte.* M. Chenevix fait entrevoir que la formation et le développement de la cataracte pourraient peut-être venir à ce que l'albumine aurait été coagulée par de l'acide

phosphorique qui se serait produit dans l'œil malade. Sui
vant M. Grapengiesser, dans la *cataracte laiteuse*, l'albu
mine de l'humeur vitrée subirait une espèce de coagu
lation, deviendrait comme graisseuse, dissoudrait une po
tion d'albumine demi-coagulée, et aurait un aspect la
teux....

Des Larmes.

907. Les larmes, sécrétées par la glande lacrymale, sor
composées, suivant Fourcroy et M. Vauquelin, de 0,9
d'humidité et de 0,4 des matières solides suivantes : des trace
de soude caustique, de phosphates de chaux et de soude
d'hydro-chlorate de soude, et de mucus qui devient inse
luble dans l'eau par l'action de l'air atmosphérique ou d
l'oxigène, et qui est précipité par l'alcool. Jacquin les cro
formées d'eau, de soude, d'hydro-chlorate de soude, de glu
ten, de phosphates de chaux et de soude. Suivant Pearsou
elles ne renferment point de soude, mais de la potasse. O
ignore quelle est la composition des larmes des animaux.

De la Liqueur spermatique.

908. La semence, sécrétée dans les testicules, se mêle, lo1
de son émission, à l'humeur liquide et laiteuse de la prostat
Elle est alors formée, suivant M. Vauquelin, de 900 pa1
ties d'eau, de 60 parties de mucus animal d'une nature pa1
ticulière, de 10 de soude, de 30 de phosphate de chaux
de quelques traces d'hydro-chlorate, et *peut-être* de nitra1
de chaux. Jordan la considère comme composée d'eau
d'albumine, de gélatine, de phosphate de chaux et de ma
tière odorante. M. John y admet de l'eau, une matière mu
queuse particulière, des traces d'albumine modifiée et ana
logue au mucus, une très-petite quantité d'une matièr
soluble dans l'éther (?), de la soude, du phosphate de chaux
un hydro-chlorate, du soufre et une matière odorante

M. Berzelius a annoncé, dans les *Annales de Chimie*, que la semence était composée d'une matière animale particulière et de tous les sels du sang. Nous avons cru devoir rapporter les différens travaux faits sur ce liquide important; la différence des résultats obtenus par des chimistes aussi distingués prouve combien l'analyse animale est peu avancée, et combien il est difficile de juger quels sont les résultats qui doivent être préférés.

La semence est incolore et épaisse; si on l'abandonne à elle-même, elle devient liquide au bout de vingt ou de vingt-cinq minutes, et même plus tôt, si on la soumet à une douce chaleur. Distillée, elle fournit une très-grande quantité de sous-carbonate d'ammoniaque. Exposée à l'air sec et chaud, elle s'épaissit, se prend en écailles solides, fragiles, demi-transparentes, semblables à la corne, et fournit du phosphate de chaux cristallisé; si l'air est chaud et humide, elle s'altère, jaunit, exhale l'odeur du poisson pourri, devient acide, et se recouvre d'une grande quantité de *bissus septica*. L'eau ne la dissout que lorsqu'elle a été liquéfiée; le *solutum* fournit un précipité floconneux par le chlore ou par l'alcool. Elle est très-soluble dans les acides et moins soluble dans les alcalis.

909. *Matière qui enduit le vagin pendant le coït.* Elle renferme de l'alcali libre. (Vauquelin.) Suivant Fourcroy, celle qui lubrifie le vagin contient de l'eau, une matière animale visqueuse, déliquescente, semblable à la gélatine et à l'albumine.

Du Suc gastrique.

910. La membrane muqueuse de l'estomac est constamment humectée par une couche de mucus qui paraît avoir beaucoup de rapport avec le mucus des narines; indépendamment de cette matière, l'estomac renferme très-fréquemment un liquide appelé *suc gastrique*, et dont la nature

varie suivant les circonstances : tantôt il est *putrescible* et entièrement semblable à la *salive*; tantôt, au contraire, il est acide et ne se putréfie qu'avec difficulté : suivant M. de Montègre, il doit être considéré, dans le premier cas, comme de la salive, et, dans le second, comme de la salive digérée; en effet, toutes les matières passent à l'état acide lorsqu'elles sont digérées. Il suit de là qu'il est impossible d'indiquer d'une manière précise la composition du *suc gastrique*, ou du suc contenu dans l'estomac, parce qu'elle varie autant que ses propriétés ; aussi le petit nombre d'analyses qu'on en a faites prouve qu'il présente des variétés considérables par rapport aux principes qui le constituent. Gosse et Guyton de Morveau le regardaient comme étant acide. Spallanzani ne l'a jamais trouvé ni acide ni alcalin ; d'ailleurs, comment isoler ce suc du mucus et de quelques produits des alimens digérés ? M. de Montègre pense qu'il n'agit point sur les alimens à la manière d'un dissolvant chimique.

De la Bile.

611. La bile est une liqueur sécrétée par le foie. *Bile de bœuf*. Suivant M. Thenard, elle renferme, sur 800 parties, 700 parties d'eau, 15 de matière résineuse verte, 69 de picromel, une quantité variable de matière jaune (*Voy*. pag. 272 de ce vol.), 4 de soude, 2 de phosphate de soude, 3,5 d'hydro-chlorates de potasse et de soude, 0,8 de sulfate de soude, 1,2 de phosphate de chaux et peut-être de magnésie, et quelques traces d'oxide de fer. D'après M. Berzelius, elle contient 907,4 parties d'eau, 80,0 d'une matière analogue au picromel, 3 de mucus de la vessie du fiel, 9,6 d'alcali et de sels communs à tous les fluides animaux. M. Vogel y admet en outre l'existence de l'acide carbonique et du soufre. Fourcroy avait présumé depuis long-temps qu'elle contenait de l'acide hydro-sulfurique. Nous nous dispenserons de rap-

porter les analyses de cette humeur faites par Robert, Rœderer, Cadet, Van-Bauchaute, Homberg, Morozzo, Fontana, etc., parce qu'elles sont inexactes ou incomplètes; nous ferons seulement remarquer que M. Berzelius ne regarde pas la matière résineuse comme un principe constituant de la bile, mais comme la combinaison d'un acide avec la substance à laquelle il a donné le nom de *matière particulière de la bile.*

912. La bile de bœuf est un liquide plus ou moins consistant, limpide, ou troublé par la *matière jaune,* d'une couleur verdâtre, d'une saveur excessivement amère et légèrement sucrée, et d'une odeur nauséabonde faible, analogue à celle de certaines matières grasses, chaudes; sa pesanteur spécifique est de 1,026 à 6° thermomètre centigr. Elle fait passer au jaune rougeâtre l'*infusum* de tournesol et le sirop de violette; nuance qui provient du mélange de la couleur de la bile avec celle de ces réactifs.

Chauffée dans des vaisseaux fermés, la bile se trouble, produit de l'écume, et fournit un liquide odorant, volatil comme la bile, incolore, susceptible de précipiter l'acétate de plomb en blanc, et qui paraît contenir de la résine; bientôt après elle se trouve desséchée et porte le nom d'*extrait de fiel.* Cet extrait est solide, d'un vert jaunâtre, et doué d'une saveur amère et sucrée; il attire légèrement l'humidité de l'air, se dissout presqu'en entier dans l'eau et dans l'alcool, et se fond à une légère chaleur. Si on le chauffe fortement, il se décompose à la manière des substances azotées; mais il fournit peu de carbonate d'ammoniaque, et laisse un charbon très-volumineux, contenant de la soude et les différens sels de la bile. Exposée à l'air, la bile s'altère peu à peu, et finit par se pourrir sans répandre une odeur très-désagréable.

L'eau et l'alcool s'unissent parfaitement avec elle. La *potasse,* la soude et l'ammoniaque, loin de la troubler, la rendent plus transparente et moins visqueuse. Les *acides* en précipitent une portion de la matière jaune, unie à une certaine quantité de résine verte; ils agissent évidemment en saturant la soude libre qui tenait ces matières en dissolution. L'*acétate de plomb* y fait naître un précipité de phosphate, de sulfate et d'oxide de plomb, unis à la matière verte et à la matière jaune. Le *sous-acétate de plomb* précipite en outre le picromel et les hydro-chlorates.

La bile jouit de la propriété de dissoudre plusieurs matières grasses, à raison de la soude et du composé ternaire de soude, de résine et de picromel qu'elle renferme : aussi les dégraisseurs s'en servent ils pour enlever la graisse qui salit les étoffes de laine.

La *bile* de *chien*, de *mouton*, de *chat* et de *veau*, paraît être la même que celle de bœuf.

913. *Bile humaine.* Suivant M. Thenard, elle est formée, sur 1100 parties, de 1000 parties d'eau, de 42 d'albumine, de 41 de résine, de 2 à 10 parties de matière jaune, de 5,6 de soude, de 4,5 de phosphate, de sulfate et d'hydro-chlorate de soude, de phosphate de chaux et d'oxide de fer, enfin, d'un atome de matière jaune. D'après M. Berzelius, elle ne renferme ni huile ni résine, mais une matière analogue aux résines, soluble dans l'eau et dans l'alcool, très-peu de soude et de mucus de la vésicule. Suivant Cadet, la bile humaine contient de l'acide hydro-sulfurique. Nous pourrions faire connaître d'autres analyses différentes, sous plusieurs rapports, de celles dont nous venons de parler; mais nous sommes persuadés que, dans un très-grand nombre de cas, la différence dans les résultats tient à ce que le liquide analysé n'était pas le même; du moins nous pouvons affirmer, après avoir analysé la bile d'individus morts à la suite d'apoplexie, de fièvres putrides, d'entérite, etc., ne l'avoir jamais trouvée identique; nous avons même observé entre ces liquides des différences assez frap-

pantes. Il serait très-important pour la chimie pathologique d'avoir pour point de départ des analyses bien faites de la bile d'individus guillotinés ou fusillés dans l'état de santé ; on pourrait alors leur comparer les résultats obtenus jusqu'à présent par les différens chimistes sur la bile provenant de personnes malades, et, certes, le domaine de la science s'agrandirait. Hanneman parle, à la vérité, de la bile d'un individu fusillé dans l'état de santé, qui donna, par l'alcool et par les acides, un *coagulum* semblable aux calculs biliaires, qu'il appela *gluten*; mais il suffit de ce simple énoncé pour juger combien ce travail est loin d'être satisfaisant. Nous ne doutons pas, à l'exemple de Boerhaave, de Morgagni, etc., que la bile ne contracte quelquefois des qualités âcres, irritantes, qui doivent nécessairement influer sur le développement et l'intensité des symptômes que l'on observe dans certaines maladies.

La bile humaine est verte, d'un brun jaunâtre, rougeâtre ou incolore; sa saveur n'est pas très-amère; elle est rarement limpide, et tient souvent en suspension de la matière jaune. Chauffée, elle se trouble et répand l'odeur de blanc d'œuf. L'extrait de cette bile se décompose comme le précédent lorsqu'on élève fortement sa température. Les acides en précipitent de l'albumine et de la résine. Le *sous-acétate de plomb* la fait passer au jaune, et n'y découvre point la moindre trace de picromel.

Bile des foies gras. M. Thenard n'a trouvé que de l'albumine dans la bile provenant de foies dont les $\frac{5}{6}$ étaient formés par de la graisse; quelquefois aussi, lorsque la maladie était moins avancée, la bile était formée de beaucoup d'albumine et d'un peu de résine. *Bile* d'un individu atteint d'une fièvre *bilieuse grave*, avec *ulcération* de la membrane muqueuse intestinale. Nous avons trouvé dans cette bile environ 96 de matière résineuse, 3 de soude, et un atome de sels; la matière résineuse était évidemment altérée, car elle avait une saveur excessivement amère et *âcre* : il suffisait d'en mettre un atome sur la lèvre pour faire naître des ampoules excessivement douloureuses. Morgagni fait mention, dans ses ouvertures cadavériques, de la bile d'un individu mort subitement, dont l'àcreté était telle, qu'il suffit de piquer deux pigeons avec la pointe d'un scalpel qui en contenait un peu pour les faire périr subitement.....

914. *Bile de porc.* Elle est formée, d'après M. Thenard, de résine, de soude et de quelques sels ; elle est entièrement décomposée par les acides.

915. *Bile des oiseaux.* Suivant le même chimiste, elle est composée d'eau, de beaucoup d'albumine, de picromel très-amer, très-àcre et peu sucré ; d'un atome de soude, de résine et de différens sels : du moins telle est la bile de canard, de poule, de chapon et de dindon.

916. *Bile de raie et de saumon.* Elle est d'un blanc jaunâtre ; elle renferme beaucoup de picromel légèrement àcre, et ne donne point de résine.

917. *Bile de carpe et d'anguille.* Elle est très-verte, très-amère, et contient du picromel, un peu de soude et de résine ; elle ne renferme point d'albumine. (M. Thenard.)

Des Liqueurs acides.

Ces liqueurs sont l'humeur de la transpiration, l'urine et le lait.

De l'Humeur de la transpiration.

918. La sueur séparée du sang par les vaisseaux exhalans de la peau, est formée, suivant M. Thenard, d'acide acétique, d'un peu de matière animale, d'hydro-chlorate de soude et peut-être d'hydro-chlorate de potasse, d'un atome de phosphate terreux et d'oxide de fer. M. Berzelius n'admet, dans cette humeur, que de l'eau, de l'acide lactique, du lactate

de soude uni à une matière animale, et des hydro-chlorates de potasse et de soude. Il nie l'existence des acides acétique et phosphorique admis par plusieurs chimistes. Haller et Sorg, pour expliquer l'odeur de la sueur, ont avancé qu'elle contenait les alimens à l'état de vapeur. M. John croit que la sueur des parties génitales de la femme contient la même substance volatile et odorante que le *chenopodium vulvaria*.

La sueur est un liquide incolore, d'une odeur plus ou moins forte et variable, et d'une saveur salée ; elle rougit l'*infusum* de tournesol, et tache les étoffes sur lesquelles elle tombe.

On connaît les belles observations de Sanctorius, de Lavoisier et de M. Seguin sur l'humeur de la transpiration ; ces observations sont entièrement du ressort de la physiologie. *Sueur des ictériques.* Nous avons réussi deux fois à démontrer l'existence de la bile dans cette humeur. M. John dit dans son ouvrage : « La sueur des ictériques paraît contenir la matière de la bile qui jaunit fortement le linge ». *Sueur dans la fièvre putride.* Suivant MM. Déyeux et Parmentier, elle renferme de l'ammoniaque et porte le caractère de la putréfaction. *Sueur critique dans la fièvre de lait et la rougeole.* Gœrtner n'y admet point d'acide libre. M. Berthollet affirme cependant qu'elle rougit quelquefois l'*infusum* de tournesol. *Sueur des arthritiques* en bonne santé. Elle renferme, suivant Jordan, de l'acide phosphorique. *Sueur dans la colique des peintres.* Nous n'avons jamais pu y découvrir la moindre trace de plomb ni d'aucune préparation saturnine.

De l'Urine.

919 L'urine est sécrétée par les reins ; sa composition varie suivant les animaux ; celle que l'on rend le matin est

beaucoup plus chargée que celle qui est rendue immédiatement après le repas.

Urine de l'homme adulte. Suivant M. Berzelius, 1000 parties de ce liquide renferment 933 parties d'eau, 30,10 d'u-
rée, 3,71 de sulfate de potasse, 3,16 de sulfate de soude, 2,94
de phosphate de soude, 4,45 d'hydro-chlorate de soude, 1,65
de phosphate d'ammoniaque, 1,50 d'hydro-chlorate d'ammoniaque, 17,14 d'acide lactique libre, de lactate d'ammoniaque uni à une matière animale soluble dans l'alcool, d'une matière animale insoluble dans cet agent,
et qui est combinée avec une certaine quantité d'urée;
1,00 de phosphates terreux avec un atome de chaux;
1,00 d'acide urique, 0,32 de mucus de la vessie, 0,03 de
silice. Suivant ce chimiste, l'urine doit son acidité à l'acide
lactique. MM. Vauquelin, John, etc., l'attribuent à l'acide
phosphorique. M. Thenard pense qu'elle est due à l'acide
acétique. L'acide lactique et le lactate d'ammoniaque n'ont
été admis jusqu'à présent dans l'urine que par M. Berzelius;
quant à la silice, Fourcroy et M. Vauquelin l'ont an-
noncée dans l'urine dès l'an 7. MM. Proust, John, et der-
nièrement M. Vogel, ont trouvé dans ce liquide de l'acide
carbonique. Plusieurs de ces chimistes pensent que l'urine
renferme en outre de la gélatine, de l'albumine, du soufre, etc. Plus on examine attentivement les résultats des
analyses de l'urine faites par les savans les plus distingués,
plus on est convaincu que leur différence doit être attribuée
à ce que ce liquide n'est pas toujours le même : en effet,
tout en supposant que l'urée et les sels qu'il renferme
soient à-peu-près constans, combien la matière animale
muqueuse, gélatineuse, albumineuse, etc., ne doit-elle
pas varier suivant l'état de santé ou d'indisposition légère
dans lequel se trouvent les individus, et suivant une foule
d'autres circonstances que les physiologistes saisiront facilement! Il suffira de savoir que l'urine est un des fluides

de l'économie animale les plus susceptibles d'être altérés dans une multitude d'affections, comme nous le ferons voir en l'examinant dans les diverses maladies.

920. L'urine de l'homme sain est sous la forme d'un liquide transparent, dont la couleur varie depuis le jaune clair jusqu'à l'orangé foncé, doué d'une saveur salée et un peu âcre, et d'une odeur particulière, qui devient ammoniacale lorsqu'il se putréfie; il rougit l'*infusum* de tournesol; sa pésanteur spécifique est un peu plus considérable que celle de l'eau. Ces diverses propriétés sont d'autant plus sensibles que l'urine est plus chargée.

Lorsqu'on la fait chauffer dans des vaisseaux fermés, on observe les phénomènes suivans : 1° une portion d'urée et de mucus est décomposée, et donne principalement naissance à du carbonate d'ammoniaque et à un peu d'huile; 2° les acides libres de l'urine sont transformés en sels ammoniacaux par une partie de ce carbonate, qui étant assez abondant, change ce liquide acide en un liquide alcalin; 3° le phosphate d'ammoniaque formé ne tarde pas à passer à l'état de phosphate ammoniaco de soude; 4° le phosphate de chaux, le phosphate ammoniaco-magnésien, et le mucus non décomposé, qui étaient dissous à la faveur des acides libres, se précipitent; il en est de même de l'urate d'ammoniaque; 5° la présence de l'huile change la couleur de l'urine au point de la rendre d'un rouge brun foncé; 6° la majeure partie de l'eau qu'elle contient se volatilise, et vient se condenser dans le récipient avec une portion de carbonate d'ammoniaque; 7° le phosphate ammoniaco de soude, les hydro-chlorates de soude et d'ammoniaque et les autres sels solubles de l'urine ayant perdu l'eau qui les tenait en dissolution, cristallisent; 8° enfin l'urée non décomposée a éprouvé un grand degré de concentration.

921. Abandonnée à elle-même, l'urine se refroidit, et

dépose le plus souvent, au bout de quelques heures, une plus ou moins grande quantité d'acide urique jaunâtre ou rougeâtre, qui était tenu en dissolution dans le liquide chaud. Si on la laisse assez de temps à l'air, l'urée se décompose, donne lieu à de l'ammoniaque qui agit sur les élémens de l'urine comme la chaleur, quoique beaucoup plus lentement; en sorte qu'il se forme d'abord un dépôt d'urate d'ammoniaque, de phosphate de chaux et de phosphate ammoniaco-magnésien; et quelque temps après, quand le liquide est presque entièrement évaporé, l'on obtient des cristaux formés par les sels solubles de l'urine.

L'eau ne trouble point l'urine; il n'en est pas de même de l'alcool, qui en précipite toutes les substances qu'il ne peut pas dissoudre. La *potasse*, la *soude* et l'*ammoniaque* en saturent les acides libres, et précipitent le mucus et les divers sels qui étaient dissous à la faveur de ces acides. Les eaux de *baryte*, de *strontiane* et de *chaux* agissent de la même manière, et précipitent en outre l'acide phosphorique libre, et celui que renferment les phosphates de soude et d'ammoniaque. Il est évident encore que si l'urine contient des sulfates, ils doivent être décomposés par la baryte et par la strontiane. L'acide *oxalique* décompose peu à peu le phosphate de chaux de l'urine, et donne lieu à un léger précipité d'oxalate de chaux. Versé dans l'urine évaporée jusqu'à consistance de sirop, l'acide nitrique y fait naître une multitude de cristaux de *nitrate acide d'urée*. (*Voy.* pag. 268.) L'urine, à raison des sels qu'elle renferme, précipite par le nitrate d'argent, par l'hydro-chlorate de baryte, par les sels calcaires solubles, etc. Le tannin la précipite également en se combinant probablement avec le mucus.

922. *Urine des ictériques.* Il résulte des analyses que nous avons faites en 1811, que l'urine des ictériques contient de la bile; quelquefois nous en avons séparé tous les

élémens; d'autres fois nous n'avons pu y découvrir que la matière résineuse verte. Dans tous les cas, on peut recomposer l'urine ictérique en réunissant les élémens de la bile séparée avec l'urine privée de ces élémens. Cruiskanck avait déjà annoncé, en 1800, que cette urine contenait la matière bilieuse, et que l'on pouvait la faire passer au vert par l'acide hydro-chlorique.

923. *Urine dans l'hydropisie générale.* Thompson et Fourcroy ont démontré l'existence de l'albumine dans cette urine. Suivant M. Nysten, elle est ammoniacale; elle renferme de l'acide acétique, de l'albumine, une matière huileuse colorante, différens sels, et ne contient presque pas d'urée. Brugnatelli dit avoir analysé de l'urine des hydropiques dans laquelle il y avait de l'acide hydro-cyanique (prussique).

924. *Urine dans le rachitis.* Les analyses de Chaptal, de Jacquin, de Fourcroy, etc., prouvent que cette urine contient beaucoup de phosphate de chaux, fait d'autant plus remarquable, que les os des rachitiques sur l'urine desquels on opérait étaient très-ramollis, et contenaient par conséquent peu de ce phosphate.

925. *Urine des goutteux.* Suivant M. Berthollet, elle renferme moins d'acide phosphorique que l'urine des individus bien portans, excepté dans le cas de paroxysme. Il paraît à-peu-près certain qu'à la suite des grands accès de goutte, elle contient une plus ou moins grande quantité d'acide rosacique uni à l'acide urique. Tous les observateurs s'accordent à regarder le phosphate de chaux comme un des principes les plus abondans de l'urine des goutteux.

926. *Urine des hystériques.* Cette urine, claire et incolore, renferme à peine de l'urée, et contient beaucoup d'hydro-chlorates de soude et d'ammoniaque (Cruiskanck et Rollo). Il en est à-peu-près de même de celle des indi-

vidus sujets à des convulsions. M. Nysten a analysé l'urine d'une demoiselle affectée d'une maladie nerveuse anomale ; il y a trouvé une assez grande quantité d'urée, peu de matière huileuse colorante, de l'acide urique et des sels, en sorte qu'elle se rapprochait beaucoup de l'urine de la boisson.

Urine des diabétiques. Il résulte des travaux de Willis Pool, Dobson, Rouelle le cadet, Cawley, Frank le fils, Nicolas et Guedeville, Rollo, MM. Dupuytren et Thenard, que cette urine ne contient pas sensiblement d'urée ni d'acide urique ; qu'aucun réactif n'indique un acide libre ; qu'elle renferme à peine des phosphates et des sulfates ; qu'au contraire, elle n'est composée que de sucre et d'une certaine quantité d'hydro-chlorate de soude. MM. Nicolas et Guedeville, qui, les premiers, nous ont donné une bonne analyse de cette urine, ont proposé d'appeler le diabète sucré, *phthisurie sucrée.* M. Chevreul a obtenu des résultats un peu différens de ceux dont nous venons de parler. Il a analysé l'urine d'un diabétique au commencement de la maladie, et il en a séparé du sucre et tous les matériaux de l'urine ordinaire. En examinant de nouveau l'urine de ce malade, rendue plusieurs mois après, il y a trouvé un acide organique en partie libre, en partie saturé par la potasse, beaucoup de phosphate de magnésie, un peu de phosphate de chaux, de l'hydro-chlorate de soude, du sulfate de potasse, du *sucre* et de l'acide urique coloré par l'acide *rosacique.* M. Chevreul croit que cette urine contenait de l'urée ; il se fonde sur la facilité avec laquelle ce liquide fournissait de l'ammoniaque. Il en a séparé la totalité du sucre sous la forme de cristaux. MM. Dupuytren et Thenard pensent, avec Aræteus, Rollo, etc., que cette maladie peut être guérie à toutes ses périodes à l'aide d'un régime animal, qui change la nature de l'urine à mesure que chaque organe reprend les fonctions dont il est naturellement chargé ; mais l'observation démontre tous les jours que ce traitement, avantageux dans quelques circonstances, n'a été d'aucun secours dans plusieurs autres ; et il est même arrivé quelquefois, en l'employant, que l'on a fait disparaître la saveur sucrée de l'urine sans guérir la maladie. L'hydro-sulfate sulfuré d'ammoniaque paraît avoir été utile dans cette affection.

Urine dans le diabète non sucré. Suivant Rollo, cette urine ne contient que des sels et fort peu de sucre et d'urée. Pearson en a vue qui n'était pas sucrée et qui avait l'odeur de vieille bière.

Urine des fièvres nerveuses. Cette urine est souvent ardente, et donne lieu à un dépôt rouge-rose, formé d'acide rosacique et d'acide urique.

Urine des fièvres putrides. Elle contient de l'ammoniaque, et ressemble à de l'urine pourrie ; nous avons quelquefois examiné l'urine des malades atteints de ces fièvres, et nous nous sommes convaincus qu'elle verdissait fortement le sirop de violette au moment où elle était rendue ; on y trouvait une assez grande quantité d'ammoniaque, qui provenait de la décomposition éprouvée par une portion l'urée dans la vessie même : en effet, cette urine contenait moins d'urée que celle du même individu dans l'état de santé.

Urine dans la dyspepsie. Suivant M. Thompson, cette urine précipite abondamment le tannin et se pourrit avec facilité.

Urine laiteuse. Wurzer dit avoir analysé l'urine d'un homme de trente ans, sujet à des affections catarrhales, avec gonflement des seins, et y avoir trouvé une matière caséeuse, fort peu d'urée, et environ $\frac{1}{900}$ du poids de l'urine d'acide benzoïque. Déjà nous avons parlé, pag. 270 de ce vol., de l'urine analysée par M. Cabal, dans laquelle ce chimiste trouva aussi la matière caséeuse.

Urine d'un enfant tourmenté de vers. Elle contenait beaucoup d'oxalate de chaux qui se déposait. (Fourcroy.)

Urine de certains individus dans l'estomac desquels on a introduit des substances particulières. L'urine est, sans contredit, de tous les fluides, celui qui change le plus facilement de nature par l'ingestion de quelques substances. Mange-t-on des asperges, elle devient fétide ; la térébenthine, les résines, les baumes, lui donnent une odeur de violette ; elle acquiert une odeur camphrée lorsque le camphre a été introduit dans l'estomac ; si au lieu de camphre, on prend du nitrate ou de l'hydro-cyanate de potasse (prussiate), on retrouve ces sels dans l'urine. La promptitude avec laquelle ces substances passent de l'estomac dans la vessie a fait penser qu'il y avait une voie directe de communication entre ces deux organes ; cette opinion paraissait fortement appuyée par les analyses chimiques, qui ne démontraient pas l'existence du prussiate de potasse dans le sang, tandis qu'il se trouvait dans l'urine. M. Magendie réfute cette opinion ; il établit, 1° que les réactifs décèlent ce prussiate dans le sang si on l'a administré en assez grande quantité ; 2° que ces différentes substances sont absorbées dans l'estomac par les veines, qui les transportent aussitôt au foie et au cœur, de manière que la route suivie par ces matières pour arriver aux reins est beaucoup plus courte que celle qui est admise généralement, savoir : les vaisseaux lymphatiques, les glandes mésentériques et le canal thoracique.

Des *Variétés de l'urine dans les animaux.*

Urine de cheval. Cette urine paraît formée de carbonates de chaux, de magnésie et de soude, de benzoate de soude, de sulfate et d'hydro-chlorate de potasse, d'*urée*, de mucus et d'huile rousse. (Fourcroy, Vauquelin, Chevreul.) Plusieurs chimistes avaient annoncé le phosphate de chaux dans cette urine. Fourcroy et M. Vauquelin refutèrent cette assertion, et leur opinion se trouve confirmée par les expériences récentes de M. Chevreul. L'huile rousse paraît entrer dans la composition de l'urine de tous les animaux herbivores, et leur communiquer l'odeur et la saveur.

Urine de vache. Suivant M. Brande, elle est formée de 65 parties d'eau, de 3,4 d'urée, d'une certaine quantité de matière animale, de 3 de phosphate de chaux, de 15 d'hydrochlorates de potasse et d'ammoniaque, de 6 de sulfate de potasse, de 4 de carbonates de potasse et d'ammoniaque, et peut-être d'albumine et d'acide benzoïque. Rouelle le cadet annonça, dès l'année 1271, l'existence de l'acide benzoïque dans cette urine.

Urine de chameau. M. Chevreul l'a trouvée formée d'eau, de matière animale coagulable par la chaleur, de carbonates de chaux et de magnésie, de silice, d'un peu de sulfate de chaux, d'un atome d'oxide de fer, de carbonate d'ammoniaque, d'un peu d'hydro-chlorate de potasse et de sulfate de soude, de beaucoup de sulfate de potasse, d'un atome de carbonate de potasse, d'acide benzoïque, d'urée, et d'huile d'un brun rougeâtre, odorante, communiquant son odeur à l'urine. Il n'y avait ni acide urique ni phosphate de chaux, comme M. Brande l'avait annoncé.

Urine de lapin. Suivant M. Vauquelin, elle contient de l'eau, de l'urée très-altérable, du mucus gélatineux, des carbonates de potasse, de chaux et de magnésie, de l'hydro-chlorate et du sulfate de potasse, du sulfate de chaux et du soufre; son odeur est souvent analogue à celle des herbes qui ont servi à nourrir le lapin.

Urine d'âne. D'après M. Brande, cette urine contient beaucoup d'urée, du mucus, beaucoup de phosphate de chaux, du carbonate, du sulfate et de l'hydro-chlorate de soude, et des traces d'hydro-chlorate de potasse. Elle ne renferme ni acide urique ni acide benzoïque.

Urine de cochon d'Inde Elle ne contient ni phosphates ni acide urique; mais on y trouve des carbonates de potasse et de chaux, de l'hydro-chlorate de potasse, etc. ; elle est par conséquent analogue aux précédentes. (Vauquelin.)

Urine de castor. Elle contient de l'eau , de l'urée , du mucus animal, du benzoate de potasse, des carbonates de chaux et de magnésie, du sulfate et de l'hydro-chlorate de potasse , de l'acétate de magnésie , de l'hydro-chlorate de soude, une matière végétale colorante, et de l'oxide de fer. (Vauquelin.)

Urine de chiens nourris avec des substances ne contenant point d'azote. Cette urine , analysée par M. Chevreul , était alcaline au lieu d'être acide ; elle n'offrait aucune trace d'acide urique ni de phosphate de chaux , caractères qui appartiennent en général à l'urine des animaux herbivores.

Urine de chat. Elle contient de l'acide benzoïque, suivant Giese. D'après Bayen , elle laisse déposer des cristaux qui paraissent composés d'urée et de sel ammoniac.

Urine du lion et du tigre royal. Cette urine renferme de l'eau , de l'urée, du mucus animal , des phosphates de soude et d'ammoniaque, un atome de phosphate de chaux , de l'hydro-chlorate d'ammoniaque , beaucoup de sulfate de potasse , et très-peu d'hydro-chlorate de soude. (Vauquelin.)

Urine des oiseaux. Urine d'autruche. Elle contient beaucoup d'acide urique, du mucus, une matière huileuse, des sulfates de potasse et de chaux , de l'hydro-chlorate d'ammoniaque, du phosphate de chaux , et peut-être de l'acide phosphorique; elle ne renferme point d'urée.

L'urine du vautour et de l'aigle contient aussi de l'acide urique. (Vauquelin et Fourcroy.)

M. Wollaston a fait, sur l'urine des oiseaux, des remarques fort intéressantes. Il résulte de son travail que la quantité d'acide urique qu'elle renferme est presque nulle lorsque les oiseaux se nourrissent d'herbes ou de substances non azotées ; elle est au contraire très-grande si les alimens qui servent à leur nourriture contiennent beaucoup d'azote.

Du Lait.

Le lait est sécrété par les glandes mammaires des femelles des mammifères.

927. *Lait de vache.* Il est formé, d'après Fourcroy et M. Vauquelin, d'eau et d'acide acétique libre, de 0,02 de sucre de lait, d'une matière animale analogue au gluten fermenté, d'hydro-chlorate et d'hydro-phtorate de potasse (fluate), et d'hydro-chlorate de soude : ces principes sont dissous dans le lait. Il renferme en outre 0,08 de matière butireuse et de 0,006 à 0,007 de phosphate de magnésie, de chaux et de fer, substances qui se trouvent seulement en suspension ; il contient encore 0,1 de caséum : on ne sait pas si ce principe est en dissolution ou en suspension. Enfin, d'après ces savans, les phosphates de soude et de potasse y sont en trop petite quantité pour pouvoir être découverts. M. Déyeux et Parmentier avaient donné en 1786 l'analyse suivante : « Matière volatile odorante, beurre, sucre de lait, substance animale que l'on obtient sous forme de pellicule à la surface du lait lorsqu'on fait évaporer celui-ci, caséum, hydro-chlorates de chaux et de potasse, et peut-être du soufre et de l'ammoniaque. » Suivant ces auteurs, le beurre et le fromage du lait de vache diffèrent dans les portions de lait successives de la même traite ; ceux des dernières portions de lait sont meilleurs que ceux des premières. Ils ont observé en outre que le lait d'une vache qui avait été nourrie avec du blé de Turquie était plus sucré, et conte-

nait moins de crême, de petit-lait et d'extrait. M. Berzelius
a fait, dans ces derniers temps, l'analyse du lait écrémé
et de la crême. Le lait écrémé, d'une pesanteur spécifique de
1,033, renferme 928,75 d'eau, 28 de matière caséeuse,
avec quelques traces de beurre; 35,00 de sucre de lait,
1,70 d'hydro-chlorate de potasse, 0,25 de phosphate de
potasse, 6,00 d'acide lactique, d'acétate de potasse, et d'un
atome de lactate de fer; 0,5 de phosphate terreux. Cent parties de crême d'une pesanteur spécifique de 1,0244, contiennent, suivant le même chimiste, 4,5 de beurre,
3,5 de caséum, 92,0 de petit-lait, dans lesquels il y a
4,4 de sucre de lait et des sels. L'analyse du lait, faite
par M. John en 1808, offre à-peu-près les mêmes résultats que celle de M. Berzelius; cependant cet auteur n'en
a pas déterminé les proportions; il pense, en outre, que le
lait renferme une substance aromatique qui ne se condense point, une matière muqueuse, et des traces d'un
phosphate alcalin.

928. Le lait de vache est un liquide opaque, blanc, plus
pesant que l'eau, et doué d'une saveur plus ou moins
douce. Lorsqu'on le fait évaporer, il se forme une pellicule qui ne tarde pas à être remplacée par une autre si
on l'enlève, et qui est presque entièrement composée de
matière caséeuse. Distillé, il fournit un liquide aqueux,
qui contient une certaine quantité de lait. Evaporé jusqu'à
siccité et mêlé avec des amandes et du sucre, il constitue la
frangipane.

Si on l'abandonne à lui-même, à la température ordinaire, avec ou sans le contact de l'air, il se sépare en
trois parties, la crême, la matière caséeuse et le petit-lait.
La crême, formée de beaucoup de beurre, d'une certaine
quantité de caséum et de petit-lait, se trouve à la partie
supérieure; elle est incolore ou d'un blanc jaunâtre, opaque, molle, onctueuse et douée d'une saveur agréable;

elle se sépare d'abord, et le lait devient d'un blanc bleuâtre.
La seconde, ou le caséum, qui forme le caillot, est très-
blanche, opaque, mais sans onctuosité et sans saveur. Le
petit-lait, composé d'eau, de sucre de lait, de sels et d'a-
cide tenant un peu de caséum en dissolution, est liquide,
transparent, d'un jaune verdâtre, et d'une saveur douce;
il rougit l'*infusum* de tournesol.

Si on laisse le lait pendant quelques jours en contact
avec l'*air*, on peut en retirer, par la distillation, une assez
grande quantité d'acide acétique. M. Gay-Lussac est parvenu à conserver du lait pendant plusieurs mois, en le
faisant chauffer tous les jours un peu; il a empêché, par
ce moyen, la coagulation dont nous venons de parler, et
la réaction ultérieure des principes du lait les uns sur les
autres, c'est-à-dire, sa putréfaction.

929. Tous les acides s'emparent du caséum contenu dans
le lait, et forment avec lui un précipité plus ou moins abondant; c'est sur cette propriété qu'est fondée la préparation du
petit-lait par le vinaigre. (Voyez *Préparations.*) M. Deschamps de Lyon a fait voir, en 1814, qu'en chauffant un
mélange de 2 parties de lait et d'une partie de vinaigre, on
obtient un *coagulum*, et que la liqueur filtrée offre à sa surface, avant le trentième jour, une croûte de plus de 10 li-
gnes d'épaisseur. Cette croûte, desséchée, est transparente,
et devient plus mince que la peau de baudruche; on peut
l'employer à divers usages; elle supporte très-bien l'écri-
ture et les caractères typographiques, et paraît propre à remplacer le plus beau parchemin; cependant, lorsque le temps
est très-sec, elle ne peut guère se ployer sans se casser.

930. L'*alcool* s'empare de l'eau contenue dans le lait, et en
précipite la matière caséeuse. Les sels neutres très-solubles
dans l'eau, le sucre et la gomme agissent de la même manière lorsqu'on élève la température. Le *sublimé corrosif* le précipite, et se trouve transformé en proto-chlorure

de mercure. (*Voyez* page 253 de ce vol.) Les sels d'étain sont subitement décomposés par ce liquide, et l'on obtient un précipité caillebotté qui contient tout l'oxide d'étain de la dissolution, et qui est sans action sur l'économie animale. Nous avons prouvé, par des expériences directes faites sur les animaux, que le lait est le meilleur contre-poison des dissolutions d'étain. La *potasse*, la *soude* et l'*ammoniaque*, loin de précipiter le lait, dissolvent le caséum précipité par les acides.

Le lait de vache est employé pour préparer la crême, le beurre, le fromage, le petit-lait, le sucre de lait et la frangipane : on peut s'en servir pour clarifier le sirop de betterave, dans la peinture en détrempe, etc. Il est très-utile dans une foule de cas d'empoisonnement, soit qu'il agisse comme adoucissant, soit qu'il décompose certains poisons, ou qu'il se combine avec d'autres en les neutralisant.

Lait de femme. Suivant M. Déyeux et Parmentier, le lait pris chez une femme, quatre mois après l'accouchement, contient très-peu de matière butireuse, ayant la consistance de crême et étant difficile à séparer ; beaucoup de sucre de lait, fort peu de caséum très-mou, beaucoup de crême, des hydro-chlorates de soude et de chaux, une partie volatile odorante à peine sensible, et peut-être du soufre. En général, toutes les analyses s'accordent à prouver que le lait de femme renferme plus de sucre de lait et de crême et moins de caséum que le précédent. Nous devons cependant avertir que sa composition diffère singulièrement suivant l'époque plus ou moins éloignée de l'accouchement, les alimens dont se servent les nourrices ; et même, d'après M. Déyeux et Parmentier, elle varie dans un même jour.

Le lait de femme a une saveur très-douce et ne peut pas être coagulé ; il a peu de consistance, principalement lorsqu'on en a séparé la crême ; celle-ci ne fournit point de beurre, même par une agitation très-prolongée.

Lait de chèvre. Il ressemble beaucoup au lait de vache par ses propriétés et par sa composition ; cependant la matière butireuse qu'il contient est plus solide que celle du lait de vache. (Déyeux et Parmentier.)

Lait de brebis. Il fournit plus de crême que le lait de vache ; mais le beurre que l'on en obtient est plus mou ; la matière caséeuse, au contraire, est plus grasse et plus visqueuse ; il renferme moins de sérum que le lait de vache ; il contient des hydro-chlorates de chaux et d'ammoniaque. (Déyeux et Parmentier.) On s'en sert, ainsi que du précédent, pour faire les fromages de Roquefort.

Lait de jument. Il contient une très-petite quantité de matière butireuse fluide, se séparant avec beaucoup de difficulté ; un peu de caséum plus mou que celui du lait de vache, plus de sérum que ce dernier, de l'hydro-chlorate d'ammoniaque et du sulfate de chaux. (Déyeux et Parmentier.) Il tient le milieu, par rapport à sa consistance, entre le lait de femme et celui de vache ; il est précipité par les acides, et fournit une crême qui ne donne point de beurre. Les Tartares paraissent employer le lait de jument à la préparation d'une liqueur vineuse ; il est probable qu'ils le mêlent avec quelques substances, puisque le lait seul n'éprouve point la fermentation spiritueuse.

Lait d'ânesse. Il a beaucoup de rapport avec celui de femme ; mais il renferme un peu moins de crême et un peu plus de matière caséeuse molle. Suivant M. Déyeux et Parmentier, le beurre ne se sépare de cette crême qu'avec la plus grande difficulté. Le lait d'ânesse a la consistance, l'odeur et la saveur du lait de femme ; il est précipité par l'alcool et par les acides.

Du Beurre.

931. Le beurre n'a été trouvé jusqu'à présent que dans le lait. Il est formé, suivant M. Chevreul, de stéarine,

d'élaïne, d'acide butirique ou principe odorant, et d'un principe colorant. M. Braconnot, dans son *Mémoire* sur les *corps gras*, publié après le travail de M. Chevreul, établit que le beurre des vaches des Vosges, récolté pendant l'été, fournit 60 parties d'huile jaune liquide à une basse température, et 40 parties d'une matière solide à laquelle il donne le nom de *suif*. Le même beurre, récolté en hiver, donna 35 parties d'huile et 65 parties de suif. Suivant M. Braconnot, le beurre de vache et de chèvre paraît contenir une plus grande quantité de matière solide que celui de brebis, d'ânesse et de jument; celui de femme semble être presque entièrement formé d'huile.

932. Le beurre est un corps mou, d'une couleur jaune ou blanche, d'une saveur agréable et d'une odeur légèrement aromatique; sa pesanteur spécifique est moindre que celle de l'eau; il se fond avec la plus grande facilité. Si, après avoir été fondu, on le comprime entre plusieurs doubles de papier brouillard, à l'aide d'une forte presse et à la température de zéro, il fournit une matière blanche, fragile, aussi compacte que le suif le plus dur, et une huile qui tache le papier. (Braconnot.) M. Coessin avait déjà remarqué qu'en laissant refroidir *très-lentement* le beurre qui avait été fondu à 66°, il se divisait en cristaux sphériques, graisseux, et en une huile fluide qu'il en séparait par la décantation, et qui conservait le goût et l'odeur du beurre. Ces expériences, qui prouvent évidemment l'existence de deux matières différentes dans le beurre, n'atténuent en aucune manière le mérite du travail de M. Chevreul, qui en ignorait les résultats, parce qu'ils n'avaient pas été publiés; d'ailleurs, ce chimiste a fait voir, comme nous l'avons déjà dit, que ces deux matières sont l'élaïne et la stéarine; et il a en outre retiré du beurre l'acide butirique et un principe colorant. Si après avoir fondu le beurre à 66°, on le laisse refroidir rapidement, on obtient une

masse homogène qui peut être conservée pendant long-temps sans altération, pourvu qu'elle n'ait pas le contact de l'air : en effet, elle ne contracte point de saveur âcre, et peut servir à la préparation des alimens aussi-bien que le beurre frais.

L'air altère facilement le beurre, surtout en été. L'eau et l'alcool ne le dissolvent point. Les alcalis le décomposent, transforment la stéarine et l'élaïne en acides margarique et oléique, avec lesquels ils se combinent : aussi peut-on faire d'excellens savons avec la matière butireuse. (*Voy.* pag. 88 de ce vol.)

SECTION II.

Des Parties solides des animaux.

De la Matière cérébrale.

933. La matière cérébrale de l'homme renferme, d'après la belle analyse de M. Vauquelin, 80,00 parties d'eau, 14,53 d'une substance grasse blanche, 0,70 de matière grasse rouge, 1,12 d'osmazome, 7,00 d'albumine, 1,50 de phosphore combiné aux matières grasses blanche et rouge, 5,15 de soufre et de phosphate acide de potasse, des phosphates de chaux et de magnésie, et un peu d'hydro-chlorate de soude. Plusieurs chimistes avaient analysé le cerveau avant M. Vauquelin, mais aucun n'avait fait connaître aussi bien sa composition. Les résultats obtenus par Jordan, en 1803, nous paraissent les plus remarquables; il trouva dans ce viscère de l'eau, de l'albumine dissoute et coagulée, une matière grasse particulière, du soufre et des phosphates de soude, de chaux et d'ammoniaque. Suivant lui, le cerveau frais ne contient pas d'acide phosphorique, tandis qu'on en trouve dans le cerveau incinéré. M. John avait aussi annoncé, dans le cerveau, l'existence d'une ma-

tière grasse, soluble dans l'alcool chaud, et cristallisable en feuillets. Avant d'exposer les principales propriétés chimiques du cerveau, nous allons faire l'histoire des deux matières grasses qu'il renferme.

934. *Matière grasse blanche.* Cette matière contient du *phosphore* et ne renferme point du phosphate d'ammoniaque; elle est solide, incolore, molle et poisseuse; elle a un aspect satiné et brillant, tache le papier à la manière des huiles, et n'a point d'action sur le *papier de tournesol*; exposée au soleil, elle jaunit; chauffée, elle se fond, et se colore en brun à une température qui ne colorerait pas la graisse ordinaire; chauffée plus fortement dans un creuset de platine avec le contact de l'air, elle s'enflamme, se décompose, et laisse un charbon qui contient de l'acide phosphorique et qui rougit l'*infusum* de tournesol; d'où il suit que cet acide a été formé aux dépens du phosphore, de la matière grasse et de l'oxigène de l'air. Si au lieu de la chauffer seule on la mêle avec de la potasse, on obtient du phosphate de potasse, parce que l'alcali se combine avec l'acide à mesure qu'il se forme.

La matière grasse blanche est à peine soluble dans l'alcool froid; elle se dissout très-bien dans ce liquide bouillant; elle est insoluble dans une dissolution de potasse caustique. M. Vauquelin, tout en la rapprochant des graisses, pense qu'elle doit en être distinguée par sa solubilité dans l'alcool, par sa cristallisabilité, sa viscosité, sa fusibilité moins grande, et la couleur noire qu'elle prend en fondant.

935. *Matière grasse rouge.* Elle contient également du phosphore; elle a une couleur rouge brune, une odeur semblable à celle du cerveau, mais plus forte, et une saveur de graisse rance; elle a moins de consistance, et se dissout mieux dans l'alcool que la précédente; le calorique, la potasse et l'*infusum* de tournesol agissent sur elle comme

sur la matière grasse blanche. Ces deux substances sont-elles identiques? On ne peut rien affirmer à cet égard ; mais les différences qu'elles présentent sont très-faibles.

936. *Propriétés de la matière cérébrale.* La matière cérébrale est sous la forme d'une pulpe en partie blanche, en partie grise. Abandonnée à elle-même, elle se putréfie très-facilement, surtout lorsqu'elle a le contact de l'air. Suivant M. Vauquelin, les matières grasses et l'osmazome ne sont point sensiblement décomposés ; une partie de l'albumine est seulement détruite par la fermentation.

Lorsqu'on traite la matière cérébrale par 5 ou 6 parties d'alcool à 36° et à la chaleur de l'ébullition, le liquide acquiert une couleur verdâtre, et tient en dissolution les deux matières grasses, l'osmazome, le phosphate acide de potasse et quelques traces d'hydro-chlorate de soude; la portion non dissoute est l'albumine contenant le soufre et les sels insolubles. Si on délaie dans l'eau la matière cérébrale fraîche, on peut en coaguler l'albumine par la chaleur, par les acides, par les sels métalliques, etc.

Le cerveau est extrêmement difficile à incinérer : ce phénomène dépend du phosphore contenu dans les matières grasses, qui passe à l'état d'acide phosphorique, et recouvre de toutes parts les molécules charbonneuses, qui se trouvent par là privées du contact de l'air : aussi parvient-on à les réduire plus facilement en cendres en les lavant de temps en temps pour leur enlever l'acide phosphorique.

Cervelet de l'homme, et cerveau des animaux herbivores. D'après M. Vauquelin, ces parties sont composées des mêmes principes que le cerveau de l'homme. M. John élève des doutes sur l'existence du phosphore dans le cerveau de quelques animaux : du moins il n'en a pas trouvé dans les analyses qu'il a faites en 1814. Suivant lui, cet organe ne contiendrait pas de soufre.

Moelles allongée et épinière. Ces parties sont de la même

nature que le cerveau ; mais elles contiennent beaucoup plus de matière grasse , moins d'albumine, d'osmazome et d'eau.

Nerfs. Ils sont formés des mêmes élémens : cependant ils renferment beaucoup moins de matière grasse et de matière colorante, et beaucoup plus d'albumine ; ils contiennent, en outre de la graisse ordinaire. Mis dans l'eau, ils ne se dissolvent pas , blanchissent, deviennent opaques, et se gonflent sans éprouver beaucoup d'altération ; le liquide acquiert , au bout de quelques jours , une odeur de sperme extrêmement sensible. Laissés pendant quelque temps dans du chlore , ils diminuent de longueur, et deviennent plus consistans , plus blancs et plus opaques. (M. Vauquelin.)

De la Peau.

937. La peau est formée de trois parties , l'épiderme, le tissu réticulaire et le derme. L'*épiderme* est insoluble dans l'eau et dans l'alcool , fort peu soluble dans les acides sulfurique et hydro-chlorique étendus, et complètement soluble dans les alcalis. Distillé , il fournit beaucoup de sous-carbonate d'ammoniaque. M. Vauquelin le regarde comme du mucus durci. Suivant M. Hatchett, il a beaucoup de rapport avec l'albumine coagulée, et M. Chaptal le compare à la corne et à l'enduit de la soie. *Le tissu réticulaire de Malpighi* paraît formé de mucus, et peut-être de gélatine ; celui des nègres et des peuples de couleur brune contient probablement du carbone. (John.)

Derme ou *peau* proprement dite. M. Chaptal le regarde comme composé de gélatine et d'un peu de fibrine ; tandis que, suivant M. Thompson, il ne serait que de la gélatine modifiée. Il est membraneux, épais, dur, assez dense, composé de fibres entrelacées , et arrangées de manière à imiter les poils d'un feutre. Distillé , il se comporte comme les matières azotées ; il se gonfle dans l'eau bouillante, et finit par se dissoudre en grande partie ; le *solutum* se prend en gelée par le refroidissement ; les acides ou les alcalis faibles le ramollissent, le gonflent, le rendent presque transparent, et le dissolvent en partie ; l'eau froide finit presque par agir sur lui de la même manière. Il est insoluble dans l'alcool, les éthers et les huiles. La peau, combinée avec le tannin, est employée sous le nom de *cuir*.

938. *Du tannage.* — *Cuir*. Après avoir lavé les peaux, on leur enlève le poil et l'épiderme qui les recouvrent, soit en les plongeant pendant plusieurs jours dans de l'eau de chaux, ou dans une liqueur légèrement acide, par exemple, dans de l'eau aigrie par un mélange de farine d'orge et de levure, soit en les abandonnant à elles-mêmes, à la température de 30° à 35°, après les avoir disposées les unes sur les autres. Par l'un ou l'autre de ces moyens, les peaux se gonflent, les pores s'ouvrent, et l'on peut facilement, à l'aide d'un couteau rond, détacher le poil et l'épiderme ; alors on les met dans une eau courante afin de les ramollir ; on les presse avec le même couteau pour détacher le poil et l'épiderme qui n'avaient pas été séparés dans la première opération. On procède ensuite au *gonflement*, opération qui consiste à les plonger dans une faible dissolution d'acide ou d'alcali, et dont l'objet principal est d'ouvrir davantage les pores ; on les tient pendant quelque temps dans de l'eau contenant quelques écorces pour leur faire subir le *passement* ; enfin on les combine avec le *tannin* : pour cela, on les plonge dans de l'eau contenant une certaine quantité de tan en dissolution (poudre d'écorce de chêne) ; quelques jours après on les retire pour les plonger dans une dissolution un peu plus concentrée ; on répète cette opération avec des dissolutions plus concentrées, puis on les laisse pendant six semaines dans la fosse. (Séguin.) Ces fosses sont des cuves en bois ou en maçonnerie, au fond

desquelles on met du tan en poudre, sur lequel on étend
une peau que l'on recouvre de tan ; on met successivement
sur celui-ci une nouvelle peau, du tan, etc.; on fait
arriver de l'eau dans ces cuves; peu à peu le tannin se dissout, se combine avec la gélatine, et donne un composé
très-dur qui constitue le *cuir*. (*Voyez* pag. 264 de ce vol.)
On peut, par ce moyen, tanner plusieurs peaux dans l'espace de trois mois ; tandis que par le procédé ancien, celui
qui consiste à les mettre dans la cuve avant de les avoir
plongées dans les infusions de tan, et à renouveler le tan à
mesure qu'il s'épuise, il faut au moins un an pour terminer
l'opération.

Si, au lieu de *cuir*, on veut obtenir de la peau pour em-
peigne ou pour baudrier, on procède de la même manière,
excepté que l'on supprime les deux opérations connues sous
les noms de *gonflement* et de *passement*.

Des Tissus cellulaire, membraneux, tendineux, aponévrotique et ligamenteux.

Tissu cellulaire. Ce tissu très-délié, qui fait partie de
tous les organes, et qui paraît consister en une multitude
de lamelles transparentes, est composé, d'après M. John,
de gélatine, d'un peu de fibrine, de phosphates de chaux et
de soude.

Les *membranes* muqueuses et séreuses sont formées de
gélatine comme la peau : aussi se dissolvent-elles facilement dans l'eau bouillante. Les membranes des *artères*
nous ont fourni de la fibrine, une matière grasse particulière et du mucus.

Tendons. Suivant Fourcroy, les tendons de l'homme et des quadrupèdes mammifères sont composés de beaucoup de gélatine soluble dans l'eau bouillante, d'un peu de phosphate de chaux et d'hydro-chlorates de soude et de potasse. Il en est de même des *aponévroses.*

Ligamens. D'après M. Thompson, les ligamens qui réunissent les os dans les articulations de l'homme contiennent de la gélatine, et paraissent composés, en grande partie, d'une substance particulière semblable à l'albumine coagulée; ils ne se dissolvent qu'en partie dans l'eau bouillante, et le *solutum* se prend en gelée par le refroidissement.

Du Tissu glanduleux.

On distingue deux sortes de glandes, les lymphatiques ou conglobées, et les conglomérées, telles que le foie, les reins, etc.

939. *Glandes lymphatiques.* Suivant Fourcroy, elles sont formées d'une matière fibreuse tout-à-fait insoluble, d'un peu de gélatine soluble dans l'eau bouillante, d'hydro-chlorates de soude et de potasse, et d'un peu de phosphate de chaux.

Glande thyroïde. M. John a fait l'analyse de la glande thyroïde d'une personne scrophuleuse; cette glande avait acquis le volume d'un œuf de poule. Elle fournit, 1° une substance qui, par l'ébullition, donna beaucoup de mucus animal caséeux, dont la noix de galle et l'alcool précipitaient un peu de gélatine; 2° une matière grasse, solide, particulière; 3° un peu d'albumine; 4° de l'hydro-chlorate d'ammoniaque, du phosphate de chaux, des traces d'oxide de fer, uni peut-être à l'acide phosphorique, un atome de carbonate de chaux, fort peu de soude, et de l'eau.

940. *Glandes conglomérées. Foie.* Suivant Baumé, le foie humain contient une matière grasse analogue à la *cétine,*

de la soude, et une liqueur albumineuse. Fourcroy fi
l'analyse d'un foie qui était resté à l'air pendant dix ans
et qui avait été un peu attaqué par les insectes ; il y trouv
une matière soluble dans les alcalis caustiques, une sub
stance analogue à la cholestérine (*voyez* § 856), un
matière huileuse concrète, des parties membraneuses, de
vaisseaux, de la soude, et un peu d'ammoniaque (?)
Foie d'un veau. Suivant Geoffroy le cadet, 2 livres 7 gro
de ce foie donnèrent 2 onces 1 gros 60 grains d'extrai
déliquescent. Ces détails analytiques, très-incomplets, prou
vent combien il serait important de faire des expérience
sur l'organe sécréteur de la bile, ainsi que sur la rate, le
reins, etc., organes sur la composition desquels on n'a au
cune donnée exacte.

Du Tissu musculaire ou des Muscles.

941. *Muscles de l'homme.* Suivant M. John, la chair humaine ne diffère pas de la chair de bœuf et de celle de
autres animaux.

Muscles de bœuf. Les muscles contiennent toujours des
vaisseaux lymphatiques et sanguins, des nerfs, des aponévroses, des tendons, du tissu cellulaire, de la graisse, etc.
Ils sont formés d'eau, de gélatine, d'osmazome, d'albumine, de fibrine, d'un acide libre destructible qui, suivant M. Berzelius, est l'acide lactique ; d'hydro-chlorate
de soude, de phosphates de soude, d'ammoniaque et de
chaux, d'hydro-chlorate d'ammoniaque et de potasse, d'un
sel calcaire formé par un acide destructible, de sulfate de
potasse, d'oxide de fer, et, suivant quelques chimistes,
de soufre et d'oxide de manganèse. MM. Berzelius, Grin-
del, etc., élèvent des doutes sur l'existence de l'osmazome
dans la chair musculaire. Le premier de ces savans regarde
cette matière extractive comme de l'acide lactique et du lac-

tate de soude combinés avec une matière animale; et le dernier pense qu'elle est le produit de l'altération de la gélatine.

942. Lorsqu'on chauffe la chair musculaire, l'eau se vaporise et entraîne avec elle une petite portion de matière animale; le *rôti* obtenu contient presque tous les principes de la viande, et par conséquent est très-nourrissant. Si on élève fortement sa température, on le décompose complètement, et l'on obtient tous les produits fournis par les substances azotées. (*Voyez* § 828).

943. L'eau froide versée sur la chair musculaire dissout l'albumine, l'osmazome et les sels solubles; si on soumet le mélange à une douce chaleur, que l'on augmente progressivement, ce liquide dissout en outre la gélatine; la graisse se fond, et l'albumine ne tarde pas à être coagulée sous la forme d'*écume*, que l'on peut enlever à l'aide d'une écumoire. Le résultat de cette opération est le *bouillon* et le *bouilli*. Le *bouillon* est formé de gélatine qui le rend nourrissant, d'osmazome qui lui donne une saveur agréable, d'acide lactique, de sels solubles, et d'une certaine quantité de graisse; en le laissant refroidir, celle-ci se fige, vient à la surface, et peut être séparée à l'aide d'une écumoire ou de tout autre moyen mécanique. Nous verrons, en parlant des os, comment on peut faire du bouillon en employant une partie de viande et 3 parties de gélatine d'os et des légumes. Le *bouilli* n'est que de la fibrine, si on a fait chauffer l'eau assez de temps pour enlever à la chair tout ce qu'elle offre de soluble : dans ce cas il est insipide, fibreux, etc.

Si au lieu de chauffer ainsi graduellement la viande et l'eau, on plonge la chair musculaire dans ce liquide bouillant, on obtient du mauvais bouillon: en effet, la température se trouve assez élevée pour coaguler de suite toute l'albumine; celle-ci bouche les pores de la viande et s'oppose à la dissolution de la gélatine et de l'osmazome.

Abandonnée à elle-même, la chair musculaire se décompose et fournit une multitude de produits que nous feron[
connaître en parlant de la putréfaction.

Des Os.

944. Les os humains sont formés, suivant Fourcroy e[
M. Vauquelin, de beaucoup de phosphate de chaux et d[
très-peu de phosphate de magnésie, de phosphate d'ammoniaque, d'oxides de fer et de manganèse, unis probablemen[
à l'acide phosphorique, de quelques traces d'alumine et d[
silice, de gélatine et d'eau. Les proportions de ces matériaux varient suivant l'âge, l'état de santé, le tempéramment, etc. Outre ces substances, les os humains contiennent, 1° une assez grande quantité de carbonate de chaux
soupçonné par Hérissant, et dont l'existence a été démontrée
par MM. Proust, Hatchett, etc.; 2° une plus ou moins
grande proportion de graisse. (Thompson.) M. Berzelius a
annoncé le premier que l'acide hydro-phtorique (fluorique)
faisait partie des os humains, résultat qui ne se trouve point
confirmé par les expériences de Wollaston, Brande, Fourcroy et M. Vauquelin. Voici les proportions données par le
savant chimiste suédois : cartilage soluble dans l'eau (gélatine), 32,17 ; vaisseaux sanguins, 1,13 ; fluate de chaux, 2,00 ;
phosphate de chaux, 51,04 ; carbonate de chaux, 11,30 ;
phosphate de magnésie, 1,16 ; soude, hydro-chlorate de
soude, eau, 1,20. On a lieu de s'étonner que M. Berzelius
ne fasse point mention des oxides de fer et de manganèse,
de la silice et de l'alumine, substances dont l'existence
dans les os humains a été mise hors de doute par Fourcroy
et M. Vauquelin.

Dès l'année 1800, ces deux savans chimistes avaient publié l'analyse d'un crâne humain monstrueux, déterré à
Reims environ quarante ans auparavant; ils l'avaient

trouvé contenir, sur 1000 parties, gélatine, 0,123; phosphate de chaux, 0,572; carbonate de chaux, 0,222; hydrochlorate de chaux, 0,022; eau, 0,061; oxide de fer et hydrochlorate de soude. Ils obtinrent, des os trouvés dans un tombeau du 11ᵉ siècle, du phosphate acide de chaux, une matière colorante animale soluble dans l'eau et dans l'alcool, qui devenait verte par les alcalis, et un peu de phosphate de magnésie : ces os étaient acides et d'une couleur pourpre. *Vogelsang*, en analysant un os de cimetière, âgé de 1100 ans, trouva qu'il ne contenait point de gélatine, mais qu'il renfermait plus de carbonate de chaux que les os frais. On peut voir, dans les *Annales du Muséum* (année 1800), plusieurs autres analyses d'os humains pris à différentes époques, et faites par Fourcroy et M. Vauquelin. Il résulte de ces différens travaux que les os doivent être regardés comme formés d'une matière animale et d'une partie terreuse.

945. *Propriétés des os.* Les os sont solides, blancs, insipides, inodores, très-durs dans la vieillesse, ductiles jusqu'à un certain point dans l'enfance. Distillés, ils se décomposent à la manière des substances azotées, noircissent, et donnent un liquide contenant une huile empyreumatique et du sous-carbonate d'ammoniaque. Chauffés avec le contact de l'air, ils s'enflamment et noircissent; phénomènes qui dépendent de ce que la partie animale absorbe l'oxigène de l'air et se charbonne. Si on continue à les chauffer, le charbon lui-même se combine avec l'oxigène et passe à l'état d'acide carbonique, en sorte qu'il ne reste plus que la partie terreuse *blanchâtre*, connue sous le nom de *terre des os* : il suffit de pulvériser, de layer et de mouler cette terre pour préparer les coupelles, les trochisques, etc.

Abandonnés à eux-mêmes, soit à l'air libre, soit dans la terre, ils se délitent, s'exfolient et tombent en poussière : la matière animale finit donc également par être détruite.

Si on les soumet à l'action de l'eau bouillante après les avoir râpés, on ne parvient qu'à dissoudre une petite portion de leur matière organique (gélatine et graisse) ; mais si on les fait chauffer dans la marmite de Papin, à une pression beaucoup plus considérable que celle de l'atmosphère, on dissout toute la gélatine, on fond la graisse, et il ne reste plus que la partie terreuse friable.

946. Si on les fait digérer pendant sept à huit jours avec de l'acide hydro-chlorique faible, cet acide dissout tous les sels qui entrent dans leur composition; les os se ramollissent, deviennent très-flexibles, et finissent par ne plus contenir que la matière animale. Si, dans cet état, on les plonge pendant quelques instans dans de l'eau bouillante, et qu'après les avoir essuyés on les soumette à un courant d'eau froide et vive, ils peuvent être regardés comme de la gélatine pure, ou du moins comme une matière qui, étant dissoute dans l'eau bouillante, fournit la plus belle *colle*. Tous les *acides faibles* jouissant de la propriété de dissoudre la partie terreuse des os, agissent de la même manière.

On emploie les os pour préparer le phosphore, l'acide phosphorique, les sels ammoniacaux, les coupelles, certains trochisques, et la gélatine, avec laquelle on peut faire des gelées, des crêmes, des blancs-mangers, de la colle ordinaire, du bouillon, d'excellentes tablettes de bouillon, etc. C'est à M. Darcet que nous sommes redevables de l'emploi de la gélatine des os pour la préparation du bouillon ; il est parvenu à en extraire 3o pour 100 à l'aide de l'acide hydro-chlorique ; ses avantages ne peuvent plus être révoqués en doute, comme on peut s'en convaincre par le passage suivant du rapport fait par les membres de la Faculté de médecine de Paris. « Il est reconnu que, terme moyen, 1oo kilogrammes de viande contiennent 8o kilogrammes de chair et de graisse et 2o kilogrammes d'os ; 1oo kilogr. de viande font, dans nos ménages, 400 bouillons d'un demi-litre chacun ; les os qui sont jetés ou brûlés donneraient 30 centièmes de gélatine sèche ; conséquemment les 20 kilogrammes ci-dessus en fourniraient 6 kilogrammes avec lesquels on ferait 600 bouillons. Le nombre de bouillons produits par les os est donc à celui de la viande comme 3 est à 2. Cent livres de viande ne donnent que 50 livres de bouilli, et 100 livres de la même viande fournissent 67 livres de rôti ; il y a donc près d'un cinquième à gagner en faisant usage du rôti. Cent livres de viande fournissent 50 livres de bouilli et 200 bouillons. Cent livres de viande, dont 25 sont employées pour faire le bouillon avec 3 livres de gélatine des os, donneraient 200 bouillons et 12 livres et demie de bouilli ; et les 75 livres restant fourniraient 50 livres de rôti. On voit donc que, par ce moyen, l'on a une quantité égale de bouillon de qualité supérieure et 50 livres de rôti ; de plus, 12 livres et demie de bouilli. »

» On a préparé le bouillon avec le quart de la viande qu'on emploie ordinairement ; on a remplacé par de la gélatine d'os et des légumes, les trois autres quarts qui ont été donnés en rôti ; les malades, les convalescens, et même les gens de service, n'ont pas aperçu de différence entre ce bouillon et celui qu'on leur donnait précédemment ; ils ont été aussi abondamment nourris et très-satisfaits d'avoir du rôti au lieu de bouilli. Mise à l'état de tablettes avec une certaine quantité de jus de viande et de racines, la gélatine d'os fournit un excellent aliment. M. Darcet nous a fait voir des échantillons de cette dernière préparation qui surpassent en beauté et qualité tout ce que nous avons connu jusqu'ici en ce genre. » (*Annales de Chimie,* tom. XCII, pag. 300.).

947. *Os des animaux herbivores.* Suivant Fourcroy et M. Vauquelin, ils sont composés des mêmes principes que les os humains. D'après M. Berzelius, les os de

bœuf contiennent aussi du fluate de chaux, et, suivant M. John, du sulfate de chaux. Les os de *cheval* et d'*âne* ont également fourni à M. Proust du fluate de chaux. *Os fossiles* d'éléphant. M. Proust y a trouvé de 0,14 à 0,15 de carbonate, de phosphate et de fluate de chaux. M. Chevreul, en analysant des os fossiles qui paraissaient provenir d'animaux marins, a trouvé : sulfate de chaux avec matière animale, 1 $\frac{1}{2}$; eau, 10 $\frac{1}{2}$; phosphate de chaux, phosphates de fer et de manganèse, 6,7 ; albumine, 1 ; carbonate de chaux, 4 ; fluate de chaux, une petite quantité : ils ne contenaient point de magnésie. *Corne de cerf.* La corne de cerf paraît renfermer les mêmes principes que les os. Distillée, elle se comporte comme les matières azotées, et fournit une huile qui, étant distillée plusieurs fois, constitue l'huile animale de *Dippel*. Si on traite la corne de cerf par l'eau bouillante, on en dissout la gélatine, et on peut obtenir la *gelée* de corne de cerf. *Os fossile* (turquoise), phosphate de chaux, 80 ; carbonate de chaux, 8 ; phosphate de fer, 2 ; phosphate de magnésie, 2 ; albumine, 1 $\frac{1}{2}$; eau et perte, 6 $\frac{1}{2}$. (Bouillon-Lagrange.)

Os des oiseaux. Ils sont composés comme les os humains ; mais ils renferment $\frac{1}{24}$ de phosphate de magnésie. (Vauquelin et Fourcroy, *Expériences sur les os des poules.*)

Os de poissons. Ces os, différens de ceux des autres animaux, paraissent entièrement formés de mucus analogue à celui que l'on trouve dans les cheveux, les cornes, les ongles, etc.

Os de sèche. Ces os, placés sur le dos de la sèche commune (*sœpia officinalis*), sont formés de gélatine, 8 ; carbonate de chaux, 68 ; eau et perte, 24. (Mérat Guillot.) Suivant Karsten, ils contiennent 0,23 de phosphate de chaux. Ils sont épais, solides, friables, ovales et remplis de cellules ; ils entrent dans la composition des poudres dentrifices.

Des différentes parties molles susceptibles de s'ossifier.

Les artères, les valvules du cœur, les bronches, les vaisseaux artériels, anévrysmatiques, la glande pinéale, et une foule d'autres parties sont susceptibles de s'ossifier. Si on analyse ces matières ossifiées, on y découvre beaucoup de phosphate de chaux, et quelquefois tous les autres élémens des os : du moins tels sont les résultats que nous a fournis la matière ossifiée d'une *loupe* qui s'était développée sur la partie externe de la cuisse, et qui n'avait aucune communication avec le fémur. Quelquefois aussi on découvre dans les *glandes salivaires* et *pancréatiques*, dans les *poumons*, dans la *glande prostate*, dans la *fosse naviculaire*, dans le *bulbe de l'urètre*, dans les *canaux urinaires*, etc., des concrétions composées de phosphate de chaux et d'un peu de matière animale ; cependant, dans quelques circonstances, ces concrétions, surtout celles du poumon, sont entièrement formées de carbonate de chaux et de matière animale. (Crumpton.) Nous devons à M. Thenard une série d'expériences intéressantes sur ces ossifications : nous allons en indiquer les résultats tels qu'il les a consignés dans son ouvrage de Chimie, tom. III, en rapportant seulement le poids du résidu provenant de leur calcination jusqu'au rouge.

	Poids du résidu.
Kyste osseux de la glande thyroïde	0,04.
Idem	0,65.
Idem	0,34.
Plèvre ossifiée	0,14.
Ossification de l'aorte	0,52.
Ovaire de femme ossifié	0,55.
Glande mésentérique ossifiée	0,73.
Glande thyroïde ossifiée	0,66.
Concrétion trouvée à la surface convexe du foie, dans un kyste recouvert par le péritoine	0,63.
Concrétion osseuse trouvée au-dessus du ventricule latéral droit, dans la substance cérébrale d'une femme de trente ans	0,66.

Des Dents.

948. La composition des dents ne diffère pas beaucoup de celle des os. Suivant M. Berzelius, la racine des dents des enfans est formée de 28 parties de cartilage, de vaisseaux sanguins et d'eau ; de 61,95 de phosphate de chaux, de 5,30 de carbonate de magnésie, de 2,10 de fluate de chaux, de 1,05 de phosphate de magnésie , de 1,40 de soude et d'hydro-chlorate de soude. M. Moréchini admet aussi l'existence de l'acide fluorique (hydro-phtorique) dans les dents, principalement dans l'émail; tandis que Fourcroy, MM. Wollaston, Pepys, Vauquelin et Brande n'ont jamais pu le découvrir. Voici les analyses comparatives des dents faites par M. Pepys, et insérées dans l'ouvrage de M. Thompson.

	Dents des adultes.	Premières dents des enfans.	Racines des dents.	Émail des dents,
Phosphate de chaux..	64	62	58	78.
Carbonate de chaux..	6	6	4	6.
Tissu cellulaire.....	20	20	28	0.
Perte et eau........	10	12	10	16.

Le phosphate de magnésie paraît aussi faire partie des dents. Fourcroy et M. Vauquelin, ont également trouvé un peu de phosphate de fer dans l'émail; ils se sont assurés que lorsqu'on le calcine, il perd $11\frac{1}{8}$ p. $\frac{0}{0}$ en eau et en matières animales, en sorte qu'il contient évidemment la substance à laquelle M. Pepys a donné le nom de *tissu cellulaire*; et si ce chimiste ne l'a pas trouvée, cela doit être attribué à ce qu'il a cherché à l'isoler au moyen de l'acide nitrique , qui jouit de la propriété de la dissoudre.

Racines des dents de bœuf. Cent parties contiennent, suivant M. Berzelius, 31,00 de cartilage, de vaisseaux sanguins et d'eau ; 57,46 de phosphate de chaux, 5,69 de fluate de chaux, 1,36 de carbonate de chaux, 2,07 de phosphate de magnésie, 2,40 de soude et d'hydro-chlorate de soude. *Émail des mêmes dents*, 81,00 de phosphate de chaux, 4,00 de fluate de chaux, 7,10 de carbonate de chaux, 3,00 de phosphate de magnésie, 1,34 de soude, 3,56 de membranes, vaisseaux sanguins et eau de cristallisation.

Dents d'éléphant (ivoire, défense d'éléphant). L'ivoire frais renferme du fluate de chaux, suivant MM. Gay-Lussac et Moréchini. Fourcroy et M. Vauquelin n'en ont point trouvé; ils ont observé qu'il contenait du phosphate de chaux, et qu'il perdait 45 pour 100 par la calcination; du reste, il leur a semblé de même nature que les os. Calciné jusqu'à un certain point, il se charbonne, et fournit un noir très-beau et très-recherché.

Ivoire fossile. Moréchini est le premier qui ait annoncé dans cet ivoire l'existence du fluate de chaux, découverte qui a été confirmée par les analyses de Klaproth, John, Proust, Fourcroy et M. Vauquelin. Ces deux derniers chimistes ne l'ont cependant pas trouvé dans l'ivoire fossile de Loyo, de Sibérie et du Pérou. Ils en ont retiré *des défenses de sanglier*.

Du Tartre des dents.

949. Fourcroy, Wollaston, Chaptal, etc., avaient annoncé que le tartre des dents était composé de phosphate de chaux. Voici l'analyse qui en a été donnée par M. Berzelius : phosphate de chaux, 79,0; mucus, 12,5; matière salivaire particulière, 1,0; substance animale soluble dans l'acide hydrochlorique, 7,5.

Du Tissu cartilagineux.

950. Suivant M. Hatchett, les cartilages de l'homme seraient composés d'albumine coagulée, et de quelques traces de phosphate de chaux. Haller les regardait comme de la gélatine concrète unie à une terre osseuse. M. Chevreul a

donné, en 1812, l'analyse des os cartilagineux d'un *squalus maximus* (requin) de 24 pieds 4 pouces de long ; il les a trouvés formés d'une matière huileuse, d'une substance analogue au mucus, d'un principe odorant, d'acide acétique et d'acétate d'ammoniaque. Ses cendres contenaient du sulfate, de l'hydro-chlorate et du carbonate de soude, du sulfate de chaux, des phosphates de chaux, de magnésie et de fer, et quelques atomes de silice, d'alumine et de potasse. Il est extrêmement probable que ces divers principes entrent également dans la composition des cartilages des autres animaux. Les cartilages sont placés aux extrémités articulaires des os ; ils sont solides, incolores, demi-transparens, etc.

Des Cheveux, des Poils, des Ongles.

951. *Cheveux noirs.* D'après la belle analyse de M. Vauquelin, les cheveux noirs contiennent, 1° une très-grande quantité de matière animale analogue au mucus desséché ; 2° un peu d'huile blanche concrète ; 3° une très-petite quantité d'huile d'un gris verdâtre, épaisse comme le bitume ; 4° des atomes d'oxide de manganèse et de fer oxidé ou sulfuré ; 5° une quantité sensible de silice ; 6° une quantité plus considérable de soufre ; 7° un peu de phosphate et de carbonate de chaux. *Cheveux rouges.* On y trouve les mêmes principes, excepté que l'huile d'un gris verdâtre est remplacée par une huile rouge. *Cheveux blancs.* Ils renferment, outre les substances contenues dans les cheveux noirs, un peu de phosphate de magnésie ; mais l'huile d'un gris verdâtre est remplacée par une autre qui est presque incolore ; ils ne contiennent pas non plus de fer sulfuré. Ces expériences conduisent naturellement à admettre que la couleur des cheveux *noirs* est due à l'huile gris verdâtre et probablement au fer sulfuré ; celle des cheveux *rouges* et *blonds*

à des huiles rouges et jaunes qui, par leur mélange avec une huile noire, donnent la couleur aux cheveux bruns ; les cheveux blancs devront la leur à l'absence de l'huile noire et du fer sulfuré. M. Vauquelin suppose, pour expliquer la blancheur subite des cheveux chez des personnes frappées d'un profond chagrin ou d'une grande peur, qu'il s'est développé un acide qui a détruit la couleur de l'huile. Suivant lui, le blanchiment naturel des cheveux déterminé par l'âge tiendrait à ce que l'huile colorée n'est plus sécrétée.

Propriétés des cheveux. Distillés, ils fournissent du sous-carbonate d'ammoniaque, de l'huile, du charbon, etc. (*Voyez* § 828.) Chauffés avec le contact de l'air, ils s'enflamment facilement, phénomène que M. Vauquelin attribue à l'huile. Exposés à l'air, ils en attirent l'humidité, se gonflent, mais ne se pourrissent pas.

Le chlore les blanchit d'abord, puis les transforme en une masse qui ressemble à de la térébenthine. Ils sont insolubles dans l'eau ; lorsqu'on les fait chauffer dans la marmite de Papin, ils fournissent du gaz acide hydro-sulfurique et se décomposent, en sorte que le liquide obtenu ne contient pas le mucus tel qu'il existait dans les cheveux. Ils sont en partie solubles dans une faible dissolution de potasse caustique ; cependant ils paraissent aussi se décomposer, puisqu'il se dégage de l'hydro - sulfate d'ammoniaque. Les acides sulfurique et hydro-chlorique faibles se colorent en rose et les dissolvent. L'acide nitrique, après les avoir jaunis et dissous, les décompose, et il se forme de l'acide oxalique, de l'acide sulfurique et de la matière amère. L'*alcool* bouillant dissout les substances huileuses qu'ils contiennent ; l'huile blanche se dépose par le refroidissement sous la forme de lamelles brillantes ; les huiles noire et rouge restent dissoutes, et ne peuvent être obtenues que par l'évaporation de l'esprit-de-

vin : on observe, pendant le traitement, que les cheveux
rouges deviennent bruns ou châtains foncés.

Les *sels* ou les *oxides* de *mercure*, de *plomb* et de *bismuth* noircissent les cheveux rouges, blancs et châtains,
ou du moins les font passer au violet. M. Thenard indique la préparation suivante comme étant propre à les
noircir. On réduit en poudre fine et on mêle intimement
une partie de litharge (protoxide de plomb), une partie de
craie et une demi-partie de chaux vive éteinte ; on ajoute assez
d'eau pour donner au mélange la consistance d'une bouillie
épaisse ; on en applique une légère couche sur du papier,
dont on se sert pour mettre des papillottes ; on les enlève
au bout de quatre heures, et on nettoie les cheveux avec
un peigne et de l'eau. La coloration en noir obtenue par
ce moyen paraît dépendre de ce que le soufre des cheveux passe à l'état de sulfure noir en se combinant avec le
plomb du protoxide. Si on voulait se servir des dissolutions
salines dont nous avons parlé plus haut, il faudrait les
étendre de beaucoup d'eau.

Plique polonaise. Suivant M. Vauquelin, la plique est
formée de mucus analogue à celui des cheveux, seulement un peu modifié et un peu moins durci ; il pourrait
se faire aussi qu'il fût un peu différent dans sa nature.

Poils et ongles. D'après ce savant chimiste, les poils et
les ongles contiennent beaucoup de mucus analogue à
celui des cheveux, et une petite quantité d'huile à laquelle ils doivent leur souplesse et leur élasticité.

Du Cérumen des oreilles.

952. M. Vauquelin regarde le cérumen des oreilles comme
un composé de mucus albumineux, d'une matière grasse
analogue à celle qui se trouve dans la bile, d'un principe
colorant, qui se rapproche aussi de la bile par sa saveur

mère et par son adhérence à la matière grasse, de soude
et de phosphate de chaux. Le cérumen se dissout dans
l'alcool, et donne beaucoup de sous-carbonate d'ammoniaque à la distillation.

Des Calculs biliaires de l'homme.

953. Nous devons à M. Thenard un très-beau travail sur
ces concrétions. Après en avoir analysé plus de 300, ce savant
conclut que la plupart sont formées de 88 à 94 pour cent
de cholestérine (adipocire), et de 6 à 12 de principe colorant ou matière jaune de la bile. Déjà Fourcroy, en 1785,
avait annoncé l'existence de la cholestérine dans ces concrétions. Leurs propriétés physiques varient : quelques-unes
sont formées de lames blanches, brillantes et cristallines;
d'autres paraissent entièrement composées de lames jaunes ;
il y en a qui sont jaunes intérieurement, et dont la surface externe est verte ou d'un brun noirâtre. Toutes,
excepté celles qui sont blanches, renferment des atômes
de bile que l'on peut séparer par l'eau.

Nous fîmes, en 1812, l'analyse d'un calcul biliaire
trouvé chez une jeune fille de quatorze ans, ictérique de
naissance, et qui conserva l'ictère pendant toute sa vie ;
nous le trouvâmes formé de beaucoup de matière jaune,
de très-peu de matière verte, et d'une petite quantité de
picromel : il ne contenait point de cholestérine. Nous avons
vu depuis que M. John avait analysé, en 1811, un calcul
biliaire dans lequel il avait également trouvé le picromel.
L'existence de cette matière dans ces sortes de concrétions
est d'autant plus extraordinaire, que la bile humaine n'en
contient pas.

M. Thenard pense que ces calculs se forment dans les
canaux biliaires, d'où ils passent dans la vésicule du fiel,
et plus rarement dans les intestins. Quant à l'origine

de la cholestérine, qui ne se trouve pas dans la bile de l'homme, il croit qu'elle se produit dans le foie, ou bien qu'elle est le résultat de la décomposition de la matière résineuse de la bile, qui, du reste, n'existe pas, ou ne se trouve qu'en petite quantité dans la plupart de ces calculs. L'expérience prouve que le remède de Durande, composé d'éther et d'huile essentielle de térébenthine, a été souvent efficace pour faire disparaître les concrétions dont nous parlons. M. Thenard pense, avec raison, que ce médicament agit plutôt en déterminant leur expulsion par les intestins, qu'en les dissolvant.

Calculs de l'intestin de l'homme. M. Thenard en a analysé deux qui étaient entièrement semblables aux précédens. M. Vauquelin en a trouvé qui étaient de nature purement résineuse.

Calculs de bœuf. Ils sont formés par la matière jaune de la bile, qui se dépose aussitôt qu'elle est abandonnée par son dissolvant, la soude ; ils ne contiennent point de résine, parce que celle-ci est retenue dans la bile de bœuf par le picromel avec lequel elle a beaucoup d'affinité. M. Thenard, à qui nous devons ces observations, pense qu'il n'est rien moins que prouvé que ces calculs disparaissent au printemps, lorsque les animaux se nourrissent d'herbes fraîches.

Les calculs biliaires de chien, de chat, de mouton et de la plupart des quadrupèdes n'ont pas été analysés ; ils sont également regardés, par M. Thenard, comme composés de matière jaune, puisque la bile de ces animaux est formée des mêmes principes que celle de bœuf. Il faut cependant en excepter la bile de cochon.

Calculs rénaux de l'homme. Bergman est le premier qui ait annoncé l'existence de l'acide oxalique dans un de ces calculs, et celle de l'acide urique uni à une matière animale, et à un peu de chaux dans un autre. Fourcroy en a trouvé qui étaient formés d'acide urique, et qui offraient quelquefois à leur surface des cristaux irréguliers, composés probablement de phosphate d'ammoniaque et de phosphate de soude. Suivant M. Brande, ils sont presqu'entièrement formés d'acide urique et de matière animale; quelquefois aussi ils renferment de l'oxalate de chaux. M. Gaultier de Claubry a analysé quatre calculs trouvés dans le rein gauche d'un homme, et dont chacun offrait un noyau d'oxalate de chaux, et une couche extérieure d'acide urique.

Des Calculs vésicaux.

954. Les calculs vésicaux, regardés par Schéele comme de l'acide lithique (urique), présentent, dans leur composition et dans leurs propriétés physiques, des différences assez marquées pour que l'on en admette treize espèces. Le beau travail de M. Vauquelin et de Fourcroy, dans lequel on trouve six cents analyses de ces sortes de calculs, et les recherches plus récentes de M. Wollaston sur l'oxide cystique, mettent cette assertion hors de doute. Voici les substances qui entrent dans la composition de ces espèces.

1°. *Acide urique.* Ils sont jaunes ou d'un jaune rougeâtre; leur poudre ressemble à la sciure de bois; chauffés, ils s'enflamment sans laisser de résidu; ils sont insolubles dans l'eau, et solubles dans un excès de potasse et de soude, sans dégager d'*ammoniaque*; l'urate alcalin produit précipite des flocons blancs d'acide urique lorsqu'on le traite par l'acide hydro-chlorique.

2°. *Urate d'ammoniaque.* Ils sont d'un gris cendre; ils agissent comme les précédens sur les alcalis, excepté qu'il se dégage de l'*ammoniaque* pendant leur dissolution.

3°. *Oxide cystique.* Il est sous la forme de cristaux confus, jaunâtres, demi-transparens, insipides, très-durs, ne rougissant pas l'*infusum* de tournesol. Distillé, il se comporte comme les matières azotées (*voyez* t. 1er, pag. 489), et il fournit une huile extrêmement fétide ; il paraît contenir moins d'oxigène que l'acide urique ; il est insoluble dans l'eau, dans l'alcool, dans les acides tartarique, citrique, acétique, et dans le carbonate neutre d'ammoniaque. Il se dissout à merveille dans les acides nitrique, sulfurique, phosphorique, oxalique, et surtout dans l'acide hydro-chlorique ; ces dissolutions cristallisent en aiguilles divergentes, solubles dans l'eau, si toutefois elles n'ont pas été altérées par une trop forte chaleur ; on peut le précipiter de ces dissolutions par le carbonate d'ammoniaque. La potasse, la soude, l'ammoniaque et la chaux peuvent aussi le dissoudre, et donner des produits cristallisables ; le *solutum* est précipité par les acides citrique et acétique ; ce dernier, versé dans une de ces dissolutions chaudes, donne par le refroidissement des hexagones aplatis. (M. Wollaston.)

4°. *Oxalate de chaux* (calculs mûraux). Ils ont une couleur grise ou brune foncée ; ils sont formés de couches ondulées, et offrent à leur surface des tubercules ordinairement arrondis et semblables à ceux des mûres. Comme tous les oxalates, ils sont décomposés à une température rouge, et laissent pour résidu de la chaux ou du carbonate de chaux, suivant que la chaleur est plus ou moins élevée. (*Voyez* les caractères de ces deux substances, tom. 1er, pag. 230 et 235.)

5°. *Silice*. Ils ressemblent assez aux précédens, mais ils sont moins colorés. Leur poids ne diminue pas sensiblement par la calcination, et le résidu est insipide, insoluble dans les acides et vitrifiable par les alcalis. (Vauquelin et Fourcroy.)

6°. *Phosphate ammoniaco-magnésien*. Il est blanc, cristallin et demi-transparent ; lorsqu'on le traite par la potasse, la soude, etc., il est décomposé; l'ammoniaque se dégage, la magnésie se précipite, et il se forme du phosphate de potasse: ils sont solubles dans l'acide sulfurique.

7°. *Phosphate de chaux.* Il est opaque et en masses incolores; il est insoluble dans les alcalis, et ne dégage point d'ammoniaque; il ne se dissout point dans l'acide sulfurique, qui le décompose avec dégagement de chaleur, et forme du sulfate de chaux épais comme un *magma*; il se dissout à merveille dans les acides nitrique et hydro-chlorique.

8°. *Matière animale.* Presque tous les calculs renferment une matière animale dont on ne connaît pas la nature, et qui, suivant M. Thenard, pourrait être du mucus de la vessie altéré.

Après avoir parlé des substances qui entrent dans la composition des 600 calculs examinés par Fourcroy et M. Vauquelin, et de celui qu'a découvert M. Wollaston, nous allons faire connaître les treize espèces que nous avons déjà annoncées, et dont douze ont été indiquées par les deux célèbres chimistes français. Tantôt on ne trouvera dans ces espèces qu'une seule des substances énumérées; tantôt il y en aura plusieurs : dans ce dernier cas, il faudra les scier et en examiner les différentes couches : en général, celle qui sera le plus près du centre sera la plus insoluble,

1re Espèce. *Acide urique;* elle formait environ le quart de la collection de Fourcroy et de M. Vauquelin ; 2e, urate d'ammoniaque; rare; 3e, oxalate de chaux; environ un cinquième; 4e, oxide cystique; très-rare; 5e, acide urique et phosphates terreux, en couches distinctes; environ un douzième ; 6e, *idem*, dans un état de mélange parfait; à-peu-près un quinzième; 7e, urate d'ammoniaque et phosphates en couches distinctes; environ un trentième; 8e, *idem*, dans un état de mélange parfait; à - peu - près un quarantième;

9ᵉ, phosphates terreux en couches fines ou mêlés intimement; environ un quinzième; 10ᵉ, oxalate de chaux et acide urique en couches très-distinctes; environ un trentième; 11ᵉ, oxalate de chaux et phosphates terreux en couches distinctes; à-peu-près un quinzième; 12ᵉ, oxalate de chaux, acide urique ou urate d'ammoniaque et phosphates terreux; environ un soixantième; 13ᵉ, silice, acide urique, urate d'ammoniaque et phosphates terreux; à-peu-près un trois centième.

955. *Formation des calculs vésicaux.* Les matériaux qui entrent dans la composition de ces calculs existent constamment dans l'urine, ou bien s'y trouvent dans certaines circonstances, soit qu'ils aient été produits par une altération du liquide, soit qu'ils aient été introduits avec les alimens ou avec les boissons. Ils sont tous insolubles dans l'eau; il peut donc arriver que quelques-uns d'entre eux, par des causes particulières, se trouvent en beaucoup trop grande quantité pour pouvoir être dissous par le liquide; alors ils se déposent en partie et forment un noyau autour duquel de nouvelles portions viennent se joindre pour le grossir. Il peut aussi se faire que des corps étrangers tels que des épingles, du sang, de l'étain, etc., soient introduits dans la vessie et déterminent la précipitation d'un ou de plusieurs des matériaux qui abondent dans l'urine. On ignore encore si tous les calculs prennent leur origine dans les reins ou dans la vessie; ceux qui sont composés d'acide urique et d'oxalate de chaux se forment souvent dans le rein, surtout les premiers : il est probable qu'il en est de même des autres, du moins dans certaines circonstances. Dans le cas où le calcul renferme différens matériaux, celui qui est le plus insoluble se dépose le premier et forme le noyau; la dernière couche est composée de la substance la moins insoluble.

Traitement des calculs vésicaux. On a beaucoup prôné

autrefois les lithontriptiques ou dissolvans des calculs vésicaux, et on a conseillé d'injecter tour-à-tour dans la vessie
des acides ou des alcalis faibles. Ces moyens sont générale-
lement abandonnés aujourd'hui, parce qu'ils sont irritans
et le plus souvent inutiles : en effet, supposons même que
leur emploi ne soit suivi d'aucun inconvénient, comment
savoir le lithontriptique que l'on doit employer lorsqu'on
ne connaît pas la nature du calcul que l'on cherche à détruire ? On pourrait, à la vérité, par l'analyse de l'urine,
connaître les principes qui y dominent, et présumer par
là quelle peut être la nature de la pierre ; mais ces analyses,
difficiles pour des personnes peu exercées dans les opérations chimiques, ne fourniraient jamais que des données
approximatives. L'expérience a prouvé que les boissons
abondantes, surtout l'eau acido-carbonique et la magnésie
pure, étaient les remèdes les plus efficaces pour faire cesser
la disposition calculeuse, et rendre soluble le gravier qui
aurait déjà pu se former, dans le cas où il serait composé
d'acide urique (ce qui arrive le plus ordinairement). Nous
croyons que ces médicamens agissent à-la-fois en facilitant
la dissolution des petites concrétions et en modifiant les
propriétés vitales des reins. On conçoit aisément que ces
moyens ne doivent être d'aucune valeur lorsque le calcul
a déjà acquis un certain volume et beaucoup de dureté.

956. *Calculs urinaires de cheval.* Ces calculs sont en général formés de carbonate de chaux et de matière animale;
quelquefois on en a trouvé qui contenaient aussi du phosphate
de chaux, du phosphate d'ammoniaque, de l'oxide de fer,
du carbonate de magnésie, etc. (Fourcroy, Vauquelin,
Pearson, Brande, Wurzer, etc.) On peut en dire autant
des calculs vésicaux de *bœuf.*

Les *calculs vésicaux des animaux carnivores* renferment
en général du phosphate ou de l'oxalate de chaux, et peu
ou point de carbonates.

Des Concrétions arthritiques.

957. Ces concrétions, désignées encore sous le nom de *tuf arthritique*, n'ont été connues qu'en 1797, époque à laquelle M. Wollaston en a fait l'analyse; il les a trouvées formées d'urate de soude et d'un peu de matière animale. Fourcroy et M. Vauquelin ont confirmé cette découverte en 1803. M. Vogel, en 1813, a analysé une de ces concrétions qui contenait de l'urate de soude, de l'urate de chaux et un peu d'hydro-chlorate de soude.

Des Concrétions de différens animaux.

958. *Bézoards* (ou concrétions formées dans l'estomac ou dans les intestins de plusieurs animaux). Suivant Fourcroy et M. Vauquelin, on doit admettre sept espèces de bézoards. 1re Espèce. *Bézoards* en couches concentriques, très-fragiles, faciles à séparer et rougissant l'*infusum* de tournesol : ils sont formés de gluten animal et de phosphate acide de chaux, mêlé quelquefois d'un peu de phosphate de magnésie. 2e Espèce. *Bézoards* demi-transparens, jaunâtres, en couches concentriques : ils sont composés de phosphate de magnésie et de gluten animal; quelquefois aussi ils renferment un excès d'acide. 3e Espèce. *Bézoards* en rayons divergens, bruns ou verdâtres, très-volumineux et très-communs chez les animaux herbivores ou granivores : ils contiennent du phosphate ammoniaco-magnésien et du gluten. 4e Espèce. *Bézoards* intestinaux biliaires, d'un rouge brun, composés de grumeaux agglutinés et formés par la matière grasse, huileuse, de la bile : d'après M. Thenard, ces concrétions ne seraient que de la matière jaune de la bile. 5e Espèce. *Bézoards* intestinaux résineux, en couches lisses, polies, fragiles, douces au toucher : ils paraissent formés d'une matière ana-

logue à la substance biliaire, et d'une autre résineuse, sèche et incolore; ils sont fusibles : les *bézoards* orientaux appartiennent à cette espèce. 6e Espèce. *Bézoards* intestinaux fongueux : on y trouve les débris du *boletus igniarius* (amadouvier) et un peu de gluten animal ; ils sont quelquefois recouverts d'une croûte de phosphate ammoniaco-magnésien. 7e Espèce. *Bézoards* intestinaux pileux (égagropiles) : ils sont bruns, jaunes, fauves, etc.; ils sont formés de poils que les animaux avalent, et qui sont souvent mêlés de foin, de paille, de racines, d'écorces, etc. M. John a remarqué que le poil qui constituait l'égagropile différait dans chaque espèce d'animal : ainsi, chez le cerf, il est formé de poil de cerf; chez le chamois, de poil de chamois, etc. Suivant Fourcroy, on doit ranger parmi ces bézoards les concrétions composées de matière fécale durcie.

Concrétion du cloaque d'un vautour. Suivant M. John, elle était formée d'acide urique pur, d'urate de chaux, d'urate alcalin, de gluten animal et d'un atome d'urate ammoniaque.

Concrétion de la vessie d'une tortue. Elle paraissait contenir de l'acide urique, d'après M. Vauquelin.

Concrétion trouvée dans les reins de l'esturgeon. Albumine, 2; eau, 24 ; phosphate de chaux, 71,50 : sulfate de chaux, 0,50. (Klaproth.) Fourcroy et M. Vauquelin, en examinant la concrétion d'un poisson, y trouvèrent du carbonate de chaux, un peu de phosphate de chaux et de substances muqueuses et membraneuses.

De quelques autres matières particulières à certaines classes d'animaux.

959. 1°. *Mammifères.—Musc.* On trouve dans le Thibet et dans la grande Tartarie des animaux analogues au chevreuil, que l'on appelle *chevrotins*, et qui offrent vers le nombril

une bourse renfermant le musc, sous forme de grumeaux amers et très-odorans : celui que l'on débite dans le commerce contient ordinairement de la graisse ou des résines. D'après M. Thiémann, le musc du Thibet serait formé de 0,10 de carbonate d'ammoniaque, 0,09 de cire pure, 0,01 de résine, 0,60 de gélatine, 0,30 d'albumine et de membrane animale, 0,01 de potasse, 0,03 d'hydro-chlorate de soude, et 0,04 de carbonate de chaux : il ne contiendrait point d'huile éthérée. Le musc de Sibérie, analysé par le même pharmacien, a fourni à-peu-près les mêmes produits, mais dans d'autres proportions. Le musc est très-inflammable ; il est en partie soluble dans l'eau et dans l'alcool, et il jouit des propriétés anti-spasmodiques les plus énergiques. *Civette.* Cette substance se trouve dans une vésicule située près de l'anus du *viverra zibetha*, petit quadrupède d'Afrique, de l'Arabie et des Indes. Suivant Barneveld, elle a beaucoup d'analogie avec le musc sous le rapport de sa composition chimique ; sa consistance est à-peu-près comme celle du miel ; son odeur est très-forte, sa saveur un peu âcre, et sa couleur d'un jaune pâle ; on ne s'en sert que dans la parfumerie. *Castoreum.* Ce produit se trouve dans deux poches membraneuses situées dans les aînes du castor ; il a la consistance du miel très-épais, une saveur âcre, amère, nauséabonde, et une odeur très-forte qu'il perd par la dessiccation. Bonn a fait l'analyse du *castoreum* provenant d'un castor pris à Geldern, sur la rive d'est de l'Yssel, et il y a trouvé $\frac{1}{13}$ d'huile éthérée, $\frac{1}{4}$ de cholestérine et un peu de résine, $\frac{1}{4}$ de chaux, $\frac{1}{6}$ de tissu cellulaire, de la soude, du phosphate de soude et de l'oxide de fer. M. Laugier a découvert, dans celui du Canada, de l'acide benzoïque libre et combiné. On emploie le *castoreum* en médecine comme anti-spasmodique.

960. *Oiseaux.* — *OEufs.* La *coquille* d'œuf est composée, d'après M. Vauquelin, de carbonate de chaux, d'un peu

de carbonate de magnésie , de phosphate de chaux , d'oxide de fer, de soufre et de matière animale servant de gluten : elle ne contient point d'acide urique. La *membrane interne* de la coquille est formée , suivant le même chimiste , d'une substance albumineuse soluble dans les alcalis et d'un atome de soufre. Le *blanc d'œuf* contient , suivant M. John , beaucoup d'eau et d'albumine, un peu de gélatine , de la soude, du sulfate de soude , du phosphate de chaux, et peut-être de l'oxide de fer. *Jaune d'œuf.* Il renferme , d'après le même chimiste , de l'eau , une huile douce jaune, de la gélatine , une très-grande quantité d'une substance albumineuse modifiée , du soufre , un atome d'acide libre qui est peut-être de l'acide phosphorique , et fort peu d'une matière brune rougeâtre , soluble dans l'éther , dans l'alcool, et qui n'est pas de la graisse. *Enveloppe du jaune.* M. John croit qu'elle est de nature albumineuse. On n'a pas encore analysé les ligamens ni la cicatricule des œufs.

Poissons. – *Laite* des poissons et en particulier de la *carpe.* M. Vauquelin et Fourcroy ont prouvé en 1807 que la laite de *carpe* contient les $\frac{3}{4}$ de son poids d'une matière volatile , de la gélatine , de l'albumine , une matière grasse , savonneuse, de l'hydro-chlorate d'ammoniaque , des phosphates de chaux, de magnésie , de soude et de potasse et du *phosphore :* cette dernière substance existe dans la carpe comme dans le cerveau ; elle est combinée avec l'hydrogène , l'oxigène , le carbone et l'azote, et fait partie de la molécule animale ; on peut s'en convaincre en traitant la laite de carpe comme nous l'avons dit en parlant de la matière grasse blanche du cerveau , § 934. M. John n'admet pas le phosphore comme principe constituant de ce produit ; cependant les expériences des chimistes français nous semblent prouver jusqu'à l'évidence qu'il y existe.

961. *Mollusques.*—*Encre de sèche ,* ou liqueur noire secrétée par un appareil glanduleux des sèches. Elle paraît for-

mée d'une matière charbonneuse divisée dans du mucus et sans action sur la plupart des réactifs. (Fourcroy.) C'est à tort que l'on a cru que l'encre de la Chine était préparée avec cette liqueur ; on sait, au contraire, que la base de cette encre est le noir de fumée très-divisé. *Coquilles*. M. Vauquelin a trouvé dans les coquilles d'huîtres du carbonate de chaux, un peu de phosphate de chaux, du carbonate de magnésie, de l'oxide de fer et de la matière animale. M. Hatchett, qui avait déjà fait l'analyse des coquilles d'une moule fluviale, de l'oreille de mer, du *voluta cypræa*, des patelles de Madera, etc., n'avait point trouvé de phosphate de chaux. *Perles, nacre.* Ces matières paraissent formées des mêmes principes que les coquilles dont nous venons de parler ; l'art peut les imiter parfaitement. *Limaçons de différentes espèces.* Suivant Kastner, les limaçons donnent, lorsqu'on les traite par l'eau bouillante, une gélatine qui jouit de toutes les propriétés de l'ichtyocolle, et qui peut la remplacer.

962. *Insectes. — Cantharides.* L'analyse la plus récente des cantharides, celle qui a été faite par M. Robiquet, prouve qu'elles sont formées d'une huile grasse, fluide, verte, ne *produisant point d'ampoules ;* d'une matière noire, insoluble dans l'eau, *non vésicante ;* d'une substance jaune, vésicante, dans laquelle se trouve la matière active des cantharides ; d'acide urique, d'acide acétique, de matière animale et de squelette de la cantharide, de phosphate de chaux et de phosphate de magnésie. Déjà Thouvenel, Beaupoil et quelques autres chimistes avaient analysé ces insectes ; mais les résultats qu'ils avaient obtenus étaient loin d'être aussi complets que ceux du savant pharmacien que nous avons cité. *Propriétés de la matière vésicante.* Elle est sous la forme de lames micacées, incolores ; desséchée, elle est insoluble dans l'eau, soluble dans l'alcool bouillant et dans l'huile, d'où elle se dépose, par le refroidissement,

en paillettes , à la manière de la cétine, en affectant toujours une forme cristalline. M. Robiquet appliqua sur
sa lèvre la centième partie d'un grain de cette substance
fixée à l'extrémité d'une petite lanière de papier ; au bout
d'un quart-d'heure , il éprouva une légère douleur, et bientôt après il se forma de petites cloches. *Fourmis.* Elles renferment, suivant Gehlen , de l'acide formique et de l'huile
éthérée.

963. *Polypiers.* M. Hatchett a fait un très-grand nombre
d'analyses de polypiers qu'il divise en quatre classes sous
le rapport de leur composition chimique. 1°. Les *madrepora muricata* et *labyrinthica*, les *millepora cœrulea* et
alcicornis, contiennent beaucoup de carbonate de chaux,
et fort peu de matière animale. 2°. Le *madrepora fascicularis*, les *millepora cellulosa*, *fascicularis* et *truncata*,
renferment beaucoup de matière animale et du carbonate de
chaux. 3°. Le *madrepora polymorpha*, l'*iris ochracea*, le
coralina opuntia, le *gorgonia nobilis* (corail rouge), sont
formés d'une assez grande quantité de matière animale, de
beaucoup de carbonate de chaux et d'un peu de phosphate
de chaux. 4°. L'éponge officinale est presqu'entièrement
composée de matière animale gélatineuse, et d'une substance mince, membraneuse, analogue à l'albúmine coagulée.

De la Putréfaction.

Les animaux ou leurs parties, soustraits à l'influence de
la vie, et placés dans des circonstances favorables , ne tardent pas à se putréfier : examinons quelle est l'influence
de l'eau, de l'air et du calorique sur cette décomposition
spontanée, quels en sont les phénomènes et les produits,
et par quels moyens on peut l'empêcher de se manifester.

964. La présence de l'*eau* est indispensable pour que la
putréfaction se développe : en effet, M. Gay-Lussac a conservé

pendant plusieurs mois, sans aucune altération, de la viande suspendue dans l'intérieur d'une cloche au bas de laquelle se trouvait du *chlorure de calcium*, substance très-avide d'humidité, qui agissait en absorbant l'eau contenue dans la viande; d'ailleurs, il est généralement connu que le sel commun, l'alcool, et plusieurs autres matières ayant de l'affinité pour l'eau, empêchent la putréfaction de la chair, dont elles absorbent l'humidité. Ne sait-on pas encore que des cadavres ont été conservés pendant long-temps dans des terrains arides et secs ?

L'air atmosphérique n'est pas indispensable pour que la putréfaction se manifeste, puisqu'elle a lieu dans l'eau qui a bouilli, ou dans l'intérieur de la terre ; cependant il exerce une action qu'il importe de connaître. Lorsqu'il est très-sec et souvent renouvelé, il retarde la putréfaction, probablement parce qu'il s'empare de l'humidité de la matière animale ; si, au contraire, il est humide et stagnant, il la favorise en cédant de l'eau, et une certaine quantité de son oxigène.

La température de 15° à 25° est la plus favorable pour que la putréfaction se développe; si la chaleur était beaucoup plus forte, la matière animale se dessécherait ; si la température était à 0° ou au-dessous, elle se conserverait pendant long-temps : combien de cadavres intacts n'a-t-on pas retirés de la neige, où ils avaient été ensevelis pendant plusieurs mois !

965. *Phénomènes généraux qui accompagnent la putréfaction.* La matière animale se ramollit si elle est solide; elle devient plus ténue si elle est liquide ; sa couleur passe au rouge brun ou au vert; elle exhale une odeur fétide, insupportable; on observe un boursoufflement léger qui soulève la masse ; quelque temps après la matière s'affaisse, son odeur change et devient moins désagréable. Il se forme, pendant cette décomposition, de l'eau, du gaz acide carbo-

hique, de l'acide acétique, de l'ammoniaque et de l'hydrogène carboné : ces gaz, en se dégageant, entraînent une portion de matière à demi pourrie, qui les rend si infects et
qui constitue sans doute les miasmes ; il ne reste qu'un
produit terreux si la substance qui se pourrit est dans l'air.
Si la matière qui subit la décomposition spontanée est
musculeuse, et qu'elle soit plongée dans l'eau ou enfouie
dans un terrain humide, elle se transforme en un corps
gras mêlé de tissu cellulaire. Ce corps, appelé *gras des
cadavres*, a été analysé dans ces derniers temps par M. Chevreul, qui l'a trouvé formé d'un peu d'ammoniaque, de
potasse et de chaux, combinées avec une très-grande quantité d'acide margarique et d'un autre acide peu différent ;
d'où il résulte qu'il doit être regardé comme une sorte de
savon. Suivant ce chimiste, il serait le résultat de l'action
de la graisse du muscle sur l'ammoniaque provenant de la
décomposition de la fibrine, de l'albumine, etc.

966. *Moyens propres à prévenir la putréfaction.* On a
proposé plusieurs moyens pour empêcher la putréfaction ;
nous en avons fait connaître quelques-uns en parlant de l'influence de l'eau sur cette décomposition spontanée. (*Voy*.
§ 964.) Le savant professeur Chaussier a prouvé le premier
que les cadavres ou leurs parties pouvaient se conserver parfaitement en les plongeant dans une dissolution saturée de
sublimé corrosif, et en remplaçant celui-ci à mesure qu'il
était décomposé : en effet, nous avons fait voir que,
par la réaction de ce sel sur les substances animales, il se
forme un composé de proto-chlorure de mercure et de
substance animale, qui est dur, imputrescible, inaltérable
à l'air, et inattaquable par les vers et par les insectes.
(*Voyez* pag. 253 de ce vol.) Ce procédé nous paraît mériter la préférence sur tous les autres.

Des Fumigations.

967. L'air atmosphérique est quelquefois imprégné de miasmes qui le rendent délétère. On ignore au juste quelle est la composition intime de ces miasmes, mais tout porte à croire qu'ils sont formés des mêmes principes que les substances végétales ou animales; assez souvent même ne sont-ils produits que par des matières azotées à demi pourries. Le meilleur moyen connu pour les détruire est de les mettre en contact avec le *chlore*, comme l'a prouvé le premier l'illustre Guyton de Morveau : en effet, ce corps s'empare de l'hydrogène qui entre dans leur composition, passe à l'état d'acide hydro-chlorique, et les transforme en une substance qui n'exerce plus d'action nuisible sur l'économie animale. On dégage le chlore comme nous l'avons indiqué tome 1er, pag. 488, en mettant du peroxide de manganèse, de l'acide sulfurique faible et du sel commun dans une terrine, si l'on veut désinfecter un amphithéâtre, ou dans une fiole si l'on veut purifier l'air d'une salle d'hôpital remplie de malades; car, dans ce dernier cas, on doit éviter de dégager une trop grande quantité de chlore à-la-fois.

DE LA PRÉPARATION DES SUBSTANCES VÉGÉTALES.

De l'Acide acétique.

968. On obtient l'acide acétique par divers procédés; 1° en décomposant le bois par la chaleur dans des vaisseaux fermés; 2° en décomposant quelques acétates par le feu ou par l'acide sulfurique; 3° en distillant le vinaigre. *Premier procédé.* On décompose le bois dans des fours en brique ou dans de grands cylindres de tôle (*voy.* pag. 416 de ce vol.); on recueille dans un réservoir de bois le produit

liquide, qui est formé d'eau, d'acide acétique et d'une huile épaisse, semblable, jusqu'à un certain point, au goudron ; on l'abandonne à lui-même jusqu'à ce que la majeure partie de l'huile soit déposée ; on le décante et on le sature avec du carbonate de chaux (craie) ; il se produit de l'acétate de chaux qui reste en dissolution, tandis que l'excès de matière huileuse vient à la surface, d'où on peut la séparer à l'aide d'une écumoire. La liqueur contenant l'acétate de chaux est mêlée avec du sulfate de soude ; les deux sels se décomposent, et donnent naissance à du sulfate de chaux presque insoluble, qui se précipite, et à de l'acétate de soude soluble ; on fait évaporer celui-ci, et on obtient des cristaux jaunes et même brunâtres, colorés par de l'huile, dont on peut les débarrasser en les desséchant, leur faisant éprouver la fusion ignée pour détruire la matière huileuse, les redissolvant dans l'eau, et les faisant cristalliser de nouveau. Ces cristaux, desséchés et chauffés légèrement dans un appareil distillatoire, avec de l'acide sulfurique concentré, se décomposent et donnent l'acide acétique pur et concentré ; il reste dans la cornue du sulfate de soude. Il paraît cependant que le procédé le plus généralement employé pour obtenir cet acide consiste à dissoudre l'acétate de soude dans une quantité d'eau déterminée, et à le décomposer par l'acide sulfurique du commerce ; le sulfate de soude cristallise, et, par la simple distillation, on peut se procurer l'acide acétique. *Deuxième procédé. — Vinaigre radical.* On introduit dans une cornue de grès lutée et disposée sur un fourneau à réverbère, assez d'acétate de deutoxide de cuivre pour en remplir la moitié ; on adapte à cette cornue une allonge, un récipient et un tube de sûreté (*voyez* pl. 1re, fig. 1re), et on chauffe graduellement la cornue ; l'acétate décrépite, blanchit, se dessèche, et ne tarde pas à se décomposer ; on obtient dans le ballon un liquide verdâtre, composé d'acide acétique, d'une petite quantité d'acétate de cuivre entraînée sans avoir éprouvé de décomposition, d'un peu d'eau et d'un peu d'esprit pyro-acétique (*voy.* pag. 16 de ce vol.); les gaz que l'on recueille sous les cloches sont formés de $\frac{4}{5}$ environ d'acide carbonique et de $\frac{1}{5}$ de gaz hydrogène carboné; il paraît aussi qu'ils tiennent en suspension un atome de cuivre métallique, qui donne à ce dernier la faculté de brûler avec une flamme verte. Le produit solide qui reste dans la cornue est composé de cuivre métallique, d'un peu de charbon, et, suivant M. Vogel, d'un peu de protoxide de cuivre. On purifie le produit liquide en le distillant dans une cornue de verre munie d'un récipient tubulé, et l'on obtient l'acide acétique pur. On peut également se procurer le *vinaigre radical* en distillant 16 parties d'acétate de plomb cristallisé, une partie de peroxide de manganèse, et 9 parties d'acide sulfurique concentré. (Baups.) On peut encore l'obtenir très-beau en suivant le procédé de MM. Lartigue et Rudrauff (*Bulletin de Pharmacie*, tom. III.) *Troisième procédé.* On introduit du vinaigre dans la cucurbite d'un alambic, et on distille jusqu'à ce que le résidu ait la consistance de la lie de vin; les dernières portions obtenues sont beaucoup plus acides que les premières, parce que l'eau est plus volatile que l'acide acétique. (M. Proust.) Le vinaigre distillé qui est le résultat de cette opération a une odeur et une saveur faibles.

Du vinaigre. On peut obtenir le vinaigre avec le vin, la bière, etc.; il suffit pour cela d'exposer ces liquides à l'air. Voici comment on procède à Orléans : on commence par verser 100 litres de vinaigre bouillant dans un tonneau ouvert, de 400 litres de capacité, disposé dans un atelier dont la température doit être constamment de 18° à 20°; au bout de huit jours, on y verse 10 litres de vin dont on a laissé déposer la lie; huit jours après on ajoute encore 10 litres de vin : on recommence cette opération tous les huit jours, jusqu'à ce que le tonneau soit plein. Quinze jours après avoir ainsi rempli ce vase, le vin se trouve converti en vinaigre; on en retire la moitié, et on recommence à verser tous les huit jours 10 litres de nouveau vin. Si la fermentation est très-énergique, ce que l'on reconnaît à la grande quantité d'écume dont se charge une douve que l'on plonge dans le tonneau, on ajoute plus de vin, et à des intervalles plus rapprochés.

Le vinaigre blanc s'obtient avec le **vin** blanc ou avec le vin rouge que l'on a laissé aigrir sur le marc des raisins blancs. Le vinaigre rouge provient du vin rouge; on peut le rendre incolore, comme l'a prouvé Figuier, en le filtrant à plusieurs reprises à travers du charbon : lorsqu'il est trouble on le clarifie à l'aide du lait bouillant; il suffit d'en verser un verre dans 25 ou 30 litres d'acide, et de passer le liquide pour le séparer du *coagulum*.

Acétates de zircone et d'*yttria*. On dissout les bases récemment précipitées, dans l'acide acétique (Klaproth).

Acétate d'alumine. On l'obtient en faisant agir, pendant dix à douze heures, de l'acide acétique concentré sur de l'alumine en gelée (hydrate), et à une température qui n'excède pas 25°. On le prépare encore en décomposant le sulfate d'alumine pur par de l'acétate de plomb dissous; on sépare, par la décantation et par le filtre, le sulfate de plomb précipité.

Acétate de glucine. On sature à chaud de l'acide acétique étendu de son poids d'eau, avec du carbonate de glucine.

Acétate de chaux. On l'obtient comme nous l'avons dit en parlant de la préparation de l'acide acétique.

Acétates de baryte et de strontiane. On décompose les hydro-sulfates sulfurés de baryte ou de strontiane par l'acide acétique; on porte le mélange à l'ébullition pour volatiliser l'acide hydro-sulfurique et précipiter le soufre; on filtre l'acétate, et on le fait cristalliser.

Acétate de potasse (Terre foliée de tartre). On verse de l'acide *acétique* concentré et pur sur du sous-carbonate de potasse dissous dans de l'eau distillée, et on obtient un sel très-blanc et parfaitement saturé (Baup) ; cependant il n'est pas aussi friable que celui que l'on prépare par le procédé suivant, qui est le plus généralement employé. On sature le sous-carbonate de potasse dissous avec du vinaigre distillé ; on évapore la liqueur jusqu'à siccité dans une bassine d'argent, et l'on obtient un sel coloré par la matière glutineuse du vinaigre ; on le fait fondre dans le même vase, et aussitôt qu'il est fondu, on y jette $\frac{1}{10}$ de poudre de charbon ; on agite pendant quelques instans ; on laisse refroidir la masse, et on la traite par l'eau ; on filtre la dissolution, et on obtient l'*acétate* incolore : le charbon paraît agir en s'emparant de la matière glutineuse décomposée par le feu. On a conseillé, dans ces derniers temps, de préparer l'acétate de potasse par la voie des doubles décompositions, en versant du sulfate de potasse sur de l'acétate de plomb ; mais M. Boullay a fait sentir les dangers qu'il pouvait y avoir à suivre ce procédé, si par malheur tout l'acétate de plomb n'était pas décomposé.

Acétate de soude. On l'obtient en saturant avec du vinaigre distillé le sous-carbonate de soude.

Acétate d'ammoniaque. On sature avec du sous-carbonate d'ammoniaque solide de l'acide acétique concentré ; on évapore la dissolution à une douce chaleur, et on obtient l'acétate cristallisé. On peut aussi le préparer en chauffant, dans un appareil distillatoire, une partie d'acide acétique avec 2 parties d'un mélange propre à fournir l'ammoniaque (savoir, une partie de carbonate de chaux et une partie d'hydro-chlorate d'ammoniaque). Il se dégage d'abord de l'eau, puis de l'acétate d'ammoniaque.

Acétates de zinc et de protoxide de fer. On met du zinc ou du fer à l'état métallique dans de l'acide acétique ; l'eau est décomposée; il se dégage de l'hydrogène, et les métaux oxidés se dissolvent dans l'acide.

Acétate de peroxide de fer. On peut le faire directement en exposant à l'air de la tournure de fer et de l'acide acétique. Dans les manufactures de teinture, on le prépare en substituant à l'acide acétique pur l'acide provenant de la distillation du bois et contenant encore de l'huile ; on le désigne alors sous le nom de *pyro-lignite de fer*, parce que l'acide était connu autrefois sous le nom d'*acide pyro-ligneux*. Ce sel est préféré à l'acétate ordinaire pour tous les usages de la teinture et de l'impression sur toile; il imprime des couleurs plus vives, plus nourries et plus fines.

Acétate de manganèse. On décompose le carbonate de manganèse par l'acide acétique.

Acétate de cuivre. On dissout le vert-de-gris (acétate de cuivre + hydrate de deutoxide de cuivre) dans le vinaigre chaud ; on évapore la liqueur, et on en favorise la cristallisation au moyen de bâtons verticaux que l'on y plonge, et sur lesquels les cristaux se déposent.

Vert-de-gris. On met une lame de cuivre sur une couche peu épaisse de marc de raisin ; on recouvre la lame d'une nouvelle couche de marc, sur laquelle on applique une autre lame de cuivre, et ainsi successivement ; au bout de six semaines on sépare le vert-de-gris attaché aux surfaces du cuivre, et on fait servir de nouveau les lames à la même fabrication. *Théorie.* Le marc contient du moût de raisin ; celui-ci fermente et donne successivement naissance à de l'alcool et à de l'acide acétique ; cet acide s'unit au cuivre qui se trouve oxidé par l'oxigène de l'air. On prépare ce produit principalement à Montpellier et dans ses environs.

Acétate de plomb neutre. On fait chauffer dans des chaudières de plomb ou de cuivre étamé, de la litharge (protoxide de plomb) et un excès de vinaigre distillé; on concentre la dissolution, et on la fait cristalliser.

Sous-acétate de plomb soluble (extrait de saturne). On fait bouillir, pendant demi-heure, une partie de litharge finement pulvérisée, avec 3 parties d'acétate de plomb neutre, dissous dans une grande quantité d'eau distillée; on évapore jusqu'à ce que le sel marque 28 degrés à l'aréomètre de Baumé; on le laisse refroidir et on le filtre.

Sous-acétate de plomb au maximum d'oxide. On verse dans le sel précédent un grand excès d'ammoniaque, qui s'empare d'une portion d'acide acétique, et précipite le sous-acétate très-chargé d'oxide; on lave le précipité avec de l'eau et de l'ammoniaque.

Céruse (carbonate de plomb, blanc de plomb). On fait arriver un courant de gaz acide carbonique dans une dissolution de *sous-acétate de plomb soluble*; il se précipite du carbonate de plomb, et le sel se trouve ramené à l'état d'acétate neutre; on le décante, et à l'aide de la litharge, on le transforme de nouveau en sous-acétate de plomb soluble, que l'on décompose encore par l'acide carbonique; on lave bien le carbonate précipité, et on le livre dans le commerce après l'avoir fait sécher. Avant de connaître ce procédé, on préparait le blanc de plomb en soumettant les lames de ce métal à l'action de la vapeur du vinaigre, de l'air et de l'acide carbonique; le plomb s'oxidait, passait à l'état de sous-acétate, qui était ensuite décomposé par l'acide carbonique; ce procédé, moins avantageux que le premier, n'est pas encore généralement abandonné.

Acétate de protoxide de mercure. On l'obtient en décomposant le nitrate de protoxide de mercure par l'acétate de potasse: il se précipite sous la forme d'écailles, tandis que le *solutum* renferme du nitrate de potasse.

Acétate de peroxide de mercure. On fait digérer dans l'acide acétique, et à l'aide d'une douce chaleur, le deutoxide de mercure très-divisé; si on faisait évaporer la dissolution, le deutoxide serait ramené à l'état de protoxide par l'hydrogène et le carbone d'une portion d'acide acétique.

Acétate d'argent. On peut l'obtenir directement en faisant dissoudre l'oxide d'argent dans l'acide acétique, ou bien par voie des doubles décompositions, en versant de l'acétate de potasse sur du nitrate d'argent : dans ce cas, l'acétate que l'on veut se procurer se dépose sous la forme de lames brillantes.

De l'Acide malique.

969. M. Donovan, après avoir comparé les diverses méthodes proposées pour obtenir l'acide malique pur, donne la préférence à celle de M. Vauquelin. On commence par évaporer jusqu'aux deux tiers le suc de *sempervivum tectorum* (joubarbe), qui contient du malate acide de chaux ; on le laisse reposer pendant quelques heures, et après l'avoir filtré, on le mêle avec un poids égal au sien d'alcool, pour précipiter le malate acide de chaux ; on laisse ce précipité à l'air, afin de le dessécher et de le priver de l'alcool qu'il pourrait retenir ; on le fait dissoudre dans l'eau, et on décompose le *solutum* par l'acétate de plomb ; il se forme sur-le-champ un précipité de malate de plomb ; on le lave, et on le traite par aussi peu d'acide sulfurique étendu qu'il en faut pour saturer le protoxide de plomb : on prend, par exemple, une partie de malate et $\frac{1}{2}$ partie d'acide sulfurique du commerce, étendu de cinq à six fois son poids d'eau ; on soumet le mélange à l'ébullition : l'acide sulfurique décompose le malate de plomb, forme du sulfate insoluble, et l'acide malique est mis à nu : cet acide se trouve alors dans la liqueur ; mais il renferme un peu de sulfate de plomb ; on l'abandonne à lui-même pendant quelques jours, jusqu'à ce qu'il ne se dépose plus de ce sel ; alors on filtre la dissolution ; on l'agite avec un peu de litharge finement pulvérisée, qui s'empare de l'excès

d'acide sulfurique ; on filtre et on y fait arriver un courant de gaz acide hydro-sulfurique pour précipiter à l'état de *sulfure noir* le plomb qu'elle pourrait contenir ; on filtre de nouveau, et on fait bouillir l'acide malique pour le débarrasser de l'acide hydro-sulfurique ; on cesse l'ébullition lorsque la vapeur qui se dégage ne noircit plus un papier humecté avec de l'acétate de plomb.

On prépare encore l'acide malique avec le suc des pommes, ou en traitant le sucre par l'acide nitrique faible (*voyez* § 641) ; mais le premier de ces procédés a l'inconvénient d'être trop compliqué, et le second ne donne pas un produit constant.

De l'Acide oxalique.

970. On verse de l'acétate de plomb sur de l'oxalate acide de potasse (sel d'oseille) dissous dans vingt-cinq à trente fois son poids d'eau, et l'on obtient par la voie des doubles décompositions de l'acétate de potasse soluble et de l'*oxalate de plomb* insoluble ; on agit sur celui-ci comme sur le malate de plomb. On peut également préparer l'acide oxalique en traitant le sucre par cinq à six fois son poids d'acide nitrique à 22° (*voy.* § 641) : il faut, dans ce cas, diviser l'acide en trois portions, et les mettre successivement sur le sucre, à une heure d'intervalle environ.

Oxalate de potasse (sel d'oseille). On met dans de l'eau le *rumex acetosella* ou l'*oxalis acetosella* pilés ; quelques jours après, on les presse fortement, on chauffe le suc qui en provient, on le mêle avec de l'argile, on le laisse pendant un jour ou deux dans une cuve en bois ; on le décante lorsqu'il est clair, et on l'évapore dans une chaudière de cuivre pour le faire cristalliser ; les cristaux obtenus sont redissous, et fournissent, par de nouvelles évaporations, de l'oxalate acide de potasse pur. 500 parties de *rumex* donnent 4 parties de ce sel. Les autres *oxalates solubles* s'obtiennent directement avec l'acide et la base simple ou carbonatée. Ceux qui sont *insolubles* se préparent par la voie des doubles décompositions.

De l'Acide sorbique.

971. A l'aide de la pression, on se procure le suc des baies mûres du *sorbus aucuparia* ; on le décante, on le passe, et on y verse de l'acétate de plomb ; il se forme un précipité coloré de sorbate et de malate de plomb, que l'on met sur un filtre et qu'on lave avec de l'eau froide pour lui enlever la matière colorante ; alors on verse sur le filtre une très-grande quantité d'eau bouillante, et on recueille à part le liquide filtré, qui contient du *sur-sorbate de plomb :* en effet, le sorbate neutre est décomposé par l'eau bouillante en sur-sorbate soluble et en sous-sorbate insoluble ; ce dernier reste sur le filtre avec le malate de plomb. A mesure que la liqueur contenant le *sur-sorbate* se refroidit, il se dépose des cristaux argentins de sorbate neutre de plomb (*voyez* pag. 33 de ce vol.) ; on fait bouillir ces cristaux avec une quantité d'acide sulfurique moindre que celle qui est nécessaire pour les décomposer en entier, et l'on obtient du sulfate de plomb insoluble et de l'acide *sorbique* contenant du protoxide de plomb ; on a soin d'agiter continuellement la liqueur qui est en ébullition, pour éviter la formation d'une masse dure qui résiste à toute espèce de décomposition. On fait arriver dans cette *liqueur encore bouillante*, un courant de gaz acide hydro-sulfurique ; le protoxide de plomb est décomposé et précipité à l'état de sulfure noir ; on décante l'acide, et on l'expose à l'air pendant quelques jours pour le priver de l'excès d'acide hydro-sulfurique. Suivant M. Donovan, à qui nous devons tous ces détails, il est impossible de dissiper ce gaz par l'ébullition.

Lorsque le sous-sorbate de plomb qui était resté sur le

filtre avec le malate ne communique plus rien à l'eau bouillante, on le traite par l'acide sulfurique , qui forme avec le
protoxide de plomb un sulfate insoluble, et laisse dans la
liqueur les acides malique et sorbique. Cette liqueur , qui
peut être considérée, jusqu'à un certain point , comme du
nouveau suc de baies , doit être traitée par l'acétate de plomb
pour en obtenir une nouvelle quantité d'acide sorbique.

Le *cidre*, traité comme le suc des baies dont nous parlons , fournit une assez grande quantité d'acide sorbique.
(M. Barruel.)

Acide tartarique.

972. On commence par se procurer du tartrate de chaux :
pour cela on fait dissoudre 5 parties de crême de tartre
dans 50 parties d'eau bouillante; on y met assez de carbonate de chaux pulvérisé (craie) pour saturer l'excès
d'acide tartarique , et on agite la liqueur qui est en pleine
ébullition ; il se dégage du gaz acide carbonique, et il se
forme du *tartrate de chaux insoluble* et du tartrate de potasse neutre soluble ; celui-ci retient un peu de tartrate
de chaux ; on verse dans la liqueur un excès d'hydro-
chlorate de chaux qui décompose tout le tartrate de potasse
neutre , en sorte que l'on obtient une nouvelle quantité de
tartrate de chaux insoluble; on lave le précipité à grande
eau, et on le décompose à l'aide de la chaleur et de l'agitation par les $\frac{3}{5}$ de son poids d'acide sulfurique du commerce, étendu de 4 à 5 parties d'eau ; il se produit du
sulfate de chaux peu soluble , et l'acide tartarique reste en
dissolution avec un peu de sulfate de chaux. Après avoir
laissé reposer la liqueur , on la décante et on la concentre
par l'évaporation ; on sépare le sulfate de chaux qui se précipite, et on fait cristalliser l'*acide tartarique* ; mais comme
il retient de l'acide sulfurique, on le traite successivement

par la litharge et par l'acide hydro-sulfurique, comme nous l'avons dit en parlant de l'acide malique.

Créme de tartre. On fait dissoudre dans de l'eau bouillante le tartre brut qui se dépose sur les parois des tonneaux pendant la fermentation du moût de raisin ; il se forme par le refroidissement de la liqueur des cristaux presque incolores ; on les fait redissoudre dans de l'eau bouillante, dans laquelle on délaie 4 ou 5 centièmes d'une terre argileuse et sablonneuse qui s'empare de la matière colorante ; on évapore la liqueur jusqu'à pellicule, et l'on obtient des cristaux de crême de tartre incolore : on se sert des eaux mères pour faire de nouvelles dissolutions. *Créme de tartre soluble.* (*Voyez* § 612.)

Flux blanc et flux noir. On obtient le premier en projetant dans un creuset rouge 2 parties de nitrate de potasse et une partie de tartre ; tandis qu'on emploie pour la préparation du flux noir parties égales de ces deux corps : le flux noir est composé de sous-carbonate de potasse et de charbon ; l'autre est du sous-carbonate de potasse ; d'où il suit que les acides nitrique et tartarique sont décomposés, et que l'oxigène du premier se combine avec l'hydrogène et le carbone du second.

Tartrate de potasse neutre. On projette peu à peu de la crême de tartre finement pulvérisée dans une bassine d'argent contenant une dissolution chaude de sous-carbonate de potasse ; l'excès d'acide tartarique décompose le sous-carbonate et s'unit à la potasse, tandis que l'acide carbonique se dégage ; le tartrate de chaux qui fait partie de la crême de tartre se dépose sous la forme de flocons blancs ; on filtre la liqueur, on la concentre par l'évaporation, et on l'abandonne à elle-même pour la faire cristalliser.

Tartrate de potasse et de soude (sel de Seignette). On agit de la même manière, excepté que l'on substitue au sous-carbonate de potasse celui de soude.

Tartrate de potasse et de protoxide d'antimoine (émétique). On fait bouillir pendant une demi-heure, dans des vases de verre, de terre ou de porcelaine, parties égales de crême de tartre et de verre d'antimoine (1), et 12 parties d'eau ; on agite presque continuellement le mélange ; on le filtre et on l'évapore jusqu'à siccité ; on traite la masse par l'eau bouillante, qui dissout tout l'émétique formé, et laisse une portion plus ou moins considérable de la silice contenue dans le verre d'antimoine ; on filtre la dissolution, on la concentre par l'évaporation, et on l'abandonne à elle-même ; à mesure que le refroidissement a lieu l'émétique cristallise ; au bout de vingt-quatre heures, lorsque la majeure partie du sel est déposée sous la forme de cristaux, on décante les eaux mères, et on les évapore à plusieurs reprises pour avoir de nouveaux cristaux qu'on purifie par de nouvelles dissolutions et cristallisations s'ils sont colorés. *Phénomènes de l'opération.* Il se dégage un peu de gaz acide hydro-sulfurique ; il se produit des flocons de kermès d'un rouge brun ; la liqueur se colore en jaune ou en jaune verdâtre ; il se dépose du tartrate de chaux sous la forme d'aiguilles ; et si l'ébullition a été continuée assez long-temps, la liqueur se prend en gelée par le refroidissement. *Théorie.* L'eau est décomposée ; son oxigène transforme en protoxide l'antimoine du sulfure d'antimoine qui fait partie du verre ; son hydrogène s'unit au soufre de ce sulfure, et donne naissance à de l'acide hydro-sulfurique, qui s'unit à une portion de protoxide d'antimoine avec lequel il forme du sous-hydro-sulfate (kermès) ; la majeure partie du protoxide d'antimoine se combine

---

(1) On se rappelle que le verre d'antimoine est composé de protoxide et de sulfure d'antimoine, de silice, d'alumine et de fer oxidé. La crême de tartre contient, outre le tartrate acidule de potasse, du tartrate de chaux.

avec l'excès d'acide tartarique de la crême de tartre, et
donne naissance à du tartrate de potasse et de protoxide
d'antimoine (émétique); le tartrate de chaux, auparavant
dissous par l'acide tartarique libre, se sépare à mesure que
celui-ci sature le protoxide d'antimoine, et se dépose par
le refroidissement de la liqueur; il se forme aussi du tartrate de fer qui colore la liqueur; enfin l'état gélatineux de
la dissolution dépend de la silice qui a été mise à nu.

Tartrate de potasse et de fer (tartre martial soluble,
tartre chalybé). Il suffit de faire bouillir dans de l'eau
parties égales de limaille de fer et de crême de tartre, et de
concentrer la dissolution par l'évaporation pour obtenir ce
sel cristallisé. *Teinture de mars tartarisée.* Elle se prépare
en versant, sur une dissolution concentrée du sel précédent, une certaine quantité d'alcool, qui l'empêche de se
décomposer. *Boules de Nancy.* On fait une pâte liquide
avec deux parties de crême de tartre, une partie de limaille
de fer porphyrisée et de l'eau-de-vie; on l'agite de temps
en temps, et on ajoute de nouveau liquide à mesure qu'il
s'évapore; le fer s'oxide aux dépens de l'air, et se combine
avec l'excès d'acide tartarique de la crême de tartre; le
mélange devient d'un rouge brun et plus consistant; lorsqu'il
est encore mou, on en forme des boules du poids d'une once,
que l'on imprègne d'eau-de-vie, et que l'on fait sécher.

De l'Acide citrique.

973. On abandonne le suc de citron à lui-même pendant un
jour ou deux, pour le débarrasser d'une matière mucilagineuse qui se précipite; on le décante; on le fait chauffer,
et on sature l'acide qu'il contient avec de la craie finement pulvérisée (carbonate de chaux); il se forme du
citrate de chaux insoluble; on le lave plusieurs fois avec de
l'eau chaude jusqu'à ce que celle-ci sorte incolore; on le
chauffe légèrement avec de l'acide sulfurique affaibli, qui

forme avec la chaux un sel peu soluble; l'acide citrique reste dans la liqueur et doit être purifié, comme nous l'avons dit en parlant de l'acide tartarique. Les meilleures proportions pour opérer la décomposition du sel paraissent être une partie de citrate supposé sec, et 3 parties d'acide sulfurique à 1,15 de pesanteur spécifique. Les *citrates solubles* se préparent directement; ceux qui sont *insolubles* s'obtiennent par la voie des doubles décompositions.

De l'Acide benzoïque.

974. L'acide benzoïque peut être préparé, 1° en versant de l'acide hydro-chlorique sur l'urine des animaux herbivores, concentrée par l'évaporation; l'acide décompose le benzoate de potasse, et précipite l'acide benzoïque sous la forme de petites aiguilles. (Fourcroy et Vauquelin.) 2°. En faisant bouillir, pendant une demi-heure, une partie de chaux vive éteinte, 10 à 12 parties d'eau, et 4 ou 5 parties de benjoin pulvérisé (composé principalement d'acide benzoïque et de résine); la chaux s'empare de l'acide, et forme un benzoate soluble qu'il suffit de filtrer et de traiter par l'acide hydro-chlorique pour décomposer : en effet, l'acide benzoïque se précipite sur-le-champ si la dissolution du benzoate est concentrée. 3°. En chauffant *modérément* du benjoin dans un vase de terre dont on a usé les bords, et que l'on a recouvert d'un long cône en carton, percé d'un petit trou à son sommet; on fait adhérer le cône au vase au moyen de bandes de papier collé; le benjoin se fond et se décompose; l'acide benzoïque se volatilise, et va se condenser sur les parois du cône sous la forme d'aiguilles satinées; au bout de quelques heures l'opération est terminée, ce que l'on reconnaît à ce qu'il ne se dégage plus de vapeurs piquantes du benjoin.

L'acide benzoïque préparé par l'un ou l'autre de ces procédés, surtout par le dernier, peut être coloré par une matière huileuse ou résineuse ; M. Thenard conseille, pour le purifier, de le faire chauffer avec son poids d'acide nitrique à 25°, de réduire la liqueur presqu'à siccité, afin de détruire la matière colorante, de dissoudre la masse dans l'eau, et de faire cristalliser le *solutum* pour priver l'acide benzoïque de l'acide nitrique. *Les benzoates solubles* se préparent directement.

De l'Acide gallique.

975. 1°. On verse 8 à 10 parties d'eau sur une partie de noix de galle pulvérisée ; quatre ou cinq jours après on décante le liquide, qui contient du tannin et de l'acide gallique, et on le laisse à l'air pendant un ou deux mois ; l'eau s'évapore presqu'en entier ; la majeure partie du tannin et un peu d'acide gallique se décomposent, et donnent lieu à de la moisissure qui vient à la surface de la liqueur, tandis que l'acide non décomposé cristallise ; mais il retient la portion de tannin qui n'a pas été altérée. On lave la moisissure et le dépôt cristallin avec un peu d'eau froide, puis on les traite par l'eau bouillante, qui dissout tout l'acide gallique cristallisé ; on évapore la dissolution, et l'on en obtient des cristaux grisâtres, grenus et étoilés. (Schéele.) Cet acide gallique peut être facilement purifié en le soumettant à une douce chaleur dans une cornue de verre ; il se sublime alors sous la forme de belles lames incolores et brillantes. MM. Berthollet ont proposé de le purifier en le faisant dissoudre dans de l'eau chaude, et en le traitant par un peu d'oxide d'étain, qui forme, avec le tannin et un peu d'acide gallique, un composé triple insoluble, tandis que la majeure partie de l'acide reste pure dans la dissolution. 2°. On fait bouillir la noix de galle dans de l'eau ; on évapore le *decoctum* jusqu'à siccité ; on réduit la masse en poudre, et on la traite à plusieurs reprises par de l'alcool très-concentré qui dissout l'acide gallique ; on filtre les

dissolutions alcooliques, et on les évapore jusqu'à siccité; on traite par l'eau le produit solide, qui contient beaucoup d'acide gallique; on évapore la liqueur après l'avoir filtrée, et l'on obtient des cristaux que l'on peut purifier, soit par la sublimation, soit d'après le procédé de MM. Berthollet.

Acide quinique.

976. On commence par séparer le quinate de chaux du quinquina : pour cela on fait des infusions concentrées de cette écorce; et on les réduit en consistance d'extrait par l'évaporation; cet extrait contient de la résine, du quinate de chaux, du mucus, etc.; on le traite par l'alcool, qui dissout la résine; on décante, et on fait dissoudre le résidu dans l'eau; on filtre la dissolution, et on l'abandonne à elle-même dans un lieu chaud; le quinate de chaux se dépose sous la forme de lames d'un brun rougeâtre; on le purifie en le redissolvant dans l'eau et en le faisant cristalliser de nouveau. Pour séparer l'acide *quinique* de ce sel, on le fait dissoudre dans dix ou douze fois son poids d'eau, et on verse dans le *solutum* de l'acide oxalique faible, qui précipite toute la chaux; l'acide quinique reste alors dans la liqueur; on la laisse évaporer spontanément jusqu'à ce que l'acide cristallise. (Vauquelin).

Acide morique.

977. On se procure du *morate de chaux* en traitant l'écorce du mûrier par de l'eau distillée bouillante, et en faisant évaporer la dissolution. On fait bouillir ce sel avec de l'acétate de plomb, et l'on obtient de l'acétate de chaux soluble et du morate de plomb insoluble; celui-ci est lavé, mis sur un filtre, et décomposé par l'acide sulfurique, comme nous l'avons dit en parlant de l'acide malique. (*Voyez* pag. 389 de ce vol.)

Acide mellitique.

978. On traite à plusieurs reprises, par l'eau bouillante, la mellite pulvérisée, et l'on obtient une dissolution de mellitate très-acide d'alumine; on la filtre, on la concentre au bain-marie, et on la mêle avec de l'alcool, qui en précipite l'alumine. Après avoir filtré de nouveau la liqueur, on l'évapore jusqu'à siccité pour en dégager l'alcool; on dissout dans l'eau froide la masse solide, friable et d'un blanc jaunâtre; on concentre la dissolution à une douce chaleur, et l'on obtient des cristaux d'acide *mellitique*, que l'on purifie par une nouvelle dissolution et cristallisation.

Acide succinique.

979. On introduit du succin (ambre) dans une cornue dont le col se rend dans une allonge à laquelle on adapte un ballon tubulé; on chauffe modérément la cornue; le succin se ramollit et entre en fusion; il se dégage une très-petite quantité d'huile fluide et peu colorée, et au bout de plusieurs heures, on voit paraître des aiguilles d'acide succinique; on élève davantage la température; alors la masse se boursouffle considérablement et il se vaporise plus d'acide; quelque temps après elle s'affaisse d'elle-même, et il ne se forme plus d'acide; on suspend l'opération et on purifie le produit. Si à cette époque on continuait encore la distillation, on obtiendrait une huile très-brune, visqueuse, et comme onguentacée; enfin, si on faisait rougir le fond de la cornue, il se sublimerait dans le col, et même dans le ballon, une substance jaune de la consistance de la cire. (MM. Robiquet et Colin.)

On purifie l'acide succinique huileux en le dissolvant dans de l'eau chaude, en saturant la dissolution par la potasse, et en la faisant bouillir avec du charbon qui s'empare de la matière huileuse; on filtre, et on traite le succinate de potasse par le nitrate de plomb; il se précipite du succinate de plomb, que l'on décompose par l'acide sulfurique, comme nous l'avons dit à l'article *acide malique*. (Richter.)

Le *sel de succin* du commerce n'est que du sulfate acide de potasse imprégné d'huile de succin. Les *succinates solubles* se préparent directement.

Acide fungique.

980. On fait bouillir le suc du bolet du noyer, dans lequel il y a du fungate de potasse, de l'albumine, etc. ; celle-ci se coagule; on filtre la liqueur, et on l'évapore jusqu'en consistance d'extrait; on traite celui-ci à plusieurs reprises par l'alcool, qui dissout plusieurs substances, et qui n'agit pas sur le fungate de potasse, que l'on fait dissoudre dans l'eau ; on décompose le *solutum* par l'acétate de plomb, et il se produit du fungate de plomb insoluble ; après l'avoir lavé, on le chauffe avec de l'acide sulfurique faible, qui forme avec le protoxide de plomb du sulfate insoluble ; tandis que l'acide fungique, uni à une matière animale, reste dans la liqueur; on filtre et on sature l'acide par l'ammoniaque; on fait cristalliser à plusieurs reprises le fungate d'ammoniaque pour le débarrasser de la matière animale; on le redissout dans l'eau, et on le précipite de nouveau par l'acétate de plomb : le fungate de plomb obtenu est décomposé par l'acide sulfurique faible, qui laisse l'acide fungique en dissolution. (Braconnot.)

Acide de la laque en bâton.

981. On réduit la laque en poudre fine, et on l'épuise par l'eau ; le *solutum* est évaporé jusqu'à siccité; on traite la masse par l'alcool ; on filtre ; on évapore cette dissolution alcoolique jusqu'à siccité ; le nouveau résidu est traité par l'éther,

qui laisse enfin une masse sirupeuse d'un jaune de vin clair que l'on fait dissoudre dans l'alcool ; on traite le *solutum* par l'eau qui en précipite de la résine ; l'*acide* de la laque reste en dissolution avec un peu de potasse et de chaux ; on décompose la liqueur par l'acétate de plomb, et l'on obtient un précipité composé de protoxide de plomb et de l'acide que l'on cherche à séparer ; on décompose ce précipité par l'acide sulfurique faible, qui forme avec l'oxide de plomb un sel insoluble, tandis que l'*acide* reste en dissolution.

Acide méconique.

982. On prépare cet acide en faisant bouillir pendant quatre ou cinq minutes l'extrait aqueux d'opium avec de la magnésie calcinée ; on obtient sur-le-champ un précipité de morphine et de méconate de magnésie ; on le lave, et on le fait bouillir à plusieurs reprises avec de l'alcool, qui dissout toute la morphine et laisse le méconate de magnésie ; on décompose celui-ci par l'acide sulfurique faible, et l'on obtient du sulfate de magnésie et de l'acide méconique solubles ; on verse dans le *solutum* de l'hydro-chlorate de baryte, qui y fait naitre un précipité de méconate et de sulfate de baryte ; on lave ce précipité, et on le traite par l'acide sulfurique faible : le méconate de baryte est décomposé, et l'acide méconique mis à nu. (M. Robiquet.)

Acide camphorique.

983. On introduit dans une cornue (*voyez* pl. 1re, fig. 1re) une partie de camphre, et 12 parties d'acide nitrique à 25° de l'aréomètre de Baumé ; on chauffe graduellement, jusqu'à ce que la moitié du liquide soit passée dans le récipient ; on cohobe, c'est-à-dire, on remet le liquide distillé dans la cornue ; on distille de nouveau ; on recohobe, et on continue à distiller jusqu'à ce qu'il ne reste plus dans la cornue

que le quart de l'acide nitrique employé; alors on laisse refroidir le liquide, et l'acide camphorique cristallise; on le lave
pour le débarrasser de l'acide nitrique qu'il retient. Pendant
cette opération, il se dégage du gaz nitreux, qui provient de
l'acide nitrique décomposé : en effet, une partie de l'oxigène
de cet acide s'empare d'une portion d'hydrogène et de carbone du camphre, avec lesquels il forme de l'eau et de l'a-
cide carbonique.

Acide mucique (*saccholactique*).

984. On chauffe *modérément*, dans un appareil semblable
au précédent, 3 parties d'acide nitrique et une partie de sucre
de lait, de gomme ou de manne grasse ; il se dégage beaucoup de gaz nitreux, et il reste dans la cornue de l'acide
mucique sous la forme d'une poudre blanche, qu'il suffit
de laver pour l'avoir pur. L'opération est terminée lorsqu'il ne se dégage plus de gaz : la théorie est la même que
celle que nous avons donnée en parlant de l'acide camphorique.

Acide pyro-tartarique.

985. On distille l'acide tartarique dans un appareil
analogue au précédent, et l'on obtient, entr'autres produits
(*voyez* § 571), un liquide d'un brun rougeâtre, contenant de l'eau, de l'huile, de l'acide acétique et de l'acide
pyro-tartarique ; on le filtre à travers du papier imbibé
d'eau ; une partie de l'huile reste sur le filtre ; on sature la
liqueur filtrée avec du sous-carbonate de potasse; on la réduit à siccité par l'évaporation ; on dissout dans l'eau la masse
obtenue, et on filtre la dissolution avec du papier mouillé ;
on répète cette opération plusieurs fois, jusqu'à ce que
l'on ait séparé la majeure partie de l'huile ; alors le pyro-
tartrate et l'acétate de potasse sont d'une couleur brunâtre ;
on les évapore jusqu'à siccité et on les introduit dans

une cornue, pour les décomposer par de l'acide sulfurique faible et aidé d'une douce chaleur; l'acide acétique vient se condenser dans le récipient, tandis que l'acide pyro-tartarique se sublime dans la voûte de la cornue, sous la forme de lames incolores.

La crême de tartre fournit moins d'acide pyro-tartarique que l'acide tartarique.

Acide subérique.

986. On chauffe dans un appareil semblable au précédent (1) 6 parties d'acide nitrique à 30° et une partie de râpure de liége; on cohobe et on recohobe le liquide distillé jusqu'à ce qu'il ne se dégage plus de gaz nitreux; alors on verse la masse contenue dans la cornue dans une capsule de porcelaine, et on la fait évaporer en l'agitant continuellement. Quand elle est sous la forme d'extrait, on y ajoute six ou sept fois son poids d'eau; on la fait chauffer pendant quelque temps et on la retire du feu. Lorsque le refroidissement est opéré, on y remarque 3 parties distinctes : 1° on voit à la surface une matière grasse figée, que l'on enlève avec une carte; 2° au fond se trouve une matière ligneuse et floconneuse; 3° enfin l'acide subérique fait partie du liquide que l'on concentre par la chaleur et qu'on laisse refroidir; par ce moyen l'acide se dépose sous la forme de petits flocons d'un blanc jaunâtre, que l'on traite par l'eau froide afin de dissoudre la matière qui les colore; on les dissout ensuite dans l'eau bouillante à plusieurs reprises, et on finit par obtenir l'*acide* incolore.

-----

(1) Dans toutes ces expériences, il est important que le volume de la cornue soit au moins double de celui du mélange sur lequel on agit.

De l'Acide nancéique.

987. On fait évaporer à une douce chaleur le jus de betterave aigri ; lorsqu'il est presque solide, on le traite par l'alcool ; on filtre la dissolution et on la fait évaporer jusqu'en consistance sirupeuse ; on l'étend d'eau, et on la sature avec du carbonate de zinc ; on filtre ; la liqueur filtrée contient un sel composé d'oxide de zinc et d'acide nancéique ; ce sel cristallise par l'évaporation ; on dissout ces cristaux dans l'eau pour les faire cristalliser de nouveau ; alors on les redissout et on verse un excès d'eau de baryte dans la dissolution ; l'oxide de zinc est précipité, et la liqueur renferme un sel composé d'acide nancéique et de baryte : on précipite celle-ci par l'acide sulfurique, on filtre, et par l'évaporation on obtient l'acide nancéique pur.

Du Sucre de canne.

988. L'extraction de ce sucre se fait dans les Indes occidentales et orientales. On coupe la canne à sucre quatre ou cinq mois après la floraison ; alors sa hauteur varie depuis quatre jusqu'à six mètres ; sa couleur est jaunâtre et son suc est très-doux ; il contient depuis six jusqu'à quinze pour cent de sucre ; on en détache les feuilles et on retire le suc en la comprimant entre trois cylindres, que l'on met en mouvement à l'aide de chevaux ou de bœufs. Les cannes exprimées portent le nom de *bagasse*. On trouve dans le *suc* beaucoup d'eau, du *sucre cristallisable*, du *sucre liquide*, un peu de gomme, de ferment, et d'albumine ou de fécule verte, du ligneux et quelques sels ; il est important de procéder de suite à la cuisson de ce liquide pour éviter qu'il ne fermente.

Préparation de la cassonade. On fait bouillir le suc dans une chaudière de cuivre, avec un peu de chaux ; l'albumine se coagule, et vient à la surface sous forme d'écume que l'on enlève ; on continue l'ébullition jusqu'à ce que la liqueur marque 24° à 26° à l'aréomètre ; dans cet état, on l'appelle *vesou* ; on prétend qu'il suffit de jeter un peu d'écorce du *theobroma guazuma* dans cette liqueur bouillante pour la clarifier sur-le-champ. Quoi qu'il en soit, on la filtre à travers de la laine placée sur des claies d'osier ; on la laisse reposer pendant six ou huit heures, puis on la décante pour en séparer quelques matières terreuses ; on la remet dans la chaudière, et on l'évapore jusqu'en consistance d'un sirop très-épais : à cette époque, sa température est de 110°. On met le sirop dans des bassines appelées *rafraîchissoirs*, et de là dans des caisses offrant plusieurs trous que l'on a bouchés avec des chevilles de bois entourées de paille de maïs ; au bout de vingt-quatre heures, lorsqu'il commence à cristalliser, on l'agite pour favoriser sa solidification ; cinq à six heures après, on débouche les trous pour laisser écouler le sirop non cristallisé, que l'on recueille et que l'on soumet à une nouvelle évaporation : le sucre solide obtenu dans les caisses est exposé à l'air pendant quelques jours, et, lorsqu'il est sec, on le livre dans le commerce sous le nom de *cassonade*, *moscouade*, sucre brut, etc.

Raffinage. On dissout la cassonade dans l'eau, on y ajoute du sang de bœuf, et on chauffe graduellement jusqu'à l'ébullition ; l'albumine du sang se coagule, s'empare des matières étrangères insolubles, et forme une écume que l'on enlève. On laisse refroidir le liquide, et on le traite trois fois par le sang ; lorsqu'il est bien clarifié, on le passe à travers la laine, on l'évapore jusqu'en consistance d'un sirop très-épais que l'on met dans des *rafraîchissoirs* où il est agité ; quand sa température est à 40°, on le verse dans des cônes en bois dont la base est en haut et dont le sommet offre un petit trou que l'on bouche avec une cheville ; le sucre ne tarde pas à cristalliser ; alors on débouche les trous, et toute la partie liquide (mélasse) s'écoule dans des pots disposés exprès pour la recevoir.

M. Derosne a proposé un procédé de *raffinage* qui paraît préférable ; il consiste à verser peu à peu sur la surface du pain de sucre, immédiatement après l'écoulement du sirop non cristallisé, un litre d'alcool du commerce à 36°, et à recouvrir la base du cône pour empêcher la volatilisation de l'esprit-de-vin ; au bout de deux heures, lorsque l'alcool a dissous le sucre liquide et coloré, *on le laisse écouler* par le sommet du cône, et on répète l'opération avec moitié de nouvel alcool ; on dissout dans l'eau le sucre renfermé dans le cône, pour le traiter par le sang de bœuf, comme nous l'avons dit, et le soumettre à l'opération du terrage. L'alcool employé et qui contient la mélasse peut être distillé et servir de nouveau.

Terrage. Le sucre raffiné et disposé dans le cône est recouvert d'une couche d'environ 27 millimètres d'épaisseur d'une terre argileuse blanche, délayée dans de l'eau. Si le cône était entièrement plein de sucre, on commencerait par en enlever une couche de 27 millimètres. L'argile cède peu à peu l'eau qu'elle contient ; ce liquide traverse tout le sucre, dissout la partie sirupeuse *colorée*, et s'écoule par le trou pratiqué au sommet du cône. Huit jours après on enlève l'argile, qui a acquis la consistance d'une pâte ferme ; on met du sucre pulvérisé sur la base du pain, et on le recouvre de nouveau d'argile humectée : le terrage n'est terminé qu'au bout de trente-deux jours, c'est-à-dire, lorsqu'on a renouvelé quatre fois l'argile, renouvellement qui a lieu tous les huit jours. Alors on retire les pains des cônes, et on les laisse à l'étuve pendant un ou deux mois ; là, ils se dessèchent, achèvent de cristalliser et se raffermissent.

M. Howard est parvenu à raffiner le sucre par un procédé qui mérite d'être exposé. On prend le sucre brut, on le chauffe au bain de vapeur avec une petite quantité d'eau ; on verse le mélange dans des pots de terre cuite, et on y ajoute du sirop concentré : par ce moyen, la mélasse s'écoule; chaque quintal de sucre en fournit environ dix livres, tandis que, par la méthode de raffinage ordinaire, on en obtient trente livres. On mêle un quintal du sucre résultant avec deux livres d'alun, dont l'excès d'acide a été saturé par une quantité convenable de chaux vive ; on dissout le mélange dans un peu d'eau au moyen du bain de vapeur; on filtre rapidement, et on obtient une dissolution sirupeuse, transparente, de couleur d'ambre ; on la concentre par l'évaporation, dans des chaudières qui sont des *sphéroïdes en cuivre communiquant avec une pompe pneumatique* que l'on fait agir pendant tout le temps de l'opération ; par ce moyen, on peut faire une sorte de vide dans la chaudière, et la liqueur peut bouillir à une température très-basse, avantage très-grand suivant M. Howard, puisque, par l'ébullition sous la pression atmosphérique, une partie du sucre cristallisable se transforme en mélasse. Aussitôt que la cuite est assez avancée, on procède à la *granulation* (1) : pour cela on met le liquide dans un vaisseau de cuivre découvert, dont la température a été élevée à 82° thermomètre centigrade au moyen de la vapeur d'eau ; on le laisse refroidir jusqu'à 65°, puis on le verse dans des moules de terre cuite pour le mettre en pains. Lorsqu'après le refroidissement la mélasse s'est écoulée, on verse sur la base du pain une nouvelle quantité de sirop saturé : par ce moyen, on sépare tout le sirop coloré en jaune ; il n'en reste qu'un peu au sommet du pain, que l'on enlève à l'aide d'un instrument inventé pour cet objet : à cette époque, le sucre peut être livré dans le commerce.

---

(1) Les chaudières offrent un mécanisme particulier à l'aide duquel on peut facilement en extraire du sirop et juger s'il est assez cuit ; elles renferment en outre, dans leur intérieur, un thermomètre et une éprouvette à mercure.

Sucre de betterave.

Culture de la betterave. On sème les betteraves à la fin de mars ou en avril, lorsque la gelée n'est plus à craindre. Il paraît à-peu-près indifférent de prendre la graine des betteraves rouges, jaunes, blanches, etc. Le terrain le plus convenable à leur culture est celui qui a de la profondeur et qui est à-la-fois meuble et gras; celui qui provient du défrichement des prairies, le terrain d'alluvion fumé et travaillé depuis long-temps, sont très-propres à cet objet. Ces terrains doivent être préparés par deux ou trois labours très-profonds et un engrais convenable. On sème les betteraves à la volée comme le blé, puis on a recours à la herse; cette méthode offre plus d'avantages que celle qui consiste à semer à la main, au semoir, en couche ou pépinière. On arrache à la main ou par le sarclage toutes les herbes qui poussent à côté de la betterave et dont le voisinage est extrêmement nuisible à son développement. L'époque à laquelle cette plante doit être cueillie varie extraordinairement suivant le climat : dans les environs de Paris, et même à une distance de quarante à cinquante lieues de la capitale, on doit procéder à l'arrachement dans les premiers jours d'octobre, tandis que, dans les pays méridionaux, cette opération doit être faite bien avant; sans cela, il arrive que le sucre formé se décompose par l'acte de la végétation, et se trouve remplacé par du nitrate de potasse. Après avoir enlevé les feuilles aux betteraves, on les met en plein air sur un sol bien sec, qui soit à l'abri des inondations, et que l'on recouvre de quelques cailloux et de paille; on dispose les betteraves en couches, au centre desquelles on laisse un trou pour donner issue aux vapeurs, et on recouvre ces couches avec de la paille de seigle ou d'avoine; ces précautions sont indispensables, puisque, d'un côté, les betteraves gèlent à 1°—0°, et que, d'une autre part,

lles germent à 8° ou 9°+0°, surtout si l'air est humide. Il
serait plus convenable de les conserver dans des granges ou
dans des greniers ; mais il est presque impossible de trouver
un emplacément de ce genre capable de contenir toutes
es betteraves dont on a besoin. Si cependant on veut les
emmagasiner, il faut, 1° les laisser dans les champs pendant quelques jours pour les sécher ; 2° les mettre à
découvert tant que la température n'est qu'à quelques degrés au-dessus de zéro, à moins qu'il ne pleuve ; 3° dé-
monter les tas, enlever les betteraves qui pourraient être
gelées ou pourries, et rétablir la couche.

Extraction du sucre. On coupe les collets et les radi-
cules des betteraves, et on ratisse la surface avec des cou-
teaux ; on les réduit en pulpe à l'aide de rápes cylindriques, mues avec rapidité à la main ou par le moyen d'un
manége ; la pulpe est soumise à la pression, d'abord dans
de petites presses à levier, puis à l'aide de presses beaucoup plus fortes : on obtient par ce procédé de 65 à 75 pour
cent de suc qui marque depuis 5 jusqu'à 11 degrés à l'aréomètre de Baumé. Ce suc contient, outre les substances
que l'on trouve dans celui de canne, de l'acide malique
et de l'acide acétique, et ne peut guère fournir que trois à
quatre pour cent de sucre ; il est reçu dans une chaudière
appelée *dépuratoire*, que l'on fait chauffer dès qu'elle est
remplie au tiers ou à moitié ; lorsque la température est
à 65 ou 66°, on étouffe le feu en le recouvrant de braise
mouillée ; on jette alors dans la chaudière environ 48 grains
de chaux (fusée dans l'eau tiède) par litre de suc ; on porte la
liqueur presqu'au degré de l'ébullition ; on retire le feu, et
l'on ne tarde pas à remarquer à la surface du bain une couche
que l'on enlève avec l'écumoire ; on fait écouler le liquide
au moyen d'un robinet disposé à un pied du fond de la
chaudière.

On porte rapidement le liquide à l'ébullition, et on y

verse de l'acide sulfurique étendu de 20 parties d'eau, dans la proportion d'$\frac{1}{10}$ de la chaux employée ; on agite : il vaut mieux que le mélange soit avec un léger excès de chaux qu'avec excès d'acide. On mêle à la liqueur $\frac{3}{100}$ de charbon animal parfaitement broyé, par exemple, de celui qui provient de la préparation du bleu de Prusse ; immédiatement après on y ajoute la moitié du charbon qui a servi la veille ; on continue l'ébullition jusqu'à ce que la liqueur marque 18 ou 20° à l'aréomètre, et on laisse reposer jusqu'au lendemain ; alors on la passe à travers de la laine ; on l'introduit dans une chaudière ronde, de deux pieds de large sur dix-huit pouces de hauteur ; on la remplit au tiers, et on fait chauffer de nouveau jusqu'à ébullition. Si la cuite brûle, on ralentit le feu et on agite la liqueur ; si le bain écume beaucoup, on y jette un peu de beurre et on modère le feu. La cuite est terminée lorsqu'en prenant un peu de sirop entre le pouce et l'index et en écartant rapidement ces deux doigts, il se forme un filet qui casse *sec :* à cette époque, on couvre le feu, et, quelques minutes après, on verse le sirop dans des *rafraîchissoirs*, et de là dans des cônes ; on fait subir à ce sucre les opérations que nous avons décrites sous les noms de *raffinage* et de *terrage*, en parlant du sucre de canne.

Margraff a découvert le sucre de betterave. M. Achard de Berlin l'a obtenu le premier en grand ; M. Déyeux est le premier en France qui ait répété avec succès les expériences d'Achard ; enfin M. Chaptal a donné, en 1815, un très-beau Mémoire sur cet objet, dans lequel nous avons puisé tout ce qui vient d'être exposé.

Sucre de châtaignes.

989. Les châtaignes contiennent, outre le sucre, de la férule, une matière gommeuse et de l'albumine. On laisse en contact, pendant vingt-quatre heures, 3 parties d'eau et

une partie de châtaignes pulvérisées et privées de leur écorce; on agite le mélange de temps en temps, et on décante la liqueur; on remet une nouvelle quantité d'eau sur la poudre, et on recommence la même opération après avoir décanté le liquide; le résidu est presqu'entièrement formé de fécule; les trois dissolutions contiennent le sucre et le mucilage; on les fait chauffer séparément jusqu'à ce qu'elles marquent 38° à l'aréomètre de Baumé, et on les met dans une étuve; au bout de quelques jours, elles cristallisent; la première dissolution, plus sucrée et moins mucilagineuse que les deux autres, cristallise plus facilement. On met les cristaux qui sont plus ou moins pâteux dans des toiles serrées; on les presse; la majeure partie du mucilage s'écoule par les trous, tandis que la cassonade reste dans la toile; cette cassonade, assez belle, très-sucrée, conserve une légère saveur de châtaigne.

Sucre de raisin.

990. Le suc de raisin est formé d'eau, de sucre, d'une matière analogue au ferment, de tartrate acide de potasse, de tartrate de chaux, de quelques sels, etc. On commence par saturer l'excès d'acide tartarique avec du marbre ou de la craie en poudre (carbonate de chaux); on agite; lorsqu'il n'y a plus d'effervescence, on laisse reposer la liqueur, on la décante, et on la traite par du sang ou des blancs d'œuf, comme nous l'avons dit pag. 405 de ce vol.; on fait évaporer le liquide jusqu'à ce qu'il marque 35° bouillant à l'aréomètre, puis on le laisse refroidir et cristalliser.

Sirop de raisin. On le prépare comme le sucre, excepté qu'il faut faire subir au suc l'opération du *mutisme*, et qu'il ne faut l'évaporer que jusqu'à 32° bouillant. Le mutisme consiste à agiter le suc dans des tonneaux dans lesquels on a préalablement enflammé des mèches soufrées; ou bien à mêler ce suc avec du sulfite acide de chaux, ou

avec de l'acide sulfureux : par ce moyen , l'oxigène de l'ai
se porte sur l'acide sulfureux , et n'agit point sur le fermen
contenu dans le suc, en sorte que celui-ci n'éprouve pas l
fermentation spiritueuse , comme cela arriverait si on n
prenait pas cette précaution.

Sucre de Diabète.

991. On fait concentrer l'urine des diabétiques jusqu'e
consistance d'un sirop clair, qu'on abandonne à lui-même
le sucre cristallise ; on égoutte les cristaux, on les presse (
on les fait dissoudre dans de l'alcool bouillant; le *solutum*
soumis à une évaporation lente et spontanée , fournit d
cristaux très-blancs. (Chevreul.)

Sucre d'amidon. (*Voyez* § 645.)

Sucre des Champignons.

992. On fait évaporer le suc de l'*agaricus volvaceus*; lor
qu'il est suffisamment réduit et refroidi , il fournit une son
de gelée ; on traite celle-ci par l'alcool bouillant; o
fait évaporer la dissolution , et on obtient le sucre cristal
lisé. Les *agaricus acris* et *cantharellus* , les *hydnum repar*
dum et *hybridum* , le *boletus juglandis* et le *lycoperdo*
truncatum , fournissent également du sucre.

Sucre liquide de mélasse.

993. On l'obtient dans la préparation du sucre de can
ou de betterave : c'est le liquide sirupeux et coloré qui s'
coule par le sommet des cônes pendant le raffinage. (*Voy*(
pag. 405 de ce vol.)

Du Miel.

994. On enlève avec un couteau les lames de cire qui fo
ment les alvéoles des *gâteaux*; on place ceux-ci sur des clai
d'osier et on les soumet à une douce chaleur ; le *miel vierg*

s'écoule bientôt goutte à goutte ; lorsqu'ils n'en fournissent plus , on les brise , on les laisse égoutter de nouveau et on élève un peu plus la température ; on sépare le rouget et le couvain qu'ils renferment , et on les soumet à une pression graduée ; par ce moyen , tout le miel finit par s'écouler. S'il est limpide , on ne lui fait subir aucune espèce de purification ; mais s'il est trouble , on le laisse reposer pendant quelque temps , on l'écume et on le décante.

De la Mannite.

995. On fait dissoudre la manne en larmes dans l'alcool bouillant ; par le refroidissement , la mannite se précipite ; on la fait dissoudre de nouveau dans l'alcool très-chaud , et on l'obtient cristallisée à mesure que le liquide se refroidit. (M. Thenard.)

De la Fécule.

996. Lorsque la fécule ne se trouve pas mêlée au gluten , il suffit de prendre les parties des plantes qui la contiennent, de les diviser , de les placer sur un tamis et de les laver avec une grande quantité d'eau ; ce liquide dissout toutes les parties solubles à froid , entraîne la fécule et la laisse précipiter par le repos : tel est le procédé suivi pour extraire la fécule de la moelle de plusieurs espèces de palmiers (*sagou*), celle de *pommes de terre* , d'*arum* , de *bryone* , etc. Le *salep* s'obtient en laissant dans l'eau bouillante, pendant quelques instans , les tubercules d'*orchis* ; par ce moyen on les prive d'un principe amer soluble ; le résidu pilé, desséché et moulu constitue le *salep*. Il est d'autant plus important de laver ces fécules avec soin , que la plupart d'entre elles sont unies à des principes caustiques , vénéneux, qui se dissolvent dans l'eau.

Fécule d'orge et de blé (amidon). Ces deux graines céréales contiennent, outre la fécule , du gluten, du sucre, de l'albumine et quelques sels ; on débarrasse la fécule de tous ces corps par la fermentation et par des lavages. Pour cela, on met dans de grandes cuves de la farine d'orge ou de froment grossièrement moulue, de l'eau et une petite quantité d'*eau sure*, qui est composée d'eau, d'acide acétique, d'alcool, d'acétate d'ammoniaque, de phosphate de chaux et de gluten. (M. Vauquelin.) La farine ne tarde pas à fermenter ; le sucre et le gluten réagissent l'un sur l'autre et donnent naissance à de l'acide carbonique qui se dégage sous la forme de gaz, et à de l'alcool qui reste dans la liqueur ; celui-ci passe bientôt à l'état d'acide acétique ; enfin une portion de gluten se putréfie et fournit de l'ammoniaque. L'acide acétique se combine en partie avec cet alcali et en partie avec le gluten ; il dissout aussi le phosphate de chaux contenu dans la farine ; le liquide tenant en dissolution ces diverses substances porte le nom d'*eau sure* ou d'*eau grasse*: en effet, il est trouble et gluant. Lorsqu'au bout de vingt, trente ou quarante jours, la majeure partie du gluten est décomposée, on décante l'eau sure après avoir enlevé la moisissure qui est à sa surface, et on trouve au fond un dépôt formé de beaucoup de fécule et d'une certaine quantité de son qui était mêlé avec la farine ; on le lave, on décante la liqueur et on le délaye dans de l'eau ; alors on met le mélange sur un tamis de crin disposé au-dessus d'un tonneau ; la fécule et le son le plus fin passent à travers le tamis, tandis que celui qui est plus grossier reste dessus ; on agite l'eau dans laquelle se trouvent la fécule et le son ; celui-ci vient à la surface ; on décante le liquide, et, à l'aide d'une pelle, on enlève la première couche de son. On répète cette opération jusqu'à ce que l'on ait obtenu la fécule pure ; alors on la moule dans des paniers d'osier, et on la fait sécher au grenier ; on casse les blocs de fécule, on expose les morceaux à l'air pendant quelques jours, et on les fait sécher à l'étuve.

De l'Inuline.

997. On fait bouillir des racines d'aulnée dans une assez grande quantité d'eau ; on filtre la liqueur et on l'évapore jusqu'en consistance d'extrait ; on traite celui-ci par l'eau froide, et il se précipite sur-le-champ une grande quantité d'*inuline* que l'on doit laver à plusieurs reprises et par décantation ; on la dessèche lentement, en évitant de la mettre sur des filtres, car elle y adhère si fortement qu'on ne peut l'en détacher. (Gaulthier de Claubry.)

Du Ligneux.

998. On traite successivement et à plusieurs reprises la sciure de bois par l'alcool, l'eau, l'acide hydro-chlorique et l'eau de potasse ; ces menstrues dissolvent, à l'aide de la chaleur, les divers principes résineux, extractifs, muqueux, salins, etc., qui sont unis au ligneux, tandis que celui-ci reste pur ; on le lave et on le fait sécher.

Chanvre, lin. (Voyez § 771.)

Papier. On entasse des chiffons lavés et desséchés, et on les humecte de temps en temps ; les principes étrangers au ligneux et susceptibles de se putréfier, se décomposent, exhalent une odeur infecte, et les chiffons se trouvent blanchis ; on les fait passer à travers des cylindres *striés* pour les diviser, et on les fait bouillir dans de l'eau privée de fer et de sels calcaires ; par ce moyen, on obtient une pâte qui se délaye et se suspend dans le liquide ; on enfonce dans celui-ci des cribles très-fins, sur lesquels la pâte se précipite en une couche légère qui forme la feuille de papier, qu'on laisse sécher et qu'on recouvre de colle. Il est beaucoup plus avantageux de traiter les chiffons par une dissolution alcaline, et de les blanchir en les

exposant au serein, que de leur faire subir la fermentation putride dont nous venons de parler. On peut également faire du très-beau papier avec de la paille. Le papier
le plus pur contient, outre le ligneux, du carbonate de
chaux, de la silice et un atome d'oxide de fer.

Des Produits de la distillation du bois.

Nous avons établi (§ 637) que le bois distillé fournit
du charbon, de l'huile, de l'acide acétique, de l'eau, du
gaz hydrogène carboné, du gaz oxide de carbone et de l'a-
cide carbonique. M. Mollerat est le premier qui ait formé
un établissement en grand pour recueillir ces divers produits et en tirer parti; nous allons donner la description
du procédé suivi actuellement à Choisi-sur-Seine, et dont
l'objet principal est l'extraction de l'acide *acétique* et du
charbon.

« On dispose, à l'une des extrémités d'un bâtiment très-
vaste, quatre fourneaux destinés à recevoir de grandes
cornues, dont la partie inférieure est en fonte et tout le
reste en forte tôle. A très-peu de distance du fond de ces
cornues, se trouve l'ouverture d'un tuyau en cuivre, du
diamètre de 3 pouces, qui s'élève contre les parois, et
s'évase en entonnoir à la partie supérieure. Un cylindre en
cuivre , de 8 ou 9 pouces de large, et long de 18 à 20 pieds,
s'ajuste à cet entonnoir, sort de l'atelier, se recourbe et
va plonger au fond d'un vaste cuvier plein d'eau qui se
renouvelle sans cesse. Là, il se décharge dans un condensateur auquel sont adaptés, d'un côté, un petit robinet pour
l'écoulement des liquides, et, de l'autre, un cylindre à-
peu-près du même calibre que le précédent, et qui s'élève
verticalement, se recourbe, rentre dans l'atelier, se recourbe de nouveau, et va s'ouvrir dans le foyer.

Cet appareil monté, on remplit la cornue de bois coupé

depuis un an, et qui est, autant que possible, droit, long et de la grosseur du poignet ; on le range avec ordre, et, lorsque la cornue est pleine, on la ferme avec son couvercle, qu'on assujettit par des vis ; on lute avec de la terre argileuse, et, au moyen d'une grue, deux hommes l'enlèvent et la placent dans son fourneau. On met par-dessus une couverture en maçonnerie d'un poids considérable ; on ajuste le cylindre à la cornue, et l'on fait du feu. Toute l'eau qui appartient au bois se dissipe, et bientôt la carbonisation commence ; alors il se dégage beaucoup d'acide carbonique, beaucoup d'acide acétique très-étendu d'eau, beaucoup d'hydrogène carboné, beaucoup d'une matière huileuse analogue au goudron, et peut-être un peu de gaz oxide de carbone.

Dans quelque point de la cornue que la décomposition se fasse, tous ces produits sont forcés de traverser la masse entière pour chercher l'ouverture du tuyau indiqué, lequel est à dessein placé à l'extrémité inférieure ; ils se rendent par ce dernier dans le cylindre en cuivre, qui les porte dans le condensateur. Là, presque tout ce qui est eau, acide acétique et matière huileuse, se condense et coule par le petit robinet, pendant que tout ce qui est acide carbonique, gaz hydrogène carboné, gaz oxide de carbone, entraînant une petite quantité des autres produits, remonte par le second cylindre, et va dans le foyer, où il sert de combustible.

Lorsque l'opération a marché cinq heures, on dirige, au moyen d'un robinet, ces vapeurs inflammables sous une autre cornue, où l'on vient d'allumer le feu. La chaleur du fourneau et celle qui se développe dans le bois pendant sa décomposition, suffisent pour déterminer la carbonisation de tout ce qui est contenu dans la première. On n'attend pas même que le dégagement de ces vapeurs ait cessé pour la retirer, parce que le charbon serait trop friable. Lorsque la cornue voisine commence à donner des produits gazeux et peut se passer de son secours, on l'enlève et l'on met le feu aux gaz qui en sortent, pour n'être pas incommodé de leur odeur; la flamme qu'ils produisent est de la grosseur du corps, et s'élève à plusieurs pieds au-dessus du tuyau : elle dure environ une demi-heure.

Immédiatement après que cette cornue est enlevée, on la remplace par une nouvelle, et l'on procède comme ci-dessus.

Cette pratique demande quelques précautions : en effet, au moment où l'on sort la cornue de son fourneau, le cylindre de cuivre est rempli de vapeurs inflammables ; si on la lutait de suite avec celle qui lui succède, les gaz se mêleraient avec l'air qu'elle contient, et la plus petite étincelle qui pénétrerait par les fissures de la cornue produirait une détonnation épouvantable : aussi ne lute-t-on jamais l'appareil qu'au moment où les vapeurs empyreumatiques se manifestent.

Les cornues sont de la capacité de 72 à 100 pieds cubes ; elles contiennent une et-demie à deux voies de bois : lorsqu'il est bien choisi et de bonne qualité, il donne vingt-huit pour cent de charbon, et 240 à 300 litres d'acide pyroligneux contenant un douzième de goudron.

Le charbon a conservé la forme du bois ; il n'est mêlé que d'une très-petite quantité de poussier qui provient des écorces; il réunit toutes les qualités d'un bon charbon; sa combustion est plus rapide et plus vive : aussi il en faut moins pour porter les liqueurs à l'ébullition.

Si on l'expose au contact de l'air, il gagne au poids dix pour cent.

Les bois durs donnent les résultats les plus satisfaisans ; les bois blancs sont rejetés : il faut cinq à six heures pour les carboniser, et sept heures pour laisser refroidir le charbon ». (P. L. Dupuytren.)

Le procédé généralement suivi par les charbonniers pour extraire le charbon, consiste à enflammer le bois avec le contact de l'air, et à l'éteindre lorsqu'il est charbonné; il est évident que, dans cette opération, non-seulement on perd l'acide acétique, l'huile et les gaz, mais que l'on obtient encore moins de charbon que par la distillation dans des vaisseaux clos, puisque l'oxigène de l'air transforme une portion du charbon mis à nu en gaz acide carbonique.

De l'Olivile.

999. On fait dissoudre la gomme d'olivier dans un excès d'alcool rectifié; on abandonne la liqueur à elle-même et l'olivile cristallise; on la purifie en la redissolvant dans l'alcool et en la faisant cristalliser de nouveau.

1000. *Stéarine et Élaïne.* (*Voyez* § 666.)

De la Cétine.

1001. La cétine se trouve unie à une matière huileuse; on la soumet à la pression pour en séparer la majeure partie de l'huile, et on la purifie par des fusions et des cristallisations successives.

De l'Acide oléique et de l'Acide margarique.

1002. On fait chauffer, à la température de 70° à 90°, 250 grammes de graisse, 150 grammes de potasse et un litre d'eau; au bout de deux jours on obtient un liquide qui, par le refroidissement, se convertit en une masse savonneuse, formée de margarate et d'oléate de potasse, d'huile volatile et d'un corps orangé (*voyez* § 667); il y a, outre cette masse, une portion liquide dans laquelle on ne trouve qu'un *principe* doux. On délaye la masse gélatineuse dans dix litres d'eau froide, et on l'abandonne à elle-même pendant huit à dix jours ; l'eau décompose le margarate de potasse, et en précipite du sur-margarate sous la forme d'une matière nacrée que l'on met à part ; le liquide trouble qui en résulte, contenant encore de l'acide margarique, est évaporé jusqu'à ce qu'il acquière de nouveau une consistance gélatineuse ; alors on le délaye dans une grande quantité d'eau, et il fournit une nouvelle quantité de matière nacrée ; on répète plusieurs fois ces opérations, jusqu'à ce qu'il ne se forme plus de dépôt nacré de sur-margarate de potasse ; à cette époque la dissolution est claire et contient tout l'*oléate de potasse*, l'huile volatile et le corps orangé ; elle renferme encore de l'acide *margarique* ; on la concentre, et on y verse de l'acide tartarique, qui s'empare de la potasse et précipite 120 grammes d'un corps gras, floconneux, composé de beaucoup d'acide *oléique* et d'un peu d'acide *margarique*. On fait chauffer ce précipité avec 31 grammes de potasse et 420 grammes d'eau ; il se forme de nouveau un savon composé de beaucoup d'oléate de potasse et d'un peu de margarate : on le délaye dans beaucoup d'eau ; le margarate se décompose en entier et se précipite à l'état de sur-margarate (corps nacré), en sorte qu'il ne reste plus dans la dissolution que l'*oléate de potasse* ; on le traite par l'acide tartarique, qui s'unit à la potasse et précipite l'acide *oléique pur*.

Quant à l'acide *margarique*, on l'obtient en décomposant les diverses quantité de sur-margarate de potasse précipitées, par l'acide hydro-chlorique faible, qui forme avec la potasse un sel soluble et laisse l'acide margarique : il suffit de dissoudre celui-ci dans l'alcool bouillant pour l'obtenir cristallisé à mesure que le refroidissement de la liqueur a lieu. (Chevreul.)

De l'Acide cétique.

1003. On fait digérer pendant cinq ou six jours 30 grammes de cétine, 120 grammes d'eau et 18 grammes de potasse à l'alcool, afin d'obtenir un liquide jaune, et une masse savonneuse et visqueuse, composée principalement d'acide cétique et de potasse; on la délaye dans l'eau, que l'on fait chauffer jusqu'à 100°; par le refroidissement la liqueur dépose une matière brillante et nacrée. On la traite par l'alcool bouillant, qui la dissout presque en totalité, et laisse précipiter par le refroidissement des aiguilles de *cétate de potasse*; une portion de ce sel reste en dissolution dans l'esprit-de-vin et peut en être séparée par l'évaporation. On décompose alors le cétate de potasse par l'acide hydro-chlorique, qui forme avec l'alcali un sel soluble, tandis que l'acide cétique est mis à nu. (Chevreul.)

De la Graisse.

1004. On sépare mécaniquement les substances étrangères à la graisse; on fait fondre celle-ci avec une certaine quantité d'eau; on la décante et on la passe à travers une toile.

Des Huiles fixes.

1005. Les huiles fixes dont on fait usage comme aliment se préparent en exprimant le fruit ou la graine qui les contient, après les avoir divisés. Cette opération se fait à froid si l'huile que l'on veut extraire est fluide; tandis qu'on se sert de plaques de fer plus ou moins chaudes si elle est concrète. Les huiles que l'on emploie pour l'éclairage s'obtiennent en soumettant les graines à l'action de la presse après les avoir humectées, torréfiées et broyées. Le but de la torréfaction est de détruire la matière mucilagineuse avec laquelle elles sont mêlées et qui s'opposerait à leur séparation. Nous allons exposer rapidement les particularités relatives aux préparations des principales huiles grasses.

Huile d'olive vierge. On exprime à froid les olives mûres et non fermentées. *Huile commune.* On délaye dans l'eau bouillante la pulpe des olives dont on a déjà séparé l'huile vierge par l'expression : l'huile vient à la surface de l'eau. *Huile fermentée.* On entasse les olives pour les faire fermenter et on les soumet à l'action de la presse. *Huile d'amandes douces.* Après avoir frotté les unes contre les autres les amandes dans un linge rude, pour les débarrasser de la poussière qui est à leur surface, on les pile et on en fait une pâte que l'on introduit dans des sacs de coutil ; on presse ceux-ci entre deux plaques de fer préalablement chauffées dans l'eau bouillante ; on clarifie l'huile par le repos. *Huile de colza.* Après avoir broyé la graine du *brassica napus,* on la chauffe avec un peu d'eau et on la soumet à l'action de la presse. L'huile obtenue par ce moyen doit être débarrassée d'une certaine quantité de mucilage qu'elle renferme : on y parvient facilement en l'agitant avec $\frac{2}{100}$ de son poids d'acide sulfurique, et le double de son volume d'eau ; au bout de huit ou dix jours, surtout si la température a été de 25 à 30°, l'huile pure se rassemble à la surface, tandis que l'acide sulfurique uni au mucilage se trouve au fond, sous la forme de flocons verdâtres ; l'excès d'acide se combine avec l'eau ; on décante l'huile et on la filtre en la versant dans des cuviers dont les fonds sont percés de plusieurs trous, dans lesquels on met des mèches de coton longues d'environ un décimètre. (M. Thenard.) *Huile de ricin.* On fait bouillir dans de l'eau les semences de ricin pilées ; l'huile ne tarde pas à venir à la surface, tandis que le principe âcre qui l'accompagne se volatilise. *Huile de lin.* Après avoir torréfié les semences, on les broie, on les chauffe avec un peu d'eau, et on les exprime. *Huile* ou *beurre de cacao*. On sépare les écorces et les germes du cacao; on le broie et on le met dans l'eau bouillante; le beurre fond et se rassemble à la surface; on le coule dans des moules. On peut encore l'obtenir en formant une pâte liquide avec le cacao broyé à l'aide d'une pierre chaude, en renfermant cette pâte dans un sac de toile, et en la pressant entre deux plaques de fer préalablement chauffées dans l'eau bouillante. *Huile de noix muscades*. On pile les noix dans un mortier de fer; on les réduit en pâte à l'aide d'un peu d'eau bouillante, et on presse celle-ci entre deux plaques chaudes comme la précédente.

Des Huiles essentielles et des Eaux aromatiques.

1006. Les huiles essentielles qui ne sont pas extrêmement fugaces se préparent toutes par le procédé suivant : on introduit dans la cucurbite d'un alambic la partie de la plante contenant l'huile; on ajoute de l'eau et on chauffe; l'eau et l'huile essentielle se volatilisent et viennent se condenser dans un récipient d'une forme particulière (pl. 1re, fig. 2e), connu sous le nom de *récipient florentin*. Aussitôt que l'eau arrive au niveau $B\,C$ elle s'écoule par l'anse $D\,E$, tandis que l'huile reste au-dessus de $B\,C$. Lorsque l'opération est terminée, que l'eau passe sans odeur, on sépare l'huile de l'eau en versant le produit de la distillation dans un entonnoir dont on bouche le bec avec le doigt; bientôt après l'huile vient à la surface; alors on retire le doigt pour laisser écouler l'eau qui passe la première; ce liquide contient une portion d'huile en dissolution et porte le nom d'*eau aromatique*. Si on ne cherche à obtenir que l'huile essentielle, et que d'une autre part la plante qui doit la fournir en contienne peu, on doit, au lieu d'eau simple, se servir d'eau aromatique déjà saturée de l'huile que l'on veut extraire.

Les huiles essentielles qui sont extrêmement fugaces, telles que l'huile de jasmin, de lis, de violette, se pré-parent par le procédé suivant : on imbibe d'huile d'olives un drap de laine blanche sur lequel on met une couche de fleurs aromatiques récemment cueillies; on recouvre cette couche d'un autre drap de la même étoffe également im-prégné d'huile grasse; on dispose ainsi successivement des fleurs et des morceaux de drap jusqu'à ce que la boîte de fer-blanc qui les contient en soit remplie. L'huile d'olives s'empare de l'huile essentielle des fleurs. Lorsqu'au bout de vingt-quatre heures celles-ci sont épuisées, on les remplace par d'autres, et on les renouvelle jusqu'à ce que l'huile fixe soit saturée d'huile volatile; à cette époque, on exprime les morceaux de drap dans l'alcool, qui s'empare de l'huile essentielle; on distille ce liquide au bain-marie, et l'on obtient dans le récipient de l'alcool saturé de l'huile aro-matique, du jasmin, du lis, etc. : on lui donne le nom d'*essence*.

Des Savons.

1007. *Savon à base de soude*, ou *savon dur*. Il est le résul-tat, comme nous l'avons déjà établi, de l'action de la soude sur un corps gras. MM. Pelletier, Darcet et Lelièvre ont prouvé que tous les corps gras n'étaient point susceptibles de saponifier également bien la soude. Ils les rangent à cet égard dans l'ordre suivant : 1° les huiles d'olive et d'a-mande douce; 2° le suif, la graisse, le beurre, l'huile de cheval; 3° l'huile de colza et celle de navette; 4° les huiles de faîne et d'œillet; mais il est nécessaire de les mêler avec l'huile d'olive ou avec les graisses pour en obtenir des savons durs; 5° les huiles de poisson; 6° l'huile de che-nevis; 7° les huiles de noix et de lin. Ces trois dernières ne donnent jamais que des savons pâteux, gras et gluans. En France, en Italie et en Espagne, on ne se sert guère que d'huile d'olive pour saponifier la soude; tandis qu'en Allemagne, en Angleterre et en Prusse, on ne fait usage que de suif et de graisse. Nous allons exposer le procédé de la saponification par l'huile d'olives.

On verse de l'eau froide sur un mélange de 500 livres de sous-carbonate de soude pulvérisé, de bonne qualité, et de 125 livres de chaux éteinte; douze heures après, lorsque la chaux s'est emparée de l'acide carbonique du sous-carbonate, on fait écouler le liquide, auquel on donne le nom de *première lessive*, et qui contient une assez grande quantité de soude : il marque de 20° à 25° à l'aréomètre. On verse deux fois de l'eau sur le résidu, et l'on obtient *deux lessives*, dont l'une marque de 10° à 15°, et l'autre de 4° à 5°. On se procure 600 livres d'huile.

On introduit la lessive la plus faible dans une grande chaudière, dont le fond offre un tuyau de 68 millimètres de diamètre, nommé l'*épine*; on y verse peu à peu une certaine quantité d'huile, et on chauffe le mélange jusqu'à le faire bouillir; la *réaction* commence, et le liquide ressemble à une émulsion. On ajoute successivement de la lessive faible et de l'huile, et on fait en sorte que la masse soit toujours bien empâtée, qu'il n'y ait ni lessive au fond de la chaudière, ni huile à la surface du liquide. A cette époque le savon est avec excès d'huile; on ajoute peu à peu de la lessive forte, et on remarque, lorsque la saponification est complète, que le savon se sépare du liquide et se présente à la surface. Alors on cesse de chauffer et on fait écouler par l'épine tout le liquide, qui, ne contenant plus de soude caustique, est impropre à la saponification. Afin d'être certain que l'huile est saturée de soude, on remet dans la chaudière où est le savon une nouvelle quantité de lessive caustique, et on fait bouillir de nouveau, jusqu'à ce que la pesanteur spécifique de la lessive soit de 1,150 à 1,200.

1008. Le savon résultant de ces opérations est d'un bleu foncé noirâtre, et renferme $\frac{16}{100}$ d'eau ; sa couleur est due à un composé d'alumine, d'oxide de fer, d'acide hydro-sulfurique, d'acide oléique et d'acide margarique (1). Il peut être regardé comme composé de deux savons, l'un blanc, l'autre alumino-ferrugineux noirâtre.

Préparation du savon blanc. On délaye peu à peu dans des lessives faibles la masse savonneuse obtenue ; on chauffe doucement et on couvre la chaudière ; le savon alumino-ferrugineux noirâtre ne tarde pas à se précipiter, parce qu'il est insoluble à cette température dans les lessives dont nous parlons ; on sépare alors la pâte du savon blanc, et on la coule dans des *mises* où elle est refroidie et solidifiée ; on la coupe en tables et on la livre dans le commerce sous le nom de *savon blanc*, *savon en table.* Il renferme, sur 100 parties, 4,6 de soude et 45,2 d'eau. On l'emploie pour les usages délicats.

Préparation du savon marbré. Nous venons de voir que la masse savonneuse d'un bleu noirâtre ne contient que $\frac{16}{100}$ d'eau, et qu'elle renferme, outre le savon blanc, un savon noirâtre ; il s'agit, pour la transformer en savon marbré, d'y ajouter une quantité d'eau légèrement alcaline, suffisante pour que le savon coloré se sépare de celui qui est blanc, et se réunisse en veines plus ou moins grandes, qui, par leur disposition, imitent une marbrure bleue appliquée sur une masse blanche. Il est évident que si on employait trop de lessive, l'opération serait manquée,

____

(1) La soude que l'on a employée ayant été préparée dans des fours argileux, contient de l'alumine ; elle renferme en outre du fer oxidé et du sulfure de soude ; celui-ci mis dans l'eau lorsqu'on fait la lessive, passe à l'état d'hydro-sulfate sulfuré, et l'acide hydro-sulfurique qu'il contient se dégage au moment où l'empâtage se fait.

parce que tout le savon noirâtre serait précipité. Le savon marbré contient, sur 100 parties, 6 de soude et 30 d'eau ; d'où il suit que, sous le même poids, il renferme plus de savon que celui qui est blanc.

Les savons de soude faits avec le suif, le saindoux, le beurre, l'huile d'amandes douces, de palme, de noisette, etc., se préparent de la même manière.

M. Colin a publié, en 1816, des observations importantes relatives à la fabrication du savon dur. 1°. Le savon ne peut pas se former sans eau. 2°. L'huile privée de mucilage donne des savons de qualité inférieure à ceux que forme l'huile ordinaire ; en général celle qui n'a été soumise à l'action d'aucun corps pondérable donne le plus beau savon. 3°. Toutes les huiles peuvent fournir des savons solides et assez durs pour pouvoir être employés aux *savonnages à la main*. 4°. La partie solide de l'huile appelée *suif* par M. Braconnot, paraît former des savons de meilleure qualité que l'huile entière. 5°. La petite quantité d'eau de chaux contenue dans la lessive prépare la saponification des huiles, qui paraissent exercer peu d'action sur la potasse et sur la soude. 6°. Le sel commun dont on fait usage dans la saponification a pour objet de substituer de la soude à la petite quantité de potasse que renferment les soudes du commerce, et de durcir le savon en s'emparant complètement ou partiellement de l'eau qu'il contient, et de l'excès de soude qui paraît nécessaire à sa dissolution. 7°. L'excès d'alcali diminue la blancheur du savon, lui donne une mauvaise odeur et le rend moins dur.

1009. *Savons de potasse* (savons mous.) Le savon *vert* se prépare avec de l'huile de graines. On procède à la saponification de ces huiles comme nous l'avons dit en parlant des savons de soude. Lorsque toute l'huile a été mise dans la chaudière, et que le savon est d'un blanc sale et opaque, on diminue le feu, on agite continuellement la masse, avec de grandes spatules, et on ajoute de la lessive plus caustique que celle dont on s'était servi jusqu'alors. Le savon acquiert de la transparence, devient plus consistant et peut être coulé dans des tonneaux. Il renferme le plus souvent, sur 100 parties, 9,5 de potasse et 46,5 d'eau; il est avec excès d'alcali. Le *savon de toilette* se prépare de la même manière, excepté que l'on substitue les graisses aux huiles de graines.

1010. *Savon dur fait avec la potasse et le sel commun.* Dans les pays où la soude est rare, on obtient le savon dur en décomposant le savon de potasse par l'hydro-chlorate de soude dissous dans l'eau (sel commun); aussitôt après le mélange de ces deux corps, l'acide hydro - chlorique se combine avec la potasse du savon moú, tandis que les acides oléique, etc. , de celui-ci s'unissent à la soude pour former du savon dur; on le sépare de la lessive, et on le convertit en savon blanc ou en savon marbré, par les procédés déjà exposés.

De la Cire des abeilles.

1011. Après avoir séparé le miel des gâteaux au moyen de la pression, on les enferme dans des sacs que l'on plonge dans des chaudières contenant de l'eau bouillante ; la cire fond, se sépare du couvain, vient à la surface de l'eau, et se fige à mesure que le liquide se refroidit. Si on veut la priver de sa couleur jaune, on la coupe en rubans minces que l'on expose à la rosée, ou que l'on met en contact avec du chlore.

Des Résines.

1012. Les résines dont nous avons parlé découlent spontanément des arbres qui les contiennent, ou s'obtiennent par incision; on les soumet à l'action de la chaleur pour les débarrasser de l'huile qu'elles peuvent renfermer. *Poix noire,*

On introduit dans des fours la matière résineuse qui reste sur les crasses des filtres de paille, lorsqu'on purifie la térébenthine et le galipot ; on y met le feu par la partie supérieure, afin de liquéfier la résine et de la faire descendre sur le sol du four, d'où elle se rend dans une cuve à moitié pleine d'eau, placée à une certaine distance ; alors on la fait cuire dans une chaudière de fonte pour lui donner de la consistance et la noircir, et on la coule dans des moules de terre noire. *Goudron.* Lorsque le pin ne peut plus fournir de térébenthine, on l'emploie à la préparation du goudron. Pour cela, on met le feu à des tas de petits morceaux de bois desséchés, placés dans un four dont la forme est un cône renversé, et dont le sol est carrelé ; on ne tarde pas à voir la partie résineuse fluidifiée et en partie charbonnée, ou le *goudron*, se porter vers la partie la plus déclive du sol, et de là dans un réservoir disposé à une certaine distance. *Brai gras.* On le prépare en faisant cuire dans une chaudière en fonte parties égales de brai sec ou *colophane*, de goudron et de poix noire. Si on emploie plus de brai sec, on obtient la *poix bâtarde*.

Noir de fumée. On fait chauffer dans une chaudière les résidus de goudron et de résine, les écorces de pin, etc. ; la partie résineuse fond, se décompose, et donne naissance à une fumée qui se dégage par un tuyau incliné, et va se rendre dans une chambre sur les parois de laquelle elle se condense en partie ; mais la plus grande portion se condense dans l'intérieur d'un cône en toile, suspendu à la partie supérieure de la chambre, et dont la base est tendue par un cerceau. Lorsque l'opération est terminée, on descend le cône, et on en détache le *noir de fumée*.

Du Camphre.

1013. 1°. On chauffe, dans de grandes cucurbites de fer, des fragmens de bois du *laurus camphora* et de l'eau ; le camphre, entraîné par la vapeur aqueuse, se volatilise et vient se condenser dans l'intérieur des chapiteaux, qui sont en terre et garnis de cordes de paille de riz. Cette opération se fait principalement dans l'Inde, d'où le camphre arrive sous la forme de petites boules ou de masses impures, contenant de la paille, des fragmens de bois, etc. On le raffine en Hollande par le procédé suivant : on introduit dans des bouteilles de verre noir à large goulot et de forme ronde, placées sur des bains de sable, un mélange d'environ 2 livres de camphre et 4 onces de chaux ou de craie ; on les chauffe ; le camphre se réduit en vapeur, se sublime, et vient s'attacher aux parois de la bouteille sous la forme d'une masse hémisphérique, transparente et cristalline, que l'on ne peut obtenir qu'en cassant le vase ; la chaux, dans cette expérience, s'empare d'une huile empyreumatique jaune qui colorait le camphre. 2°. On peut séparer le camphre qui se trouve dans les labiées, en se procurant l'huile essentielle de ces plantes, et en les exposant à l'air, à la température de 20° à 22° ; l'huile se volatilise la première, et le camphre reste sous la forme de cristaux.

Du Camphre artificiel.

1014. On l'obtient en faisant arriver du gaz acide hydrochlorique dans 100 parties d'huile de térébenthine pure, placée dans une éprouvette, que l'on entoure d'un mélange frigorifique de glace et de sel. Lorsque l'huile a absorbé environ le tiers de son poids de gaz, elle offre une masse cristalline molle ; on la laisse égoutter pendant quelques jours pour en séparer environ 20 parties d'un liquide incolore, acide, fumant, et 110 parties de *camphre artificiel*, grenu, cristallin, etc., que l'on purifie en le laissant à l'air sur du papier joseph, en l'agitant avec le *solutum* de sous-carbonate de potasse, en le lavant à grande eau, et en le faisant sécher.

Du Caoutchouc (*gomme élastique*).

1015. Après avoir fait une incision aux arbres qui peuvent fournir le caoutchouc (*voy*. pag. 118 de ce vol.), il en découle un suc laiteux dont on applique une couche sur un moule terreux pyriforme ; on le soumet à l'action de la fumée pour le dessécher ; puis on applique une seconde couche, que l'on dessèche par le même moyen, et ainsi de suite ; on brise le moule, et on en retire les fragmens par un trou pratiqué exprès à la partie supérieure. On fait des dessins en creux sur les poires de caoutchouc obtenues par ce moyen, lorsqu'elles sont encore peu consistantes.

De l'Alcool et de l'Eau-de-vie.

1016. Nous avons établi (pag. 119 de ce vol.) que l'alcool est le résultat de la fermentation spiritueuse : donc le vin, le cidre, la bière et toutes les liqueurs fermentées, doivent être plus ou moins propres à l'extraction de ce produit. Les vins les plus généreux en fournissent environ $\frac{1}{6}$ de leur poids ; il en est, au contraire, qui n'en donnent que $\frac{1}{15}$; le cidre en fournit à-peu-près $\frac{1}{20}$, et la bière $\frac{1}{30}$ environ. L'alcool que l'on peut retirer de ces liquides y existe-t-il tout formé, ou bien se produit-il pendant la distillation à laquelle on est obligé de les soumettre pour l'obtenir, comme le pensait M. Fabroni ? Les expériences faites par M. Gay-Lussac, dans le dessein d'éclaircir cette question, démontrent jusqu'à l'évidence que l'alcool fait partie de ces boissons. 1°. Si on agite du vin avec de la litharge parfaitement porphyrisée, peu de temps après il sera incolore et transparent comme de l'eau ; si on sature le liquide avec du sous-carbonate de potasse, aussitôt l'alcool viendra se rassembler à la surface. 2°. Si on distille du vin dans le vide, à la température de 15°, on en obtiendra beaucoup d'alcool : or, cette température est inférieure à celle qui se développe pendant la fermentation, et par conséquent incapable de donner naissance à de l'alcool : il faut donc admettre que celui-ci existait tout formé dans le vin.

Autrefois on préparait l'esprit-de-vin en distillant le vin dans des vaisseaux fermés, jusqu'à ce qu'il n'en restât plus que la moitié dans la cucurbite de l'alambic. Le produit liquide obtenu dans le récipient, connu sous le nom d'*eau-de-vie*, et composé de beaucoup d'eau, d'une certaine quantité d'alcool, d'une matière huileuse aromatique, etc., était distillé de nouveau, et fournissait un produit alcoolique plus fort ; celui-ci était distillé deux ou trois fois encore, et ce n'était qu'alors qu'il était converti en alcool pur. Dans ces opérations, la partie la plus volatile ou la plus alcoolique passait la première dans le récipient, avec un peu d'eau, tandis que la majeure partie de ce dernier liquide restait dans la cucurbite : aussi se gardait-on bien de pousser trop loin la distillation pour ne pas volatiliser cette portion aqueuse, qui aurait affaibli l'alcool pur déjà condensé dans le ballon.

L'art de la distillation a été singulièrement perfectionné depuis douze ans, époque à laquelle Adam prouva qu'il était possible d'établir en grand un appareil propre à fournir, dans une seule opération, de l'*alcool* à un degré donné. MM. Bérard, Lenormant, Duportal, etc., en France, et M. Jordana en Catalogne, se sont successivement occupés de simplifier et de rendre plus économique le procédé qui fait tant d'honneur à Adam, et que nous allons décrire d'une manière succincte, tel qu'il a été simplifié par M. Duportal (1). L'appareil se compose d'un alambic muni de son

---

(1) Voyez les mémoires de M. Duportal (*Annales de Chimie*), l'ouvrage que vient de publier à ce sujet M. Lenormant, les Mémoires de M. Chaptal, et celui de M. Carbonell.

chapiteau, et de trois ou quatre grands vases de cuivre, communiquant entre eux au moyen de tubes également en cuivre; un de ces tubes établit aussi la communication entre l'alambic et le premier vase. Cet appareil est par conséquent semblable à celui de Woulf, dont nous avons déjà parlé, et qui consiste en une cornue et en plusieurs flacons bitubulés, que l'on fait communiquer entre eux à l'aide de tubes recourbés. Voici les principes sur lesquels est fondé l'art de la distillation au moyen de cet appareil : 1°. La vapeur aqueuse ou alcoolique, en passant de l'état de gaz à l'état liquide, abandonne une très-grande quantité de calorique latent qui devient libre (*voyez* t. 1er, p. 27, *E.*); 2° l'alcool est plus volatil que l'eau; par conséquent, si on a un mélange de ces deux liquides et qu'on l'expose à une température qui ne soit pas très-élevée, il se vaporisera beaucoup plus d'alcool que d'eau.

Procédé. On met du vin dans la cucurbite et dans les deux premiers vases, jusqu'à ce qu'ils en soient presque remplis, et on fait bouillir celui qui est dans la cucurbite; la vapeur alcoolique et aqueuse formée se rend dans le premier vase, perd une grande quantité de calorique, se condense, et chauffe le vin qu'il contient; bientôt celui-ci entre en ébullition, donne naissance à de la vapeur qui va se condenser dans le second vase, dont le vin ne tarde pas à être échauffé, et même à éprouver une légère ébullition; la vapeur alcoolique et aqueuse produite dans ce second vase se rend dans le troisième, qui est vide, et passe à l'état liquide. Si on maintient ce dernier vase à une température peu élevée, l'alcool, beaucoup plus volatil que l'eau, se vaporise, et vient se condenser dans le quatrième: à la vérité, il entraîne avec lui une certaine quantité d'eau. En maintenant ce quatrième vase à une température déterminée, on peut en retirer de l'eau-de-vie ou de l'alcool plus concentré, suivant que la chaleur est plus ou moins forte. On fait passer la vapeur de cette eau-de-vie ou de cet alcool dans un serpentin plein de vin, où elle se condense; ensuite on la fait arriver dans un autre serpentin rempli d'eau, pour la refroidir complètement et pouvoir l'enfermer dans un tonneau.

Lorsque le vin contenu dans l'alambic est privé de tout l'alcool qui entrait dans sa composition, on le fait sortir par un robinet, et on fait arriver dans la cucurbite celui qui se trouve dans le premier vase; à son tour, ce dernier est remplacé par celui du second, et celui-ci l'est par celui du serpentin, qui est déjà chaud; enfin, on met du nouveau vin dans ce serpentin.

M. Baglioni, distillateur à Bordeaux, découvrit en 1813 un moyen de rendre cette distillation continue, avantage immense qu'obtint également Jordana, sans avoir connaissance du procédé employé par Baglioni.

L'alcool préparé par ce moyen n'est pas encore assez concentré pour certains usages auxquels on le destine en chimie; il contient d'ailleurs assez souvent un peu d'acide acétique, qui faisait partie du vin dont on l'a extrait. Pour le déphlegmer autant que possible et le priver de l'acide, on le distille sur de la chaux ou de la baryte caustique. (M. Gay-Lussac.) Quelquefois aussi on se borne à lui enlever son excès d'eau en le laissant pendant vingt-quatre heures en contact avec du *chlorure de calcium* (muriate de chaux sec) et en le distillant : on n'obtient alors dans le récipient que la portion la plus spiritueuse, surtout si on a fractionné les produits, et que l'on ait mis à part la première moitié volatilisée.

Rhum. On se le procure en distillant le produit alcoolique provenant de la fermentation du suc de la canne (*arundo saccharifera*). *Taffia*, *kirchwasser* et *rack*. Ces liqueurs s'obtiennent, la première, avec la mélasse; la seconde, avec les cerises pilées sans avoir été séparées de leurs noyaux ; la troisième, avec les fruits de l'*areca cathecu* et du riz. Lorsque ces matières ont éprouvé la fermentation alcoolique, on les distille.

Vin, Cidre, Bière. (*Voyez* pag. 230 et 234 de ce vol.)

Eaux-de-vie de grains. Les eaux-de-vie de grains, préparées par l'ancien procédé de distillation, ont une saveur empyreumatique désagréable ; elles sont d'une qualité supérieure lorsqu'on les a obtenues à l'aide de l'appareil d'Adam, et elles seraient meilleures encore si on distillait les grains et le marc avec de l'eau ; dans ce cas, la température n'excéderait jamais 100°, et il ne se formerait point d'huile empyreumatique.

Ethers du premier genre.

1017. *Éther sulfurique.* Cet éther est le résultat de l'action de l'acide sulfurique concentré sur l'alcool à la température de l'ébullition. L'analyse démontre que les élémens de l'alcool peuvent être représentés par

2 volumes de gaz oléfiant (hydrogène per-carboné) ;
et 2 vol. de vapeur d'eau (oxig. et hydrog.) Th. de Saussure.

Les élémens de l'éther, d'après M. Gay-Lussac, peuvent être représentés par

2 volumes de gaz oléfiant,
1 volume de vapeur d'eau (oxig. et hydrog.) ;

d'où il résulte que, pour convertir l'alcool en éther, il faut seulement lui enlever la moitié de l'eau qu'il renferme, ou du moins la moitié des élémens, oxigène et hydrogène, dans le rapport convenable pour former de l'eau ; il est donc évident que, lorsqu'on fait réagir l'alcool et l'acide sulfurique, celui-ci, doué d'une grande affinité pour l'eau, en détermine la formation aux dépens de l'oxigène et de l'hydrogène de l'alcool, qui, par là, se trouve transformé en éther.

La préparation de cet éther, d'après la méthode indiquée par M. Boullay, nous semble devoir être adoptée de préférence à celle que l'on suit ordinairement. Voici la description de l'appareil employé par ce savant pharmacien. (*Voyez* pl. 2, fig. 4.) *A*, grande cornue de verre tubulée placée sur un bain de sable; *BB*, tube de verre de 5 à 6 centimètres de diamètre, long d'un mètre environ, traversant un baquet rempli d'eau froide, et mieux encore de neige ou de glace, et se rendant dans un grand flacon vide *C*; *D*, tube de Welter, faisant communiquer le flacon *C* avec le vase *E*, rempli d'eau ou d'alcool.

P Q (*voyez* pl. 2, fig. 5), allonge ordinaire garnie d'un couvercle en cuivre *H I* qui y est mastiqué; *A B*, entonnoir en cuivre garni de son robinet *D*, et fixé sur le couvercle *H I*; *E*, petit tube de cuivre implanté sur le couvercle *H I*, pour remplacer la tubulure : il est percé latéralement à sa partie supérieure, et coiffé d'une virole également percée; *F*, robinet de cuivre dans la garniture inférieure de l'allonge *P Q*; *O*, bouchon de plomb devant entrer dans la tubulure *X* de la cornue *A* (fig. 4) : il enveloppe un morceau de liége percé au centre pour laisser passer la tige inférieure, et destiné à servir d'isoloir; *C G*, tube de communication d'une longueur indéterminée, propre à faire communiquer cet appareil avec l'intérieur de la cornue *A* (1).

On introduit dans la cornue (fig. 4) 12 livres d'acide sulfurique concentré; on place ensuite dans la tubulure *X* l'entonnoir décrit fig. 5, et on fait en sorte que le tube *C G*, par lequel il se termine, traverse l'acide et descend près du fond de la cornue; alors on introduit rapidement dans l'entonnoir 10 livres d'*alcool* à 38°, et mieux à 40°; on

----

(1) Plusieurs pharmaciens remplacent l'allonge *P Q*, l'entonnoir *A B*, etc., par un tube en *S* dont l'extrémité inférieure plonge dans le liquide contenu dans la cornue.

ouvre les robinets D, F; l'alcool passe facilement au travers l'acide, avec lequel il se mêle très-bien, sans se colorer sensiblement; la liqueur s'échauffe, bout, et il se volatilise un peu d'alcool; on soutient de suite la distillation en chauffant la cornue de manière à ce que le mélange continue à bouillir; l'éther se forme, et vient se condenser dans le flacon C. Lorsqu'on a retiré environ 2 livres d'éther, on met dans l'allonge $P Q$ 10 livres de nouvel alcool, que l'on introduit goutte à goutte dans la cornue, et on y parvient facilement en ouvrant le robinet supérieur; car alors la pression de l'atmosphère produit l'écoulement, que l'on règle à volonté en ouvrant plus ou moins le robinet inférieur. En général on se règle, autant que possible, pour la quantité d'alcool que l'on ajoute sur celle d'éther qui passe dans le récipient; on obtient par ce moyen 15 livres de liqueur éthérée très-suave, limpide, marquant environ 50 degrés, et ne contenant point d'huile douce, de vin ni d'acide sulfureux; la liqueur qui reste dans la cornue est transparente, d'une couleur de bière et *nullement charbonneuse*; on peut s'en servir pour la préparation de la liqueur d'Hoffmann ou de quelques sulfates. L'éther obtenu doit être *rectifié*; on l'agite à froid avec une dissolution concentrée de potasse, que l'on ajoute peu à peu jusqu'à ce qu'il ne manifeste plus d'odeur étrangère; par ce moyen, on le débarrasse de la petite quantité d'huile douce, de vin et d'acide sulfureux qu'il pourrait contenir; lorsqu'il est rassemblé à la surface, on le sépare de la couche inférieure à l'aide de l'entonnoir et du doigt, comme nous l'avons dit en parlant des huiles essentielles (§ 1006), et on le distille à une douce chaleur, avec $\frac{1}{10}$ de chlorure de calcium (muriate de chaux sec), pour le priver de l'eau avec laquelle il est uni.

Voyons maintenant quel est le procédé généralement suivi (pl. 1re, fig. 3). On introduit dans la cornue B

une partie d'alcool à 36°, et on y verse peu à peu une partie d'acide sulfurique concentré; on agite pour favoriser la combinaison qui a lieu avec élévation de température; on adapte à la cornue une allonge et un ballon tubulé *C*, dont la tubulure *X* communique avec un flacon *F*, et l'autre *G* avec un vase *T*, au moyen d'un tube; on chauffe après avoir luté les jointures, et l'on obtient l'éther dans le flacon *F*, car il n'en arrive que très-peu dans le vase *T*. On cesse l'opération aussitôt qu'il se manifeste des vapeurs blanches dans le col de la cornue : en effet, à cette époque il ne se forme presque plus d'éther; celui-ci doit alors être purifié par la potasse et par le chlorure de calcium, comme nous l'avons dit en décrivant le procédé de M. Boullay. Il est évident que la théorie de sa formation est la même que celle dont nous avons parlé au commencement de cet article; l'acide sulfurique décompose l'alcool en s'emparant d'une portion de son oxigène et de son hydrogène.

Nous devons actuellement faire connaître les inconvéniens qu'il y aurait à continuer la distillation lorsqu'il se manifeste des vapeurs blanches. A cette époque, la quantité d'alcool qui reste dans la cornue est peu considérable, puisqu'il s'est formé beaucoup d'éther à ses dépens; au contraire, l'acide sulfurique n'a point diminué; il a été seulement un peu affaibli par l'eau qui s'est produite aux dépens de l'oxigène et de l'hydrogène de l'alcool; nous pouvons donc considérer le mélange contenu dans la cornue au moment où l'éthérification cesse, comme composé de beaucoup d'acide sulfurique et de peu d'alcool : or, l'expérience prouve qu'en faisant chauffer un pareil mélange, l'acide et l'alcool sont décomposés, et fournissent du gaz hydrogène per-carboné, de l'eau, du charbon, du gaz acide carbonique, du *gaz acide sulfureux*, et une *huile* connue sous le nom d'*huile douce de vin* : ces deux

derniers produits passeraient donc dans le récipient, s'uni-
raient à l'éther, et l'altéreraient singulièrement; il est même
impossible, quelque précaution que l'on prenne, d'obtenir
par ce procédé de l'éther qui n'en contienne une quantité
notable.

C'est à l'aide de ces considérations que nous pouvons
faire sentir l'avantage de la méthode de M. Boullay : en effet,
puisque les divers produits dont nous venons de parler ne
se forment que parce que la quantité d'alcool va toujours
en diminuant dans la cornue, il est évident qu'on les
évitera si on ajoute de l'alcool à mesure qu'il se forme de
l'éther; d'ailleurs, M. Boullay parvient à éthérifier 20
livres d'alcool avec 12 livres d'acide, tandis que, par
l'ancien procédé, on n'en éthérifie qu'un poids égal à celui
de l'acide employé.

Mais, dira-t-on, dès qu'il suffit, pour obtenir une plus
grande quantité d'éther, d'ajouter de l'alcool à l'acide qui
reste dans la cornue, on doit pouvoir préparer, avec une
quantité *donnée* d'acide sulfurique, autant d'éther que l'on
desire. L'observation prouve le contraire; il arrive un moment où l'éthérification cesse, quelle que soit la quantité
d'alcool ajoutée; c'est lorsque l'acide se trouve tellement
affaibli par l'eau qui s'est produite pendant l'opération,
qu'il n'a plus le pouvoir de déterminer la formation d'une
nouvelle quantité de ce liquide.

Ether phosphorique. Cet éther qui, comme nous l'avons
dit (§ 702), est de la même nature que le précédent, a été obtenu pour la première fois par M. Boullay. On le prépare en
introduisant dans une cornue *A* 1000 grammes d'acide phosphorique pur à 1,460 de pesanteur spécifique; on le chauffe
jusqu'à 90°, et on fait arriver à travers, et goutte à goutte,
1000 parties d'alcool à 40° (*voyez* pl. 2, fig. 4); le
mélange bouillonne avec force; une partie de l'alcool se
volatilise, et va se condenser dans le récipient; on le sépare;

et ce n'est guère que lorsque les trois quarts de l'esprit-de-vin ont été introduits dans la cornue que l'éther se forme et peut être recueilli dans le ballon. Suivant M. Boullay, on peut également obtenir une certaine quantité de cet éther en distillant et en recohobant plusieurs fois de l'alcool à 40° sur de l'acide phosphorique au degré de concentration dont nous avons parlé.

Éther arsenique. On fait arriver, goutte à goutte, 500 grammes d'alcool à 40° dans le fond d'une cornue contenant 500 grammes d'acide arsenique, dissous dans 250 grammes d'eau distillée (l'appareil est le même que le précédent); on chauffe; le mélange est fortement agité; presque les trois quarts de l'alcool se volatilisent et se condensent dans le récipient; on les sépare, et ce n'est qu'alors que l'éther commence à se former : du reste, il est entièrement semblable à ceux dont nous venons d'indiquer le mode de préparation.

M. Boullay, qui nous a encore fait connaître cet éther, conclut de toutes ses expériences, 1° que les éthers du premier genre ne se forment jamais à froid; 2° que la précipitation du carbone, ou même la coloration du mélange contenu dans la cornue, ne sont pas des conditions indispensables de l'éthérification; 3° que la formation d'huile douce de vin est entièrement étrangère à l'éthérification, puisqu'il suffit de varier les proportions d'acide et d'alcool pour obtenir isolément l'éther ou cette huile; 4° que ce n'est pas seulement à l'élévation de la température, mais à la différence survenue dans les proportions par l'effet de la distillation, qu'on doit attribuer les produits qui succèdent à l'éther au moment où l'alcool se trouve entièrement décomposé; 5° que l'éthérification s'opère sans que l'alcool subisse d'autre changement que la perte d'une portion de son hydrogène et de son oxigène, qui servent à former de l'eau.

Des Ethers du deuxième genre.

1018. *Ether hydro-chlorique.* L'appareil dont on se sert pour préparer cet éther se compose d'une cornue de verre à laquelle est adapté un tube de Welther, qui va plonger au fond d'un flacon à trois tubulures *A*, à moitié rempli d'eau ; de ce flacon part un tube recourbé qui se rend dans une longue éprouvette *E*, sèche, vide, et entourée de glace ; la troisième tubulure du flacon *A* reçoit un tube de sûreté droit ; l'éprouvette *E* est fermée par un bouchon percé d'un trou, par lequel s'échappe l'éther qui ne peut pas se condenser.

On introduit dans la cornue parties égales d'alcool et d'acide hydro-chlorique concentrés ; on lute les jointures, et on chauffe graduellement le mélange jusqu'à l'ébullition ; l'éther se forme et arrive avec une portion d'acide et d'alcool dans le flacon *A*, contenant de l'eau ; celle-ci dissout l'acide et l'alcool, tandis que l'éther va se condenser dans l'éprouvette *E*. L'opération doit être conduite de manière à ce que les bulles ne se dégagent ni trop lentement ni trop rapidement dans le flacon *A*. Pour obtenir l'*éther hydro-chlorique gazeux*, il suffit d'en introduire un peu à l'état liquide dans une éprouvette pleine de mercure, et renversée sur la cuve de ce métal ; il se transformera en gaz à la température de 11° + 0.

Ether nitreux. On prépare cet éther dans un appareil composé, 1° d'une grande cornue placée sur une grille de fer, de manière à ce que l'on puisse à volonté ajouter ou enlever du charbon ; 2° de cinq ou six flacons bitubulés, dont le premier est vide, et dont les autres sont à moitié remplis d'eau salée ; chacun d'eux est supporté par une terrine, et entouré d'un mélange frigorifique de sel et de neige ou de glace pilée ; 3° de tubes de sûreté recourbés, établissant la communication entre ces différens vases, et disposés de manière à ce que la branche la plus longue plonge jusqu'au fond de l'eau salée; 4° d'un dernier tube recourbé propre à recueillir les gaz.

On introduit dans la cornue parties égales en poids d'acide nitrique du commerce et d'alcool à 36°; on lute les jointures, et on met quelques charbons incandescens sous la cornue; la liqueur ne tarde pas à entrer en ébullition, et à être violemment agitée; on retire le feu, et, pour modérer l'action, on jette de temps en temps de l'eau froide sur la cornue avec une éponge. On connait que l'opération est terminée lorsqu'il ne reste plus dans ce vase qu'environ le tiers du mélange employé, et surtout lorsqu'en abandonnant ce mélange à lui-même, il cesse de bouillir. Les produits de cette opération sont: 1° l'*éther nitreux*, beaucoup de gaz protoxide d'azote, un peu de gaz azote et de gaz acide carbonique, qui se volatilisent et passent dans les flacons ou dans la cuve; 2° beaucoup d'eau, un peu d'acide acétique et de gaz acide nitreux, qui ne se dégagent qu'en partie; 3° enfin une petite quantité d'une matière facile à charbonner, qui reste dans la cornue avec l'alcool et l'acide nitrique non décomposés, et avec la portion d'eau, d'acide acétique et d'acide nitreux non volatilisés. *Théorie.* L'acide nitrique se trouve en partie transformé en acide nitreux par l'hydrogène et le carbone d'une portion d'alcool, qui lui enlèvent de l'oxigène; cet acide nitreux s'unit alors à la majeure partie de l'alcool non décomposé et constitue l'éther nitreux. La formation des produits gazeux qui, en se dégageant, entrainent l'éther nitreux, est tellement rapide, qu'il faut nécessairement favoriser la condensation de l'éther dans les vases, en employant beaucoup de flacons, et en maintenant à une température très-basse l'eau salée qu'ils renferment.

On délute l'appareil, et on procède à la purification de

l'éther : le premier flacon contient une grande quantité d'un liquide jaunâtre, formé d'alcool faible, d'*éther*, d'acides nitreux, nitrique, acétique, etc; les quatre autres offrent, à la surface du liquide qu'ils renferment, une couche verdâtre, composée d'*éther nitreux*, d'acide nitreux et d'alcool. On sépare ces différentes couches au moyen de l'entonnoir et du doigt, comme nous l'avons dit en parlant des huiles essentielles (*voyez* § 1006); on réunit l'éther obtenu par ce moyen au liquide condensé dans le premier flacon, et on soumet le mélange à la distillation; par une douce chaleur l'éther se volatilise, et peut être recueilli dans le récipient (que l'on a entouré de glace); mais il contient encore un peu d'acide, dont on le débarrasse au moyen de la chaux pulvérisée, sur laquelle on le fait séjourner pendant une demi-heure.

M. Laudet proposa, en 1814, d'ajouter au mélange d'alcool et d'acide nitrique, de la gomme, de l'amidon, du sucre, etc., pour diminuer leur action réciproque et rendre l'opération moins tumultueuse : effectivement, ces substances jouissent de cet avantage; mais on retire moins d'éther que dans le cas où l'on fait agir simplement l'alcool et l'acide.

Suivant M. Planche, on peut se procurer *l'éther nitreux* par un procédé plus économique et moins compliqué que celui dont nous venons de parler. On introduit dans une cornue tubulée un mélange pulvérulent de 28 onces de nitrate de potasse et de 14 onces de peroxide de manganèse ; on adapte à la cornue une allonge et un ballon tubulé; de celui-ci part un tube qui va se rendre dans le premier flacon de l'appareil de Woulf, dans lequel on a mis de l'alcool, dont l'objet est de condenser l'éther qui passe à l'état de gaz; deux autres flacons de cet appareil renferment de l'eau distillée. On lute les jointures, et, au moyen d'un tube en *S*, on introduit dans la cornue un mélange refroidi de 80 onces d'alcool à 36°, et de 13 onces d'acide sulfurique concentré. Au bout de douze ou quinze heures, on chauffe graduellement la cornue ; la distillation s'établit ; on la continue jusqu'à siccité, et l'on a soin de rafraîchir l'appareil. Le produit obtenu, qui pèse 60 onces, est distillé de nouveau à une très-douce chaleur, avec une once et demie de magnésie calcinée. Lorsque la moitié du liquide est passée dans le récipient, on arrête l'opération ; on distille encore, sur une demi-once de magnésie pure, le liquide volatilisé dans le récipient, et on reçoit le produit dans un petit ballon jaugé d'avance : on arrête l'opération lorsque le niveau de la liqueur est arrivé à la marque qui indique 8 onces d'eau. L'éther nitreux obtenu par ce moyen est aussi pur que possible suivant M. Planche ; il doit être renfermé dans de petits flacons en cristal.

Éther hydriodique. On distille au bain-marie un mélange de 2 parties en volume d'alcool concentré, et d'une partie d'acide hydriodique à 1,700 de densité ; on obtient dans le récipient un liquide alcoolique incolore, qui, par l'addition de l'eau, laisse précipiter, sous la forme de petits globules, un liquide d'abord laiteux, mais qui ne tarde pas à devenir transparent : ce liquide est l'éther hydriodique (M. Gay-Lussac) ; il suffit de le laver avec de l'eau pour l'avoir pur.

Éther acétique. On introduit dans une cornue 100 parties d'alcool rectifié, 17 parties d'acide sulfurique du commerce, et 63 parties d'acide acétique concentré ; on adapte à cette cornue une allonge et un ballon entouré de linges mouillés, et on chauffe graduellement le mélange ; la liqueur entre en ébullition, et il se produit 125 parties d'éther acétique qui viennent se condenser dans le récipient : il suffit de laisser cet éther pendant demi-heure en contact avec 10 à 12 parties de potasse à la chaux, et de l'agiter de temps en temps, pour le purifier (M. Thenard). Il paraît

e l'acide sulfurique agit dans cette expérience en s'em-
rant de l'eau contenue dans l'acide acétique et dans l'al-
ol, et en empêchant celui-ci de se volatiliser. Il ne se
rme pas un atome d'éther sulfurique. On peut également
éparer cet éther en distillant jusqu'à siccité 3 parties d'a-
tate de potasse, 3 parties d'alcool rectifié, et 2 parties d'a-
de sulfurique concentré; le produit volatilisé et condensé
ans le récipient, doit être distillé de nouveau avec $\frac{1}{5}$ de
on poids d'acide sulfurique à 66°.

Autrefois on préparait cet éther en distillant parties égales
'alcool et d'acide acétique rectifiés; lorsqu'on avait obtenu
ans le récipient les deux tiers du mélange employé, on
ohobait, on distillait de nouveau, on recohobait, et ce
'était qu'après plusieurs distillations, et après avoir perdu
ne certaine quantité du produit, que l'on parvenait à
btenir cet éther, qu'il fallait encore distiller avec la po-
asse, et qui contenait une grande quantité d'alcool; ce
rocédé est généralement abandonné depuis que M. Thenard a fait connaître celui dont nous avons parlé.

Ether benzoïque. On fait chauffer dans un appareil analogue au précédent, 30 parties d'acide benzoïque, 60 parties
d'alcool et 15 parties d'acide hydro-chlorique liquide concentré; il se dégage d'abord de l'alcool contenant un peu d'acide,
puis on obtient dans le ballon un peu d'éther benzoïque;
mais la majeure partie de cet éther reste dans la cornue : à la
vérité, il est recouvert par une couche formée d'alcool,
d'eau, d'acide benzoïque et d'acide hydro-chlorique. On traite
à plusieurs reprises la masse contenue dans ce vase par
l'eau chaude, qui dissout cette couche et laisse l'éther
benzoïque, qu'il suffit de laver avec un peu de dissolution
de potasse, puis avec de l'eau, pour lui enlever un atome
d'acide benzoïque en excès, et l'avoir pur. (M. Thenard.)

Ether oxalique, citrique et malique. On distille dans
un appareil semblable au précédent, 30 parties de l'un

ou de l'autre de ces acides, 35 parties d'alcool pur, et 16 parties d'acide sulfurique concentré; on continue l'opération jusqu'à ce qu'il passe dans le récipient un peu d'éther sulfurique : à cette époque on laisse refroidir le liquide contenu dans la cornue, et on l'étend d'eau pour en précipiter l'*ether* dont nous parlons; on le purifie comme l'éther benzoïque. (M. Thenard.)

Ether tartarique. On emploie, pour l'obtenir, les mêmes proportions d'alcool et d'acide que pour l'éther citrique, excepté que l'on substitue l'acide tartarique à l'acide citrique; on distille le mélange jusqu'à la même époque; mais au lieu de verser de l'eau dans le résidu, on y ajoute peu à peu de la potasse; il se précipite du tartrate acide de potasse; lorsque la liqueur est saturée par l'alcali, on la décante, on l'évapore, et on la traite à froid par de l'alcool très-concentré; le *solutum* alcoolique fournit par l'évaporaration une matière sirupeuse épaisse, qui est l'*éther tartarique*, ou du moins une combinaison d'alcool et d'acide tartarique. (M. Thenard.)

De l'Esprit pyro-acétique.

1019. On distille de l'acétate de plomb dans une cornue de grès, à laquelle on adapte un ballon à deux tubulures, dont l'une donne passage à un tube qui va se rendre au fond d'une longue éprouvette entourée de glace et de sel; on recueille le produit liquide provenant de la décomposition de l'acétate, on le sature par la potasse ou par la soude, et on le distille à une douce chaleur; l'esprit pyro-acétique vient se condenser dans le récipient; on le prive de l'eau qu'il contient en le distillant sur du chlorure de calcium (muriate de chaux sec).

Des Vernis.

1020. *Vernis à l'alcool.* Les vernis à l'alcool peuvent être considérés d'une manière générale, comme des composés de substances résineuses et d'alcool. Voici comment on prépare celui que l'on applique sur les boîtes, les cartons, les étuis, etc. On laisse pendant une heure ou deux, dans l'eau bouillante, un matras contenant 32 parties d'alcool concentré, 4 parties de verre pilé grossièrement, 6 parties de mastic pur, et 3 parties de sandaraque finement pulvérisés, que l'on agite de temps en temps avec un tube de verre; on y verse 3 parties de térébenthine de Venise très-claire, et on continue à chauffer le mélange pendant une demi-heure : au bout de ving-quatre heures, on décante la liqueur, et on la filtre à travers du coton. Suivant Tingry, à qui nous avons emprunté ces détails, le verre dont on se sert augmente le volume du produit, et facilite l'action de l'alcool; il s'oppose, en outre, à ce que les résines adhèrent au matras et se colorent.

Vernis à l'essence. Ils ne diffèrent des précédens qu'en ce qu'ils contiennent de l'huile essentielle de térébenthine au lieu d'alcool ; on les prépare par le même procédé, et on en fait usage pour vernir les tableaux. Voici la composition de celui que l'on emploie de préférence : mastic pur en poudre, 12 parties ; térébenthine pure, 1 partie et demie; camphre en fragmens, $\frac{1}{2}$ partie ; verre blanc pilé, 5 parties; huile essentielle de térébenthine rectifiée, 36 parties.

Vernis gras. On applique ces vernis sur les voitures de luxe, les lampes, le bois, le fer, le cuivre, etc. On les prépare en faisant fondre à une douce chaleur, dans un matras, 16 parties de résine copal, et en y versant 8 parties d'huile de lin ou d'œillet lithargirée et bouillante ; on agite le mélange, et lorsque la température est à 60° ou 80°,

on y ajoute 16 parties d'huile essentielle de térébenthine;
on le passe de suite à travers un linge, et on le garde dans
une bouteille dont l'ouverture est assez large : il ne tarde
pas à s'éclaircir. (*Art de faire et d'appliquer les vernis*,
par Tingry, tome 1, page 135.)

De l'Hématine.

1021. Après avoir fait digérer pendant quelques heures
la poudre de bois de campêche avec de l'eau à 50 ou à 55°,
on filtre le *solutum* et on l'évapore jusqu'à siccité; le produit obtenu est mis en contact avec de l'alcool à 36°. Au
bout de vingt-quatre heures, on filtre et on chauffe la dissolution alcoolique jusqu'à ce qu'elle ait acquis une consistance épaisse; alors on y ajoute un peu d'eau, on l'é-
vapore de nouveau à une douce chaleur, et on la laisse
refroidir; l'*hématine* cristallise; on lave les cristaux avec
de l'alcool et on les fait sécher. (Chevreul.)

Du Rouge de carthame.

1022. On le prépare avec la fleur de carthame, dans laquelle
on trouve, outre la couleur *rouge* insoluble dans l'eau, une
matière colorante jaune, soluble dans ce liquide. On lave le
carthame à plusieurs reprises, jusqu'à ce que l'eau ne soit
plus colorée par la matière jaune; on décante et on fait
macérer le résidu pendant une heure avec son poids d'eau
et 0,15 de sous-carbonate de soude, qui a la propriété de
dissoudre la matière rouge; on filtre la dissolution, on en
sature la soude par le jus de citron et on y plonge des
écheveaux de coton: dans cet état la liqueur doit être d'un
beau rouge cerise; la matière rouge abandonnée par l'alcali se trouve, au bout de vingt-quatre heures, entièrement précipitée et combinée avec le coton. On lave celui-ci
à plusieurs reprises avec de l'eau tiède, qui dissout le reste
de la matière jaune; on le laisse pendant une heure dans

un bain composé de vingt fois son poids d'eau, et d'un dixième de ce même poids de sous-carbonate de soude, afin de dissoudre de nouveau la matière rouge qui était fixée sur le coton; on précipite cette matière par le jus de citron, et on la fait dessécher après avoir décanté le liquide. (Dufour.)

De la Polychroïte.

1023. On traite le safran par l'eau froide; on évapore la dissolution jusqu'en consistance de miel, et on fait macérer le produit avec de l'alcool à 40°; on filtre le *solutum* et on le dessèche par l'évaporation. La masse obtenue est la polychroïte.

De l'Indigo guatimala.

1024. Après avoir lavé les feuilles de l'*indigofera*, on les place dans une cuve et on les recouvre d'eau; elles ne tardent pas à fermenter; le liquide verdit, devient un peu acide, et sa surface se recouvre de bulles et de pellicules irisées; alors on le fait passer dans une autre cuve; on l'agite et on le mêle avec de l'eau de chaux qui favorise la précipitation de l'indigo; lorsque celui-ci est déposé, on le lave et on le fait sécher à l'ombre.

On opère de même pour extraire cette matière colorante du pastel; mais comme l'indigo précipité par l'eau de chaux est vert, et qu'il doit cette couleur à un mélange de jaune et de bleu, il faut le laver avec de l'acide hydrochlorique faible, qui dissout la chaux, et rend la matière jaune plus soluble dans l'eau, en sorte qu'il suffit ensuite de le mettre en contact avec ce dernier liquide pour lui enlever la couleur jaune et l'obtenir bleu.

Indigo pur. On chauffe dans un creuset de platine recouvert de son couvercle l'indigo guatimala, et l'on ne tarde pas à obtenir l'indigo pur, sublimé sous la forme de cristaux, et attaché à la partie moyenne du creuset; on peut encore l'obtenir en traitant successivement l'indigo guatimala par l'eau, par l'alcool et par l'acide hydro-chlorique. (Chevreul. *Voyez* § 720.)

De la Matière colorante du bois de santal rouge.

1025. Après avoir lavé le bois de santal réduit en poudre, on le fait bouillir à plusieurs reprises avec de l'alcool concentré; on évapore le *solutum*, et l'on obtient pour résidu la matière colorante dont nous parlons. (Pelletier.)

De l'Orcanette.

1026. On traite par l'éther sulfurique la partie corticale de l'orcanette; le *solutum* contient la matière colorante; on fait évaporer l'éther et on obtient l'orcanette.

De l'Émétine.

1027. Après avoir réduit en poudre la partie corticale de l'ipécacuanha, on la traite par l'éther à 60° pour dissoudre toute la matière grasse odorante. Lorsque ce véhicule n'exerce plus d'action, on fait bouillir la poudre à plusieurs reprises avec de l'alcool à 40°; on filtre les dissolutions bouillantes, et l'on obtient un précipité blanc floconneux analogue à la cire; on filtre de nouveau les dissolutions et on les fait évaporer au bain-marie; le résidu, d'un rouge safrané, contient l'*émétine*, de la cire, de la matière grasse et de l'acide gallique. On le traite par l'eau froide, qui ne dissout que l'émétine et l'acide gallique; on filtre, et on précipite celui-ci par le carbonate de baryte ou de magnésie, ou par l'alumine en gelée: l'*émétine* ainsi isolée est redissoute dans l'alcool, et le *solutum* évaporé jusqu'à siccité.

De la Picrotoxine.

1028. On fait bouillir dans l'eau la coque du Levant séparée de son péricarpe; on verse dans la dissolution filtrée de l'acétate de plomb, qui y fait naître un précipité; on filtre et on évapore la dissolution jusqu'en consistance d'extrait; celui-ci est traité par l'alcool à 40°, et la liqueur résultante évaporée de nouveau. On répète ces opérations jusqu'à ce que l'on obtienne un produit complètement soluble dans l'eau et dans l'alcool; ce produit est formé de *picrotoxine* et de matière jaune; on l'agite avec un peu d'eau qui dissout la matière jaune, et détermine la séparation d'un très-grand nombre de petits cristaux qu'il suffit de laver. (Boullay.)

De la Sarcocolle.

1029. La sarcocolle pure s'obtient en traitant par l'eau ou par l'alcool la sarcocolle du commerce, et en évaporant la dissolution jusqu'à siccité.

De la Gelée et de l'Ulmine.

(*Voyez* pag. 164 de ce vol.).

De l'Asparagine.

1030. On fait chauffer le suc d'asperges pour en coaguler l'albumine; on le filtre, on le concentre par la chaleur et on le laisse évaporer spontanément; au bout de quinze à vingt jours l'*asparagine* cristallise en prismes rhomboïdaux, que l'on recueille pour les dissoudre dans l'eau et les faire cristalliser de nouveau. Il faut éviter de prendre avec l'asparagine d'autres cristaux aiguillés, peu consistans, qui sont mêlés avec elle, et qui paraissent avoir quelque rapport avec la mannite. (MM. Vauquelin et Robiquet.)

De la Morphine.

1031. On verse, sur huit onces d'opium concassé, une pinte d'eau distillée; au bout de deux jours, on filtre la dissolution, et on l'agite avec un gros et demi ou deux gros de magnésie pure; on fait bouillir le mélange pendant quatre à cinq minutes, et on le met sur un filtre; l'excès de magnésie et la morphine restent sur le filtre; on les lave, on les presse pour les dessécher, puis on les traite par l'alcool bouillant, qui dissout toute la morphine sans agir sur la magnésie; on filtre la dissolution alcoolique encore bouillante, et la morphine se précipite par le refroidissement. (M. Robiquet.)

M. Sertuerner a proposé l'emploi de l'ammoniaque pour séparer la morphine de la dissolution aqueuse d'opium; mais la magnésie doit lui être préférée, parce qu'elle donne plus de produit, qu'il est beaucoup moins coloré et beaucoup plus alcalin.

De la Substance cristallisable de l'opium (sel d'opium).

1032. On peut obtenir ce produit avec la dissolution aqueuse de l'opium ou avec le marc. Dans le premier cas, on évapore la dissolution jusqu'en consistance de sirop épais, que l'on traite par cinq ou six fois son poids d'eau; on filtre et on évapore de nouveau le *solutum*. On traite de même par l'eau la masse sirupeuse qui en résulte. Dans chacune de ces opérations, l'eau qui sert à délayer le produit sirupeux sépare une portion de substance cristallisable, unie à de la résine et à un peu d'extrait. On traite cette portion par l'alcool bouillant, et par le refroidissement on obtient le sel d'opium cristallisé; à la vérité, il est coloré en jaune par de la résine, et il faut le purifier en le dissolvant dans l'alcool et en le faisant cristalliser à plu-

sieurs reprises. Pour retirer le sel d'opium du *marc*,
M. Derosne conseille de faire digérer, à la température de
30 à 40°, une partie de celui-ci avec 5 à 6 parties d'alcool,
de filtrer la liqueur encore chaude, de remettre de l'alcool
sur le résidu pour lui faire subir une nouvelle digestion,
enfin de faire bouillir de l'alcool sur la masse qui a déjà
subi cette double digestion; alors on réunit les liqueurs
alcooliques, et on les distille dans des vaisseaux clos jusqu'à ce que la liqueur soit épaissie; on la jette dans une
capsule de porcelaine; la majeure partie de la résine se dépose; on décante la liqueur dans laquelle se trouve le *sel
d'opium*, qui cristallise par le refroidissement; on le fait
redissoudre dans l'alcool pour le faire cristalliser de nouveau et l'avoir pur. On peut encore l'obtenir en faisant
bouillir le marc d'opium avec de l'alcool, filtrant la liqueur
bouillante, redissolvant dans l'alcool les cristaux qui se
déposent par le refroidissement, et les faisant cristalliser
de nouveau.

De la Fungine.

1033. On prépare la fungine en traitant les champignons
par l'eau, par l'alcool, par les acides, et par une dissolution alcaline faible; ces menstrues dissolvent les divers principes qui constituent les champignons, et laissent la fungine,
qui y est insoluble.

Du Gluten.

1034. On forme, avec la farine de froment et de l'eau, une
pâte que l'on malaxe sous un filet d'eau; ce liquide entraîne
la fécule et dissout l'albumine et le sucre qui entrent dans la
composition de la farine, et qui étaient logés dans les in-
terstices du gluten; au bout de quelques minutes, celui-ci
reste entre les mains. Il est pur quand il ne trouble plus
l'eau dans laquelle on le met.

De la Levure de bière (ferment).

1035. On la sépare de la masse écumeuse qui se produit pendant la fermentation de l'orge germée. (*Voyez* page 239 de ce vol.)

De la Préparation du pain.

1036. Le pain se prépare ordinairement avec la farine de froment ou de seigle; les autres semences, ainsi que la pomme de terre, ne fournissent du pain de bonne qualité qu'autant qu'on les a mêlées aux précédentes. On fait une pâte avec de la farine et du levain frais délayé dans de l'eau tiède; on la pétrit afin de mêler intimement ces différentes substances, et on l'abandonne à elle-même à une température de 12 à 15°. Il s'établit bientôt une réaction entre les élémens qui composent la farine et le levain; le sucre éprouve la fermentation spiritueuse, et donne naissance à de l'acide carbonique et à de l'alcool, qui passe bientôt à l'état d'acide acétique; le gaz carbonique formé tend à se dégager, dilate les cellules du gluten, rend la pâte légère, blanche, et s'oppose par conséquent à ce qu'elle soit *mate* : on dit alors que la pâte est levée ; à cette époque on la fait cuire. Si la farine que l'on emploie ne contient pas de gluten, ou que son mélange avec le levain n'ait pas été intime, on obtient un pain mat.

M. Vogel, dans un travail récent sur la panification, a établi, 1° que le gaz acide carbonique ne peut pas remplacer la levure et le levain, comme l'avait prétendu M. Edling ; 2° que le gaz hydrogène a la faculté de soulever la pâte, mais qu'il ne peut pas la faire fermenter; 3° qu'il est impossible de former du pain en réunissant les élémens de la farine préalablement séparés par l'analyse; 4° que lorsqu'une farine de mauvaise qualité refuse d'entrer en fermentation, et donne un mauvais pain, on peut l'améliorer au moyen du carbonate de magnésie, proposé par M. Edmond Davy. (*Voyez* tome 1er, p. 223.) Ce sel est décomposé par l'acide acétique contenu dans la pâte, et l'acide carbonique mis à nu sert probablement à dilater les cellules du gluten : toujours est-il vrai que le pain renferme dans ce cas de l'acétate de magnésie. 5°. Que le pain fait avec le riz ou avec l'avoine est dur; que ce dernier est en outre grisâtre et sensiblement amer.

Nous allons terminer cet article par l'exposition des mélanges à l'aide desquels on peut faire du pain. On peut l'obtenir excellent avec moitié de froment et moitié de maïs; le pain de ménage peut être préparé avec parties égales de farine de froment, et de farine de seigle, d'orge, d'avoine, de sarrasin et de pomme de terre; celle-ci peut même, lorsqu'elle est fraîche, y entrer pour les deux-tiers ou pour les $\frac{4}{5}$. Suivant M. Cadet de Vaux, on obtient 36 livres de bon pain avec 18 livres de farine d'orge, 9 livres de farine de blé et 9 livres de parenchyme de pomme de terre. (*Voyez* § 811.)

Du Tannin.

1037. *Tannin de la noix de galle.* M. Proust a proposé deux procédés pour séparer cette substance de l'infusion de noix de galle. Le premier consiste à saturer l'acide gallique qu'elle renferme par le sous-carbonate de potasse, et à laver le tannin précipité. Suivant M. Bouillon-Lagrange, on doit substituer à ce sel le sous-carbonate d'ammoniaque, et faire digérer le précipité dans l'alcool à 0,817 de pesanteur spécifique. Dans le second procédé, on précipite le tannin en versant dans la même infusion de l'hydro-chlorate d'étain : le tannin est alors uni avec l'oxide d'étain; on fait passer à travers le précipité lavé du gaz acide hydrosulfurique, qui transforme l'oxide en sulfure, tandis que le tannin reste en dissolution ; on fait évaporer la liqueur jusqu'à siccité, et on l'obtient. Suivant M. Mérat Guillot, on doit précipiter l'*infusum* de noix de galle par l'eau de chaux, et laver le précipité avec de l'acide nitrique **ou** hydro-chlorique faibles, qui mettent à nu le tannin pur.

On a encore proposé quelques autres procédés pour séparer cette matière ; mais nous devons avouer que toujours le tannin obtenu contient de l'acide gallique, et en outre une portion du réactif qui a servi à le précipiter ; en sorte qu'il nous a été impossible, jusqu'à ce jour, de nous procurer cette substance pure.

Tannin de cachou. Il suffit, pour obtenir ce corps, de faire bouillir le cachou avec de l'alcool, de filtrer le *solutum*, de l'évaporer jusqu'à siccité, et de mettre la masse en contact avec l'eau froide, qui ne dissout guère que le tannin. (M. Davy.)

Tannin artificiel. (*Voyez* pag. 195 de ce vol.)

De l'Encre.

1038. L'encre dont nous allons indiquer la préparation doit être regardée comme une combinaison de tannin, d'acide gallique, d'oxide de fer et de peroxide de cuivre ; elle contient en outre de la gomme que l'on peut considérer comme y étant à l'état de simple mélange, et qui sert à lui donner de la consistance et du brillant.

On fait bouillir pendant deux heures une livre de copeaux de bois de campêche, 2 livres de noix de galle concassée et 75 livres d'eau ; on remplace celle-ci à mesure qu'elle s'évapore ; on mêle 6 mesures de ce *decoctum* avec 4 mesures d'eau saturée de gomme arabique, et on y ajoute 3 ou 4 mesures d'une dissolution de proto-sulfate de fer, dans laquelle on a mis du sulfate de cuivre dans la proportion de $\frac{1}{13}$ de la noix de galle employée ; aussi-

ôt que le mélange est fait, on l'agite et il devient noir.
M. Chaptal.)

De la Matière sucrée, et de la Matière cristallisable de la réglisse.

1039. *Matière sucrée.* On verse sur le *decoctum* de racine le réglisse déjà refroidi et filtré, un peu de vinaigre distillé; il se produit un précipité gélatineux composé de beaucoup de matière sucrée, et d'un peu de substance animale unie à l'acide acétique; on le traite par l'alcool après l'avoir lavé; on fait évaporer le *solutum*, et on obtient cette matière à l'état de pureté.

Matière cristallisable. Le *decoctum* dont on a séparé la matière sucrée par l'acide acétique, après avoir été filtré, est précipité par un excès d'acétate de plomb; alors il est incolore; on y fait arriver un courant de gaz acide hydro-sulfurique pour transformer en sulfure de plomb insoluble l'acétate qu'il contient; on filtre et on fait évaporer la dissolution; la matière dont nous parlons cristallise, et peut être purifiée par une nouvelle dissolution et cristallisation.

DE LA PRÉPARATION DES SUBSTANCES ANIMALES.

De la Fibrine.

1040. Si on bat le sang avec une poignée de bouleau immédiatement après sa sortie de la veine, la fibrine vient s'attacher au bois; il suffit ensuite de la soumettre à des lavages réitérés pour la décolorer et l'avoir pure.

De l'Albumine.

1041. *Albumine liquide.* Elle constitue le blanc d'œuf : à la vérité, celui-ci contient en outre quelques sels et du sous-carbonate de soude, dont il est impossible de le priver.

Albumine solide. On verse de l'alcool dans le blanc d'œuf dissous dans l'eau et filtré ; l'albumine se précipite sur-le-champ ; on la lave.

Du Principe colorant du sang.

1042. Après avoir égoutté sur un tamis de crin le caillot du sang, on l'écrase dans une terrine avec 4 parties d'acide sulfurique préalablement étendu de 8 parties d'eau, et on chauffe le mélange à 70° thermomètre centigrade, pendant cinq à six heures ; on filtre la liqueur encore chaude qui contient le principe colorant du sang, de l'albumine, et probablement de la fibrine ; on lave le résidu avec une quantité d'eau chaude égale à celle de l'acide employé ; on évapore les dissolutions jusqu'à ce que leur volume soit réduit à moitié, et on y verse assez d'ammoniaque pour qu'il ne reste plus qu'un léger excès d'acide ; on agite, et on obtient un dépôt d'un rouge pourpre, formé principalement par le principe colorant, et qui ne renferme ni albumine ni fibrine ; on le lave jusqu'à ce que l'eau de lavage ne contienne plus d'acide sulfurique, ou ne précipite plus le nitrate de baryte ; alors on le met sur un filtre, on l'égoutte sur du papier joseph, on l'enlève avec un couteau d'ivoire et on le fait sécher dans une capsule. (M. Vauquelin.)

De la Gélatine.

1043. Nous avons déjà indiqué (§ 946) le procédé que l'on doit employer pour obtenir la gélatine des os ; voyons maintenant comment on s'y prend pour préparer la colle-forte avec les rognures de peaux, de parchemin, de gants ; avec les sabots, les oreilles de bœuf, de cheval, de mouton, de veau, etc. Après avoir enlevé le poil et la graisse contenus dans ces matières, on les fait bouillir pendant long-temps avec beaucoup d'eau ; on sépare les écumes, dont on favorise la formation à l'aide d'une petite quantité d'alun ou de chaux ; on passe la liqueur, et on la laisse reposer ; on la décante, on l'écume de nouveau, et on la fait chauffer pour la concentrer. Lorsqu'elle est suffisamment rapprochée, on la verse dans des moules préalablement humectés, où elle se prend en plaques molles par le refroidissement ; au bout de vingt-quatre heures, on les coupe en tablettes, et on les fait sécher dans un endroit chaud et aéré.

1044. *Colle de poisson.* Pour l'obtenir, on lave la membrane interne de la vessie *natatoire* de certains esturgeons ; on la dessèche un peu, on la roule, et on achève de la dessécher à l'air. On prépare encore une colle moins pure en traitant par l'eau bouillante la tête, la queue et les mâchoires de certaines baleines et de presque tous les poissons sans écailles.

Du Caseum.

1045. On abandonne le lait à lui-même ; on sépare la crême à mesure qu'elle se forme ; on lave le caillot précipité, on l'égoutte et on le dessèche : ce caillot est le *caseum* pur. (Voyez *Lait*, § 928.)

Du Fromage.

1046. Le fromage frais n'est autre chose que le *caseum*, tandis que les autres sont le résultat de la décomposition éprouvée par ce corps. Pour les obtenir, on expose au grand air le *caseum* bien égoutté et salé ; on le retourne tous les deux jours, et on sale de nouveau la partie supérieure ; quand il est sec, on le met dans une cave sur un lit de foin, en ayant soin de le retourner encore de temps en temps ; il est fait lorsqu'il est devenu gras : à cette époque, il ne contient plus de *caseum* ; on y trouve une matière huileuse , de l'acétate d'ammoniaque, etc.

Du Beurre.

1047. Après avoir obtenu la crême, en exposant le lait à l'air , on l'agite fortement, soit au moyen d'un tonneau dont l'axe mobile offre plusieurs ailes , soit au moyen d'un disque de bois attaché à l'extrémité d'un long bâton : bientôt elle se partage en deux parties : l'une , liquide et laiteuse , porte le nom de *lait de beurrre* , et contient du petit-lait, du *caseum* et un peu de beurre ; l'autre est le beurre : on sépare celui-ci, on le lave à grande eau, et on le malaxe jusqu'à ce qu'il ne blanchisse plus ce liquide ; alors on le livre dans le commerce : cependant il est loin d'être pur ; il retient encore du *caseum* et du *serum* qui le rendent si facilement altérable en été : pour le débarrasser de ces matières , on le fait fondre à une chaleur d'environ 60 à 66° : il vient à la surface, tandis que le *serum* liquide, plus pesant, se trouve au-dessous avec les flocons de *caseum* ; on le décante et on le conserve.

On a prétendu pendant long-temps que le beurre et la crême ne se trouvaient pas tout formés dans le lait, et qu'ils se produisaient pendant le battage, en absorbant l'oxigène de l'air ; cette opinion est tellement dénuée de fondement, qu'il suffit de quelques heures pour séparer la crême du lait que l'on a mis dans des vaisseaux clos privés d'air et exposés au soleil ; cette séparation a même lieu lorsqu'on agite du lait dans un flacon qui est à moitié rempli d'acide carbonique, et qui ne contient pas d'air.

Du Petit-Lait.

1048. On verse une cuillerée de vinaigre dans un litre de lait écrémé bouillant : sur-le-champ la majeure partie du *caseum* et du beurre se précipite ; on décante le petit-lait surnageant, qui est encore trouble; on le passe à travers un tamis de crin très-serré, et on le fait chauffer; aussitôt qu'il entre en ébullition, on le mêle avec un blanc d'œuf délayé dans quatre à cinq fois son poids d'eau; il se forme un nouveau *coagulum* composé d'albumine, de *caseum* et de matière butireuse; on le passe à travers un linge fin, et l'on obtient une liqueur très-limpide, qui est le *petit-lait*. Le procédé suivant est encore préférable : on délaye dans un peu d'eau une petite quantité de présure que l'on verse dans le lait; on laisse le mélange sur des cendres chaudes pendant quelques heures; on le chauffe ensuite en évitant de le faire bouillir; le *coagulum* se forme; on en sépare le *serum*, on le mêle avec un blanc d'œuf bien battu, et on le porte à l'ébullition; aussitôt qu'il bout on y ajoute un peu d'eau mêlée avec une ou deux gouttes de vinaigre, et il devient très-clair; on le passe à travers un linge fin.

Du Sucre de lait.

1049. On évapore le petit-lait, et on le laisse cristalliser; les cristaux de sucre de lait obtenus sont dissous dans l'eau, et cristallisés de nouveau, pour les séparer d'un peu de *caseum* et de quelques substances salines qui les altèrent. Cette préparation se fait principalement en Suisse.

De l'Urée.

1050. On évapore l'urine jusqu'en consistance sirupeuse; on entoure de glace le vase qui la contient, et on la mêle peu à peu avec son volume d'acide nitrique à 24°, qui se combine avec l'urée; on agite, et on rassemble sur un linge les cristaux rougeâtres de nitrate acide d'urée; on les lave avec de l'eau à 0°, et après les avoir desséchés sur du papier joseph, on les dissout dans l'eau, et on les décompose par un excès de carbonate de potasse; la liqueur

se trouve alors composée d'*urée*, de nitrate de potasse et
de l'excès de carbonate ; on l'évapore presque jusqu'à siccité et à une douce chaleur ; on traite le produit par de
l'alcool très-pur, qui ne dissout que l'urée ; on fait évaporer le *solutum*, et l'urée cristallise ; on la dissout dans
de l'alcool, et on la fait cristalliser de nouveau pour l'avoir
pure. (Fourcroy et M. Vauquelin.)

De la Matière extractive du bouillon (osmazome).

1051. On traite à plusieurs reprises la chair musculaire avec
de l'eau froide, qui dissout l'albumine, l'osmazome et quelques sels ; on fait bouillir la dissolution pour coaguler l'albumine que l'on sépare avec une écumoire ; on la filtre lorsqu'elle est moyennement concentrée, et qu'il ne se coagule
plus d'albumine ; on continue l'évaporation à une douce
chaleur jusqu'à ce que la liqueur ait acquis la consistance d'un sirop ; on la traite par l'alcool qui dissout l'osmazome ; on filtre, et on fait évaporer de nouveau pour
volatiliser l'esprit-de-vin. On peut encore préparer l'osmazome en concentrant le bouillon ordinaire séparé de la
graisse : en effet, celui-ci ne contient guère que de l'osmazome et de la gélatine ; il suffit donc de le traiter par l'alcool, qui dissout le premier de ces corps sans toucher sensiblement à l'autre.

De la Matière jaune de la bile.

1052. On étend la bile de bœuf de dix ou douze fois son
volume d'eau ; on y verse quelques gouttes d'acide nitrique, et sur-le-champ on obtient un précipité jaune très-
abondant, formé de la matière que nous cherchons à
séparer et d'un peu de résine ; on le lave, et on le traite
par l'alcool, qui dissout la résine et laisse la *matière jaune*.
(M. Thenard.)

De la Résine de la bile.

1053. La bile dont on a extrait la matière jaune est filtrée et mêlée avec une dissolution d'acétate de plomb neutre, qui y fait naître un précipité composé d'oxide de plomb et de résine ; on le lave et on le décompose par de l'acide nitrique faible ; celui-ci dissout l'oxide de plomb, et la résine reste sous la forme de glèbes molles et vertes. (M. Thénard.)

Du Picromel.

1054. On commence par verser dans de la bile de bœuf étendue d'eau de l'acétate de plomb du commerce, pour en précipiter la matière jaune, la résine et les acides sulfurique et phosphorique qui entrent dans la composition du sulfate et du phosphate de soude ; on filtre la liqueur dans laquelle se trouve le picromel, et on la mêle avec un excès de sous-acétate de plomb ; il se forme sur-le-champ un précipité blanc floconneux composé d'oxide de plomb et de picromel ; on le lave à grande eau, on le dissout dans du vinaigre distillé, et on fait arriver dans le *solutum* un courant de gaz acide hydro-sulfurique, qui décompose l'oxide de plomb, et en précipite le métal à l'état de sulfure noir ; on filtre, et on fait chauffer la liqueur pour en chasser les acides acétique et hydro-sulfurique ; il ne reste plus que le *picromel*.

De la Cholestérine.

1055. On prépare la cholestérine en faisant bouillir dans l'alcool les calculs biliaires de l'homme réduits en poudre fine : la cholestérine se dissout et cristallise à mesure que la liqueur refroidit.

De l'Acide urique.

1056. On l'obtient en faisant bouillir, avec de la potasse et de l'eau, le dépôt de l'urine non putréfiée, ou les calculs urinaires jaunâtres : on forme par ce moyen de l'urate de potasse soluble, que l'on décompose par l'acide hydro-chlorique; il se produit aussitôt un précipité blanc floconneux d'acide urique ; on le lave pour en séparer tout l'hydro-chlorate de potasse.

De l'Acide rosacique.

1057. Après avoir lavé le dépôt rouge qui se forme dans l'urine des individus atteints de certaines fièvres nerveuses, etc., on le fait bouillir avec de l'alcool, qui dissout l'acide rosacique et qui n'agit pas sensiblement sur l'acide urique; on évapore le *solutum* et on obtient l'acide rosacique.

De l'Acide amniotique.

1058. On fait évaporer jusqu'en consistance sirupeuse les eaux de l'amnios de la vache, et on les fait bouillir avec de l'alcool ; celui-ci dissout l'acide amniotique, et le laisse précipiter presqu'entièrement à mesure qu'il se refroidit.

De l'Acide sébacique.

1059. L'acide sébacique fait partie du produit liquide que l'on obtient dans le récipient lorsqu'on distille de la graisse dans des vaisseaux fermés ; il y est en petite quantité, et se trouve mêlé avec de la graisse altérée et avec un peu d'acide acétique ; pour l'obtenir on traite ce liquide à plusieurs reprises par l'eau bouillante; on le laisse refroidir après l'avoir agité, on le décante chaque fois, et on le décompose par de l'acétate de plomb dissous dans l'eau ; il se forme un précipité blanc floconneux de *sébate de plomb*; on le lave, et lorsqu'il est sec on le chauffe avec parties égales d'acide sulfurique étendu de cinq ou six fois son poids d'eau ; il se produit du sulfate de plomb insoluble, et de l'acide sébacique soluble à chaud ; on filtre et l'acide cristallise par le refroidissement de la liqueur ; on lave les cristaux pour les débarrasser de l'acide sulfurique qu'ils retiennent, et on ne cesse les lavages que lorsque le liquide ne précipite plus le nitrate de baryte : à cette époque on le fait sécher. (M. Thenard.)

De l'Acide lactique.

1060. On fait évaporer le petit-lait : lorsqu'il est réduit à un huitième de son volume, on le filtre pour en séparer la matière caséeuse et on verse de l'eau de chaux dans la dissolution ; par ce moyen, on precipite le phosphate de chaux qu'il contient ; on filtre de nouveau, et on précipite l'excès de chaux par de l'acide oxalique très-faible ; alors on fait évaporer la liqueur jusqu'en consistance sirupeuse et on la mêle avec de l'alcool concentré, qui ne dissout que l'acide lactique ; on volatilise l'esprit-le-vin par la chaleur et l'acide reste pur. (Schéele.) Suivant M. Berzelius, il faudrait faire digérer pendant quelque temps la dissolution alcoolique avec du carbonate de plomb, la décanter, et faire passer à travers le lactate de plomb formé un courant de gaz acide hydro-sulfurique, qui précipiterait le plomb et laisserait dans la dissolution l'acide lactique uni à l'alcool ; l'acide obtenu par ce moyen serait beaucoup plus pur.

De l'Acide cholestérique.

1061. On fait chauffer la cholestérine avec de l'acide nitrique concentré ; bientôt l'acide et la cholestérine se décomposent ; il se dégage du gaz nitreux, et l'on obtient dans la cornue des aiguilles d'acide cholestérique mêlées d'acide nitrique ;

on sépare ce dernier en faisant bouillir le produit sur du carbonate de plomb. (MM. Pelletier et Caventou.)

Du Cyanogène.

1062. On chauffe dans une petite cornue de verre, à laquelle on adapte un tube recourbé, du cyanure de mercure *neutre* et *parfaitement sec*, qui ne tarde pas à noircir et à se fondre comme une matière animale ; il est décomposé et fournit du cyanogène gazeux que l'on recueille sur la cuve hydrargyro-pneumatique, du mercure et une assez grande quantité de cyanure qui se volatilisent, et un charbon couleur de suie aussi léger que du noir de fumée, qui reste dans la cornue. Si la température est assez élevée pour ramollir le verre, une portion de cyanogène est également décomposée, et l'on obtient de l'azote. Si le cyanure dont on se sert est humide, il ne donne que de l'acide carbonique, de l'ammoniaque et beaucoup de vapeur hydro-cyanique.

De l'Acide hydro-cyanique.

1063. On prépare cet acide en décomposant le cyanure de mercure par l'acide hydro-chlorique, à l'aide d'un appareil composé d'une cornue tubulée à laquelle on adapte un tube horizontal d'environ 6 décimètres de longueur et un centimètre et demi de diamètre intérieur. Le premier tiers de ce tube, celui qui tient au bec de la cornue, est rempli de petits fragmens de marbre blanc (carbonate de chaux), qui servent à retenir l'acide hydro-chlorique qui peut se dégager pendant l'opération, et dont on doit éviter autant que possible la volatilisation. On met dans les deux autres tiers des fragmens de chlorure de calcium (muriate de chaux fondu), substance très-avide d'eau et qui s'empare de celle que pourrait contenir la vapeur hydro-cyanique. L'extrémité de ce tube va se rendre dans un récipient vide, entouré d'un mélange frigorifique préparé avec 2 parties de glace pilée et une partie de sel commun. L'appareil étant ainsi disposé on introduit dans la cornue 2 parties de cyanure de mercure et une partie d'acide hydro-chlorique liquide et concentré; on lute les jointures et on chauffe graduellement; bientôt l'acide hydro-cyanique se dégage et se condense dans le premier tiers du tube, entre les fragmens du marbre; à l'aide d'une chaleur modérée, on lui fait parcourir toute la longueur du tube, on le laisse plus ou moins de temps en contact avec le chlorure de calcium, et lorsqu'il est parfaitement desséché, on le fait arriver dans le récipient. A la fin de l'opération, on trouve dans la cornue du proto-chlorure de mercure (calomelas) et du cyanure non décomposé. *Théorie.* L'hydrogène de l'acide hydro-chlorique se combine avec le cyanogène du cyanure pour former l'acide hydro-cyanique, tandis que le chlore et le mercure mis à nu s'unissent et donnent naissance à du proto-chlorure de mercure. (M. Gay-Lussac) Nous avons déjà indiqué (§ 870) comment Schéele était parvenu à obtenir, pour la première fois, l'acide hydro-cyanique.

Du Cyanure de mercure.

1064. On le prépare en faisant bouillir dans une fiole 8 parties d'eau, une partie de deutoxide de mercure et 2 parties de bleu de Prusse réduit en poudre fine; le mélange ne tarde pas à perdre sa couleur bleue et la liqueur devient jaune; alors on la filtre et on obtient le cyanure cristallisé. On pourrait, par des évaporations et des cristallisations successives, le débarrasser de l'oxide de fer qu'il contient; mais il est préférable de le faire bouillir avec du deutoxide de mercure qui précipite cet oxide; on filtre et on traite de nouveau la liqueur par le deutoxide de mercure jusqu'à ce qu'il ne se dépose plus d'oxide de fer (Proust); alors on sature l'excès d'oxide mercuriel par de l'acide hydro-cyanique ou par de l'acide hydro-chlorique, et l'on obtient le cyanure pur.

Hydro-cyanates simples. Ils sont le résultat de l'action directe de l'acide hydro-cyanique sur les oxides.

Hydro-cyanate de potasse et de fer. On commence par purifier le bleu de Prusse réduit en poudre fine, en le faisant bouillir, pendant une demi-heure, avec de l'acide sulfurique étendu de cinq à six fois son poids d'eau; cet acide dissout l'alumine et quelques autres matières étrangères; on filtre et on lave le bleu de Prusse, qui reste jusqu'à ce que les eaux de lavage ne contiennent plus d'acide sulfurique, ou ne précipitent plus par le nitrate de baryte; alors on le fait bouillir avec une dissolution de potasse à l'alcool étendue d'eau; le bleu de Prusse se décompose, perd sa couleur, et l'on obtient de l'hydro-cyanate de potasse et de fer dans la dissolution, et un précipité brun rougeâtre de peroxide de fer; on filtre, on sature l'excès de potasse de la dissolution par un peu d'acide acétique, et on fait évaporer : le sel double ne tarde pas à cristalliser.

Hydro-cyanate de potasse et d'argent. (*Voy.* § 882.)

Du Bleu de Prusse.

1065. On calcine dans un creuset de terre ou de fonte parties égales de sang desséché, de rognure de corne, ou bien du charbon qui en provient, et de sous-carbonate de potasse du commerce; lorsque la température est rouge et que le mélange est pâteux, on le retire du feu et on le laisse refroidir; il contient alors du *cyanure de potasse* dont le cyanogène a été formé aux dépens de l'azote et du carbone de la matière animale : on ne peut pas admettre qu'il renferme de l'hydro-cyanate de potasse, car celui-ci est décomposé et ramené à l'état de cyanure, à une température rouge; on délaye ce mélange dans douze ou quinze fois son poids d'eau ; on l'agite et on le filtre au bout d'une demi-heure; la dissolution est composée de cyanure de potasse qui, suivant M. Gay-Lussac, n'a pas été décomposé (1), de l'excès de sous-carbonate de potasse, d'hydro-chlorate de potasse, de sulfite sulfuré, et d'un peu d'hydro-sulfate sulfuré de potasse (2); on y verse un excès de dissolution aqueuse formée de 2 à 4 parties d'alun (sulfate acide d'alumine et de potasse), et d'une partie de sulfate de fer du commerce ; il se dégage sur-le-champ du gaz acide *carbonique* et de l'acide *hydro-sulfurique*, et il se forme un précipité *brun noirâtre*, dans lequel on trouve, outre le bleu de Prusse pur, de l'alumine et une petite quantité d'hydro-sulfate de fer qui lui donne la couleur noire. Il est évident que dans cette expérience l'acide de l'alun se porte sur la potasse du sous-carbonate, et que l'alumine se précipite avec le bleu de Prusse et une portion d'hydro-sulfate de fer. On décante le précipité, et on le lave à plusieurs reprises avec de l'eau que l'on renouvelle toutes les douze heures ; bientôt il passe du noir au brun verdâtre, au brun bleuâtre, et au bout de

---

(1) La décomposition du cyanure par l'eau n'a lieu que lorsqu'on verse ce liquide dans le mélange encore très-chaud ; alors il se forme du sous-carbonate d'ammoniaque qui s'exhale sous forme de vapeurs blanches épaisses.

(2) L'hydro-chlorate de potasse fait partie du sous-carbonate employé ; quant au sulfite et à l'hydro-sulfate sulfuré de potasse, ils proviennent évidemment de ce que, pendant la calcination, le sulfate de potasse contenu dans le sous-carbonate a été transformé en sulfure par le charbon : ce sulfure, mis dans l'eau, s'est changé en sulfite et en hydro-sulfate sulfuré. (Voyez *Action du charbon sur les sulfates, et de l'eau sur les sulfures*, t. 1er, pag. 200 et 227.)

vingt à vingt-cinq jours il est bleu; alors on le rassemble sur une toile et on le fait sécher.

De l'Acide chloro-cyanique.

1066. On l'obtient en faisant passer un courant de chlore dans une dissolution d'acide hydro-cyanique; on suspend l'opération lorsque la liqueur jouit de la propriété de décolorer l'indigo dissous dans l'acide sulfurique; alors on la chauffe pour en dégager l'excès de chlore et on l'agite avec du mercure. En distillant cette dissolution, on obtient le gaz chloro-cyanique, mêlé, à la vérité, avec du gaz acide carbonique. (*Voyez* § 887, M. Gay-Lussac.)

QUATRIÈME PARTIE.

SECTION PREMIÈRE.

De l'Examen des forces d'où dépend l'action chimique des corps, et des Composés considérés relativement à la proportion de leurs élémens.

CHAPITRE PREMIER.

De l'Examen des forces d'où dépend l'action chimique des corps.

1067. On a cru pendant long-temps qu'il suffisait d'avoir égard à l'*affinité* réciproque des corps pour se faire une idée exacte de leur action chimique, en sorte que cette force a été regardée comme absolue. M. Berthollet, l'illustre auteur de la Statique chimique, a prouvé le premier que cette théorie, due à Bergman, est erronée, et qu'il est impossible de connaître l'action que les corps exercent les uns sur les autres sans avoir égard à leur affinité, au degré de cohésion de leurs molécules et à celui du composé auquel ils donnent naissance, à leurs quantités, à leur force élastique, etc. Nous allons examiner tout ce qui est relatif à chacun de ces agens ; mais comme nous avons déjà établi, page 3 du tome 1er, plusieurs propositions relatives à l'affinité, nous nous occuperons seulement de rechercher ce qui tient à l'influence des autres forces.

De l'Influence de la cohésion, et de la force expansive de la chaleur sur l'affinité.

1°. *La cohésion doit être considérée en général comme un obstacle à la combinaison :* ainsi l'oxigène et le diamant sont doués d'une grande affinité entre eux ; ils ne se combinent pourtant que lorsque la température a été assez élevée pour diminuer la cohésion du diamant ; le calorique est donc le principal agent de cette combinaison, et son action est évidemment bornée à la diminution de la cohésion. 2°. *Il existe cependant des cas où deux corps gazeux dont les molécules n'ont aucune cohésion ne peuvent se combiner qu'à l'aide du calorique :* ainsi si l'on veut obtenir de l'eau avec un volume de gaz oxigène et 2 volumes de gaz hydrogène, ou de l'acide hydro-chlorique avec un volume de chlore et un volume de gaz hydrogène, il faudra chauffer ces mélanges : il est évident que le calorique agit dans ces cas autrement qu'en diminuant la cohésion puisqu'elle est nulle. 3°. *Dans certaines circonstances, le calorique, loin de favoriser la combinaison des corps, s'y oppose et sépare même les élemens qui étaient déjà unis.* Nous pouvons prouver cette proposition en rappelant que le gaz hydrogène percarboné, l'ammoniaque, etc., sont décomposés par la chaleur ; il en est de même du carbonate de chaux, qui, étant suffisamment chauffé, se transforme en acide carbonique et en chaux, pourvu que la *pression* à laquelle il est soumis ne soit pas très-forte, car le chevalier Hall a prouvé que si on fait rougir du carbonate de chaux dans un tube de fer très-épais, qui est entièrement rempli et que l'on bouche parfaitement, non-seulement le sel ne se decompose pas, mais il fond, cristallise par le refroidissement, et donne naissance à du marbre. *L'in-fluence de la pression sur l'affinité* se retrouve dans un assez grand nombre de circonstances. 4°. *Il est des cas où le calorique seul ne peut pas décomposer certains corps, dont il détermine la décomposition s'il est aidé d'une autre substance qui, par elle-même, ne jouit pas non plus de cette propriété.* Ainsi le sulfate de baryte est décomposé, à une température rouge, par l'acide borique ; il se produit du borate de baryte, de l'acide sulfureux et du gaz oxigène : or, ni la chaleur ni l'acide borique, pris isolément, n'opéreraient pas cette décomposition. Le carbonate de baryte est transformé en acide carbonique et en hydrate de baryte lorsqu'on le fait chauffer jusqu'au rouge blanc, et qu'on y fait arriver de la vapeur aqueuse ; cependant ni l'eau ni la chaleur, employées séparément, ne lui font subir aucune altération. Mais rien ne prouve combien la chaleur influe sur l'action de l'acide carbonique et de la baryte, comme le fait suivant : l'hydrate de baryte et l'acide carbonique obtenus dans l'expérience précédente, s'unissent avec énergie pour reformer le carbonate de baryte lorsqu'on les met en contact *à la température ordinaire.*

De l'Influence qu'exerce la présence d'un liquide sur l'affinité.

1068. On peut établir, d'après un très-grand nombre de faits, 1° que des corps qui n'exercent aucune action à l'état solide, agissent lorsqu'on les fait dissoudre dans un liquide ; 2° que celui-ci influe singulièrement sur la nature des composés qui se forment : ainsi l'hydro-chlorate d'ammoniaque et le carbonate de chaux secs donnent, lorsqu'on les chauffe, du sous-carbonate d'ammoniaque, de l'eau et du chlorure de calcium (*voyez* § 303) ; tandis que la dissolution de celui-ci dans l'eau fournit avec le sous-carbonate d'ammoniaque de *l'hydro-chlorate d'ammoniaque* et du *carbonate de chaux*, c'est-à-dire les mêmes sels qui s'étaient réciproquement décomposés par l'action de la chaleur. D'une autre part, le sulfate de baryte, qui est décomposé par l'acide borique solide à une température rouge, ne l'est pas par l'acide borique dissous dans l'eau ; au contraire, les borates sont décomposés par l'acide sulfurique liquide.

De l'Influence des masses sur l'affinité.

1069. Nous avons annoncé (pag. 5, t. 1er) que si un corps A peut se combiner avec trois proportions de B, de manière à former trois composés AB, ABB, $ABBB$; dans le premier composé, B sera beaucoup plus fortement attiré par A que dans le second, et, à plus forte raison, que dans le troisième ; et nous avons conclu que l'affinité qui s'exerce entre ces deux corps variera suivant qu'il y aura une, deux ou trois quantités de B. Prouvons cette proposition par quelques expériences : 1° si on traite le sulfate neutre de potasse par l'acide nitrique, on obtient du nitrate de potasse et du sulfate acide de la même base ; l'acide nitrique s'empare de la moitié de la potasse contenue dans le sulfate neutre ; mais il ne peut pas la lui enlever complètement : donc la dernière moitié est plus fortement attirée par l'acide sulfurique que la seconde. 2°. Si on calcine le peroxide de manganèse on obtient du deutoxide et de l'oxigène ; si on fait passer de l'hydrogène à travers le deutoxide chauffé jusqu'au rouge, on le transforme en protoxide et il se produit de l'eau ; mais le protoxide obtenu n'est plus décomposé par l'hydrogène : il suit de là que la portion d'oxigène séparée par la simple action de la chaleur est moins fortement retenue que celle qui a besoin du concours de l'hydrogène et du feu pour être mise à nu, et que celle-ci l'est encore moins que celle qui fait partie du protoxide et qui ne peut pas être enlevée par l'hydrogène.

3°. Que l'on dissolve dans un *peu d'eau* du nitrate de bismuth ; que l'on ajoute de l'*eau* à la dissolution, le sel sera décomposé ; la liqueur contiendra la majeure partie de l'acide avec un peu d'oxide, tandis que le précipité sera formé de la majeure partie de l'oxide avec un peu d'acide (sous-nitrate) ; que l'on ajoute beaucoup plus d'*eau*, le précipité sera redissous, et la liqueur se trouvera contenir de l'eau et du sous-nitrate de bismuth dissous dans l'acide nitrique. Cet exemple prouve combien la *quantité* d'eau influe sur la nature des combinaisons auxquelles on peut donner naissance. 4°. On obtient avec un peu d'*eau* et du margarate neutre de potasse un corps mucilagineux, dans lequel le sel se trouve sans avoir subi d'altération. Si on ajoute au composé une *très-grande quantité d'eau*, la moitié de la potasse est dissoute par le liquide, le sel se trouve décomposé, et il se précipite du surmargarate de potasse : ce fait ne permet pas de révoquer en doute l'influence de la masse d'eau sur l'affinité de l'acide margarique pour la potasse. 5°. On peut préparer avec de l'eau, de la potasse et de l'acide borique un sel acide rougissant l'*infusum* de tournesol ; mêle-t-on ce sel avec une grande quantité d'eau, loin de rougir l'*infusum*, il verdit le sirop de violette et devient alcalin. (*Voy.* p. 278, t. 1er, *note.*) 6°. Que l'on dissolve du butirate acide de potasse dans une petite quantité d'eau, le papier de tourne sol qu'on y plongera ne passera qu'au pourpre, tandis que si l'on ajoute beaucoup d'*eau*, le papier sera fortement rougi : la masse du liquide influe donc sur l'affinité qui existe entre le butirate de potasse neutre et l'excès d'acide butirique ; si la liqueur se trouve très-étendue, l'acide butirique est à peine retenu par le sel neutre, et peut exercer son influence sur la couleur du tournesol.

De l'Influence de la lumière solaire sur l'affinité.

1070. On peut démontrer, à l'aide de plusieurs expériences, que, dans un très-grand nombre de cas, la lumière solaire exerce sur l'affinité la même influence qu'une température de 150 à 600° : ainsi les oxides d'or et d'argent sont décomposés en oxigène et en métal par la lumière solaire ; le chlore dissous dans l'eau et exposé au soleil décompose le liquide, et donne naissance aux acides hydrochlorique et chlorique. La plupart des couleurs végétales sont altérées par les rayons solaires, etc. Il est cependant des cas où la lumière produit des phénomènes que l'on n'a pas encore pu obtenir avec la chaleur : ainsi le chlorure d'oxide de carbone (gaz carbo-muriatique) se forme lorsqu'on expose à l'action de la lumière volumes égaux de chlore et de gaz oxide de carbone ; le gaz acide carbonique est décomposé par les parties vertes des végétaux exposés au soleil, etc.

Influence de l'électricité sur l'affinité.

1071. Afin d'examiner d'une manière convenable l'influence de l'électricité sur l'affinité, nous allons étudier séparément l'influence de l'étincelle électrique et celle de la pile voltaïque.

Influence de l'étincelle électrique. Dans certaines circonstances, *l'étincelle électrique favorise la séparation des élémens des corps composés.* Le gaz ammoniac, le gaz acide hydro-sulfurique, les gaz hydrogène carboné et phosphoré sont décomposés et réduits à leurs élémens par un courant d'étincelles électriques ; il en est de même de l'*eau* lorsqu'on la soumet à l'action d'un certain nombre d'étincelles. Dans d'autres circonstances, *l'étincelle électrique favorise* la combinaison des corps : ainsi une seule étincelle suffit pour transformer en eau un volume de gaz oxigène et 2 volumes de gaz hydrogène, phénomène d'autant plus remarquable que nous venons d'établir la possibilité de décomposer ce fluide par le même agent. Lorsqu'on fait passer un grand nombre d'étincelles à travers un mélange de 100 parties en volume de gaz azote, de 250 de gaz oxigène et d'une certaine quantité de chaux ou de potasse humides, on obtient de l'acide nitrique, et par conséquent un nitrate. Le chlore et l'hydrogène, à volumes égaux, se combinent par l'action de l'étincelle et donnent de l'acide hydro-chlorique. Un volume d'oxigène et 2 volumes d'oxide de carbone donnent de l'acide carbonique.

1072. *Influence de la pile.* L'expérience prouve que l'*oxigène, les acides et les corps qui ont de l'analogie avec eux, sont attirés par le pole vitré de la pile, et vice versâ; que l'hydrogène, les alcalis et les corps qui leur sont analogues sont attirés* par *le pole résineux.*

Décomposition de l'eau par la pile. Nous avons prouvé, pag. 109 du tom. 1er, que l'eau est décomposée par la pile voltaïque en oxigène, qui est attiré par le pole vitré, et en hydrogène qui l'est par le pole résineux. Nous devons maintenant donner l'explication de ce phénomène, en examinant d'abord ce qui arrive à une simple molécule d'eau. On sait que les corps électrisés par le contact ou par le frottement attirent ceux qui sont doués d'une électricité différente de la leur, et repoussent ceux qui ont une électricité semblable : donc, puisque l'oxigène est attiré par le pole vitré de la pile, il devra être électro-résineux, et l'hydrogène, qui est attiré par le pole résineux, devra être électro-vitré. Il faut donc admettre que la décomposition d'une particule d'eau par la pile a lieu parce que l'affinité qui existe entre l'oxigène et l'hydrogène est vaincue, 1° par l'énergie avec laquelle l'oxigène est attiré par le pole vitré et repoussé par le pole résineux ; 2° par l'énergie avec laquelle l'hydrogène est attiré par le fluide résineux et repoussé par le fluide vitré. Voyons maintenant ce qui se passe lorsqu'au lieu d'agir sur une simple particule, on opère sur une grande série de particules. Nous pouvons représenter par O et par H l'oxigène et l'hydrogène de la particule d'eau qui est en contact avec le fil vitré ; par O' et H' les élémens de l'eau de la particule qui vient immédiatement après ; par O'' et H'' la troisième, etc. Aussitôt que la pile sera en activité, $O\ O'\ O''$ quitteront $H\ H'\ H''$ pour se porter vers le pole vitré ; et à leur tour $H\ H'\ H''$ quitteront $O\ O'\ O''$ pour se porter vers le pole résineux ; mais H, en quittant O, s'unira à O' pour reformer de l'eau. H', en quittant O', s'unira à O'' pour donner naissance à de l'eau, en sorte que seulement l'oxigène de la première particule et l'hydrogène de la dernière se dégageront à l'état de gaz, les autres s'étant unies pour reformer de l'eau. (M. Grothus.)

Décomposition des acides par la pile. Si les acides sont liquides, concentrés et formés par l'oxigène et un autre corps, leur oxigène se portera vers le pole vitré, et l'autre corps au pole résineux ; l'eau qu'ils renferment sera également décomposée. S'ils sont très-étendus, il n'y aura que l'eau de décomposée. Les acides hydro-chlorique, hydriodique et, suivant M. Davy, l'acide hydro-phtorique, sont également décomposés par la pile : le chlore, l'iode et le phtore vont au pole vitré et l'hydrogène au pole résineux.

Décomposition des bases salifiables. Nous avons prouvé que la potasse, la soude, la baryte, etc., sont décomposées par la pile ; que l'oxigène est attiré par le pole vitré, et le métal par le pole résineux ; l'eau de ces alcalis est également décomposée. L'ammoniaque concentrée, soumise à l'action de cet agent, est réduite en azote qui se porte au pole vitré, et en hydrogène qui est attiré par le pole résineux.

Décomposition des sels par la pile. (Voyez § 153.)

1073. Après avoir examiné les phénomènes relatifs à la décomposition des corps par la pile, nous devons étudier ceux qui ont pour objet *les combinaisons opérées par cet instrument.* Que l'on introduise de l'argent dans de l'eau, et qu'on le fasse communiquer avec le pole vitré d'une pile en activité, il s'oxidera, tandis que l'eau seule ne l'altère point. Le tellure, qui n'exerce point d'action sur ce liquide, se transformera en hydrure si on le met dans l'eau, et qu'on le fasse communiquer avec le pole résineux d'une pile; etc. Nous renvoyons, pour plus de détails, à l'article *Attraction* du *Dictionnaire des Sciences naturelles,* dans lequel M. Chevreul a traité ce sujet avec beaucoup de sagacité.

CHAPITRE II.

Des Composés relativement à la proportion de leurs élémens.

Lorsque les corps ont beaucoup d'affinité entre eux, ils se combinent dans un très-petit nombre de proportions *définies.* Ils peuvent, au contraire, se combiner en un très-grand nombre de proportions s'ils ont peu d'affinité : on dit alors que les combinaisons sont *indéfinies.*

Des Combinaisons définies.

1074. La composition des corps formés de deux élémens qui ne s'unissent qu'en un très-petit nombre de proportions, est soumise à une loi remarquable dont M. Berzelius a fait connaître toute la généralité par des expériences multipliées, et que l'on peut énoncer ainsi : *lorsque deux corps sont susceptibles de s'unir en diverses proportions, ces proportions sont constamment le produit de la multiplica-*

tion par $1\frac{1}{2}$, 2, 3, 4, *etc.*, *de la plus petite quantité d'un des corps, la quantité de l'autre corps restant toujours la même.* Ainsi en supposant, avec M. Berzelius, qu'il existe quatre oxides de manganèse, et que le protoxide soit formé de 100 parties de métal et de 14,0533 d'oxigène, le deutoxide sera formé de 100 de métal et de 14,0533 multiplié par 2 ; le tritoxide contiendra 100 de métal et 14,0533 multiplié par 3 ; enfin le peroxide sera composé de 100 de manganèse et de 14,0533 multiplié par 4. Nous allons rapporter un très-grand nombre de faits propres à mettre cette loi dans tout son jour.

Composition des oxides métalliques.

Deutoxide de sodium. Cent parties de métal, 33,995 d'oxigène. *Tritoxide,* la même quantité de métal et le double d'oxigène, c'est-à-dire, 67,990 (1). *Deutoxide de potassium*, 19.945 d'oxigène. *Tritoxide,* trois fois autant d'oxigène environ, = 59,835. (MM. Gay-Lussac et Thenard.)

Protoxide de manganèse, 14,0533 d'oxigène. *Deutoxide*, 28,1077. *Tritoxide*, 42,16. *Peroxide*, 56,215. (M. Berzelius.) (2). *Protoxide de fer*, 25 parties d'oxigène. *Deutoxide*, 37,5. *Tritoxide*, 50. On voit ici que la quantité d'oxigène contenue dans le deutoxide est $1\frac{1}{2}$, celle que renferme le protoxide. (M. Gay-Lussac.) *Protoxide d'é-*

---

(1) Nous supposerons dorénavant que l'on entend toujours parler de 100 parties de métal.

(2) On se rappel'era que nous n'avons parlé que de trois oxides de manganèse ; nous donnons ici la composition de quatre de ces oxides pour faire connaître le travail de M. Berzelius, qui les admet ; nous agirons de même pour tous les métaux que ce savant chimiste regarde comme pouvant fournir un plus grand nombre d'oxides que ceux que nous avons cru devoir reconnaître.

tain, 13,6 d'oxigène. *Deutoxide*, 20,4. *Tritoxide*, 27,2. (M. Berzelius.)

Protoxide d'arsenic, 8,475 d'oxigène. *Deutoxide*, 34,263 (ou bien quatre fois autant). *Acide arsenique*, 51,428. (M. Berzelius.)

Protoxide d'antimoine, 4,65 d'oxigène. *Deutoxide*, 18,6 (ou quatre fois autant). *Tritoxide*, 27,9. *Peroxide*, 37,2. (M. Berzelius.)

Protoxide de cuivre, 12,5 d'oxigène. *Deutoxide*, 25. (M. Berzelius.) *Protoxide de plomb*, 7,7 d'oxigène. *Deutoxide*, 11,1 (ou une fois et demie autant). *Tritoxide*, 15,4. (Berzelius.)

Protoxide de mercure, 4 d'oxigène. *Deutoxide*, 8. (Fourcroy et M. Thenard.) *Protoxide de platine*, 8,287 d'oxigène. *Deutoxide*, 16,38. (M. Berzelius.) *Protoxide de rhodium*, 6,71 d'oxigène. *Deutoxide*, 13,42. *Peroxide*, 20,13. (Berzelius.) *Protoxide d'or*, 4,026 d'oxigène. *Deutoxide*, 12,077, c'est-à-dire, trois fois autant d'oxigène. (M. Berzelius.)

Composition des sels.

L'oxide de tous les sels d'un même genre, par exemple, de tous les sulfates, des carbonates, etc., au même degré de saturation, renferme une quantité d'oxigène proportionnelle à la quantité d'acide avec lequel il est uni, ou à la quantité d'oxigène de cet acide. Si les sels sont neutres, l'oxigène de l'acide est une, deux, trois, quatre, jusqu'à huit fois aussi abondant que celui de l'oxide ; dans les sels acides, la quantité d'oxigène de l'acide peut être encore plus forte relativement à celle de l'oxide ; tandis que, dans les sous-sels, elle peut être égale, ou le double, ou le triple, ou bien la moitié, le tiers, etc.

1075. *Sous-carbonates.* L'acide carbonique de ces sels

contient deux fois autant d'oxigène que l'oxide qui est combiné avec lui ; la quantité d'oxigène de l'oxide est à la quantité d'acide carbonique du sous-carbonate comme 1 à 2,754. *Carbonates neutres*. L'acide de ceux-ci renferme quatre fois autant d'oxigène que l'oxide qu'il sature, ce qui est une conséquence directe d'un fait bien connu : savoir que les carbonates neutres contiennent le double d'acide carbonique que les sous-carbonates.

Sulfates neutres. L'acide des sulfates neutres contient trois fois autant d'oxigène que l'oxide qu'il sature ; en outre, l'acide renferme deux fois autant de soufre que l'oxide contient d'oxigène. La quantité d'oxigène de l'oxide est à la quantité d'acide du sulfate comme 1 à 5. *Sulfites*. L'acide des sulfites renferme deux fois autant d'oxigène que l'oxide qui entre dans leur composition ; l'oxigène de l'oxide est à la quantité d'acide du sulfite, comme 1 à 3,33. *Iodates*. L'acide de ces sels contient environ cinq fois autant d'oxigène que l'oxide qu'il sature ; la quantité d'oxigène de l'oxide est à la quantité d'acide qui compose l'iodate comme 1 à 20,61. *Nitrates*. L'oxigène de l'oxide, dans les nitrates neutres, est à la quantité d'acide qu'ils renferment comme 1 à 6,82. *Arseniates*. L'acide des arseniates contient deux fois autant d'oxigène que l'oxide qu'il sature ; l'oxigène de cet oxide est à la quantité d'acide comme 1 à 5,89. *Molybdates*. L'acide des molybdates contient probablement trois fois autant d'oxigène que l'oxide qui entre dans sa composition ; l'oxigène de cet oxide est à la quantité d'acide molybdique comme 1 à 9,6. *Tungstates*. L'acide tungstique de ces sels contient probablement quatre fois autant d'oxigène que l'oxide qu'il sature ; l'oxigène de cet oxide est à la quantité d'acide du sel comme 1 à 19,1. *Hydriodates*. Dans les hydriodates, l'hydrogène de l'acide hydriodique est à l'oxigène de l'oxide comme 11,71 en poids sont à 88,29 ; l'iode de l'acide est à l'oxigène de l'oxide comme 15,62 à 1 en poids. *Hydro-sulfates.* Dans les hydro-sulfates, l'hydrogène de l'acide est à l'oxigène de l'oxide comme 11,71 en poids sont à 88,29, ou dans le même rapport que dans l'eau. *Dans les oxalates neutres,* l'oxigène de l'oxide est à l'acide que contient l'oxalate comme 1 à 5,568. *Dans les oxalates acidules,* il est comme 1 à 5,568 multiplié par 2. *Dans les oxalates acides,* le rapport est de 1 à 5,568 multiplié par 4. Enfin, *dans les sous-oxalates,* l'oxigène de l'oxide est à l'acide comme 1 à $\frac{5,568}{2}$; d'où il résulte que les oxalates neutres contiennent le double d'acide que les sous-oxalates, la moitié de celui qui constitue les oxalates acidules, et le quart des oxalates acides. *Acétates neutres.* L'oxigène de l'oxide est à la quantité d'acide acétique d'un acétate comme 1 à 7,23. *Citrates.* Dans les citrates, l'oxigène de l'oxide paraît être à la quantité d'acide comme 1 à 7,748. *Tartrates neutres.* L'oxigène de l'oxide paraît être à la quantité d'acide tartarique d'un tartrate comme 1 à 12,14. *Oléates.* Cent parties d'acide oléique saturent une quantité de base contenant 2,835 d'oxigène. *Margarates neutres.* Cent parties d'acide margarique saturent une quantité de base contenant 3 parties d'oxigène.

Composition des sulfures.

1076. L'expérience prouve que la plupart des oxides métalliques des quatre dernières classes donnent, lorsqu'on les traite par l'acide hydro-sulfurique, un sulfure et de l'eau, c'est-à-dire, que l'oxigène de l'oxide se trouve en assez grande quantité pour saturer l'hydrogène de l'acide. Il résulte de ce fait que la quantité de soufre des sulfures métalliques dont nous parlons est proportionnelle à la quantité d'oxigène que contiennent les oxides. Suivant M. Berzelius, on ne peut former avec les métaux

tout au plus qu'autant de sulfures qu'ils peuvent donner
d'oxides ; en outre, le proto-sulfure d'un métal quelconque
renferme deux fois autant de soufre qu'il y a d'oxigène
dans le protoxide du même métal ; le deuto-sulfure en contient deux fois autant qu'il y a d'oxigène dans le deutoxide ;
or, nous avons dit, en parlant de la composition des oxides
d'un même métal, que la quantité d'oxigène contenue dans
ceux qui sont très-oxidés était $1\frac{1}{2}$, 2 ou 4 fois aussi considérable que celle du protoxide : donc nous devons admettre la même loi de composition pour les sulfures. Éclair-
cissons ces données par un exemple : supposons que des
trois oxides d'un métal, le protoxide contienne, sur 100
parties de métal, 6 d'oxigène, le deutoxide 12, et le tritoxide 24 ; supposons de plus que l'on puisse former trois
sulfures avec le même métal ; le proto-sulfure sera composé
de 100 de métal + 12 de soufre ; le deuto-sulfure contiendra 24 de soufre et le trito-sulfure 48.

Cette opinion de M. Berzelius n'est pas généralement
adoptée ; quelques chimistes, à la tête desquels nous devons
placer l'illustre Berthollet, pensent que le soufre peut
s'unir en un très-grand nombre de proportions avec le
même métal ; mais, suivant M. Berzelius, ces diverses
combinaisons doivent être considérées comme de véritables sulfures avec un excès de soufre ou de métal.

Composition des iodures.

1077. L'acide hydriodique donne, avec plusieurs oxides
métalliques, de l'eau et un iodure ; d'où il résulte que,
comme dans les sulfures, la quantité d'iode est proportionnelle à la quantité d'oxigène des oxides.

Composition des phosphures métalliques.

1078. On a fort peu de données sur la composition de ces corps ; on présume qu'ils sont soumis à la même loi que les sulfures, c'est-à-dire, que la quantité de phosphore qu'ils renferment est proportionnelle aux quantités d'oxigène contenues dans les oxides métalliques.

Composition des chlorures métalliques.

1079. Lorsqu'on décompose par le feu un hydro-chlorate dont l'oxide est réductible, on obtient de l'eau et un chlorure : or, l'eau est formée d'un volume d'hydrogène et d'un demi - volume d'oxigène, tandis que, dans l'acide hydro-chlorique, il y a un volume d'hydrogène et un volume de chlore : donc la quantité de chlore d'un chlorure métallique doit être à la quantité d'oxigène de l'oxide du même métal comme 1 à $\frac{1}{2}$, c'est-à-dire, comme le poids d'un volume de chlore est au poids d'un demi-volume d'oxigène ; d'où il résulte que la composition des chlorures est soumise à la même loi que celle des sulfures et des iodures.

1080. Nous venons d'établir par des faits nombreux, auxquels nous aurions encore pu en ajouter d'autres, *qu'il existe des rapports entre les poids des proportions d'un corps* A, tel que l'oxigène, *qui peuvent s'unir à une même quantité d'un corps* B, tel que le fer ; mais il n'existe aucune proportion entre le poids du corps A et celui du corps B ; ainsi on ne peut pas dire que 10 grains du corps A doivent se combiner avec 100 grains du corps B. La loi dont nous avons parlé se borne à exprimer que 100 grains du corps B se combinant avec 10 grains du corps A, s'il est possible de former d'autres combinaisons entre ces deux corps, 100 grains du corps B s'uniront avec une quantité du corps *A* qui sera 1 ½, 2, 4, 5 fois aussi forte que les 10 grains.

Il n'en est pas de même lorsqu'au lieu d'établir un rapport entre les poids des corps on l'établit entre leurs volumes ; car alors on remarque, non-seulement qu'il y a des rapports simples entre les divers volumes du corps *A* qui se combinent avec un volume du corps *B*, mais encore qu'il en existe entre les volumes respectifs de *A* et de *B*. Nous pouvons éclaircir cette proposition par un exemple : 100 volumes d'azote s'unissent avec 50 volumes d'oxigène pour former du gaz protoxide d'azote : on voit ici qu'il y a un rapport simple entre les volumes respectifs de l'azote et de l'oxigène, puisque celui-ci est la moitié de l'autre ; 100 volumes d'azote s'unissent à 100 volumes de gaz oxigène pour donner naissance à du gaz nitreux : ici, non-seulement on observe des rapports entre les volumes respectifs, qui sont égaux, mais encore entre les proportions d'oxigène du protoxide et du deutoxide d'azote, puisque celui-ci contient deux fois autant d'oxigène que l'autre ; on pourrait multiplier ces exemples. Nous devons à M. Gay-Lussac la découverte d'une très-belle loi relative à l'objet dont nous nous occupons ; elle peut être exprimée ainsi : *Quelles que soient les proportions dans lesquelles les corps gazeux s'unissent, on obtient des composés dont les élémens, en volume, sont des multiples les uns des autres ; et quand, par suite de la combinaison, le volume des gaz est contracté, la contraction a un rapport simple avec les volumes des gaz, ou plutôt avec celui de l'un d'eux :* par exemple :

100 vol. d'oxig. se combinent avec	200 vol. d'hydrogène ; la contraction est égale à		100 vol.
100 d'azote............	300	....	200
100 idem............	50	— d'oxigène................	50
100 idem............	100	— idem, sans contraction apparente.	
100 idem............	150.		
100 idem............	200.		
100 idem............	250.		

Le tableau suivant peut être présenté comme un exemple de la simplicité des rapports suivant lesquels différens gaz se combinent avec le gaz ammoniac : nous l'avons extrait de l'ouvrage de M. Thenard,

SUBSTANCES.	PROPORTIONS EN VOLUME.		PROPORTIONS EN POIDS.		
	GAZ ammo.	ACIDE.	GAZ ammo.	ACIDE.	
Hydro - chlorate d'ammonniaque.	100	100	100	215,86	M. Gay-Lussac. Mémoires d'Arcueil, t. II.
Carbonate d'ammoniaq. neutre.	100	100	100	254,67	
Sous carb. d'amm.	100	50	100	127,53	
Fluo-borate d'am.	100	100	100	397,36	
Sons - fluo-borate d'ammoniaque.	100	50	100	198,68	M. John Davy (*Ann. de Chimie*, t. LXXXVI).
Autre sous - fluo-borate d'amm.	100	33,33	100	132,45	
Fluate d'am. silic.	100	50	100	299,48	
Carbo - muriate d'ammoniaque.	100	25	100	143,58	M. Thenard.
Sulfite d'ammon.	100	50	100	188,98	
Nitrate d'ammoniaque neutre.	100	(d'az. 100 deutox. 50 gaz oxig.	100	266,55	

1081. La loi découverte par M. Gay-Lussac est susceptible d'une multitude d'applications précieuses. 1°. Veut-on connaître la pesanteur spécifique d'un gaz composé, par exemple, du gaz ammoniac, on sait que deux volumes de gaz ammoniac résultent d'un volume de gaz azote et de trois volumes d'hydrogène ; il suffit de faire l'addition des pesanteurs spécifiques d'un volume d'azote et de trois volumes d'hydrogène, et de diviser la somme par 2 : ainsi :

Pesanteur spécifique de l'azote.................. 0,9691.
Pesanteur spécifique de l'hydrogène. 0,752 ⎞
   que l'on multiplie par............. 3 ⎠ = 0,2196.

Somme......... 1,1887.
La moitié....... = 0,5943.

0,5943 sera la densité du gaz ammoniac. 2°. Veut-on déterminer quelles sont les proportions en poids des élémens qui constituent un gaz composé, par exemple, du gaz ammoniac, on y parviendra facilement en prenant la densité d'un volume d'azote 0,9691, et celle de trois volumes d'hydrogène 0,2196 : le gaz ammoniac est évidemment formé de ces proportions en poids. 3°. S'agit-il de reconnaître quelle est la composition d'un gaz formé d'un élément gazeux et d'un corps solide, tel que l'acide carbonique, on y parvient aisément en ayant égard aux pesanteurs spécifiques du gaz composé et du gaz élémentaire qui entrent dans sa composition, et à la contraction que celui-ci a éprouvée en se combinant avec le corps solide. (Voyez le *Cours d'analyse*, pag. 501 de ce vol.)

Des Combinaisons indéfinies.

Toutes les fois que deux corps ont peu d'affinité l'un pour l'autre, ils se combinent en un très-grand nombre de proportions, et forment des combinaisons indéfinies : ainsi, par exemple, combien de composés ne peut-on pas former avec de l'eau et du sel commun, de l'eau et du sucre, de l'alcool ou de l'acide hydro-chlorique ! Aucun de ces corps mis dans l'eau ne perd sa saveur ; les acides et les alcalis y conservent toutes leurs propriétés. Non-seulement il y a des combinaisons indéfinies entre deux corps liquides et entre un liquide et un solide, mais il en existe encore entre deux solides. La plupart des alliages ont été regardés jusqu'à présent comme des combinaisons indéfinies ; mais on a démontré dans ces derniers temps que lorsqu'ils étaient cristallisés, les métaux s'y trouvaient en proportions déterminées.

SECTION II.

De l'Analyse.

CHAPITRE PREMIER.

De l'Analyse des Corps gazeux.

Nous pouvons réduire tout ce qui est relatif à l'analyse des gaz à la résolution d'un certain nombre de problèmes dont la solution présente quelquefois d'assez grandes difficultés.

PREMIER PROBLÈME.

Un gaz étant donné, déterminer quelle est sa nature.

Avant de procéder à la résolution de ce problème, le plus facile de tous ceux qui peuvent être proposés, nous allons rappeler les noms des divers gaz connus à la température o°.

Chlore.

Oxide de chlore (ac. chlor.).

Acide nitreux.

—

Hydrogène perphosphoré.

— perpotassié.

—

Acide hydro-chlorique.

— phtoro-silicique.

— phtoro-borique.

— hydriodique.

—

Gaz nitreux.

—

Gaz ammoniac.

— acide sulfureux.

Gaz acide hydro-sulfurique.

Hydrogène.

— carboné.

Gaz oxide de carbone.

Hydrogène arsenié.

— telluré.

— proto phosphoré.

— proto-potassié.

—

Oxigène.

Protoxide d'azote.

—

Acide carbonique.

Azote.

Chlorure d'oxide de carbone.

Gaz colorés. On commencera par examiner si le gaz est coloré ou incolore ; s'il est coloré, il sera ou du *chlore*, ou de l'*oxide de chlore*, ou de l'*acide nitreux*. Le *chlore* est jaune verdâtre ; il attaque fortement le mercure ; il ne détonne pas lorsqu'on le chauffe. L'*oxide de chlore* est d'un vert plus foncé que le précédent ; il n'agit point sur le mercure, et il suffit de le chauffer au-dessus de 30° pour le faire détonner. L'*acide nitreux* est rouge ou orangé, et se dissout très-bien dans l'eau.

Gaz qui s'enflamment spontanément à l'air. Si le gaz est incolore, on en répandra un peu dans l'air. Les *gaz hydrogène perphosphoré* et hydrogène *perpotassié* s'enflamment spontanément ; mais le premier répand une odeur alliacée, et donne de l'acide phosphorique concret, rougissant le papier de tournesol, tandis que le second fournit de la potasse qui rétablit la couleur bleue du papier de tournesol rougi par un acide.

Gaz qui répandent des vapeurs blanches à l'air. Les gaz acides *hydro-chlorique*, *phtoro-silicique*, *phtoro-borique* et *hydriodique*, répandent des vapeurs blanches à l'air ; mais le premier précipite en blanc le nitrate d'argent, et n'est pas décomposé par l'eau ; le second est décomposé par l'eau, et laisse précipiter des flocons blancs ; l'acide *phtoro-borique* donne des vapeurs beaucoup plus épaisses que les autres, et noircit sur-le-champ le papier avec lequel on le met en contact ; enfin l'acide *hydriodique* est décomposé par le chlore, qui en sépare de l'iode, et le rend violet.

Gaz qui répandent des vapeurs rouges. — Si les vapeurs que le gaz répand à l'air, au lieu d'être blanches, sont d'un rouge orangé, ce sera du *gaz nitreux* (deutoxide d'azote).

Gaz ayant l'odeur d'alcali volatil ou de soufre enflammé. — Si le gaz ne répand pas de vapeurs, qu'il exhale une odeur d'alcali volatil, et qu'il verdisse le sirop de violette, ce sera le gaz *ammoniac*; l'acide *sulfureux*, au contraire, rougira l'*infusum* de tournesol, et sera doué de l'odeur du soufre enflammé.

Si le gaz ne jouit d'aucun des caractères précités, on plongera dans la cloche qui le renferme une bougie allumée : ou le gaz s'enflammera, ou la flamme de la bougie sera plus intense, ou elle sera éteinte.

Gaz inflammables. — Acide hydro-sulfurique. Il a l'odeur d'œufs pourris ; il noircit les dissolutions de plomb, de cuivre, etc.; il laisse déposer du soufre à mesure qu'il s'enflamme. *Hydrogène.* Il est susceptible de s'enflammer, et il ne donne que de l'eau ; il est inodore lorsqu'il est pur. *Hydrogène carboné.* Après son inflammation il se trouve transformé en eau et en acide carbonique : aussi se produit-il un précipité blanc de carbonate de chaux quand on verse l'eau de chaux dans la cloche où il a été enflammé. *Gaz oxide de carbone.* Celui-ci se transforme entièrement en acide carbonique lorsqu'il a été enflammé. *Hydrogène arsenié.* Il a une odeur nauséabonde ; il résulte de son inflammation de l'eau, de l'oxide d'arsenic et de l'hydrure d'arsenic brun marron, qui se dépose dans la cloche où se fait l'expérience. *Hydrogène telluré* (acide hydrotellurique); il a une odeur analogue à celle du gaz acide hydro-sulfurique ; lorsqu'il est enflammé, il dépose de l'oxide de tellure ; il se dissout dans l'eau : le *solutum*, d'un rouge clair, est décomposé par l'air, et il en résulte de l'hydrure de tellure qui se précipite sous la forme d'une poudre brune. *Hydrogène proto-phosphoré.* Il répand une odeur d'ail, et lorsqu'il est enflammé, il fournit de l'eau et de l'acide phosphorique rougissant le papier de tournesol. *Hydrogène proto-potassié.* L'eau transforme subitement le potassium qu'il contient en potasse ; il donne, quand il est enflammé, de l'eau et de la potasse.

Gaz augmentant l'intensité de la flamme d'une bougie

—*Oxigène*. Il rallume sur-le-champ les bougies presque éteintes ; il n'est pas sensiblement soluble dans l'eau. *Protoxide d'azote*. Il se comporte à-peu-près comme le précédent avec les bougies ; mais il est soluble dans l'eau.

Gaz éteignant les bougies. — *Acide carbonique*. Il rougit l'*infusum* de tournesol ; il éteint les bougies, et précipite l'eau de chaux en blanc. *Azote*. Il agit sur les bougies comme le précédent ; mais il ne rougit point le tournesol, et il ne précipite pas l'eau de chaux. *Oxide de carbone chloreux* (acide carbo-muriatique, gaz phosgène). Il éteint les bougies ; il suffit d'une goutte d'eau pour le transformer en acide hydro-chlorique soluble et en acide carbonique. Chauffé avec le zinc ou l'antimoine, il donne naissance à un chlorure solide et à du gaz oxide de carbone.

SECOND PROBLÈME.

De l'Analyse de l'Air atmosphérique.

L'air atmosphérique est formé de 79 parties d'azote et de 21 parties d'oxigène ; il contient en outre un atome d'acide carbonique et une quantité d'eau variable. On peut déterminer la quantité d'*acide carbonique* au moyen de l'eau de baryte, qui s'en empare et donne naissance à du carbonate insoluble ; il s'agit simplement d'agiter ce liquide avec l'air contenu dans un grand ballon, de faire le vide dans celui-ci lorsque tout l'acide carbonique s'est combiné avec la baryte, d'y faire arriver une nouvelle quantité d'air, de l'agiter de nouveau, et de répéter trente ou quarante fois cette opération : par ce moyen, l'acide se trouve assez abondant pour former, avec la baryte, une quantité de sous-carbonate susceptible d'être pesée : or, on sait par les analyses des sels quelle est la quantité d'acide carbonique et de baryte qui entre dans la composition du sous-car-

:onate de baryte (*voyez* le Tableau des sous-carbonates, p. 530 de ce vol.); par conséquent on connaît combien l'air analysé contient de cet acide. Suivant M. Thenard, on aurait trouvé dans une expérience de ce genre que l'air renfermerait $\frac{1}{1738}$ de son poids d'acide carbonique; mais, comme l'a remarqué ce savant professeur, cette quantité nous paraît trop faible.

On peut déterminer la quantité de *vapeur aqueuse* contenue dans l'air, en faisant passer une quantité connue de celui-ci à travers du chlorure de calcium parfaitement desséché qui en absorbe l'humidité; la quantité dont son poids augmente indique le poids de l'eau renfermée dans le volume d'air sur lequel on agit. Saussure a trouvé, dans une de ses expériences, que 34,277 décimètres cubes d'air contenaient, à la température de 18°,75, 5,01 décigrammes, ou 10 grains d'eau.

On connaît plusieurs moyens de déterminer les proportions d'*oxigène* et d'*azote* qui constituent l'air. On donne improprement le nom d'*eudiomètres* aux instrumens à l'aide desquels on peut apprécier la quantité d'oxigène qu'il renferme; ceux qui sont le plus généralement employés sont le gaz *hydrogène*, le gaz *deutoxide* d'*azote* et le *phosphore*.

Analyse par le gaz hydrogène. On sait positivement, 1° que l'hydrogène et l'oxigène gazeux se combinent à une température élevée et donnent naissance à de l'eau; 2° que toutes les fois que cette combinaison a lieu, elle se fait dans le rapport de 2 parties d'hydrogène et d'une d'oxigène *en volume*; ainsi, si l'on avait 63 pouces cubes d'un mélange gazeux susceptible de s'enflammer, et qui se transformât entièrement en eau après l'inflammation dans un instrument convenable, on pourrait affirmer que le mélange était formé de 42 pouces cubes d'hydrogène et de 21 d'oxigène, ou, ce qui revient au même, de 2 d'hy-

drogène et d'un d'oxigène *en volume*. Nous avons déjà
établi ce fait par une expérience directe, en donnant la
description de l'eudiomètre de Volta (pag. 65 du 1er vol.).
L'analyse de l'air par le gaz hydrogène repose entièrement
sur ces données : supposons qu'après avoir dépouillé 100
parties d'air atmosphérique de tout l'acide carbonique
qu'il renferme, on desire connaître combien il contient
d'oxigène, on l'introduira dans le tube TT de l'instrument (fig. 49, tom. 1er), dans lequel on fera également
arriver 100 parties de gaz hydrogène pur, en se conformant
pour les manœuvres aux préceptes indiqués pag. 66, tom. 1er;
on fermera les robinets, et on enflammera le mélange à
l'aide de l'étincelle électrique; il se formera une certaine quantité d'eau aux dépens de tout l'oxigène de l'air
et d'une portion de l'hydrogène employé, en sorte qu'il y
aura un résidu gazeux composé de l'excès d'hydrogène et de
l'azote qui entre dans la composition de l'air; on déterminera quelle est la quantité de ce résidu, en mettant dans
le bassin B un tube de verre *gradué*, ouvert par une de
ses extrémités, rempli d'eau et renversé : en effet, en ouvrant le robinet supérieur R, le gaz contenu dans le corps
de l'instrument TT passera dans le tube gradué, chassera
une portion de l'eau qu'il contient, et on pourra aisément
en apprécier la quantité : nous devons cependant prévenir
que, pour la déterminer exactement, il faudra dévisser le
tube gradué, l'enlever, boucher son extrémité ouverte, et le
plonger perpendiculairement dans l'eau, afin de rétablir le
niveau entre le liquide de l'intérieur du tube et de celui de
l'eau de la cuve dans lequel on l'introduit. Supposons qu'a-
près l'expérience (1) le résidu gazeux se trouve être de 137;

---

(1) Nous ferons connaître dans l'article suivant combien il est
important, dans ces sortes de travaux, d'avoir égard à la température et à la pression de l'air.

voici comment on raisonnera : on a employé 100 parties d'air et 100 parties de gaz hydrogène ; on obtient un résidu de 137 parties : donc 63 parties de gaz ont disparu pour former de l'eau ; ce gaz ne peut être qu'un mélange d'oxigène et d'hydrogène, et, d'après ce que nous avons dit, il doit contenir 21 parties d'oxigène et 42 parties d'hydrogène. Il est évident dès-lors que dans les 100 parties d'air atmosphérique analysé, il n'y a que 21 parties d'oxigène : les 79 autres parties doivent être de l'azote. Pour s'assurer de la jutesse de ce raisonnement, on recommencera l'expérience en employant 100 parties d'air atmosphérique et 42 parties d'hydrogène, et on trouvera à la fin que le résidu n'est que de 79 parties : or, si on retranche des 142 parties employées, les 79 qui restent, on verra que 63 parties ont servi à former de l'eau, et que le gaz résidu est de l'azote pur.

. M. Gay-Lussac, à qui la science est déjà si redevable, vient encore de l'enrichir d'un eudiomètre plus simple que celui dont nous avons donné la description, et qui remplit mieux l'objet auquel cet instrument est destiné. On ne saurait opérer avec exactitude, dit M. Gay-Lussac, sans remplir les deux conditions suivantes : 1° l'eudiomètre doit être fermé au moment de l'explosion pour que le gaz sur lequel on agit ne se perde point ; 2° il ne doit point se former de vide dans l'instrument, car alors l'air contenu dans l'eau se dégagerait et augmenterait le résidu gazeux. Voici la description de l'instrument proposé par ce savant. (*Voy.* pl. 11, fig. 6.)

« *o p* est un tube de verre épais, fermé à sa partie supérieure par une virole *a b* de laiton ou de tout autre métal, portant une boule intérieure *c* opposée à une autre boule *d*, entre lesquelles doit passer l'étincelle électrique. La boule *d* est portée par un fil métallique *e f* en spirale, maintenu à frottement dans le tube de verre.

Cette disposition permet de rapprocher ou d'écarter à volonté les deux boules c et d, et elle est d'ailleurs extrêmement simple. L'extrémité inférieure de l'eudiomètre porte une virole $g\,h$, destinée à donner de la solidité à l'instrument. A cette virole est fixée, par une vis q, une plaque circulaire $i\,k$ mobile autour de la vis qui lui sert d'axe; elle porte à son centre une ouverture conique, fermée par une soupape qui, lors de son mouvement, est maintenue par la tige $m\,n$: la petite goupille n fixe l'étendue de l'ascension de la soupape. Au moment de l'explosion, la soupape, pressée de haut en bas, reste évidemment fermée ; mais aussitôt qu'il se fait un vide dans l'eudiomètre, l'eau soulève la soupape et vient le remplir. Pour que la plaque $i\,k$ ait plus de solidité, elle entre dans une petite échancrure k, pratiquée dans le prolongement l de la virole $g\,h$. La main en métal M, dont nous ne représentons ici qu'une partie, est destinée à fixer l'instrument pendant que l'on opère ; elle est terminée par une virole brisée, que la vis V presse contre l'eudiomètre. » (*Annales de Chimie*, février 1817.)

Avant de terminer tout ce qui est relatif à l'analyse de l'air par le gaz hydrogène, nous devons rappeler que celui-ci doit être excessivement pur, car s'il contenait du carbone, une portion de l'oxigène de l'air serait employée à transformer le carbone en acide carbonique, et l'on ne pourrait plus compter sur les résultats, à moins d'absorber l'acide formé, et de déterminer quelle est la quantité d'oxigène qu'il renferme. M. Théodore de Saussure pense, en outre, qu'il se forme pendant la détonnation, aux dépens de l'oxigène et de l'azote de l'air, un peu d'acide nitrique, et même un peu d'ammoniaque aux dépens de l'hydrogène et de l'azote; mais ces produits sont en trop petite quantité pour pouvoir exercer quelqu'influence sur les résultats de l'analyse.

Analyse par le gaz deutoxide d'azote. Fontana est le premier qui ait employé le gaz nitreux comme eudiomètre; mais M. Gay-Lussac a tellement perfectionné ce moyen d'analyse, qu'il peut en être regardé comme l'inventeur. On sait que 100 parties de gaz nitreux en volume, placées sur l'eau avec 33,33 parties de gaz oxigène, les absorbent, et donnent naissance à de l'acide nitreux; tandis que le même nombre de parties de gaz nitreux, placées sur l'eau avec une beaucoup plus grande quantité de gaz oxigène, en absorbent 50, et forment de l'acide nitrique; dans le premier cas, lorsqu'on ne met pas un excès d'oxigène, l'absorption de ce gaz est le tiers de celle du gaz nitreux employé; dans le second cas, elle est de moitié. C'est d'après ces données que M. Gay-Lussac a construit un petit instrument très-ingénieux pour faire l'analyse de l'air. On introduit dans un gobelet plein d'eau, et renversé sur la cuve, 100 parties d'air et 100 parties de gaz nitreux; il se forme sur-le-champ, aux dépens de l'oxigène contenu dans les 100 parties d'air, du gaz acide nitreux rouge, qui ne tarde pas à se dissoudre dans l'eau; le résidu gazeux est composé d'azote et de l'excès de gaz nitreux employé; on le fait passer dans un tube gradué pour le mesurer : supposons qu'il y en ait 116 parties, il faudra conclure que 84 parties du mélange, ont été employées à la formation de l'acide nitreux : or, cet acide est composé de 3 parties de gaz nitreux et d'une d'oxigène : donc les 84 parties résultent de 63 parties de gaz nitreux et de 21 d'oxigène; et il est évident que les 116 parties de gaz qui restent à la fin de l'expérience se composent des 79 parties d'azote qui entrent dans la composition des 100 parties d'air, et des 37 parties de gaz nitreux qui n'ont pas été employées.

Analyse par le phosphore. Le phosphore jouit de la propriété d'absorber l'oxigène de l'air à la température ordinaire, et mieux encore à une température élevée, de se

transformer en acide phosphatique ou en acide phosphorique , et de mettre l'azote à nu : il suffit donc , pour
analyser l'air par ce moyen , d'en mettre une quantité déterminée dans une cloche graduée placée sur le mercure ,
dans laquelle on introduit un fragment de phosphore et
un peu d'eau distillée , que l'on a préalablement fait bouillir. Lorsque l'absorption du gaz oxigène a cessé, et que le
mercure ne remonte plus , on agite avec de l'eau le gaz
azote qui reste, pour le débarrasser d'un peu de phosphore
qu'il contient , et on le mesure. (Voyez *Action du phosphore sur l'air*, § 71.) On pourrait encore employer un très-
grand nombre de corps pour faire l'analyse de l'air ; mais
nous croyons avoir énuméré les principaux.

Des Corrections relatives à la température et à la pression de l'atmosphère.

L'analyse des gaz ne saurait être exacte si on n'avait
pas égard à leur température et au degré de pression auquel ils sont soûmis : en effet, lorsque dans une expérience
on a obtenu un gaz quelconque , on détermine son poids
par son volume : on sait qu'un volume du gaz A pèse
2 grains ; deux volumes du même gaz péseront 4 grains, etc. :
or, la température et la pression de l'atmosphère influent
singulièrement sur le volume qu'occupe la même quantité
de gaz.

Température. Il est évident que 100 parties de gaz , à la
température de 40° thermomètre centigrade , offriront un
volume beaucoup plus considérable que lorsque la température ne sera que de 20°. Supposons maintenant que
l'on desire connaître quel sera le volume de ces 100 parties
à 20°. Nous avons établi (§ 11) que lorsqu'un gaz passe de
0° à 100° thermomètre centigrade, il se dilate de 0,375 de
son volume ; nous avons dit encore que sa dilatation est
uniforme, c'est-à-dire , qu'il se dilate autant de 0° à 10°,

que de 10° à 20°, de 30° à 40°, etc. ; il est donc aisé de déterminer quelle sera sa dilatation pour chaque degré : en effet, elle sera de $\frac{0,375}{100}$, ou, ce qui est la même chose, $= 0,00375$, ou bien $\frac{1}{266,67}$ du volume qu'il occupe à 0°. Connaissant par ce moyen la quantité de sa dilatation pour chaque degré, il ne sera pas plus difficile de la connaître lorsqu'il sera au-dessus de zéro. Supposons un gaz à 40° + 0° : s'il était à zéro, on connaîtrait sa dilatation pour chaque degré en divisant les 100 parties par 266 $\frac{2}{3}$; maintenant on la déterminera en divisant les 100 parties par 266 $\frac{2}{3}$ + 40, c'est-à-dire, par 306 $\frac{2}{3}$: or, 100 divisés par 306 $\frac{2}{3}$ donnent pour la dilatation de chaque degré 0,326.

Appliquons actuellement ces données au cas particulier qui nous occupe, savoir à la détermination du volume qu'occuperont à 20°, 100 parties d'un gaz dont la température est de 40°. Puisque la dilatation pour chaque degré est de 0,326, on n'a qu'à multiplier cette quantité par 20, ce qui donnera 6,520, et retrancher ce produit des 100 parties : on aura alors 93,48 pour le volume que doivent occuper les 100 parties à 20°. On peut généraliser cette opération en disant : « On aura la dilatation du volume du gaz pour chaque degré en le divisant par 266 $\frac{2}{3}$, plus le nombre d'unités dont la température du gaz est au-dessus de zéro ; en prenant cette dilatation autant de fois qu'il y aura de degrés entre les deux températures, et en ajoutant la somme au volume, ou en l'en retranchant, suivant que ce volume devra être plus ou moins grand que le volume cherché. » (M. Thenard.)

Pression. Cent parties de gaz (en volume) à la pression atmosphérique de 76 centimètres, ne resteront pas les mêmes si la pression augmente ou diminue : dans le premier cas, elles se réduiront peut-être à 97, 98 ou 99, et, dans le second, elles pourront augmenter jusqu'à 103, 104, etc. : il s'agit donc de déterminer comment on peut reconnaître quel sera le volume de 100 parties de gaz à la pression de 74°, lorsque cette pression augmentera et qu'elle sera de 76, comme cela a lieu le plus ordinairement. On établira la proportion suivante : La pression de 76 est à la pression de 74 comme le volume 100 est au volume x que l'on cherche :

$$76 : 74 :: 100 : x.$$

On divisera 7400, ou le produit de deux termes moyens, par 76, et on aura pour quotient le quatrième terme de la proportion 97,369 parties, ou le volume que les 100 parties de gaz occuperont à la pression de 26 centim. On voit évidemment que ce calcul repose sur ce qui a été établi (tome 1er, pag. 98); savoir que les volumes des gaz sont en raison inverse de la pression à laquelle ils sont soumis.

TROISIÈME PROBLÈME.

De l'Analyse du gaz provenant de la décomposition de l'ammoniaque par le feu.

Ce gaz est formé d'hydrogène et d'azote. On l'introduit dans l'eudiomètre avec un excès de gaz oxigène pur, et on l'enflamme ; il se forme de l'eau aux dépens de l'hydrogène du gaz et de l'oxigène ajouté ; le résidu est l'azote, plus l'excès d'oxigène. Supposons que l'on ait agi sur 100 parties de gaz et sur 50 parties d'oxigène, et que l'on ait obtenu un résidu de $37\frac{1}{2}$, il est évident qu'il y a eu 112 parties $\frac{1}{2}$ employées à former de l'eau : or, dans cette quantité d'eau, il entre 75 parties d'hydrogène $+ 37\frac{1}{2}$ d'oxigène : donc les 100 parties de gaz analysé contiennent 75 parties de gaz hydrogène ; d'où il suit qu'elles doivent renfermer 25 parties d'azote. Pour s'en assurer, on recommence l'expérience en prenant 100 parties du gaz provenant de la décomposition de l'ammoniaque, et en les enflammant seulement avec 37 parties $\frac{1}{2}$ d'oxigène, on obtient 25 parties d'azote pour résidu ; le reste se trouve transformé en eau : on conclut que l'ammoniaque est formée de 3 parties d'hydrogène et d'une partie d'azote.

Analyse d'un mélange de gaz acide carbonique et de gaz acide sulfureux. Cluzel a prouvé que le premier de ces gaz n'est pas absorbé par le borax, tandis que l'autre l'est avec facilité : on devra donc employer ce moyen.

Gaz acide carbonique, et gaz acide hydro-sulfurique. L'acétate acide de plomb n'a point d'action sur le premier de ces gaz, tandis qu'il absorbe l'autre avec rapidité.

Gaz acide carbonique et azote. La potasse dissoute dans l'eau absorbe l'acide carbonique avec facilité, et n'agit point sur l'azote.

Nous pourrions multiplier ces exemples à l'infini ; mais nous nous contentons d'exposer ceux qu'il peut être plus utile de connaître : d'ailleurs, il sera toujours aisé, en se rappelant la manière dont les différens gaz se comportent avec les réactifs, de trouver les moyens de les séparer les uns des autres ; il nous serait impossible de donner plus d'étendue à cet article sans dépasser les limites que nous nous sommes prescrites.

QUATRIÈME PROBLÈME.

De l'Analyse des Gaz composés.

Il est de la plus haute importance que les chimistes connaissent les moyens de déterminer facilemeut les élémens d'un gaz composé de deux corps élémentaires M. Gay-Lussac, en découvrant que *les corps supposés à l'état de gaz se combinent toujours dans des rapports très-simples,* a fait faire d'immenses progrès à ce genre d'analyse, comme nous allons le voir plus particulièrement en parlant de chacun d'eux.

Analyse de l'acide hydro-sulfurique. Supposons que

l'on demande quelle est la quantité d'hydrogène et de soufre qui entre dans la composition de 100 grains de gaz acide hydro-sulfurique; il est aisé de répondre à cette question sans faire aucune expérience : en effet, on sait d'avance que le volume du gaz hydrogène contenu dans les 100 grains de gaz acide hydro-sulfurique est égal à celui de ce gaz; on connaît d'ailleurs les pesanteurs spécifiques du gaz hydrogène et du gaz acide hydro-sulfurique : il s'agit donc d'établir la proportion suivante, si l'on veut connaître la quantité d'hydrogène qu'il renferme :

$$1,1912 : 100 :: 0,07321 : x = \text{quant. d'hydrog. dans le gaz.}$$

c'est-à-dire : la pesanteur spécifique du gaz acide hydro-sulfurique, $1,1912$, est au poids de ce gaz, 100, comme la pesanteur spécifique de l'hydrogène, $0,07321$, est au poids de l'hydrogène, x. En multipliant l'un par l'autre les termes moyens, et en divisant le produit par $1,1912$, on aura $6,145$ d'hydrogène pour ce poids : donc le gaz acide hydro-sulfurique est formé, sur 100 parties, de $6,145$ d'hydrogène, et de $93,855$ de soufre.

Analyse du gaz oxide de carbone. Supposons que l'on demande quelle est la quantité d'oxigène et de carbone qui entre dans la composition de 100 grains de gaz oxide de carbone : on sait que le volume du gaz oxigène contenu dans les 100 grains de gaz *oxide de carbone* est la moitié de celui qu'offre ce gaz; on connaît d'ailleurs les pesanteurs spécifiques du gaz oxigène et du gaz oxide de carbone : il s'agit donc d'établir la proportion suivante si l'on veut connaître la quantité d'oxigène qu'il renferme :

$$0,9569 : 100 :: 0,5519 : x = \text{quantité d'oxigène dans le gaz.}$$

c'est-à-dire : la pesanteur spécifique du gaz oxide de carbone, $0,9569$, est au poids de ce gaz, 100 grains, comme la pesanteur spécifique de l'oxigène, divisée par 2, o,55 19 (1), est au poids de l'oxigène, x. En multipliant les termes moyens, et en divisant le produit par o,9569, on aura 57,4 grains d'oxigène pour ce poids : donc le gaz oxide de carbone est formé, pour 100 parties, de 57,4 d'oxigène, et de 46,6 de carbone.

Analyse du gaz acide carbonique. La pesanteur spécifique du gaz acide carbonique est de 1,5196 ; celle du gaz oxigène est de 1,10359 : or, dans un volume d'acide carbonique, il y a un volume de gaz oxigène : il suffira donc d'opérer comme nous l'avons dit pour l'acide hydro-sulfurique pour trouver que l'acide carbonique est formé de 72,624 d'oxigène et de 27,376 de carbone.

Analyse du gaz hydrogène percarboné. La pesanteur spécifique de ce gaz est de o,9784 ; il contient deux fois son volume de gaz hydrogène ; la pesanteur spécifique de celui-ci est de o,07321 : il suffira donc d'établir la proportion suivante : o,9784 : 100 : : o,14642 : x, ou à la quantité d'hydrogèue ; c'est-à-dire la pesanteur spécifique du gaz hydrogène percarboné, o,9784, est au poids de ce gaz, 100, comme la pesanteur spécifique du gaz hydrogène, multipliée par 2 = o,14642, est au poids de l'hydrogène qui entre dans sa composition : ce poids est 14,96. Le gaz hydrogène percarboné est donc formé de 14,96 d'hydrogène et de 85,4 de carbone.

Ces exemples nous paraissent suffisans pour donner une idée de la méthode que l'on doit employer pour calculer aisément les proportions des élémens d'un gaz composé ; nous allons par conséquent nous borner à indiquer les résultats des analyses faites jusqu'à ce jour. *Hydrogène*

---

(1) On divise par 2, parce que le gaz oxide de carbone ne contient que la moitié de son volume d'oxigène : or, la pesanteur spécifique du gaz oxigène est de 1,1036.

perphosphoré, une partie d'hydrogène et 12 parties de phosphore en poids. *Gaz acide hydriodique*, 100 parties d'iode et 0,849 d'hydrogène. *Protoxide d'azote*, 100 parties d'oxigène, et 175,63 d'azote en poids. *Deutoxide d'azote*, 100 parties d'oxigène, 87,815 d'azote en poids. *Gaz acide nitreux*, 233,8 d'oxigène, 100 d'azote en poids.

TABLEAU *des Proportions en volume des élémens qui composent différens gaz.*

NOMS DES GAZ.	PROPORTIONS.
Gaz oxide de carbone	il contient la moitié de son volume d'oxigène.
— acide carbonique	Il renferme un volume égal au sien d'oxigène.
— protoxide d'azote	50 parties d'oxigène et 100 d'azote en volume.
— deutoxide d'azote	Volumes égaux d'oxigène et d'azote.
— acide sulfureux	Un peu plus de son volume de gaz oxigène.
— hydrogène percarboné	Il contient deux fois son volume de gaz hydrogène.
— hydro-sulfurique	Il renferme un volume égal au sien de gaz hydrogène.
— hydriodique	Un volume d'hydrogène égal à la moitié du volume du gaz acide.
— hydro-chlorique	Volumes égaux d'hydrogène et de chlore.
— hydrogène arsenié	100 parties en volume contiennent 140 parties de gaz hydrogène.

CHAPITRE II.

De l'Analyse de l'eau.

Si on fait·passer une quantité déterminée de vapeur aqueuse à travers un métal incandescent , qui en absorbe tout l'oxigène sans se combiner avec l'hydrogène, celui-ci se dégagera, et pourra être recueilli dans des cloches graduées, placées sur le mercure ou sur l'eau ; on pourra donc déterminer facilement son poids, et en le retranchant de celui de la vapeur qui aura été décomposée, on aura celui de l'oxigène, puisque l'eau n'est formée que d'hydrogène et d'oxigène. Tel est le principe sur lequel est fondée l'analyse de l'eau.

Que l'on introduise 200 grains d'eau distillée, parfaitement pure, dans une cornue.de verre dont le col se rend dans un tube de porcelaine verni intérieurement , et contenant une quantité déterminée de tournure de fer parfaitement *décapée* ; que l'on dispose ce tube dans un fourneau à réverbère, de manière à ce que la partie qui contient le fer puisse être chauffée jusqu'au *rouge cerise seulement* ; que l'on fasse rendre l'autre extrémité du tube de porcelaine dans le tuyau d'un serpentin ; que l'extrémité tubuleuse de celui-ci pénètre dans un flacon vide, bitubulé , qui , par une de ses tubulures , donne passage à un tube de verre recourbé, propre à porter le gaz hydrogène sous des cloches graduées ; enfin, l'appareil étant ainsi monté, que l'on élève la température du fer jusqu'au rouge cerise, et que l'on remplisse le serpentin d'eau et de glace, on observera , en mettant le feu sous la cornue qui contient l'eau distillée, 1° que celle-ci ne tarde pas à entrer en ébullition ; 2° que la vapeur formée traverse la tournure de fer ; 3° qu'une portion de cette vapeur est décomposée en oxigène qui se combine avec le fer, et en gaz hydrogène que l'on recueille dans les cloches ; 4° qu'une certaine quantité de vapeur passe à travers le fer sans se décomposer, vient se condenser dans le serpentin et coule dans le flacon.

Supposons qu'après avoir volatilisé toute l'eau de la cornue et laissé refroidir l'appareil, on trouve 100 grains d'eau dans le flacon, on conclura qu'il n'y en a eu que 100 grains de décomposés par le fer : or, le volume de gaz hydrogène obtenu indique que son poids est de 11,71 grains : donc les 100 grains d'eau sont formés de 88,29 d'oxigène et de 11,71 grains d'hydrogène ; et, en effet, en pesant le fer on trouve que son poids est augmenté de 88,29 grains, et qu'il est à l'état de deutoxide.

CHAPITRE III.

Analyse des acides minéraux.

Les acides minéraux sont *solides*, *liquides* ou *gazeux*. Ces derniers seront reconnus par les caractères exposés en parlant de l'analyse des gaz ; il sont au nombre de huit : savoir, l'*acide carbonique*, l'*acide sulfureux*, l'*acide chloreux* (oxide de chlore), l'*acide nitreux*, les *acides carbo-muriatique* (chlorure d'oxide de carbone), *phtoro-borique*, *phtoro-silicique*, *hydro-chlorique* et *hydriodique*. Les acides solides sont les acides tungstique, iodique, phosphorique, arsenique, molybdique, borique et columbique. On les distinguera les uns des autres par les caractères suivans : 1° l'acide *tungstique* est le seul qui soit jaune, et l'acide *chromique* le seul qui soit *rouge*. L'acide *iodique* est décomposé sur-le-champ par l'acide sulfureux ou par l'acide hydro-sulfurique qui en séparent l'*iode*. Les acides *phosphorique* et *arsenique* sont fortement déliquescens ; mais ce dernier donne de l'oxide d'arsenic volatil, ayant une odeur alliacée lorsqu'on le chauffe jusqu'au rouge. Parmi les autres acides non déliquescens, l'acide *molybdique* se transforme en oxide bleu lorsqu'on le met dans une dissolution d'hydro-chlorate de protoxide d'étain. On distinguera l'acide *borique* de l'acide columbique, en ce que le premier, dissous dans l'eau bouillante, se précipite en lames par le refroidissement, tandis que l'autre est toujours en poudre; d'ailleurs, l'acide *columbique*, dissous dans l'acide sulfurique, donne par l'acide phosphorique une gelée blanche, opaque, consistante, insoluble dans l'eau (1).

Les *acides liquides* sont, les acides hydro-phtorique, hypo-phosphoreux, phosphoreux, phosphatique, sulfurique et nitrique. L'acide *hydro-phtorique* (fluorique) est le seul qui corrode le verre à froid. Les acides *hypo-phosphoreux*, *phosphoreux* et *phosphatique*, sont les seuls qui, étant chauffés, s'enflamment spontanément en donnant naissance à du gaz hydrogène perphosphoré. L'acide *sulfurique* précipite le nitrate de baryte en blanc, et le précipité est insoluble dans l'eau et dans un excès d'acide. L'acide *nitrique* ne trouble point ce sel; d'ailleurs, il jouit de caractères qui le font reconnaître sur-le-champ. (*Voy*. § 123.)

Nous venons de supposer le cas où ces acides se présenteraient à l'état liquide, gazeux et solide; mais s'ils étaient dissous dans l'eau, comment procéderait-on pour les reconnaître? On ferait chauffer leurs dissolutions dans une petite fiole; ceux qui sont gazeux donneraient un gaz que l'on pourrait recueillir dans des cloches; les liquides ne changeraient point d'état, et ceux qui sont solides se déposeraient sous la forme de poudre ou de cristaux.

---

(1) Nous avons cru devoir établir la différence de ces acides d'après un seul caractère, pour ne pas être obligés de répéter tous ceux dont se compose leur histoire, et qui ont été exposés dans le tome 1er; nous devons cependant prévenir qu'il importe, avant de se décider sur leur nature, de constater s'ils possèdent les propriétés que nous leur avons assignées.

Des Moyens propres à faire connaître les proportions des élémens qui constituent les acides minéraux.

Nous avons déjà exposé comment on doit agir pour analyser les *gaz acides composés ;* nous devons donc nous occuper seulemeut de ceux qui sont liquides ou solides, et que l'on peut analyser par des méthodes exactes ; nous ne parlerons que des principaux.

Acide borique. On fait bouillir 100 parties de bore avec de l'acide nitrique pur, et on obtient 15o parties d'acide borique ; d'où il faut conclure que le bore a absorbé 5o parties d'oxigène à l'acide nitrique pour s'acidifier, et par conséquent qu'il est formé de 2 parties de bore et d'une partie d'oxigène. (MM. Gay-Lussac et Thenard.)

Acide sulfurique. On transforme 100 grains de soufre en acide sulfurique au moyen de l'acide nitrique bouillant, et on détermine quelle est la quantité d'acide sulfurique formé : supposons qu'elle soit de 238, on conclut que cet acide contient 100 de soufre et 138 d'oxigène. Pour parvenir à connaître la quantité d'acide sulfurique produit, on précipite la liqueur obtenue par le nitrate de baryte et on pèse le sulfate de baryte précipité : or, on sait, par les analyses précédentes, quelles sont les quantités d'acide et de base qui constituent ce sel. (Voyez *Analyse des sels,* pag. 53o de ce vol.)

Acide nitrique. Les expériences récentes de M. Gay-Lussac prouvent que l'acide nitrique est formé d'un volume d'azote et de 2 volumes et demi d'oxigène ; on connaît les pesanteurs spécifiques de ces gaz et celle de l'acide nitrique ; par conséquent on peut déterminer la composition de cet acide en établissant la proportion dont nous avons parlé page 5o2 de ce volume.

Acide iodique. On décompose dans une cornue 100 parties d'iodate de potasse sec, et l'on obtient 22,59 d'oxigène et 77,41 d'iodure de potassium : donc l'oxigène obtenu appartient à l'acide iodique et à la potasse. Maintenant on sait que les 77,41 d'iodure renferment 58,937 d'iode et 18,473 de potassium : donc, dans les 100 parties d'iodate décomposé il y avait 18,427 de potassium ; mais cette quantité de potassium y était à l'état d'oxide et combinée avec 3,773 de gaz oxigène : donc, des 22,59 d'oxigène obtenus en calcinant l'iodate, 3,773 appartiennent à la potasse et 18,817 appartiennent à l'acide iodique ; cet acide est par conséquent formé de 18,817 d'oxigène et de 58,937 d'iode, ou bien de 31,927 d'oxigène et de 100 d'iode, ou de 1 d'iode et de 2,5 d'oxigène en volume. (M. Gay-Lussac.)

CHAPITRE IV.

Un métal étant donné, déterminer quelle est sa nature.

Nous ne nous occuperons que des métaux des quatre dernières classes, ceux de la première n'ayant pas été obtenus encore, et ceux de la seconde étant faciles à reconnaître, parce qu'ils se transforment en alcalis lorsqu'on les met dans l'eau. (Voyez *Analyse des alcalis*, pag. 515 de ce vol.)

Le métal qui, étant mis dans l'acide *sulfurique faible*, à la température ordinaire, se dissout avec effervescence et dégagement de gaz hydrogène, est ou du *fer*, ou du *zinc*, ou du *manganèse*, ou du *nickel.*

S'il n'est pas dans ce cas, et qu'il soit dissous dans l'acide *nitrique* concentré bouillant, ce sera du *cobalt*, du *palladium*, du *cuivre*, de l'*urane*, du *mercure*, du *bismuth*, du *tellure*, de l'*argent* ou de l'*arsenic*. Si, n'étant pas dissous par l'acide sulfurique faible ni par l'acide nitrique bouillant, il est transformé par celui-ci en une poudre blanche, ce sera de l'*étain*, de l'*antimoine* ou du *molybdène*.

Si le métal n'est attaqué par aucun de ces acides, et qu'il s'oxide en le faisant chauffer avec le contact de l'air, ce sera du *chrome*, du *columbium*, du *tungstène*, du *titane*, du *cerium* ou de l'*osmium*. Enfin, s'il ne s'oxide pas lorsqu'on le place dans les mêmes circonstances, ce sera de l'*or*, du *platine*, du *rhodium* ou de l'*iridium*. (M. Thenard.) (1).

Analyse de quelques Alliages.

D'étain et de plomb. On en fera bouillir 100 grains avec un excès d'acide nitrique pur, et l'on obtiendra du nitrate de plomb soluble et du peroxide d'étain insoluble. Lorsqu'il n'y aura plus d'action, on étendra la liqueur avec de l'eau distillée, on la filtrera, on lavera bien le précipité, et après avoir réuni les eaux de lavage, on décomposera le nitrate de plomb par le sulfate de potasse ; le précipité de sulfate de plomb, lavé, desséché et pesé, donnera la quantité de plomb (100 de ce sulfate contiennent 68,39 de plomb) : d'une autre part, on pèsera le peroxide d'étain pour déterminer la quantité d'étain qui entre dans sa composition (127,2 de ce peroxide renferment 100 d'étain).

D'étain et de cuivre. On l'analyse comme le précédent, excepté que le nitrate de cuivre obtenu est décomposé par la potasse, qui en sépare le deutoxide de cuivre, que l'on calcine après l'avoir bien lavé : 125 de deutoxide de cuivre sont formés de 100 parties de cuivre et de 25 d'oxigène. (M. Proust.)

On se rappelle que le métal des cloches est formé de 22 parties d'*étain* et de 78 parties de cuivre. Si on veut

---

(1) Après avoir ainsi établi ces diverses coupes, on examinera les propriétés des dissolutions nitriques ou hydro-chloriques de ces métaux, et on pourra affirmer quelle est leur nature. On pourra consulter, à cet égard, les caractères que nous avons placés à la tête de l'histoire des sels métalliques, t. 1er.

obtenir le dernier de ces métaux en grand, on y parvient facilement en soumettant l'alliage à l'action de l'air à une température élevée ; l'étain étant plus fusible et plus oxidable que le cuivre, peut en être facilement séparé. On commence par oxider entièrement une portion de métal de cloche ; les deux oxides de cuivre et d'étain formés sont mêlés avec le double de leur poids de nouveau métal de cloche et chauffés avec le contact de l'air ; par ce moyen on obtient du *cuivre* sensiblement pur, surnagé par des scories composées d'oxide d'étain, d'oxide de cuivre, et d'une petite quantité de terre qui fait partie du fourneau dans lequel on opère. Ces scories sont décomposées, à une température élevée, par $\frac{1}{8}$ de leur poids de charbon, et fournissent, 1° un alliage qui contient environ 60 parties de cuivre et 40 d'étain ; 2° de nouvelles scories renfermant beaucoup plus d'étain que les premières. On calcine l'alliage dont nous venons de parler ; *il se forme beaucoup plus d'oxide d'étain que d'oxide de cuivre*, en sorte qu'il se trouve bientôt contenir les mêmes proportions de cuivre et d'étain que le *métal des cloches* ; alors on le coule et on lui fait subir les mêmes opérations qu'à celui-ci ; en sorte que l'on obtient une nouvelle quantité de *cuivre*. Les scories obtenues dans les diverses opérations que l'on a été obligé de faire sont de nouveau réduites par le charbon, et forment un alliage d'environ 28 de cuivre et de 72 d'étain ; on calcine encore cet alliage pour transformer en oxide au moins 24 à 26 parties de l'étain qu'il contient ; on enlève cet oxide, et l'alliage qui reste est chauffé de nouveau, de manière à oxider de l'étain et du cuivre, et à obtenir encore un composé analogue au métal de cloches, que l'on traite comme nous l'avons dit précédemment pour en avoir le *cuivre* ; on répète ces opérations jusqu'à ce que l'on ait retiré la majeure partie du cuivre contenu dans le métal des cloches.

On sépare l'étain de l'oxide d'étain en traitant celui-ci par le charbon dans un fourneau à manche.

Alliage de plomb et d'antimoine. On opère comme pour l'alliage de plomb et d'étain : il faut seulement savoir que le peroxide d'antimoine qui reste est formé de 100 parties de métal et de 30 parties d'oxigène. (M. Proust.)

De zinc et de cuivre (laiton). On fait dissoudre l'alliage dans l'acide nitrique pur, et on fait bouillir la dissolution des deux nitrates avec de la potasse pure, caustique; le peroxide de cuivre seul est précipité; on le lave et on le pèse après l'avoir desséché; la dissolution contient alors du nitrate de potasse, de la potasse et de l'oxide de zinc; on la sature par l'acide hydro-chlorique, et l'on y verse un excès de sous-carbonate de potasse; l'hydro-chlorate de zinc est décomposé, et l'on obtient un précipité de carbonate de zinc; on le lave, on le sèche et on le calcine; l'oxide de zinc résidu fait connaître la quantité de métal qui entre dans sa composition. (124,47 d'oxide de zinc contiennent 24,47 d'oxigène.)

Alliage d'argent et de cuivre. On le fait dissoudre dans l'acide nitrique à l'aide de la chaleur; on étend d'eau la dissolution des deux nitrates; on y verse de l'acide hydro-chlorique, qui précipite tout l'argent à l'état de *chlorure*; on filtre, on lave le précipité, et après avoir réuni les eaux de lavage, on sépare le deutoxide de cuivre du nitrate par la potasse; on sait combien cet oxide contient de métal; on connaît d'ailleurs la composition du chlorure d'argent; on a donc toutes les données nécessaires à la résolution du problème. (405,59 de chlorure d'argent sont formés de 100 de chlore et de 305,59 d'argent.) Nous devons maintenant faire connaître comment on parvient à analyser un pareil alliage par la *coupellation.*

Analyse d'un alliage d'argent et de cuivre par la coupellation. On introduit dans une coupelle préparée avec

s os calcinés ; broyés et lavés , une certaine quantité de
omb métallique (1) ; on chauffe la coupelle dans un four-
:au , et lorsque le plomb est fondu , on y ajoute une partie
: l'alliage enveloppé dans du papier; le plomb favorise
 fusion du cuivre ; l'un et l'autre de ces deux métaux
assent à l'état d'oxide aux dépens de l'oxigène de l'air ;
 s oxides formés fondent, se volatilisent en partie sous la
 rme de fumée ; mais la majeure partie est absorbée par la
 oupelle , qui peut être regardée , jusqu'à un certain point ,
 omme un filtre pouvant donner passage à ces oxides fondus ;
 a bout d'un certain temps on remarque un phénomène
 onnu sous le nom d'*éclair ;* l'alliage devient brillant ,
 t l'opération est terminée ; l'argent se trouve seul dans
 intérieur de la coupelle , tandis que les oxides de cuivre
 t de plomb ont été complètement absorbés ou volatilisés ;
 n laisse refroidir l'appareil ; on pèse le bouton d'argent ,
 t on connaît la quantité qui entre dans la composition de
 'alliage ; en retranchant cette quantité du poids de l'alliage
 oumis à l'expérience, on a celle du cuivre.

Alliage d'or, d'argent et de cuivre. On soumet cet
 lliage à la coupellation, ainsi que nous venons de le dire
 our le précédent ; mais comme la quantité d'argent qu'il
 enferme est en général très-petite, on en ajoute une cer-
 aine portion ; lorsque l'opération est terminée, et que les
 oxides de plomb et de cuivre ont été absorbés par la coupelle, on traite le bouton composé d'or et d'argent par de
 'acide nitrique pur, qui dissout ce dernier métal sans tou-

---

(1) Lorsqu'on agit sur l'alliage qui constitue les monnaies de
France , et dans lequel il y a 9 parties d'argent et une de cuivre, on emploie 7 parties de plomb ; il n'en faut que 4 parties
pour l'argent de vaisselle ; il en faut, au contraire , 10 parties
pour faire l'essai de la monnaie de billon : en général , il en
faudra d'autant plus que l'alliage contiendra plus de cuivre.

cher à l'autre. L'addition d'une certaine quantité d'argent
est indispensable ; sans cela , dans le traitement dont nous
parlons , l'acide nitrique ne dissoudrait que la portion qui
est à la surface du bouton.

Lorsqu'on ne veut pas déterminer d'une manière rigou-
reuse les proportions de l'alliage qui constitue les bijoux
d'or, on se contente de l'essai suivant, qui n'est qu'approxi-
matif : on frotte le bijou sur une pierre de touche (*cor-
néenne lydienne*) jusqu'à ce que l'on ait produit une couche
d'environ 2 à 3 millimètres de largeur et de 4 millimètres
de longueur ; alors on passe sur cette couche un liquide
composé de 25 parties d'eau , 38 d'acide nitrique à 1,340
de densité , et 2 d'acide hydro-chlorique à 1,173 : si la couche conserve sa couleur jaune et son éclat métallique , on
conclut que l'or est au titre convenable , c'est-à-dire à 0,750 ;
si, au contraire, la couleur qu'acquiert la trace est d'un
rouge brun , et qu'elle s'efface lorsqu'on l'essuie, on juge
que le bijou est à un titre inférieur , et qu'il contient d'autant moins d'or que la trace est plus effacée.

CHAPITRE V.

De l'Analyse des oxides.

On parvient facilement à déterminer quelle est la nature d'un oxide métallique en le dissolvant dans un acide
pour le transformer en sel , et en examinant la manière dont
celui-ci se comporte avec les réactifs. (Voy. *Analyse des sels*,
p. 517 de ce vol.) Il est cependant quelques oxides que l'on
peut reconnaître par des moyens plus simples : ainsi l'*oxide
d'osmium* a une odeur analogue à celle du *chlore* ; l'*oxide
d'arsenic* se volatilise et répand une odeur alliacée lorsqu'on
le chauffe ; les oxides de *chrome* et de *cobalt* fondus avec le
borax le colorent, le premier en vert, l'autre en bleu ;
l'oxide de *molybdène* est bleu , et se transforme en acide

blanc, lorsqu'on le chauffe avec l'acide nitrique ; les oxides l'*étain* et d'*antimoine* ne se dissolvent pas dans l'acide nitrique bouillant, et sont solubles dans l'acide hydro-chlorique ; les oxides de manganèse, fondus avec la potasse et le contact de l'air, donnent du *caméléon minéral*, etc. On peut également reconnaître avec facilité les oxides qui, mis dans l'eau, se dissolvent et constituent les alcalis.

Des Alcalis. Ces alcalis sont la chaux, la strontiane, la baryte, la potasse, la soude et l'ammoniaque. Si l'alcali a une odeur forte et piquante, ce sera de l'*ammoniaque* ; s'il est inodore et qu'il ne précipite pas par l'acide carbonique ou par un sous-carbonate soluble, ce sera de la potasse ou de la soude : la *potasse* précipite en jaune serin par l'hydro-chlorate de platine ; la *soude*, au contraire, n'est point troublée par ce sel. Si l'alcali précipite par l'acide carbonique ou par un sous-carbonate soluble, ce sera de la chaux, de la baryte, ou de la strontiane. L'eau saturée de *chaux* ne précipite pas par l'acide sulfurique, tandis que le contraire a lieu pour l'eau saturée de baryte ou de strontiane. On pourra distinguer l'un de l'autre ces deux derniers alcalis par les caractères suivans : 1° l'eau de *strontiane* très-étendue ne précipite plus par l'acide sulfurique, tandis que l'eau de *baryte* se trouble toujours ; 2° la *strontiane* forme avec l'acide hydro-chlorique un sel cristallisable en aiguilles, soluble dans l'alcool, dont il colore la flamme en pourpre ; la *baryte*, au contraire, donne avec le même acide, un sel qui cristallise en lames, insoluble dans l'alcool, et qui n'altère point la couleur de sa flamme.

Des Procédés au moyen desquels on parvient à déterminer les proportions d'oxigène et de métal qui constituent un oxide.

Ces procédés varient suivant la nature des oxides. 1°. Si l'oxide est réductible par la chaleur, on l'introduit dans une cornue de verre à laquelle on adapte un tube recourbé ; on pèse l'appareil et on chauffe graduellement ; il se dégage du gaz oxigène, et le métal reste dans la cornue ; on pèse celle-ci de nouveau à la fin de l'expérience, et on note la différence des poids ; d'une autre part, on calcule le poids de l'oxigène d'après le volume qu'il occupe : il est inutile de faire observer que le poids de ce gaz ne peut être déterminé exactement qu'autant qu'on a égard à la pression et à la température de l'atmosphère. 2°. Si l'oxide appartient à la seconde classe, on détermine les proportions de ses élémens par la synthèse, en mettant dans de l'eau pure une quantité déterminée du métal dont il est formé, et en recueillant tout l'hydrogène qui résulte de la décomposition de l'eau : le volume de gaz hydrogène obtenu indique son poids, et par conséquent on connaît celui de l'oxigène qui s'est fixé sur le métal. 3°. Si l'oxide appartient à la troisième classe, on traite une portion du métal qui entre dans sa composition par l'acide sulfurique faible (1) ; l'eau est décomposée, et par l'hydrogène obtenu on peut connaître la quantité d'oxigène combinée avec le métal. 4°. On connaîtra la composition de quelques oxides en faisant chauffer dans des vaisseaux fermés le métal avec l'oxigène, et en déterminant de combien son poids est augmenté, et quelle est la quantité d'oxigène absorbé : l'oxide d'arsenic pourra être analysé par ce moyen. 5°. On peut déterminer les proportions d'oxigène dans plusieurs oxides en transformant une quantité connue de métal en nitrate au moyen de l'acide nitrique, et en calcinant celui-ci dans un creuset de platine ; il ne reste que l'oxide, dont il suffit d'avoir le poids pour connaître celui de ses élémens : le zinc, le fer, le bismuth, le cuivre, le plomb, le cobalt, etc., sont dans ce cas. 6°. Tous les oxides peu-

____

(1) Excepté l'étain, car celui-ci doit être traité par l'acide hydro-chlorique.

vent être analysés sans que l'on soit obligé de faire une
seule expérience, et seulement en ayant égard à la loi qui
préside à la composition des sels : prenons pour exemple
le protoxide de plomb ; on sait que les sulfates neutres contiennent cinq fois autant d'acide sulfurique qu'il y a d'oxigène dans l'oxide qu'ils saturent ; par exemple, 200 parties
de sulfate de cuivre renferment 100 parties d'acide, 80 de
cuivre et 20 d'oxigène ; l'oxigène fait juste la cinquième partie de l'acide ; on sait également que le sulfate de protoxide
de plomb est formé de 100 parties d'acide et de 279,74 de
protoxide ; il est donc évident que cette quantité de pro-
oxide doit être composée de 259,74 de plomb et de 20
d'oxigène, puisque nous avons établi que la quantité d'oxigène doit être le cinquième de celle de l'acide qui entre dans
la composition du sel ; il s'agira donc d'établir cette simple
proportion : si 259,74 de plomb sont combinés avec 20
d'oxigène, 100 le seront avec 7,7. La détermination de
l'oxigène par ce procédé est fondée, comme l'on voit,
sur ce que, dans les sels d'un même genre et au même état
de saturation, les quantités d'oxigène contenues dans les
oxides sont proportionnelles aux quantités d'acide qui les
saturent.

CHAPITRE VI.

*Un sel minéral étant donné, déterminer quelle est sa
nature.*

La résolution de ce problême se compose de la résolution de deux autres : 1° la détermination de l'acide qui
entre dans la composition du sel : 2° celle de la base. Nous
allons nous occuper d'abord de la détermination de l'acide.

1082. Ou le sel fait effervescence lorsqu'on le met en contact avec l'acide sulfurique à froid ou à une température
peu élevée, ou le contraire a lieu.

Sels faisant effervescence.	*Sels ne faisant pas efferves-cence.*
Carbonates.	Nitrates.
Sulfites.	Iodates.
Sulfites sulfurés.	Sulfates.
Nitrites.	Chromates.
Chlorates.	Borates.
Hydro-chlorates.	Molybdates.
Hydro-sulfates.	Tungstates.
Fluo-borates (phtoro-borates).	Arseniates.
Fluates (phtorures).	Arsénites.
Carbo-muriates (1).	Columbates.
Hydriodates.	Phosphites.
	Hypo-phosphites.
	Phosphates.

A. Supposons que le sel fasse effervescence : s'il ne se
dégage point de vapeurs, ce sera un *carbonate* ; s'il y a
dégagement de vapeur ayant l'odeur de soufre enflammé,
et qu'il ne se dépose pas de soufre, ce sera un *sulfite* ;
s'il se comporte de la même manière, excepté qu'il laisse
précipiter du soufre, ce sera un *sulfite sulfuré* ; s'il y a dégagement de vapeurs rouges orangées, et que le sel fuse
sur les charbons ardens, ce sera un *nitrite* ; si la vapeur
est jaune verdâtre, et que le sel se comporte comme le précédent lorsqu'on le met sur les charbons ardens, ce sera
un *chlorate* ; s'il laisse dégager des vapeurs blanches en-
ièrement solubles dans l'eau, donnant avec le nitrate d'argent un précipité blanc caillebotté, insoluble dans l'eau et
dans l'acide nitrique, ce sera un *hydro-chlorate* ; si le gaz
qui se dégage a l'odeur d'œufs pourris, ce sera un *hydro-
sulfate*, pourvu qu'il n'y ait point de soufre précipité ;
car, dans ce cas, ce serait un *hydro-sulfate sulfuré* ; si les

(1) Combinaisons des bases avec le chlorure d'oxide de carbone gazeux (gaz carbo-muriatique).

vapeurs blanches sont extrêmement épaisses et qu'elles noircissent le papier avec lequel on les met en contact, ce sera un *phtoro-borate* ; si ces vapeurs se décomposent dans l'eau et donnent un *précipité blanc* floconneux, ce sera un *fluate* (phtorure) ; si les vapeurs recueillies dans une éprouvette sont décomposées par l'eau sans donner de précipité, mais que le liquide contienne de l'acide hydro-chlorique et qu'il reste du gaz acide carbonique, ce sera un *carbo-muriate* ; enfin, s'il y a à-la-fois dégagement de gaz acide sulfureux reconnaissable à l'odeur de soufre enflammé et de vapeurs violettes d'iode, ce sera un *hydriodate* : d'ailleurs, le chlore décompose sur-le-champ ces sels et en précipite l'iode.

B. Supposons que le sel ne fasse pas effervescence avec l'acide sulfurique concentré : s'il dégage des vapeurs blanches et qu'il fuse sur les charbons, ce sera un *nitrate* ; si, par l'addition de l'acide sulfureux, il se précipite de l'iode, reconnaissable à la vapeur violette que produira le précipité lorsqu'on le fera chauffer, ce sera un *iodate* ; si, en le faisant bouillir avec deux fois son poids de nitrate, de baryte et de l'eau distillée, on obtient un précipité blanc, insoluble dans l'eau et dans l'acide nitrique, susceptible de se transformer en sulfure lorsqu'après l'avoir séché on le calcine pendant une heure avec son poids de charbon, ce sera un *sulfate*.

Supposons que le sel ne soit ni un nitrate, ni un iodate, ni un sulfate, et qu'il soit *soluble dans l'eau*, il importe, pour reconnaître avec facilité l'acide qui le compose, *de le combiner avec la potasse ou avec la soude, si toutefois il n'a pas ces alcalis pour base.* On commencera par verser dans sa dissolution du sous-carbonate de potasse ; s'il ne précipite pas, on sera certain qu'il est à base de potasse, de soude ou d'ammoniaque ; s'il précipite, on aura la certitude du contraire ; dans ce cas on y ajoutera assez de sous-carbonate de potasse pour le transformer en sel de potasse soluble. Supposons maintenant que le sel qui n'est ni un nitrate, ni un iodate, ni un sulfate, soit *insoluble dans l'eau*, on le transformera en *sel* de *soude* soluble, en le faisant bouillir, pendant une heure, avec 8 ou 10 parties d'eau distillée et 3 parties de sous-carbonate de soude pur : en effet, quel que soit le sel insoluble sur lequel on agisse, on le décomposera en totalité ou en partie, en vertu de la loi des doubles décompositions, exposée § 160, et que nous allons rappeler.

Le sel inconnu est formé de :

	Acide	+ base.
On le fait bouillir avec	Soude	+ acide carbonique.
Il se forme..........	Sel de soude soluble.	Carbonate insoluble.

Lorsque, par ce moyen, on est parvenu à avoir dans la dissolution (que nous supposons être concentrée) l'acide que l'on cherche à déterminer, et qui fait partie du sel, on le reconnaîtra par les moyens suivans :

Le *chromate* est coloré ; il précipite les sels de plomb en jaune serin, et en rouge violacé le nitrate d'argent. Le *borate* laisse précipiter, par l'acide nitrique ou hydrochlorique, des cristaux lamelleux d'acide borique. Le *molybdate* laisse précipiter de l'acide molybdique blanc pulvérulent par l'addition de l'acide sulfurique ; une lame d'étain plongée dans le mélange ne tarde pas à devenir bleue. Le *tungstate* est précipité en blanc par l'acide hydrochlorique, sous la forme de sel double, et lorsqu'on fait bouillir le précipité dans l'eau, l'acide tungstique est mis à nu, et offre une belle couleur jaune. L'*arseniate* précipite les sels de cuivre en blanc bleuâtre, le nitrate d'argent en rouge brique, et les sels de cobalt en rose. L'*arsénite* précipite en vert les sels de cuivre, en jaune clair le nitrate d'argent, en jaune pur les hydro-sulfates mêlés avec un peu d'acide nitrique. Le *columbate* laisse précipiter l'acide columbique sous la forme d'une poudre blanche, lorsqu'on le mêle avec l'acide sulfurique. Le *phosphite* et *hypo-phosphite*, évaporés jusqu'à siccité et calcinés, se décomposent, et donnent du gaz hydrogène perphosphoré qui s'enflamme spontanément. Le *phosphate* ne jouit pas de cette propriété; mais lorsqu'on le décompose par l'hydro-chlorate de chaux, on obtient du phosphate de chaux insoluble, qui, étant lavé et traité par l'acide sulfurique, donne du phosphate acide de chaux, dont on peut retirer du phosphore par le charbon. (*Voyez* pag. 484 du tome 1er.)

1083. Après avoir déterminé la nature de l'acide qui fait partie du sel, on s'occupera de rechercher quelle est sa base. Supposons d'abord que le sel soit soluble dans l'eau et sans excès d'acide (1). *A.* On versera dans sa dissolution de l'*hydro-sulfate de potasse pur*; s'il précipite par ce réactif, il appartiendra aux quatre dernières classes, ou bien il sera à base d'alumine ou de zircone. Supposons qu'il ne précipite pas par l'*hydro-sulfate*, il appartiendra à la série suivante :

Sels de potasse.	Sels de magnésie.
— de soude.	— de glucine.
— d'ammoniaque.	— d'yttria.
— de chaux.	
— de baryte.	
— de strontiane.	
— de rhodium.	

(1) Nous supposerons aussi que le sel n'a pour base ni l'oxide de tungstène, ni l'oxide d'osmium, ni le protoxide d'iridium, ni la silice, parce que les sels solubles formés par ces métaux sont excessivement rares ; la plupart même sont inconnus : d'ailleurs, comme ils ne sont qu'au nombre de quatre, on

On le traitera par *l'ammoniaque*; s'il ne précipite pas, il appartiendra à la première colonne; s'il précipite, il fera partie de la deuxième. Examinons d'abord ceux qui ne précipitent pas. On versera dans la dissolution du sous-carbonate de potasse : trois seulement précipiteront :

Sels qui ne précipitent pas.	*Sels qui précipitent.*
Sels de potasse.	Sels de chaux.
— de soude.	— de baryte.
— d'ammoniaque.	— de strontiane.
— de rhodium.	

On reconnaîtra facilement ceux qui ne précipitent pas : en effet, les sels *ammoniacaux*, triturés avec de la chaux vive, laissent dégager du gaz ammoniac, doué d'une odeur caractéristique; en outre, ils ne précipitent pas par la potasse, tandis que cet alcali précipite des sels de *rhodium* un oxide jaune. Les sels de *soude* ne sont point troublés par l'hydro-chlorate de platine; ceux de *potasse* au contraire donnent, avec ce réactif, un précipité jaune serin.

Les sels qui ont précipité par le sous-carbonate de potasse se trouvent transformés en carbonates de chaux, de baryte et de strontiane insolubles; on ramassera les précipités sur un filtre, et on les calcinera dans un creuset avec du charbon; par ce moyen on les décomposera, et on aura les bases, que l'on reconnaîtra par les moyens inqués page 515 de ce volume.

Supposons maintenant que le sel ait été précipité par l'ammoniaque, sa base sera ou de la magnésie, ou de la glucine, ou de l'yttria; on versera sur le précipité un excès de *potasse*; s'il est redissous, ce sera de la glucine; s'il ne l'est pas, ce sera de la magnésie ou de l'yttria; on distin-

pourra aisément les reconnaître à l'aide des caractères que nous avons établis en faisant leur histoire.

guera facilement ces deux oxides l'un de l'autre en prenant une nouvelle quantité de sel , et en y versant un excès
d'ammoniaque ; l'yttria sera précipitée en entier, tandis
que la magnésie ne le sera qu'en partie ; en sorte que la
liqueur contiendra un sel ammoniaco - magnésien qui ,
étant filtré et mis en contact avec de la potasse , laissera
précipiter le reste de magnésie.

Après avoir examiné les sels qui ne précipitent pas
par l'*hydro-sulfate de potasse*, nous devons chercher à
reconnaître ceux qui précipitent par ce réactif. On versera
de la potasse pure dans la dissolution pour en précipiter
l'oxide : celui-ci sera coloré ou incolore :

Précipités incolores (1).	*Précipités colorés.*
Sels de zircone.	Sels de deuto et de tritoxide de fer.
— d'alumine.	
— de protoxide de manganèse.	— de molybdène.
— de zinc.	— de chrome.
— de protoxide de fer (si on agit dans des vaisseaux fermés.)	— de deutoxide d'urane.
— d'étain.	— de cobalt.
— d'arsenic.	— de cuivre.
— d'antimoine.	— d'argent.
— du tellure.	— de platine.
— de protoxide de cérium.	— d'or.
— de titane.	— de palladium.
— de bismuth.	
— de plomb.	

Supposons que l'oxide précipité soit incolore ; on l'ex-
posera à l'air pendant quelque temps ; s'il bleuit subite-

---

(1) Nous supposons les sels parfaitement purs, et nous rangeons parmi les précipités incolores ceux qui sont blancs , ou
tout au plus d'un blanc légèrement jaunâtre.

ment, ce sera du *protoxide de fer*; s'il brunit et finit par noircir, ce sera du *protoxide de manganèse*. On reconnaîtra celui de *zinc*, en ce que le sel qui l'a fourni précipite en blanc par l'acide hydro-sulfurique et par les hydro-sulfates. Les sels de *zircone* et d'*alumine* précipitent en blanc par les hydro-sulfates, mais ils ne sont pas troublés par l'acide hydro-sulfurique. Le sel *alumineux* sera distingué du sel de zircone en ce que le précipité qu'y fera naître la potasse sera redissous par un excès d'alcali, tandis que la *zircone* est insoluble dans cet agent. Le sel d'*arsenic* et le deuto-sel d'*étain* précipitent en jaune clair par les hydro-sulfates; mais l'oxide d'*arsenic*, mis sur les charbons ardens, répand une odeur alliacée, tandis que le deutoxide d'*étain* n'offre point ce caractère. Les sels de *plomb*, de *titane*, de *bismuth* et de *tellure* précipitent en noir ou en brun foncé par les hydro-sulfates; mais les sels de *plomb* ont une saveur sucrée, précipitent en jaune serin par le chromate de potasse, et donnent, lorsqu'on les décompose par la potasse, un oxide soluble dans un excès d'alcali. Les sels de *titane purs* précipitent en rouge de sang par l'hydro - cyanate de potasse et de fer (prussiate). Les sels de *bismuth* sont précipités en blanc par l'eau distillée, et donnent, par la potasse, un oxide insoluble dans un excès d'alcali. Les sels de *tellure* ne sont point troublés par l'hydro - cyanate de potasse et de fer. Les sels de *protoxide* d'*étain* donnent un précipité couleur de chocolat par les hydro - sulfates. Les sels d'*antimoine* fournissent avec ce réactif un précipité orangé, qui devient même rouge par l'addition d'une plus grande quantité d'hydro-sulfate. Enfin, les sels de *cérium* sont précipités en blanc par les alcalis, par l'oxalate d'ammoniaque et par l'hydro - cyanate de potasse et de fer: ils ne sont point troublés par l'*infusum* de noix de galle (1).

---

(1) La marche que nous venons de tracer ne doit être re-

Supposons maintenant que l'oxide précipité soit coloré : s'il est vert ou rouge, et que le sel qui l'a fourni précipite en bleu par l'hydro-cyanate de potasse et de fer, ce sera du *deutoxide* ou du *tritoxide de fer*; s'il est jaune ou bleu, qu'il soit dissous par l'ammoniaque, et que la dissolution soit d'un bleu céleste, ce sera du *protoxide* ou du *deutoxide* de *cuivre*; si étant bleu il noircit par l'addition du chlore, ou bien qu'il donne des sels roses en le dissolvant dans les acides un peu étendus, ce sera du *protoxide de cobalt*; s'il est olive, et que la dissolution qui l'a fourni donne un précipité blanc cailleboté par l'acide hydrochlorique, et un précipité rouge par le chromate de potasse, ce sera de l'*oxide* d'*argent*; s'il est bleu, et si, étant chauffé avec l'acide nitrique, il se transforme en acide molybdique blanc pulvérulent, ce sera de l'*oxide de molybdène*; s'il est d'un vert foncé, et si, traité dans un creuset avec de la potasse solide, il donne un chromate reconnaissable aux propriétés exposées p. 363 du t. 1er, ce sera de l'*oxide de chrome*; s'il est d'un jaune pâle, et que la dissolution d'où il a été séparé précipite en noir par les hydro-sulfates, en rouge de sang par l'hydro-cyanate de potasse et de fer, et en couleur de chocolat par l'*infusum* de noix de galle, ce sera de l'*oxide* d'*urane*; si, étant chauffé dans un creuset, il se réduit avec facilité, ce sera de l'oxide d'*or*, de l'oxide de *platine* ou de l'oxide de *palladium*, ce que l'on reconnaîtra facilement par la nature du métal obtenu.

1084. Nous avons supposé jusqu'ici, dans la détermination de la base qui fait partie d'un sel, que celui-ci était

gardée que comme préparatoire; il faudra, lorsqu'on sera parvenu à reconnaître quelle est l'espèce de sel, constater si elle possède effectivement les diverses propriétés dont nous avons parlé en faisant les histoires particulières. (*Voy.* t. 1er.)

soluble dans l'eau ; voyons maintenant comment il faut agir si le sel est insoluble dans l'eau. Après l'avoir réduit en poudre fine, on le fait bouillir pendant une heure avec 10 à 12 parties d'eau distillée et 3 ou 4 parties de sous-carbonate de potasse pur ; par ce moyen, on le décompose en totalité ou en partie ; son acide se porte sur la potasse et forme un sel soluble, tandis que sa base, que nous cherchons à connaître, se précipite à l'état de carbonate ; on lave parfaitement le précipité avec de l'eau distillée, et on le traite par l'acide nitrique pur, un peu étendu d'eau, et à la température ordinaire ; s'il se dissout (ce qui arrive le plus souvent), on a un nitrate dans lequel on découvre la base que l'on desire connaître, par les moyens que nous avons indiqués en parlant des sels solubles ; s'il ne se dissout pas, on en opère la dissolution au moyen de l'acide hydro-chlorique ou de l'eau régale : il n'est aucun carbonate qui résiste à ces épreuves.

Des Moyens propres à faire connaître la quantité d'acide et d'oxide qui entre dans la composition d'un sel.

On connaît plusieurs procédés à l'aide desquels on peut résoudre ce problême :

1°. On prend 100 grains de base pure, on les combine avec un grand excès d'acide, et on calcine le sel qui en résulte pour volatiliser l'excès d'acide ; on pèse le sel obtenu, et on connaît sa composition : en effet, supposons que, dans l'expérience dont nous parlons, on ait obtenu 200 grains de sel, celui-ci sera formé des parties égales d'acide et de base : ce procédé est applicable à l'analyse des sulfates de chaux, de baryte, de strontiane et de magnésie. Dans quelques circonstances, on se contente de verser assez d'acide faible pour neutraliser la base étendue d'eau, afin de déterminer les quantités employées : c'est ainsi qu'on peut faire l'analyse du sulfate d'ammoniaque. Enfin, si l'acide et la base sont à l'état de gaz, on agit dans des cloches, et l'on tient compte des volumes de gaz employés pour parvenir à la saturation complète; ces volumes indiquent les poids; on peut, par ce moyen, faire l'analyse de l'*hydro-chlorate d'ammoniaque*.

2°. Après avoir desséché le sel, soit en le soumettant à l'action d'une chaleur rouge, soit en le chauffant au degré de l'eau bouillante, suivant qu'il est facilement ou difficilement décomposable par le feu, on en pèse 100 grains, on les dissout dans l'eau, et on les décompose par la potasse ou la soude; tout l'oxide se précipite; on le lave, on le sèche, on le calcine, et on en détermine la quantité: supposons qu'il y en ait 60 grains, on conclut que le sel renferme 40 grains d'acide. Ce procédé, inverse du précédent, est applicable à un très-grand nombre de cas; mais il est insuffisant lorsque l'oxide précipité peut se dissoudre dans la potasse ou dans la soude, ou bien lorsqu'il absorbe facilement l'acide carbonique, et que celui-ci ne peut pas être expulsé par la chaleur.

3°. On peut analyser plusieurs sels par la voie des doubles décompositions : par exemple, le sulfate de soude pur peut être transformé en sulfate de baryte au moyen de l'hydro-chlorate de cette base : or, on sait que 100 grains de sulfate de baryte contiennent 34 grains environ d'acide sulfurique : donc, en retranchant cette quantité du poids du sulfate de soude employé, on a celle de la soude : on suppose toujours, dans ces opérations, que le sel que l'on analyse a été pesé après avoir été privé d'eau. Ce procédé est applicable à un très-grand nombre de cas.

4°. Les carbonates peuvent être analysés en en traitant 100 grains par une quantité connue d'acide nitrique dans une fiole dont le poids est également connu : supposons que la fiole pèse 2 onces et l'acide nitrique employé 150 grains, et qu'à la fin de l'expérience, au lieu de 2 onces+150 grains, on ne trouve que 2 onces + 130 grains, on conclura que l'acide carbonique dégagé qui fait partie des 100 grains de carbonate pèse 20 grains.

5°. Il arrive souvent que l'acide d'un sel est volatil ou décomposable par le feu, tandis que l'oxide est fixe; alors il suffit d'en faire rougir 100 grains dans un creuset, et de voir combien il a perdu après la calcination ; plusieurs carbonates, plusieurs nitrates et nitrites sont dans ce cas.

6°. Il est possible de déterminer la composition d'un sel sans faire une seule expérience, seulement en ayant égard à la loi qui préside à la composition des corps. Supposons, par exemple, que l'on desire connaître les proportions d'acide et d'oxide qui constituent le *sulfate de plomb*, on dira : 100 parties d'acide sulfurique doivent être combinées avec une quantité de protoxide de plomb contenant 20 parties d'oxigène, puisque, d'une part, nous avons établi, page 482 de ce volume, que dans tous les sulfates neutres la quantité d'acide est cinq fois aussi forte que celle de l'oxigène renfermé dans l'oxide, et que d'ailleurs l'expérience prouve que, dans le sulfate de cuivre, 100 parties d'acide saturent une quantité de deutoxide contenant 20 parties d'oxigène. Il s'agit donc simplement de déterminer quelle est la quantité de protoxide de plomb dans laquelle il entre juste 20 parties d'oxigène: pour cela, on établira la proportion suivante : si 7,7 d'oxigène transforment 100 de plomb en protoxide, combien 20 d'oxigène en transformeront-ils ?

$$7,7 : 100 :: 20 : x.$$

On trouvera 259 parties de plomb. Il est donc évident que dans le sulfate de plomb il y aura 100 d'acide, 20 d'oxigène et 259 de plomb, ou, ce qui revient au même, 100 d'acide et 279 de protoxide.

résulte de ces faits que lorsqu'on connaît la compo-
n d'un sulfate, celle des oxides métalliques, et le
ort de l'acide sulfurique avec l'oxigène de ces oxides,
peut déterminer la composition de tous les sulfates,
rvu qu'ils soient au même état de saturation : ce que
s disons des sulfates s'applique à tous les autres
res.

°. Plusieurs iodates, la plupart des chlorates et quel-
s autres sels, peuvent être analysés par le procédé sui-
t : on calcine 100 grains du sel dans des vaisseaux
més, et l'on obtient du gaz oxigène et un iodure ou un
orure métallique : supposons qu'il se dégage 20 grains
xigène et qu'il reste 80 grains de chlorure ou d'iodure,
xigène obtenu appartient à l'acide et à l'oxide du sel :
, on connaît la composition de l'iodure ou du chlorure,
par conséquent la quantité de métal qu'il renferme.
pposons qu'il faille à ce métal 4 grains d'oxigène pour
sser à l'état d'oxide, il est certain que 16 grains d'oxi-
ne appartiendront à l'iode ou au chlore : on aura donc
composition de l'acide et de la base.

ABLEAU *représentant la composition des principaux sels.*

		Borate de baryte	Acide, 100; base, 136,97
orates	{	de soude	— 100 — 56,68

		Carbonate de baryte	Acide, 100; base, 345,83
		de chaux	— 100 — 127,41
		de soude	— 100 — 143,13
arbonates	{	— de potasse	— 100 — 218,37
		— de plomb	— 100 — 506,06
		— de deutox. de cuivre	— 100 — 181,58

Suite du Tableau représentant la composition des principaux sels.

Phosphates	Phosphate de baryte neutre..	Acide, 100; base, 214,
	acide.	— 100 — 107,
	acidule.	— 100 — 155,5
	Phosphate de plomb neutre.	— 100 — 314,0
	acide.	— 100 — 230,6
	Sous-phosphate...........	— 100 — 472,0
	Phosphate d'argent........	— 100 — 487,3
	Phosphate de chaux.......	— 100 — 84,5
	Sous-phosphate de chaux...	— 100 — 107(1
	Phosphate de soude desséché.	— 100 — 87
Phosphites.....	Phosphite de potasse.........	Acide, 100; base, 125,3
	— de soude.............	— 100 — 145,3
	— d'ammoniaque.	— 100 — 196,1
	— de magnésie	— 100 — 45,4
	— de baryte............	— 100 — 123,02
	— de chaux (2)...........	— 100 — 150,00
Sulfates	Sulfate de baryte........	Acide, 100; base, 190,47
	— de chaux............	— 100 — 70,175
	— de potasse...........	— 100 — 120,2757
	— de soude	— 100 — 78,832
	— de magnésie	— 100 — 51,9483
	— d'alumine...........	— 100 — 42,80
	— de protoxide de fer...	— 100 — 100,00
	— de zinc.............	— 100 — 101,967
	— de deutoxide de cuivre.	— 100 — 100,000
	— de protoxide de plomb.	— 100 — 279,74
	— de mercure	— 100 — 520,00

(1) Les analyses du phosphate de chaux prises dans le mémoire de M. Berzelius ne s'accordent pas avec celles de Fourcroy et de M. Vauquelin, qui ont donné 143,90 de chaux ; ni avec celle de Klaproth , dans laquelle on trouve 227,80 de chaux.

(2) Ces analyses ont été faites par Fourcroy et M. Vauquelin, long-temps avant l'époque où le Mémoire de M. Dulong sur les acides du phosphore a paru : or, il résulte du travail de ce chimiste que les sels décrits , par les auteurs qui l'ont précédé, sous le nom de *phosphites* , sont ou des phophates, ou le plus souvent un mélange de phosphates et de phosphites. Les véritables phosphites n'ont pas encore été analysés.

Suite du Tableau représentant la composition des principaux sels.

Iodates.	Iodate de potasse.	Acide, 100; base, 28,61
	— d'ammoniaque	— 100 — 10 94
	— de baryte	— 100 — 46,340
Chlorates.	Chlorate de potasse	Acide, 61,228; base, 88,17
	— de soude sec	— 120 — 100,000
	— de baryte (1)	— 54 — 46,000
Nitrates.	Nitrate de potasse.	Acide, 100; base, 88,17
	— de soude	— 100 — 57,79
	— de baryte	— 100 — 139,64
	— de chaux.	— 100 — 51,45
	— de magnésie	— 100 — 38,09
	— de plomb	— 100 — 205,09
	— d'argent.	— 100 — 207,59
Hydro-chlorates.	Hydro-chlorate de potasse.	Acide, 100; base, 172,81
	— de soude	— 100 — 113,26
	— de baryte	— 100 — 273,67
	— de chaux.	— 100 — 100,81
	— de deutoxide de mercure.	— 100 — 387,93
Chlorures.	Chlorure d'argent	Chlore, 100; Argent, 305,59
	— de potassium	— 100; Potassium, 111,310
Hydriodates.	Hydriodate de potasse.	Acide, 100; base, 37,426
	— de soude	— 100 — 24,728
	— de baryte.	— 100 — 60,622
	— de zinc.	— 100 — 32,352
Acétates.	Acétate de chaux	Acide, 100; base, 54,8
	— de baryte	— 100 — 131,76
	— de soude	— 100 — 62,1
	— de plomb neutre (2)	— 100 — 217,662
	Sous-acétate de plomb solub.	— 100 — 656
	Sous-acétate insoluble.	— 100 — 1608

(1) Suivant M. Vauquelin, l'acide chlorique ne paraît pas suivre dans ses combinaisons, les proportions d'oxigène contenues dans les bases.

(2) Il renferme en outre 53,140 d'eau.

Suite du Tableau représentant la composition des principaux sels.

		Acide	base
	Oxalate d'ammoniaque	Acide, 74,45;	base, 25,55
	— de magnésie	— 73,68	— 26,32
	— de soude	— 63,63	— 36,37
Oxalates	— de chaux	— 62,50	— 37,50
	— de strontiane	— 39,77	— 60,23
	— de baryte	— 41,16	— 58,84
	— de plomb	— 25,20	— 74,80
	Citrate de chaux	Acide, 68,83;	base, 31,17
	— de soude sec	— 60,7	— 39,3
Citrates	— d'ammoniaque	— 62	— 38,0
	— de magnésie	— 66,6	— 33,34
	— de baryte	— 50	— 50,0
	— de plomb	— 100	— 190,0
	Tartrate de plomb	Acide, 100;	base, 167
	— de chaux	— 50,55	— 21,64
Tartrates	— eau de combinaison	— 27,81	— 00,00
	— de potasse neutre sec	— 100	— 70,4
	— de soude	— 100	— 35,2
	Succinate de plomb	Acide, 100;	base, 223,62
	Gallate de plomb	— 100	— 173,97
	Saccholactate de plomb	— 100	— 106,87
	Benzoate de plomb	— 100	— 93,61

CHAPITRE VII.

De l'Analyse des Pierres.

Les oxides des deux premières classes peuvent entrer dans la composition des pierres : à la vérité, on n'y trouve, le plus souvent, que de la *silice*, de l'*alumine*, de la *chaux*, de la *magnésie*, et des *oxides de fer* et de *manganèse*. Pour les analyser, on transforme ces différens oxides en sels, dont on détermine ensuite la nature : c'est ce qui nous engage à placer leur histoire immédiatement après celle des substances salines.

Il est fort rare que la cohésion des pierres soit assez faible pour qu'on puisse espérer de les dissoudre en totalité ou en partie, en les traitant par les acides ; la plupart sont inattaquables par ces agens, en sorte que l'on est forcé de les soumettre à des opérations préalables propres à détruire leur cohésion. 1°. On les broie dans un mortier d'agate ou de silex dont on connaît le poids, et lorsqu'elles sont réduites en poudre excessivement fine, on en pèse 5 à 10 grammes ; on retire tout ce qui reste dans le mortier, et on pèse celui-ci (1) ; la trituration ne doit se faire que par parties d'un demi-gramme tout au plus ; si la pierre était très-dure, il serait utile de la faire rougir et de la jeter dans l'eau ; par ce moyen on réussirait à la pulvériser plus facilement. 2°. On chauffe la poudre avec trois fois son poids de potasse caustique pure, dans un creuset de platine ou d'argent, que l'on fait rougir pendant trois quarts d'heure au moins ; on laisse refroidir le mélange, et on le retire du creuset au moyen de l'eau bouillante, que l'on emploie à plusieurs reprises, en ayant soin de recueillir les liqueurs dans une capsule de platine ou de porcelaine, et sans en perdre un atome : dans cet état, ce mélange peut être dissous par l'acide hydro - chlorique, tant la potasse, en s'insinuant entre les molécules pierreuses, les a éloignées les unes des autres, et a diminué leur cohésion. 3°. On verse peu à peu, dans la capsule, de l'acide *hydro-chlorique* pur ; on agite, et on élève la température jusqu'à ce que la

---

(1) Il y a des pierres tellement dures que le mortier peut être attaqué par elles ; alors il perd une portion de *silice*, qui se trouve augmenter la quantité de cet oxide qui fait partie de la pierre : cette quantité peut être connue en pesant le mortier avant et après la trituration, et doit être retranchée de celle que fournira la pierre.

dissolution soit complète (1) ; alors on la fait évaporer pour en chasser l'excès d'acide, et pour précipiter la silice ; vers la fin de l'évaporation, quand le mélange est près d'avoir une consistance plus que pâteuse, on ménage le feu, et on agite sans cesse pour empêcher la matière d'être projetée. 4°. On délaye le produit dans dix ou douze fois son volume d'eau distillée et on le fait bouillir ; tous les hydro-chlorates sont dissous, tandis que la silice reste ; on filtre, et on lave parfaitement le précipité siliceux qui est sur le filtre ; on connaît le poids de la silice en la pesant avec le filtre, que l'on a desséché à la température de l'eau bouillante. Le poids du filtre seul, desséché à cette température, sera connu par une opération préalable, en sorte qu'on n'aura qu'à le retrancher de celui du filtre contenant la silice pour connaître la quantité de cet oxide. 5°. La liqueur filtrée, réunie aux eaux de lavage, contient les hydro-chlorates des oxides qui entrent dans la composition de la pierre, et en outre celui de potasse formé par la potasse et par l'acide ajoutés. Nous allons maintenant nous occuper des procédés que l'on doit suivre pour déterminer la nature de ces hydro-chlorates, suivant qu'ils seront plus ou moins nombreux.

A. Supposons d'abord qu'il n'y ait que des hydro-chlorates de *chaux* et d'*alumine* ; on y versera un excès d'ammoniaque liquide pure, qui ne précipitera que l'alumine ; on la laissera déposer, et on la lavera, en ayant soin de tenir le vase bouché (2) ; on filtrera et on pourra peser le

---

(1) Il est sans doute inutile de rappeler que la silice devient soluble à la faveur de la potasse. (*Voyez* § 232.)

(2) Si on fait ces lavages à l'air, l'acide carbonique de l'atmosphère s'unit à l'ammoniaque, et le sous-carbonate formé précipite une portion de chaux, en sorte que l'analyse est inexacte.

filtre après l'avoir desséché à la température de l'eau bouillante; on versera dans les hydro-chlorates de chaux et d'ammoniaque qui se trouvent dans la liqueur, du sous-carbonate de potasse pur ; toute la chaux sera précipitée à l'état de sous-carbonate ; on lavera le précipité ; on le fera dessécher , et on le calcinera pour en avoir la *chaux*.

B. Hydro-chlorates de chaux , de magnésie et de fer. On rendra la liqueur acide en y versant de l'acide hydro-chlorique, et on y ajoutera de l'ammoniaque , qui ne précipitera que l'*oxide de fer*; on filtrera la dissolution, et on la traitera par le sous-carbonate de potasse, qui y fera naître un précipité composé de sous-carbonate de chaux et de sous-carbonate de magnésie ; après l'avoir lavé on le saturera par l'acide sulfurique étendu de son volume d'eau ; les sulfates de chaux et de magnésie seront aisément séparés l'un de l'autre, le dernier étant très-soluble et le premier l'étant à peine ; on pourra même , pour être plus sûr qu'il ne reste point de sulfate de chaux en dissolution, concentrer la liqueur ; on filtrera ; on séparera la magnésie du sulfate par la potasse caustique ; et l'on décomposera le sulfate de chaux en le faisant bouillir avec une dissolution d'oxalate d'ammoniaque ; par ce moyen on obtiendra de l'oxalate de chaux insoluble , qu'il suffira de laver , sécher et calciner pour décomposer, et en avoir la chaux.

C. Hydro-chlorate de chaux , d'alumine et de glucine. On versera de l'ammoniaque dans la dissolution , qui ne séparera que la *glucine* et l'*alumine*; on les lavera et on les dissoudra dans l'acide hydro-chlorique. Le *solutum* sera traité par un grand excès de sous-carbonate d'ammoniaque liquide, qui ne précipitera que l'alumine , que l'on pourra obtenir sur le filtre, et dont on déterminera le poids après l'avoir calcinée. La liqueur qui contient le carbonate de glucine sera chauffée jusqu'à l'ébullition ; le carbonate d'ammoniaque se volatilisera , et le carbonate de glucine sera précipité ; on le ramassera ; on le fera sécher et on le calcinera pour en avoir la glucine. Quant à l'hydro-chlorate de chaux, on en séparera la chaux, comme il vient d'être dit (*B*).

D. Hydro-chlorate de chaux, d'alumine, de glucine et de fer. On les traitera par l'ammoniaque, qui précipitera la glucine, l'alumine et l'oxide de fer. Ce précipité encore à l'état gélatineux, sera traité par un excès de potasse caustique, dissoute dans l'eau distillée ; l'alumine et la glucine se dissoudront dans cet alcali à l'aide de l'ébullition, tandis que l'*oxide de fer* restera. On saturera la liqueur par l'acide nitrique, et on en précipitera l'alumine et la glucine par l'ammoniaque ; on procédera ensuite à la séparation de ces deux oxides, comme nous l'avons dit (*C*).

E. Hydro-chlorates de chaux, de magnésie, de glucine, d'alumine, d'oxide de fer et d'oxide de manganèse. On versera dans cette dissolution une assez grande quantité d'hydro-sulfate d'ammoniaque pour précipiter les oxides de fer et de manganèse ainsi que l'alumine : la dissolution, filtrée et réunie aux eaux de lavage du précipité, contiendra les hydro-chlorates de chaux, de magnésie, de glucine, et de l'hydro-sulfate d'ammoniaque ; on y ajoutera un excès d'acide hydro-chlorique, et on la fera chauffer pour en chasser l'acide hydro-sulfurique ; alors on la traitera par l'ammoniaque, qui ne précipitera que la *glucine* ; on séparera la chaux de la magnésie, comme il a été dit (*B*). Quant au précipité occasionné par l'hydro-sulfate d'ammoniaque, et dans lequel se trouvent l'alumine et les hydro-sulfates de fer et de manganèse, on le traitera par la potasse caustique liquide, qui dissoudra seulement l'alumine ; la dissolution, saturée par l'acide hydro-chlorique et traitée par l'ammoniaque, laissera précipiter l'alumine. Les hydro-sulfates de fer et de manganèse seront dissous dans l'acide hydro-chlorique. On a proposé plusieurs procédés pour séparer l'oxide de fer de l'oxide de manganèse; mais, suivant M. Vauquelin, il n'en est aucun qui soit exact : voici celui auquel ce savant accorde la préférence : on sépare les deux oxides de l'acide hydro-chlorique au moyen de la potasse ; on les lave et on les fait dissoudre dans l'acide sulfurique ; on évapore les sulfates et on les calcine à une légère chaleur rouge ; le sulfate de fer se trouve décomposé et transformé en peroxide, tandis que le sulfate de manganèse n'est pas décomposé ; on traite par l'eau, qui dissout ce sel et qui n'agit point sur le peroxide. On est presque toujours forcé de recommencer l'évaporation et la calcination pour décomposer les dernières portions de sulfate de fer qui pourraient rester.

1085. Si après avoir retiré ces différentes matières, on ne trouve pas que leur poids corresponde, à quelques centièmes près, à celui de la pierre analysée, on soupçonnera qu'elle contient de la potasse ou de la soude ; alors on recommencera l'analyse, et au lieu d'employer un alcali, on fera fondre la pierre avec trois ou quatre fois son poids d'acide *borique* pur et vitrifié ; on dissoudra le produit dans l'acide hydro-chlorique, et on fera évaporer la dissolution jusqu'à siccité ; on traitera la masse par l'eau, qui dissoudra tous les hydro-chlorates, et laissera la silice et presque la totalité de l'acide borique ; la dissolution filtrée sera traitée par le sous-carbonate d'ammoniaque, qui précipitera la chaux, la magnésie, l'alumine, les oxides de fer, de manganèse, etc., en sorte qu'il ne restera plus dans la liqueur que les hydro-chlorates de potasse ou de soude, et l'hydro-chlorate d'ammoniaque résultant de la combinaison de l'ammoniaque ajoutée avec l'acide hydro-chlorique, qui tenait en dissolution les diverses bases que l'on a précipitées ; on évaporera cette liqueur à siccité, et on calcinera la masse pour en chasser l'hydro-chlorate d'ammoniaque ; on aura alors, en supposant qu'il y ait de la potasse et de la soude, des hydro-chlorates de ces bases ; on les transformera en sulfates au moyen de l'acide sulfurique, et on procédera à leur séparation par la cristallisation.

1086. L'analyse des *argiles* rentre dans tout ce que nous venons de dire : en effet, elles sont ordinairement formées de silice, d'alumine, de carbonate de chaux, d'oxide de fer et d'eau.

CHAPITRE VIII.

De l'Analyse des Eaux minérales.

On donne le nom d'*eau minérale* à celle qui renferme un assez grand nombre de matières pour avoir de la saveur, et pour exercer une action marquée sur l'économie animale. Autrefois on divisait les eaux minérales en eaux *thermales* ou chaudes, et en eaux *froides*. Cette division n'étant d'aucune utilité pour l'étude, a été abandonnée, et on lui en a substitué une autre fondée sur la nature des substances qui entrent dans la composition des eaux et qui y prédominent. On distingue aujourd'hui des eaux *gazeuses*, *sulfureuses*, *ferrugineuses* et *salines*. Cette distribution peut être utile sous le rapport des propriétés médicales des eaux minérales, mais elle est d'un faible secours en chimie : en effet, lorsqu'on a déterminé que l'eau appartient à la section des *ferrugineuses*, par exemple, on n'en est pas moins obligé, si on veut en faire une analyse exacte, d'y rechercher d'autres sels, des gaz, etc, qu'elle peut contenir.

Substances que l'on a rencontrées dans les eaux minérales (1). Acide hydro-sulfurique, hydro-sulfates de soude

---

(1) Les substances écrites en caractères italiques sont celles que l'on rencontre le plus abondamment.

et de chaux sulfurés ; *acide carbonique*, *carbonates de chaux*, *de magnésie et de fer* dissous à la faveur de l'acide carbonique ; *carbonate de soude* ; carbonates de potasse et d'ammoniaque ; *sulfates de soude*, *de chaux*, *de magnésie*, d'alumine, de potasse, d'ammoniaque, de fer et de cuivre ; alun ; *hydro-chlorates de soude*, *de chaux*, *de magnésie*, de potasse, d'ammoniaque, d'alumine, et, suivant Bergman, de baryte, et même de manganèse, d'après Withering ; nitrates de potasse, de chaux et de magnésie ; acide borique, sous-borate de chaux ; soude ; silice ; acide sulfureux ; *matières* végétales et *animales* ; oxigène et azote.

Ces substances ne peuvent pas se rencontrer toutes dans la même eau minérale : en effet, plusieurs d'entre elles se décomposent mutuellement, comme nous l'avons fait voir dans le tableau du tome premier, page 477 ; il est rare qu'une eau en contienne au-delà de huit ou dix.

L'analyse dont nous allons nous occuper étant assez compliquée, nous croyons devoir examiner tout ce qui est relatif dans trois sections distinctes : 1° moyens de déterminer la nature des principes des eaux minérales ; 2° procédés à l'aide desquels on peut les séparer ou en déterminer les quantités ; 3° applications des préceptes établis à l'analyse des principales eaux.

§ Ier. *Des Moyens propres à faire connaître la nature des principes contenus dans les eaux minérales.*

1087. On en remplit une fiole et un tube recourbé qui se rend sous des cloches pleines de mercure, et on chauffe jusqu'à l'ébullition pour en dégager les gaz (*voy.* § 76) ; au bout d'un quart d'heure, on laisse refroidir l'appareil : supposons que l'on ait obtenu des gaz, on en détermine la nature, comme nous l'avons dit en parlant de l'analyse des fluides aériformes ; si l'eau minérale contenait du sous-carbonate d'ammoniaque, on obtiendrait également dans la cloche une eau *alcaline*, ce sous carbonate étant volatil au-dessous de la température de l'eau bouillante. (§ 285). Si l'eau minérale ne s'est pas troublée, on la fait bouillir encore pendant vingt à vingt-cinq minutes, et si elle continue à conserver sa transparence, on est certain qu'elle ne renferme ni du carbonate de chaux, ni du carbonate de magnésie, ni du carbonate de fer : en effet, ces carbonates ne se trouvent en dissolution dans les eaux minérales qu'à la faveur de l'acide carbonique; d'où il suit qu'en chassant celui-ci par l'ébullition, ils doivent se précipiter. Supposons, au contraire, que l'eau se trouble par l'ébullition, et que le gaz obtenu soit de l'acide carbonique, il est évident que l'un ou l'autre de ces carbonates, ou deux d'entre eux, ou tous les trois, font partie de l'eau minérale ; si le précipité est coloré en jaune brunâtre, on peut présumer qu'il contient du carbonate de fer. Du reste, on fait l'analyse de ce précipité en le dissolvant dans l'acide hydro-chlorique, et en traitant les hydro-chlorates solubles comme il a été dit en parlant des pierres (*E*, p. 536 de ce vol.).

Si le liquide qui a bouilli, que nous nommerons *D*, et dont on a séparé les carbonates insolubles, n'a point l'odeur d'œufs pourris et ne précipite point en noir l'acétate de plomb, tandis que l'eau minérale qui n'a pas été chauffée jouit de ces deux propriétés, on est certain qu'elle ne renferme point d'hydro-sulfate sulfuré, mais qu'elle contient de l'*acide hydro-sulfurique*, et, dans ce cas, celui-ci aura été dégagé et recueilli dans les cloches.

Si le liquide *D* ne donne point un précipité bleu par l'hydro-cyanate de potasse et de fer (prussiate), il ne renferme point de sulfate de fer; si l'eau minérale que l'on n'a pas fait bouillir donne ce précipité avec ce même réactif, on peut affirmer qu'elle contient du carbonate de fer, et, dans ce cas, celui-ci se sera déposé pendant l'ébullition. Si le liquide *D* verdit le sirop de violette et fait effervescence sans dégager des vapeurs, lorsqu'on le mêle avec quelques gouttes d'acide sulfurique, on est certain qu'il renferme un carbonate soluble par lui-même, qui pourra être le carbonate de *potasse*, et surtout celui de *soude*. S'il donne par l'hydro-chlorate de baryte un précipité blanc, insoluble dans l'eau et dans un excès d'acide nitrique, il contient un ou plusieurs *sulfates*. Si le nitrate d'argent y fait naître un dépôt cailleboté de chlorure d'argent, insoluble dans l'acide nitrique et soluble dans l'ammoniaque, il renferme un ou plusieurs *hydro-chlorates*. Si, après l'avoir décomposé par la potasse, et avoir séparé le précipité par le filtre, le liquide qui en résulte, évaporé jusqu'à siccité, donne un produit qui fuse sur les charbons ardens, ou en augmente la flamme, il contient un ou plusieurs *nitrates*.

Si le liquide *D*, traité par un excès d'ammoniaque, et séparé du précipité par le filtre, donne un nouveau précipité par la potasse, il contient un sel *magnésien*, soluble dans l'eau par lui-même. S'il laisse déposer du cuivre sur une lame de fer, ou qu'il bleuisse par l'ammoniaque, il renferme un sel de cuivre, qui probablement est le sulfate. S'il donne par l'acide oxalique un précipité blanc insoluble dans un excès d'acide oxalique, soluble dans l'acide nitrique pur, et susceptible de fournir de la chaux vive par la calcination, il contient un sel *calcaire* soluble par lui-même. Si étant évaporé jusqu'à siccité, il se réduit en une masse qui, triturée avec la chaux vive, laisse dégager de l'ammoniaque, il renferme un ou plusieurs *sels ammoniacaux* autres que le sous-carbonate.

§ II. *Des Procédés à l'aide desquels on peut séparer les principes constituans des eaux minérales, ou en déterminer les quantités.*

Afin de simplifier l'analyse dont nous allons nous occuper, supposons d'abord que l'on ait reconnu, par les essais préliminaires, que l'eau minérale ne contient que des matières fixes et *une* des substances volatiles suivantes : *oxigène*, *azote*, acide *carbonique*, acide *hydro-sulfurique*, acide *sulfureux*, et sous-carbonate d'ammoniaque.

1088. 1°. On sépare l'*oxigène* et l'*azote* par la chaleur, comme nous l'avons dit § 76, et on en détermine les quantités au moyen de l'hydrogène dans l'eudiomètre, ou au moyen du phosphore (1).

1089. 2°. On dégage l'acide *carbonique* en faisant bouillir l'eau dans des vaisseaux fermés pendant cinq à six minutes; on en apprécie le poids en le récevant dans une éprouvette contenant une dissolution d'ammoniaque et d'hydro-chlorate de chaux : en effet, à mesure que le gaz arrive, il se précipite du carbonate de chaux, tandis qu'il se forme de l'hydro-chlorate d'ammoniaque soluble; on pèse le carbonate de chaux lavé et desséché, et son poids indique celui de l'acide qu'il renferme. On pourrait se demander si l'acide carbonique obtenu dans cette expérience était combiné ou non, dans l'eau minérale, à un sous-carbonate; rien ne serait si facile à déterminer : en effet, dans le cas où cette combinaison aurait lieu, le sous-carbonate se précipiterait par l'ébullition; on en apprécierait le poids, et le gaz acide carbonique recueilli

____

(1) Il est inutile de faire remarquer que, dans toutes les expériences dont nous allons parler, on agit sur une quantité d'eau connue.

serait égal à celui qui fait partie du sous-sel, puisque les sous-carbonates contiennent la moitié de l'acide qui se trouve dans les carbonates saturés.

1090. 3°. L'acide *hydro-sulfurique* doit être également séparé par l'ébullition dans des vaisseaux fermés ; mais on doit le recevoir dans une dissolution d'*acétate de plomb acide* dans laquelle il fait naître un précipité noir de sulfure de plomb ; on connaît la quantité de soufre que celui-ci contient, et le soufre étant connu, on apprécie facilement le poids de l'acide hydro-sulfurique dont il fait partie.

1091. 4°. Quant à l'acide *sulfureux*, on le sépare de la même manière, et on le reçoit dans de l'eau distillée ; pour en déterminer le poids, on le transforme en acide sulfurique, au moyen du *chlore*, et on verse dans la liqueur assez de nitrate de baryte pour faire passer tout l'acide sulfurique à l'état de *sulfate insoluble;* on pèse celui-ci, et on connaît la quantité d'acide sulfurique, et par conséquent celle de l'acide sulfureux.

1092. 5°. Le *sous-carbonate d'ammoniaque* s'obtient en distillant l'eau minérale ; il passe dans le récipient ; on en détermine la quantité en saturant le produit volatilisé par l'acide hydro-chlorique, et en faisant évaporer l'hydrochlorate, dont on apprécie le poids.

1093. Supposons maintenant que l'eau minérale, au lieu de contenir plusieurs matières fixes et une seule substance *volatile,* en contienne deux ou trois. *Premier exemple. L'eau renferme de l'oxigène, de l'azote et de l'acide carbonique.* On la fait bouillir dans une fiole munie d'un tube recourbé (la fiole et le tube sont entièrement remplis); les trois gaz se dégagent, et vont se rendre dans une cloche graduée; on absorbe l'*acide carbonique* au moyen de la potasse caustique, et le résidu, formé d'oxigène et d'azote, est traité dans l'eudiomètre à hydrogène. *Deuxième exem-*

ple. L'eau renferme de l'acide carbonique et de l'acide sul-fureux. On sature l'acide sulfureux avec un peu d'acétate de chaux, de manière à former du sulfite de chaux insoluble ; alors on agit sur l'eau comme si elle ne contenait que de l'acide carbonique. (*Voy.* § 1089.) Pour déterminer la quantité d'acide sulfureux, on prend une nouvelle portion d'eau et on la chauffe dans des vaisseaux fermés ; les acides sulfureux et carbonique se dégagent, et se dissolvent dans une certaine quantité d'eau distillée, disposée préalablement dans le récipient ; on agit ensuite sur ce liquide comme si l'acide sulfureux y existait seul. (*Voy.* § 1091.) *Troisième exemple. L'eau contient de l'acide hydro - sulfurique et de l'acide carbonique.* On la chauffe dans des vaisseaux fermés pour en dégager les deux gaz, que l'on fait passer à travers une éprouvette contenant une dissolution d'acétate acide de plomb, qui arrète et décompose l'acide *hydro-sulfurique*, tandis qu'elle n'exerce aucune action sur l'acide carbonique ; celui-ci sort de l'éprouvette, et va se rendre dans un flacon dans lequel on a mis de l'ammoniaque et de l'hydro-chlorate de chaux. (*Voyez* § 1089 et 1090.)

Après avoir indiqué les procédés à l'aide desquels on peut apprécier les quantités des matières *volatiles* contenues dans les eaux minérales, nous allons exposer ceux que l'on doit suivre pour parvenir à connaître les proportions des matières *fixes*. On saura combien il y a d'*hydro-sulfate sulfuré* en versant dans l'eau minérale qui a bouilli pendant une demi-heure, de l'acide acétique, et en faisant arriver le gaz acide hydro-sulfurique qui se dégage dans une éprouvette contenant de l'acétate acide de plomb ; il se forme un précipité noir de sulfure de plomb, dont on connait les proportions de soufre et de plomb ; il y a en outre une portion de soufre de l'hydro-sulfate sulfuré qui se dépose dans la cornue.

Les autres principes contenus dans l'eau, que nous supposons débarrassée de tous les principes volatils et exempte d'hydro-sulfate, seront séparés, et leur quantité déterminée par le procédé suivant. On la fera évaporer jusqu'à siccité dans une bassine de cuivre étamée ; on détachera parfaitement la masse, et on la fera bouillir avec de l'*eau distillée* à plusieurs reprises, jusqu'à ce que le liquide n'ait plus d'action sur elle ; on obtiendra un résidu R. Le *solutum* sera évaporé, et lorsqu'il sera *parfaitement desséché*, on le traitera à une douce chaleur par de l'alcool concentré à 0,817 de densité, qui pourra dissoudre quelques matières : supposons qu'il en dissolve, et appelons A la dissolution ; le résidu, insoluble dans l'alcool à 0,817, sera traité par l'alcool moyennement concentré à 0,872 de densité, qui dissoudra encore quelques sels : nous nommerons F cette seconde dissolution alcoolique ; enfin il y aura un résidu salin E insoluble dans l'alcool et soluble dans l'eau ; d'où il suit que, par ce moyen, on parviendra à partager les matières contenues dans l'eau minérale qui a bouilli, en quatre portions ; savoir : R, formée des substances qui sont insolubles dans l'eau ; A, composée de celles qui sont solubles dans l'eau et dans l'alcool concentré ; F, qui renfermera celles qui peuvent se dissoudre dans l'eau et dans l'alcool moyennement concentré ; enfin E, qui contiendra celles qui sont solubles dans l'eau et insolubles dans l'alcool.

1094. R ne pourra contenir tout au plus que les carbonates de chaux, de magnésie et de fer, du sulfate de chaux et de la silice. Supposons qu'il en soit ainsi : par l'acide hydro-chlorique faible, on transformera les trois carbonates en hydro-chlorates solubles (1) ; on filtrera, et après

---

(1) Nous avons indiqué, en parlant de l'analyse des pierres B, comment il faut déterminer les principes constituans de ces trois sels.

avoir lavé légèrement le résidu de sulfate de chaux et de silice, on le fera bouillir avec du sous-carbonate de potasse et de l'eau distillée ; par ce moyen, on transformera le sulfate en carbonate de chaux insoluble ; on lavera parfaitement le résidu, et on le traitera par l'acide hydro-chlorique faible, qui transformera le carbonate en hydro-chlorate de *chaux* soluble, et qui n'agira point sur la *silice*.

1095. *A.* Les matières solubles dans l'alcool concentré sont la soude, les nitrates de chaux, de magnésie, les hydro-chlorates de chaux et de magnésie. On les fera dissoudre dans l'eau : si le liquide ne rétablit point la couleur du tournesol rougi par un acide, il ne contient point de *soude libre* : supposons ce cas, qui est le plus commun :

On divisera le liquide en deux portions égales ; dans l'une, on versera une assez grande quantité de nitrate d'argent pour précipiter tout l'acide hydro-chlorique et former du chlorure d'argent ; on pésera celui-ci après l'avoir lavé et desséché : son poids fera connaître celui de l'acide hydro-chlorique qui est combiné avec la chaux et avec la magnésie. On versera dans l'autre portion de dissolution saline assez de sous-carbonate de potasse pur pour précipiter la chaux et la magnésie à l'état de sous-carbonates ; on lavera le précipité, on le fera sécher, et, par l'acide sulfurique, on déterminera la quantité de *chaux* et de *magnésie* qu'il renferme, en sorte que, par ce moyen, on connaîtra combien il y a d'acide hydro-chlorique, de chaux et de magnésie dans les hydro-chlorates et les nitrates de chaux et de magnésie dont on cherche à apprécier les proportions. Supposons que l'on ait agi sur 100 grains d'un pareil mélange, et que l'on ait trouvé, par les expériences que nous venons de rapporter, que la quantité de chaux, de magnésie et d'acide hydro-chlorique qu'il contient s'élève à 80 grains, il est évident qu'il renfermera 20 grains d'acide nitrique. Il

ra , d'ailleurs , aisé de vérifier si la chaux et la magnésie
 trouvent dans le rapport convenable pour la saturation
 s acides hydro-chlorique et nitrique dont les quantités
 nt connues.

F. La liqueur alcoolique *F* contient les hydro – chlo-
 tes de soude et d'ammoniaque ; on l'évaporera jusqu'à
 ccité , et on calcinera le produit ; l'hydro-chlorate d'amoniaque sera volatilisé, tandis que celui de soude restera ;
 ar conséquent la différence entre le poids, avant et après la
 alcination, donnera la quantité d'hydro-chlorate volatilisé.

1096. *E*. Les matières solubles dans l'eau et insolubles
 ans l'alcool faible ou concentré sont très-nombreuses ,
 omme on peut s'en assurer en consultant ce que nous avons
 tabli au commencement de ce chapitre ; néanmoins nous
 llons nous borner , dans l'examen actuel , à celles que l'on
 encontre le plus communément , et qui sont les sulfates de
 oude et de magnésie, et le carbonate de soude. Il est impos-
 ible qu'il y ait à-la-fois du carbonate de soude et du sulfate
 e magnésie ; car ces deux sels se décomposent réciproquement ; il ne peut donc y avoir que du sulfate de soude
 t du sulfate de magnésie , ou du sulfate de soude et du
 arbonate de soude. Supposons ce dernier cas : on traite le
 ésidu salin par l'acide acétique pour transformer le car-
 onate en acétate ; on évapore jusqu'à siccité , et on fait
 bouillir la masse avec de l'alcool ; le sulfate de soude y est
 insoluble, tandis que l'acétate s'y dissout ; d'ailleurs, on peut
 recueillir l'acide carbonique en décomposant le carbonate par
 l'acide acétique dans des vaisseaux fermés , et en recevant le
 gaz acide carbonique dans une éprouvette contenant de
 l'ammoniaque et de l'hydro-chlorate de chaux. Supposons maintenant qu'il s'agisse de déterminer les proportions d'un mélange de sulfate de magnésie et de sulfate
 de soude ; on le fait dissoudre dans l'eau , et on en précipite la magnésie , en faisant bouillir la dissolution avec

du sous-carbonate d'ammoniaque ; on a sur le filtre le carbonate de magnésie, qu'il suffit de laver, de sécher et calciner, pour en avoir la magnésie ; la liqueur filtrée renferme du sulfate de soude et du sulfate d'ammoniaque ; on la fait évaporer et on fait rougir la masse dans un creuset jusqu'à ce que tout le sulfate d'ammoniaque soit décomposé et volatilisé ; alors il ne reste plus que le sulfate de soude.

§ III. *De l'Analyse des principales Eaux minérales.*

Eau d'Aix-la-Chapelle. 1000 grammes contiennent :

Acide hydro-sulfurique........................ 28,54 p. c. (1).
Acide carbonique............................. 18,05
Carbonate de chaux.......................... 0,1304 gr.
— de magnésie............................. 0,0440
— de soude................................ 0,5444
Hydro-chlorate de soude..................... 2,3697
Sulfate de soude............................ 0,2637
Silice...................................... 0,0705

On la chauffe dans des vaisseaux fermés, de manière à dégager les gaz, et à les faire passer successivement à travers de l'acétate acide de plomb et à travers un mélange d'ammoniaque et d'hydro-chlorate de chaux ; à l'aide de la première dissolution, on détermine la quantité d'acide hydro-sulfurique, et à l'aide de la seconde celle d'acide carbonique. On évapore la liqueur jusqu'à siccité, et on fait bouillir le produit avec de l'eau distillée, qui ne dissout que le carbonate, l'hydro-chlorate et le sulfate de soude ; on fait évaporer la dissolution jusqu'à siccité, et on la traite par l'alcool à 0,872 de densité, qui ne dissout que l'*hydro-chlorate de soude* ; le sulfate et le carbonate de soude sont ensuite traités

---

(1) Nous désignons le pouce cube par *p. c.*, le gramme par *gr.*, et le grain par *gn.*

par l'acide acétique; il se forme de l'acétate de soude soluble dans l'alcool, tandis que le sulfate ne l'est pas. Quant au résidu insoluble dans l'eau, formé de carbonate de magnésie, de carbonate de chaux et de silice, on le met en contact avec de l'acide hydro-chlorique faible, qui n'attaque point la silice, et transforme les deux carbonates en hydro-chlorates solubles ; on sépare la chaux de la magnésie, comme il a été dit à l'article *Analyse des pierres*.

Eau de Balaruc. 1000 grammes :

Acide carbonique.......................... 36, p. c.
Carbonate de chaux........................ 7, g^r.
— de magnésie.......................... 0,55
Hydro-chlorate de soude.................... 45,05
— de chaux............................. 5,45
— de magnésie.......................... 8,25
Sulfate de chaux........................... 4,20
Quelques atomes de fer.

On la fait chauffer dans des vaisseaux fermés pour en séparer l'acide carbonique ; on l'évapore jusqu'à siccité ; on traite le produit par deux ou trois fois son poids d'eau distillée bouillante, qui ne dissout que les hydro-chlorates de chaux et de magnésie; on évapore de nouveau le *solutum* jusqu'à siccité; on le traite par l'alcool très-concentré, qui laisse l'hydro-chlorate de soude et dissout ceux de chaux et de magnésie ; on sépare la chaux de la magnésie par les moyens déjà indiqués. Quant au résidu, composé de carbonates de chaux et de magnésie et de sulfate de chaux, on le traite par l'acide hydro-chlorique faible, qui transforme les carbonates en hydro-chlorates solubles, et laisse le sulfate de chaux.

Eau d'Enghien. 100 livres :

Acide carbonique............................ 185 g^u.
Acide hydro-sulfurique....................... 700 p. c.

Carbonate de chaux...................... 214 g^{n}.
— de magnésie........................ $13\frac{1}{3}$
Hydro-chlorate de soude................. 24
— de magnésie........................ 80
Sulfate de chaux........................ 333
Sulfate de magnésie..................... 158
Matière extractive et silice , un atome.

Eau de Sedlitz. 5 livres :

Acide carbonique........................ 6 g^{n}.
Carbonate de chaux...................... $9{,}75$
— de magnésie........................ $6{,}25$
Sulfate de soude........................ $34{,}5$
— de chaux.......................... $25{,}75$
— de magnésie....................... $1410{,}0$
Matière résineuse....................... $3\frac{3}{4}$

Eau de Seltz. 2 pintes $\frac{3}{4}$:

Acide carbonique........................ 60 p. c.
Carbonate de chaux...................... 17 g^{n}.
— de magnésie........................ $29{,}5$
— de soude........................... $24{,}0$
Hydro-chlorate de soude................. $109{,}5$

Eau de Spa. 100 litres :

Acide carbonique........................ 1080 p. c.
Carbonate de chaux...................... $154{,}5$ g^{n}.
— de magnésie........................ $363{,}5$
— de soude........................... $154{,}5$
— de fer............................. $59{,}2$
Hydro-chlorate de soude................. $18{,}2$

Eaux de Plombières. Une pinte :

Carbonate de chaux...................... $\frac{1}{2}$ g^{n}.
— de soude .... 2 g^{r}. 5 g^{n}.
Hydro-chlorate de soude................. $1\frac{1}{4}$ g^{n}.
Sulfate de soude........................ $2\frac{1}{3}$

Silice . . . . $1\frac{1}{3}$ g^n.

Matière animale. . . . . $1\frac{1}{12}$

Eau de Pyrmont. 100 livres :

Acide carbonique. . . . . 1500 g^n.

Carbonate de chaux. 348,75

— de magnésie. 339

— de fer. 105,5

Hydro-chlorate de soude 122,0

— de magnésie. 134

Sulfate de soude cristallisé. 289

— de magnésie cristallisé. 547

Principes résineux. 9

Eau de Passy. Une pinte :

Acide carbonique. . . . . 0,20 g^n.

Carbonate de fer. 0,80

Hydro-chlorate de soude. 6,60

Sulfate de chaux. 42,2

— de magnésie. 22,6

Alun. 7,5

Sulfate de fer. . . . . $17\frac{1}{4}$

Bitume, un atome.

Eau du Mont-d'Or. 26 pintes :

Acide carbonique. . . . . 130 g^n.

Carbonate de chaux. 116

— de magnésie 38

— de fer. 11

Hydro-chlorate de soude. 145

Sulfate de soude. 57

Alumine. 62

Eau de Bagnères de Luchon.

Cette eau renferme des quantités indéterminées d'acide
hydro-sulfurique, de carbonate, d'hydro-chlorate et de sulfate de soude, un peu de silice et de la matière extractive.

Eaux de Bonnes, source dite la *Vieille*. 20 litres, température de 26° :

Acide carbonique, environ . . . . 90 p. c.
Acide hydro-sulfurique 480
Hydro-chlorate de magnésie . . . . o gros 19 g^n.
— de soude . . . . o   27
Sulfate de magnésie 1   6
Sulfate de chaux 1   57
Carbonate de chaux . . . . o $41\frac{1}{2}$
Soufre . . . . o   4
Silice . . . . o $4\frac{1}{2}$

Eaux de Barèges, source dite *Royale*. 20 litres, température de 26° :

Mêmes produits gazeux que la précédente.
Hydro-chlorate de magnésie desséché . . . . o gros 10 g^n.
— de soude . . . . o   11
Sulfate de magnésie . . . . o   11
Sulfate de chaux . . . . o   42
Carbonate de chaux . . . . o   18
Soufre . . . . o   3
Silice . . . . o   4
Peu de matière végéto-animale.

Eaux de Cauterets, source de la *Raillère*. 20 litres, température de 38° :

Acide carbonique . . . . 80 p. c.
Acide hydro-sulfurique 160
Hydro-chlorate de magnésie . . . . o gros 8 g^n.
— de soude . . . . o   8
Sulfate de magnésie . . . . o   18
— de chaux . . . . o   54
Carbonate de chaux . . . . o $10\frac{1}{2}$
Silice . . . . o   4
Soufre . . . . o $4\frac{1}{2}$

CHAPITRE IX.

De l'Analyse végétale.

On peut se proposer la résolution des deux problêmes suivans dans l'analyse végétale : 1° déterminer quels sont les principes immédiats qui constituent une partie quelconque d'un végétal ; 2° quelles sont les quantités d'oxigène, d'hydrogène et de carbone qui entrent dans la composition de chacun de ces principes immédiats. La chimie n'a pas encore fait assez de progrès pour que la résolution du premier problême puisse être réduite à des préceptes généraux, simples et faciles à exécuter.

Nous nous bornerons donc à dire que les méthodes généralement suivies dans ce genre d'analyse ont pour objet les traitemens divers que l'on fait subir aux végétaux, soit par l'eau, soit par l'alcool, par l'éther sulfurique, les acides faibles, les alcalis étendus, etc.; tel principe immédiat, soluble dans l'eau, ne l'est pas dans l'alcool, tandis qu'un autre se dissout facilement dans ce liquide ; alors le moyen de séparation est naturellement indiqué. Mais si l'analyse qui s'occupe de rechercher et de séparer les principes immédiats des végétaux est encore loin d'avoir atteint le dernier degré de perfection, il n'en est point de même de celle dont l'objet est la détermination des proportions d'hydrogène, de carbone et d'oxigène qui entrent dans la composition de ces principes. Nous devons à MM. Gay-Lussac et Thenard un très-beau travail sur ce point difficile, dont nous allons indiquer les principaux traits, en prenant pour guide le Mémoire qu'ils ont consigné dans leur ouvrage intitulé *Recherches physico-chimiques.*

Méthode pour déterminer la proportion des principes constituans des matières végétales.

Cette méthode consiste à chauffer jusqu'au rouge, dans un appareil particulier, un mélange du principe immédiat et de chlorate de potasse (muriate suroxigéné), et à déterminer la quantité d'acide carbonique produit et de gaz oxigène mis à nu. Il est aisé de voir que, dans cette expérience, l'oxigène du chlorate de potasse et celui qui fait partie du principe immédiat, transforment l'hydrogène et le carbone de ce principe en eau et en acide carbonique.

Description de l'appareil. (Voyez pl. 2, fig. 7.) « Il est formé de trois pièces bien distinctes : l'une, AA', est un tube de verre fort épais, fermé à la lampe par son extrémité inférieure, ouvert au contraire par son extrémité supérieure, long d'environ 2 décimètres et large de 8 millimètres ; il porte latéralement, à 5 centimètres de son ouverture, un très-petit tube BB', aussi de verre, qu'on y a soudé, et qui ressemble à celui qu'on adapterait à une cornue pour recevoir les gaz ; l'autre pièce est une virole CC' en cuivre, dans laquelle on fait entrer l'extrémité ouverte du grand tube, et avec lequel on l'unit au moyen d'un mastic qui ne fond qu'à 40° ; la dernière pièce est un robinet particulier, DD', qui fait tout le mérite de l'appareil ; la clef de ce robinet n'est pas trouée et tourne en tous sens, sans donner passage à l'air ; on y a seulement pratiqué à la surface, et vers la partie moyenne, une cavité capable de loger un corps du volume d'un petit poids ; mais cette cavité est telle, qu'étant dans sa position supérieure, elle correspond à un petit entonnoir vertical E qui pénètre dans la douille, et dont elle forme en quelque sorte l'extrémité du bec, et que, ramenée dans sa position inférieure, elle communique et fait suite à la tige même du

robinet, qui est creusé, et qui se visse à la virole. Ainsi,
lorsqu'on met une matière quelconque dans l'entonnoir,
bientôt la cavité se trouve remplie de cette matière, et la
porte, lorsqu'on tourne la clef, dans la tige du robinet,
d'où elle tombe dans la virole et de là au fond du tube de
verre. On voit (pl. 2, fig. 7.) ce robinet adapté seulement à la virole; la tige de ce robinet passe à travers une
capsule *FF* dont l'usage sera indiqué plus bas ».) *Re-
cherch. phys.-chim.*, t. II, pag. 269.)

Procédé. On broie séparément la substance végétale
et le chlorate de potasse fondu et parfaitement pur (1);
lorsqu'ils sont réduits en poudre impalpable, on les dessèche à la température de l'eau bouillante; on pèse d'a-
bord, dans une petite capsule de verre et à l'aide d'une
balance extrêmement sensible, la matière végétale; et, pour
avoir son poids d'une manière plus exacte, on détermine
préalablement celui de la capsule seule; on pèse ensuite
le chlorate; on mêle aussi intimement que possible ces
deux poudres impalpables sur un porphyre, en les retour-
nant en tous sens à l'aide d'un couteau de fer flexible (2);
on les réduit en une pâte ferme à l'aide d'une petite quantité
d'eau; on la moule dans un petit cylindre creux de laiton,

---

(1) En incinérant une portion de cette substance végétale,
on s'est assuré d'avance, par les quantités de cendres obtenues,
des proportions des matières étrangères qui entrent dans sa
composition; cette incinération doit être faite dans un creuset
de platine, et de manière à ce que les cendres du fourneau ne
se mêlent pas avec celles que fournit la substance végétale.

(2) Les proportions de chlorate et de principe immédiat
ne peuvent pas être indiquées d'une manière générale, car
elles varient suivant la nature de ce principe; on peut cependant dire que l'on doit employer plus de chlorate qu'il n'en
faut pour que le mélange, calciné dans le petit tube de verre

dont le diamètre intérieur est de 0^m,0025 ; on ramollirait la pâte dans le cas où elle deviendrait trop ferme, et si ce cylindre s'engorge on le nettoie avec la tige représentée fig. 7 ; on transforme cette pâte en petites boulettes que l'on arrondit à l'aide des doigts, et on les dessèche à la vapeur de l'eau bouillante.

Ces opérations préliminaires étant faites, on graisse la clef du robinet ; on pratique un trou au milieu d'une brique L, dans lequel on enfonce le tube $A A'$ jusqu'au tube latéral $B B'$; on assujettit le tout ; on soutient le tube $B B'$, qui se rend dans la cuve à mercure, par une brique pour qu'il ne s'échauffe pas ; on met quelques charbons rouges sur la grille de fer G, sur laquelle repose l'extrémité inférieure du tube $A A'$; on introduit de la glace dans la petite capsule de laiton FF', afin d'empêcher la graisse du robinet de fondre ; on élève jusqu'au rouge obscur, à l'aide d'une lampe à esprit-de-vin HH, la température inférieure du tube $A A'$, et on fait tomber au moyen du robinet, et successivement, une vingtaine des boulettes dont nous avons parlé, qui s'enflamment aussitôt qu'elles sont en contact avec la partie du tube rougie ; l'air de l'appareil est chassé et remplacé par les gaz provenant de la décomposition de la boulette : c'est à dater de ce moment que les résultats de l'expérience doivent être soigneusement notés. On continue à faire tomber des boulettes dont on s'attache à connaître parfaitement le poids ; on recueille avec le plus grand soin et dans un flacon jaugé, les gaz qui se dégagent ; lorsque celui-ci est plein, on recommence l'opération en faisant arriver le gaz dans un autre flacon, et si les flacons sont de même capacité, ils ne sont

---

dont nous avons parlé, laisse un résidu blanc ; alors on est certain que toute la matière végétale sera décomposée par le sel.

entièrement remplis de gaz que lorsqu'on a décomposé un même poids de boulettes ; on a le plus grand égard à la température et à la pression atmosphériques. On procède ensuite à l'analye du gaz, qui, si on agit sur une matière végétale non azotée, doit être formé d'acide carbonique et d'oxigène ; on absorbe l'acide carbonique par la potasse et par l'eau, et on détermine les proportions d'oxigène, au moyen de l'hydrogène, dans l'eudiomètre de Volta, perfectionné par M. Gay-Lussac. (*Voyez* pag. 495.)

1°. On connaît le poids de la matière végétale analysée ; 2° on connaît la quantité d'oxigène fournie par le chlorate de potasse pour transformer la matière végétale en eau et en acide carbonique : en effet, on sait, par une analyse faite avant de commencer l'opération, combien ce chlorate contient d'oxigène ; on a d'ailleurs le poids de l'oxigène qui est superflu et qui se dégage à l'état de gaz ; 3° on connaît la quantité d'acide carbonique produite, et par conséquent celle de carbone de la matière végétale ; on sait combien il a fallu d'oxigène pour donner naissance à cet acide carbonique ; il est donc aisé de calculer combien il s'est formé d'eau.

Supposons que l'on ait décomposé 40 parties de matière végétale, que le chlorate de potasse employé contienne 80 parties d'oxigène, et qu'après l'opération on en trouve dans le flacon 20 parties ; il est évident qu'il y a eu 60 parties d'oxigène employées. Supposons que l'on ait obtenu 82 parties et $\frac{1}{2}$ de gaz acide carbonique, on dira : puisque dans ces 82 parties et $\frac{1}{2}$ de gaz il y a 60 parties d'oxigène et 22 parties et $\frac{1}{2}$ de carbone, les 40 parties de matière végétale analysée contiennent 22 parties et $\frac{1}{2}$ de carbone ; mais comme tout l'oxigène du chlorate qui a été employé a servi à transformer le carbone en acide carbonique, il est évident que l'eau, qui est aussi un des produits de l'expérience, n'a pu se former qu'aux dépens de l'oxigène et de l'hydrogène de la substance végétale : donc les 4o parties de cette matière sont formées ,

1° de carbone.. 22,5.
Oxigène et hydrogène dans les proportions nécessaires pour former l'eau.................... 17,5.
                                                         —————
                                                         4o,o.

Méthode de M. Berzelius.

M. Berzelius, qui est parvenu à combiner presque toutes les matières végétales avec l'oxide de plomb , en fait l'analyse par une méthode qui diffère de la précédente. Il fait un mélange d'une partie de matière végétale unie à l'oxide de plomb , de 5 ou 6 parties de chlorate de potasse pur, et de 5o à 6o parties de chlorure de sodium (sel marin récemment fondu); il chauffe ce mélange dans un appareil particulier, à une température propre à le décomposer complètement et graduellement , et il obtient de l'*eau*, du *gaz acide carbonique*, du *gaz oxigène*, du *chlorure de potassium*, du *sous-chlorure de plomb*, et du *sous-carbonate de soude*. Les gaz sont recueillis dans des cloches disposées sur la cuve à mercure ; l'eau est condensée dans le récipient ou dans un tube contenant du chlorure de calcium (muriate de chaux fondu); les deux chlorures et le sous-carbonate de soude , qui sont fixes, restent dans le tuyau dans lequel on chauffe le mélange. M. Berzelius ne s'attache qu'à déterminer la quantité d'eau et d'acide carbonique produits ; il connaît le poids de l'eau en pesant, avant et après l'expérience , le ballon et le tube contenant le chlorure de calcium ; le poids de l'acide carbonique est apprécié , 1° en traitant le gaz par la potasse caustique pure ; 2° en déterminant combien il y en a dans le sous-carbonate de soude.

CHAPITRE X.

Analyse des Matières animales.

L'analyse des matières animales, comme celle des substances végétales, peut être considérée sous deux points de vue : 1° tantôt on cherche à connaître la nature et le nombre des principes immédiats des matières animales ; 2° tantôt on détermine les quantités d'azote, d'oxigène, d'hydrogène et de carbone qui entrent dans la composition de ces principes.

§ Ier. *Des Procédés à l'aide desquels on peut déterminer le nombre et la nature des principes immédiats qui constituent les parties des animaux.*

Ces procédés sont fondés sur les propriétés dont jouissent les principes immédiats des animaux. Il en est qui sont solubles dans l'eau ou dans l'alcool à toutes les températures ; quelques-uns ne se dissolvent que dans l'un ou dans l'autre de ces liquides, et à une température déterminée. L'acétate de plomb en précipite quelques-uns, tandis qu'il n'agit point sur d'autres ; et ceux-ci peuvent quelquefois être précipités par le sous-acétate du même métal. Enfin, l'acide nitrique, les alcalis faibles, une légère chaleur sont autant de moyens dont on peut encore se servir dans quelques cas particuliers pour séparer ces divers principes. On peut dire d'une manière générale que tous les réactifs qui ne les altèrent pas, et qui peuvent précipiter les uns sans agir de même sur les autres, peuvent être employés avec succès. Nous allons faire des applications de ces données aux principales analyses particulières.

Analyse du sang. On abandonne le sang à lui-même afin d'obtenir le caillot et le *serum. Caillot.* On le traite par l'eau froide jusqu'à ce que le liquide soit incolore : le résidu est la fibrine. L'eau de lavage contient beaucoup

d'albumine et le principe colorant. On ne connaît aucun
moyen propre à la séparation exacte de ces deux substances;
on peut faire chauffer le liquide pour coaguler à-la-fois
l'albumine et le principe colorant, et peser le *coagulum*; la majeure partie du poids obtenu devra être attribuée
à l'albumine, puisque le principe colorant n'entre que pour
une très-petite quantité dans le sang. *Serum.* Il est formé
d'eau, d'albumine et de plusieurs sels. On détermine la
quantité d'eau en le faisant bouillir et évaporer jusqu'à siccité dans des vaisseaux fermés; l'albumine se coagule; on
traite successivement la masse par l'eau et par l'alcool afin
de dissoudre les sels; enfin, on pèse l'albumine, et si l'on
veut faire l'analyse des matières salines qu'elle retient, on
la calcine jusqu'à ce qu'elle soit entièrement réduite en
cendres, et on fait l'analyse de celles-ci, comme nous l'a-
vons dit en parlant des sels.

Analyse de la synovie. On la traite par un acide faible
pour en précipiter la partie filandreuse, puis on agit sur ce
liquide comme sur le *serum* du sang. (Margueron.)

Salive. (*Voyez* § 901.)

Bile de bœuf. On détermine la proportion d'eau contenue
dans la bile de bœuf en la faisant évaporer jusqu'à siccité dans
des vaisseaux fermés. On connaît la nature et les proportions
des *sels* en incinérant la masse obtenue. On sépare la *matière
jaune* en versant sur une nouvelle quantité de bile étendue
d'eau un peu d'acide nitrique; il se fait sur-le-champ un précipité de cette matière contenant un peu de résine; on le
traite par l'alcool, qui dissout celle-ci et n'agit point sur
l'autre. On filtre la liqueur privée de matière jaune, et on
la traite par l'*acétate de plomb* préparé en faisant bouillir
8 parties d'acétate du commerce avec une partie de litharge;
l'oxide de plomb s'unit à la *résine* et se précipite; on lave
le dépôt et on le traite par l'acide nitrique faible et froid;
il se produit du nitrate de plomb soluble, et la *résine* est

mise à nu ; la liqueur d'où la résine a été précipitée renferme encore le *picromel* ; on y verse du sous-acétate de
plomb qui y fait naître un précipité blanc floconneux d'oxide
de plomb et de *picromel* ; on le met sur un filtre et on le
fait dissoudre dans du vinaigre distillé ; on fait arriver à
travers la dissolution un courant de gaz acide hydro-sulfurique, qui précipite le plomb à l'état de sulfure noir ; on
filtre la dissolution, et on la fait évaporer pour en chasser
les acides acétique et hydro-sulfurique ; le *picromel* reste pur.

Urine. On la chauffe dans des vaisseaux fermés, à la température de 40 à 50°, afin de recueillir l'eau et de décomposer le moins d'urée possible ; lorsqu'elle est réduite en
consistance d'extrait, on sépare la liqueur du dépôt salin
qui s'est formé et qui est très-abondant ; on la traite par
l'acide nitrique pour transformer l'urée en nitrate acide
d'urée, dont on extrait l'urée par le carbonate de potasse
et l'alcool. (*Voy.* § 1050.) On traite les sels par l'eau distillée bouillante qui les dissout tous, excepté l'urate d'ammoniaque, le phosphate ammoniaco-magnésien et le phosphate de chaux (1) ; on lave ce dépôt et on le fait bouillir
avec de la potasse pure et caustique, qui décompose les
deux premiers sels, en sorte que l'on obtient de l'urate et
du phosphate d'ammoniaque solubles, de la magnésie et
du phosphate de chaux insolubles. On verse dans la dissolution de l'acide hydro-chlorique qui précipite l'acide
urique, dont on peut déterminer la quantité ; on filtre, et
on verse dans la liqueur filtrée de l'hydro-chlorate de chaux

---

(1) Quelques-uns des sels obtenus en évaporant l'urine sont
le résultat de la décomposition qu'elle éprouve pendant l'évaporation ; il serait sans doute utile d'avoir un procédé propre à
séparer les matériaux de l'urine sans la décomposer ; mais nous
n'en connaissons point, et celui que nous conseillons nous
paraît mériter la préférence sur les autres.

qui précipite l'acide phosphorique à l'etat de phosphate de chaux ; le poids de celui-ci indique celui de l'acide phosphorique. Quant au précipité composé de *magnésie* et de *phosphate de chaux*, on le fait dissoudre dans l'acide nitrique, et on le traite par l'oxalate d'ammoniaque, qui ne précipite que la chaux à l'état d'oxalate : la magnésie peut être précipitée de la dissolution par la potasse.

Les sels de l'urine, solubles dans l'eau, sont évaporés jusqu'à siccité, et le résidu est traité successivement par l'alcool concentré et par l'alcool faible, comme nous l'avons dit en parlant des eaux minérales.

Si on veut déterminer la nature des acides libres qui se trouvent dans l'urine, on doit agir sur une nouvelle portion de liquide, immédiatement après son expulsion de la vessie.

1097. *Calculs urinaires.* (*Voyez* pag. 369 de ce vol.)

1098. *De la Matière cérébrale.* On dessèche une portion de cerveau, pour connaître la quantité d'eau qu'il renferme. On fait bouillir, à plusieurs reprises, une autre portion de cet organe avec de l'alcool à 36°, qui dissout les deux matières grasses, l'osmazome et quelques sels ; on filtre la liqueur bouillante, et, par le refroidissement, on voit la *matière grasse blanche* se déposer ; on évapore la liqueur jusqu'à consistance de bouillie ; on traite le résidu par l'alcool froid, qui dissout l'*osmazome,* et qui n'agit point sur la matière *grasse* rouge. La portion non soluble dans l'alcool contient l'albumine, le soufre, et plusieurs sels que l'on peut obtenir par l'incinération.

Des Os. On connaît la quantité de matière animale qu'ils renferment, en réduisant en cendre 100 grains d'os, et en pesant le résidu. On peut apprécier le poids du carbonate de chaux en traitant les os calcinés par l'acide acétique, et en versant dans l'acétate de chaux obtenu de l'ammoniaque, pour précipiter le peu de phosphate de chaux qu'il pourrait contenir, filtrant la dissolution et la décomposant par le sous-carbonate de potasse; par ce moyen on obtient un précipité de carbonate de chaux dont la quantité est égale à celle qui fait partie des os.

On sépare le *phosphate de chaux* en faisant dissoudre dans l'acide nitrique faible les os calcinés et déjà traités par l'acide acétique; la dissolution, filtrée et mêlée avec un excès d'ammoniaque, donne un précipité gélatineux de phosphate de chaux, de phosphate ammoniaco-magnésien et d'alumine; on le fait bouillir avec de la potasse pure et caustique, qui décompose le phosphate soluble, et dissout l'alumine, en sorte que le résidu est formé par la magnésie et par le phosphate de chaux; on le dissout dans un excès d'acide nitrique, et on le traite par l'ammoniaque, qui ne précipite que le phosphate de chaux, vu que le sel ammoniaco-magnésien reste en dissolution.

Voici comment Fourcroy et M. Vauquelin procèdent à la séparation de la magnésie, de la silice, de l'alumine, de l'oxide de fer et de l'oxide de manganèse des os.

« 1°. On décompose les os calcinés et mis en poudre » par une quantité égale d'acide sulfurique concentré.

» 2°. On délaye le premier mélange dans 12 parties » d'eau distillée; on jette le tout sur une toile; on laisse » égoutter le sulfate de chaux, et on le presse forte-» ment.

» 3°. On passe la liqueur au papier, et on la préci-» pite par l'ammoniaque; on la filtre une seconde fois; » on lave le précipité, et on met la liqueur à part.

» 4°. On traite le précipité, encore humide, par l'a-» cide sulfurique, dont on a soin de mettre un léger » excès; on filtre de nouveau; on lave le précipité; on » réunit la liqueur avec la première (n° 3); enfin on » recommence cette opération jusqu'à ce que le précipité » formé par l'ammoniaque se dissolve entièrement dans

» l'acide sulfurique, ce qui annonce qu'il ne contient plus
» de chaux en quantité sensible.

» Par cette suite d'opérations, on convertit toute la
» chaux des os en sulfate de chaux, qui, étant peu
» soluble, se sépare de la liqueur où se trouve l'acide
» phosphorique avec les sulfates de magnésie, de fer, de
» manganèse et d'alumine.

» 5°. Ces matières, séparées de l'acide sulfurique par
» l'ammoniaque, doivent être traitées avec de la potasse
» caustique qui s'empare des acides sulfurique et phos-
» phorique, dégage l'ammoniaque et dissout l'alumine.

» 6°. On précipite l'alumine de la dissolution alca-
» line au moyen du muriate d'ammoniaque; on la lave,
» et on s'assure, par les moyens connus, si c'est vérita-
» blement de l'alumine.

» 7°. On fait sécher la magnésie, le fer et le manga-
» nèse, dont on a séparé l'acide phosphorique et l'alu-
» mine par la potasse; on les fait calciner pendant long-
» temps dans un creuset de platine, et on verse dessus
» de l'acide sulfurique étendu d'eau jusqu'à ce qu'il y en
» ait un léger excès.

» Celui-ci dissout la magnésie et une portion de fer,
» mais ne touche pas au manganèse.

» 8°. On fait évaporer la dissolution de magnésie con-
» tenant du fer; on la calcine fortement; le fer se sé-
» pare, et la magnésie, au contraire, reste unie à l'acide
» sulfurique; on dissout dans l'eau, et on obtient le fer
» à l'état d'oxide rouge; on précipite par le carbonate de
» potasse, et on s'assure qu'elle est pure par les moyens
» connus.

» 9°. On réunit le fer de l'opération précédente avec
» le manganèse de l'expérience 7; on les dissout l'un et
» l'autre dans l'acide muriatique mis en excès; on étend
» la dissolution d'eau, et on y ajoute du carbonate de

» potasse jusqu'à ce que l'on voie des flocons rouges se
» séparer, et la liqueur devenir claire et sans couleur.

» Ces flocons appartiennent à l'oxide de fer ; on filtre
» pour les séparer ; on fait bouillir la liqueur dans un
» matras. Au bout d'un certain temps, le manganèse se
» précipite sous la forme d'une poudre blanche ; et lors-
» que la liqueur ne précipite plus rien, et que la po-
» tasse n'y produit plus aucun effet, on filtre, et on a le
» manganèse, qui devient noir par la calcination.

» Voilà donc l'alumine, la magnésie, le fer et le man-
» ganèse séparés par les moyens que nous venons de dé-
» crire ; il ne nous reste plus qu'à trouver la silice.

» 10°. Pour cela, on fait évaporer la liqueur qui con-
» tient le phosphate et le sulfate d'ammoniaque des expé-
» riences 3, 4, etc. ; à mesure qu'elle se concentre, il
» s'y forme des flocons noirs assez volumineux, qu'on
» sépare de temps en temps par la filtration ; et lorsque
» le sel est bien sec, on le dissout dans l'eau, et l'on ob-
» tient encore un peu de la matière noire.

» 11°. On lave ces flocons, on les calcine dans un
» creuset de platine, et on obtient ainsi une poudre
» blanche qui a toutes les propriétés de la silice.

» Pendant ces opérations, l'ammoniaque se dégage
» pour la plus grande partie, ainsi que l'acide sulfu-
» rique, à l'état de sulfate d'ammoniaque : l'acide phos-
» phorique est alors assez pur ; cependant la potasse
» caustique en dégage un peu d'ammoniaque. » (*Annales
de Chimie.*)

*Méthode pour déterminer la proportion des principes con-
stituans des matières animales.*

MM. Gay-Lussac et Thenard ont fait l'analyse de plusieurs substances animales, en suivant le même procédé

que celui qu'ils ont employé pour les matières végétales ; il faut seulement avoir soin de faire usage d'une quantité de chlorate de potasse capable de transformer toute la matière animale en gaz , sans pour cela qu'elle soit en excès ; car alors on obtiendrait du gaz acide nitreux qui compliquerait les résultats. En opérant ainsi , il se forme de l'eau , et l'on obtient du gaz *azote*, du *gaz* acide *carbonique,* et du *gaz hydrogène oxi-carburé* ; on fait l'analyse de ce mélange dans l'eudiomètre de Volta , perfectionné par M. Gay-Lussac : à l'aide de l'oxigène et de l'étincelle électrique , on peut déterminer la quantité d'hydrogène qu'il renferme ; à l'aide de la potasse on connaît la quantité d'acide carbonique qui fait partie du gaz enflammé , et on apprécie le poids de l'azote comme il a été dit pag. 493 de ce vol.

FIN.

TABLE DES MATIÈRES

PAR ORDRE ALPHABÉTIQUE.

A

T

U

V

Z

FIN DE LA TABLE ALPHABÉTIQUE.

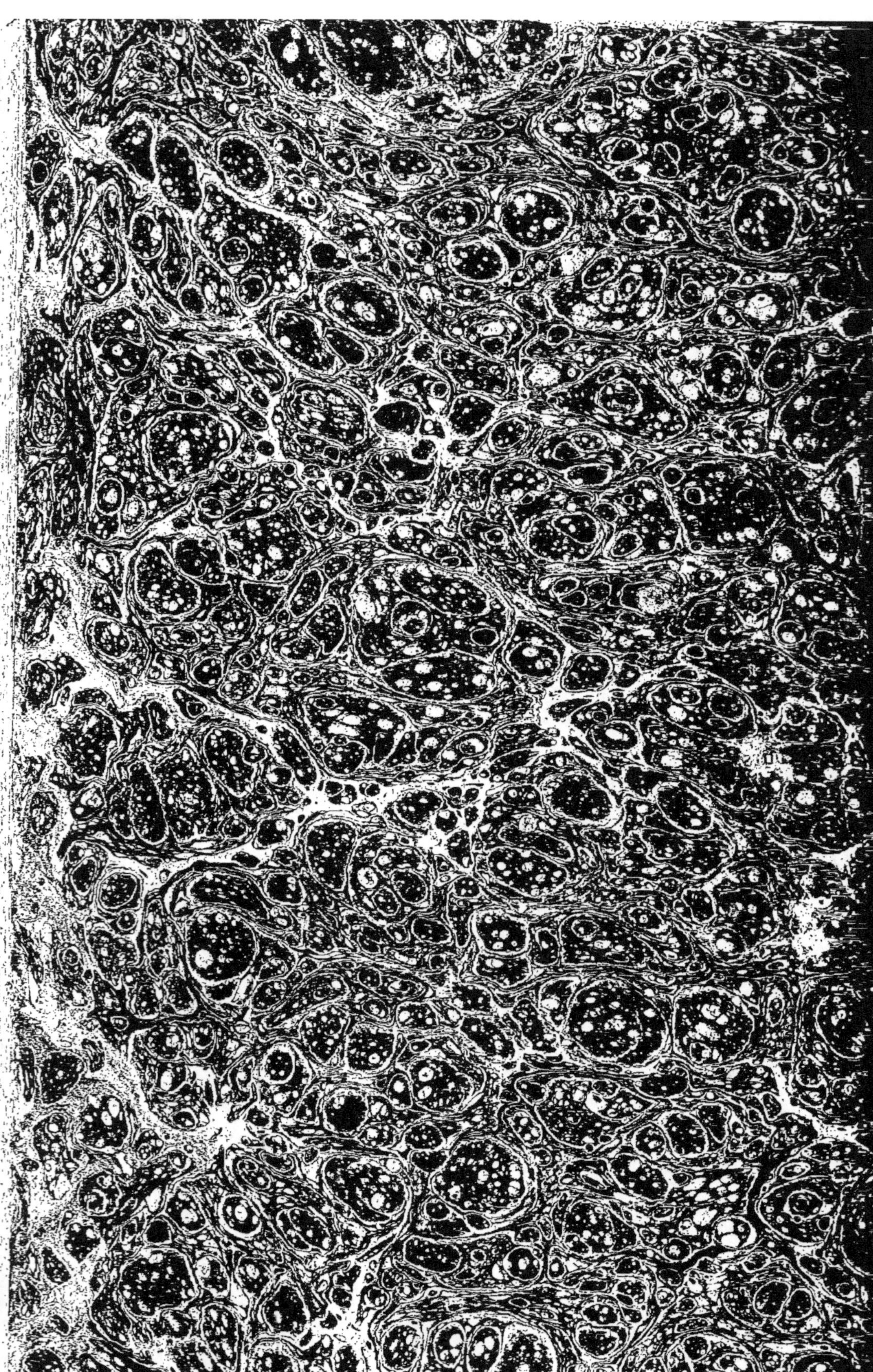

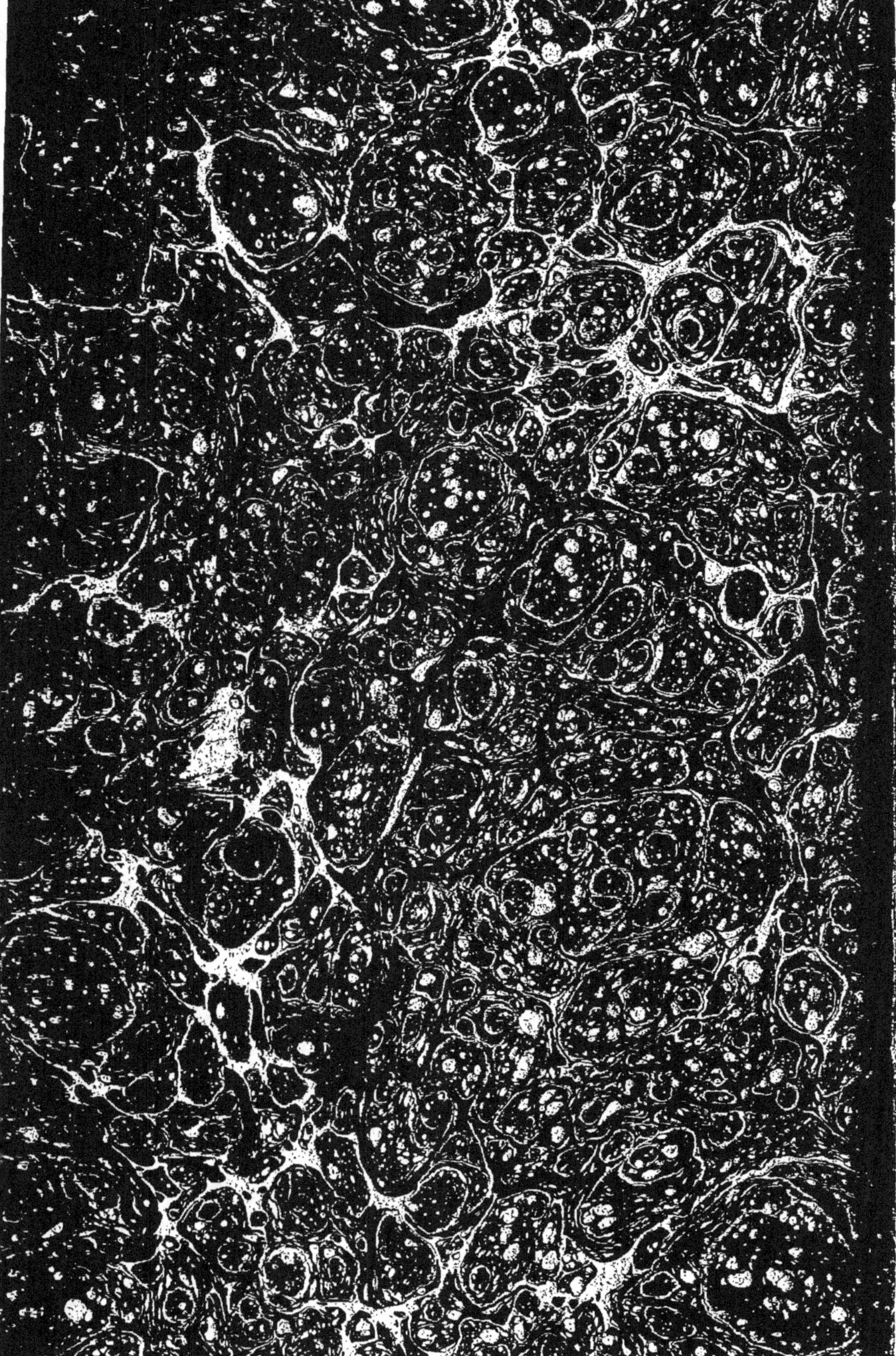

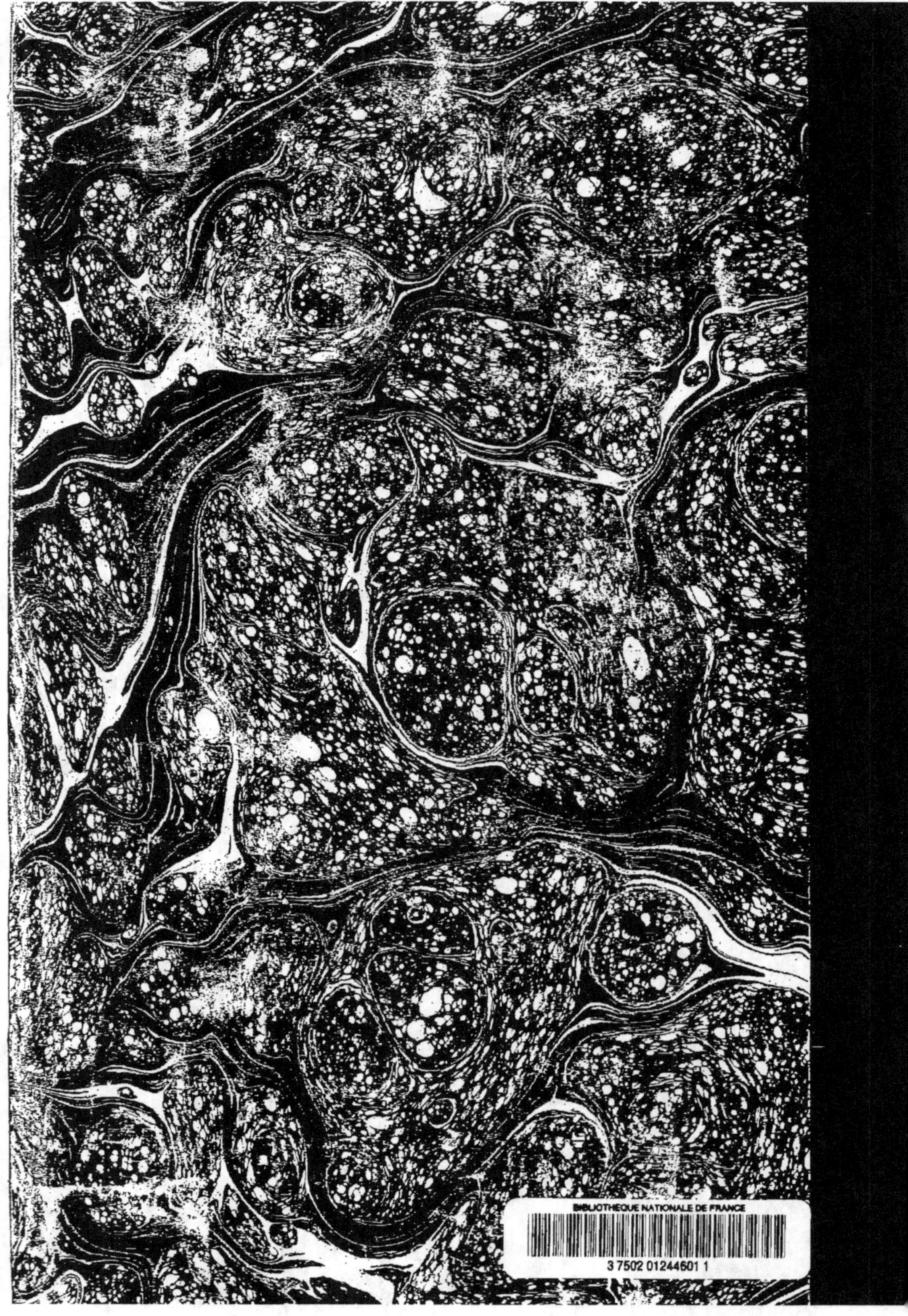

www.ingramcontent.com/pod-procuct-compliance
Lightning Source LLC
Chambersburg PA
CBHW051248060726
47596CB00001B/26